"十二五"普通高等教育本科国家级规划教材

C 语言程序设计教程

（第三版）

主编　李凤霞

编著　李凤霞　刘桂山

陈朔鹰　薛　庆

北京理工大学出版社

BEIJING INSTITUTE OF TECHNOLOGY PRESS

内 容 简 介

本书是为高等院校第一门程序设计课程而编写的教材。全书分为11章,主要内容包括:程序设计基础知识、C语言概述、数据类型与运算规则、顺序结构的程序设计、选择结构的程序设计、循环结构的程序设计、数组和字符数据处理、函数与程序结构、指针、结构类型及其他构造类型和文件。本教材在结构上突出了以程序设计为中心,以语言知识为工具的思想,对C语言的语法规则进行了整理和提炼,深入浅出地介绍了它们在程序设计中的应用;在内容上注重知识的完整性,适合初学者的需求;在写法上追求循序渐进,通俗易懂。本教材配有教学参考书《C语言程序设计教程习题与上机指导》,以方便读者复习和上机操作。

本书既可以作为高等院校非计算机专业学生的计算机语言教材,也可以作为高等院校计算机专业本科、专科低年级学生学习计算机语言的入门教材。

图书在版编目（CIP）数据

C语言程序设计教程/李凤霞主编；李凤霞等编著．—3版．—北京：北京理工大学出版社，2024.7重印

ISBN 978－7－5640－4961－4

Ⅰ．①C…　Ⅱ．①李…　Ⅲ．①C语言－程序设计－高等学校－教材　Ⅳ．①TP312

中国版本图书馆CIP数据核字（2011）第161981号

出版发行／北京理工大学出版社
社　　址／北京市海淀区中关村南大街5号
邮　　编／100081
电　　话／(010)68914775(总编室)
　　　　　(010)82562903(教材售后服务热线)
　　　　　(010)68944723(其他图书服务热线)
网　　址／http：//www. bitpress. com. cn
经　　销／全国各地新华书店
印　　刷／保定市中画美凯印刷有限公司
开　　本／787毫米×960毫米　1/16
印　　张／25
字　　数／503千字
版　　次／2024年7月第3版第20次印刷
定　　价／48.00元

责任校对／陈玉梅
责任印制／王美丽

第三版前言

《C语言程序设计教程》一书经过多年的使用已经受到广大师生的认可。新修订的教材听取了广大使用者的意见,在原来的基础上做了一些修正性的改正和调整、补充完善的工作。主要包括以下内容:

- 首先改正了第二版中的错误或不当之处,对讲解部分的文字进行了精炼,例如第八章、第十一章都做了较大改动。同时更换了部分程序实例;
- 增加了 VC6.0 语言处理环境介绍,并将全书的例题在 VC6.0 环境中调试通过,以便读者使用可视化开发环境;
- 将第三章中的部分运算符及表达式放在了本书对应的章节中,例如将关系运算、逻辑运算及条件运算这种用于构造条件的运算符和表达式放在了第五章,作为选择结构的程序设计一章中的第一节,这样既减少了第三章的形式化内容堆积,也便于与第五章的程序设计应用紧密结合。
- 将一些重要概念和应用捆绑。例如指针是个重要的概念,但是实际上它只是一个数据类型而已,所以通常是和其他数据类型放在一起(第三章)介绍。但是在教学实践中出现在第三章没有更具体的应用时,读者不好理解这个概念,而到第九章应用时又忘记了需要重复讲解。所以将指针运算符挪到了第九章,使指针的概念出现的时候就和他的应用紧密结合。

在本书的修订过程中得到了北京理工大学曾经讲授过C语言的有关教师的大力帮助,他们对本书的修改提出了很好的建议。也得到了教学一线老师们的大力支持,包括习题整理、程序调试、实验设计等工作。先后参与的老师和学生有陈宇峰、李仲君、赵三元、刘华、余月、黄天羽、李冬妮、李林、刘丽、雷正朝、霍达、李路等多人。在此表示衷心的感谢。

鉴于作者水平有限,书中一定存在不少错误和不妥之处,敬请读者批评指正。

编著者

第二版前言

《C语言程序设计教程》自2001年出版以来，受到了广大读者的关注，在多所高校本科教学中使用受到广泛好评，本教材入选为首批“北京市高等教育精品教材立项项目”。在此，谨对广大读者的支持和鼓励表示最诚挚的谢意。

通过几年来的教学实践，我们收集了大量的反馈信息和修改意见，为进一步提高教材的质量，适应不断发展的计算机本科教学的要求，我们在保留第一版特点的基础上对全书进行了统一校正、充实和调整。首先对第一版中的错误和不妥之处进行了订正，并修改了部分例题，其次对部分章节进行了较大幅度的调整和改写。将原来的第7章数组和第8章字符数据处理合并为一章，将原来的第9章函数进行了重新组织，将编译预处理和Turbo C 2.0放入附录中，在原书第11章中增加了关于链表的内容，考虑到篇幅限制删掉了原来第13章对于C++的介绍。

《C语言程序设计教程》（第二版）由李凤霞主编，第1、2、3章和附录D由李凤霞编写，第4、5、6、7章由刘桂山编写，第8、9、10章和附录的其余部分由陈朔鹰编写，第11章由薛庆编写。北京理工大学李书涛教授认真审阅了全书，提出了许多宝贵意见和修改建议。在本书的修订过程中，一直得到了北京理工大学教务处和北京理工大学出版社的大力支持和帮助，在此一并表示衷心感谢。

由于作者水平有限，书中一定还存在不少错误和不妥之处，敬请读者批评指正。

编著者

第一版前言

随着计算机技术的发展与普及，计算机已经成为各行各业最基本的工具之一，而且正迅速地进入人类生活的各个领域。C 语言作为国际上广泛流行的通用程序设计语言，在计算机的研究和应用中已展现出强大的生命力。C 语言兼顾了诸多高级语言的特点，是一种典型的结构化程序设计语言，它处理能力强，使用灵活方便，应用面广，具有良好的可移植性，既适合于计算机专业人员编写系统软件，又适合于应用开发人员编写应用软件。所以长久以来，广泛流行，经久不衰。

但是，由于 C 语言比其他计算机语言的学习难度要大，所以，在绝大部分高校中，以前总是先开设其他计算机语言课，然后再学习 C 语言。自从 90 年代后期，随着计算机新技术的不断涌现，高校计算机基础教学内容一再增加，非计算机专业本科生的计算机语言只能开设一门课程，C 语言程序设计就被选为第一门本科生的程序设计必修课。作为程序设计的入门教材，应该介绍程序设计的基本概念和基本方法，在此前提下，再由浅入深地介绍 C 语言的基本内容。本书是针对计算机程序设计的初级读者，编写的一套《C 语言程序设计教程》和《C 语言程序设计教程习题与上机指导》。

本书是为大学本科和专科学生第一门程序设计课而编写的 C 语言程序设计教材。全书共分为十三章，主要内容包括：程序设计基础知识；C 语言概述；数据类型与运算规则；顺序结构的程序设计；选择结构的程序设计；循环结构的程序设计；数组；字符数据处理；指针；函数与程序结构；结构类型及其他构造类型；数据文件和面向对象程序设计与 C ++ 简介等。全书以美国国家标准化协会颁布的 C 语言的新版本 ANSI C 为基础，以 C 语言程序设计为主线，介绍了程序设计的基本概念、C 语言的语法规则和实用的 C 程序设计技术。书中结合应用实例，强调“好的”C 程序编写方式，力图展示给初学者一个良好的程序设计入门向导。

本教材在结构上突出了以程序设计为中心，以语言知识为工具的思想，对 C 语言的语法规则进行了整理和提炼，深入浅出地介绍了它们在程序设计中的应用；在内容上注重知识的完整性，以适合初学者的需求。例如安排了基础知识一章，用于介绍程序设计的基本概念、算法、流程图等内容。在第 9 章安排了工程文件一节，在第 13 章简要介绍了面向对象程序设计的概念与 C ++ 、Visual C ++ ，使读者对实际应用有更广泛的了解；在写法上追求循序渐进，通俗易懂，旨在引导初学者入门。

本书以实际应用为目的，侧重于 C 语言基本知识，着重讲解概念，讲解用计算机解决问题的方法。删除了其他教科书中对 C 语言中过于“技巧性”问题的讨论与介绍。

对于初学者来说，掌握程序设计的技术和方法，在最初往往是枯燥乏味的。作为一种尝试，我们在教学中曾经将各种程序设计的技术和方法融于趣味问题之中，通过对一些饶有趣味的问题进行讨论和求解，使读者在轻松、愉快的气氛中理解和探索程序设计的奥妙，从而达到事半功倍的学习效果。基于这样指导思想，本书在加强基础训练、介绍基本算法的同时，也选用了一些具有趣味性的例题。其目的就是要加强本书的可读性，使读者在轻松自然的学习过程中，掌握程序设计的方法。

本书中介绍的 C 语言，覆盖了国家教育委员会考试中心编写的《全国计算机等级考试考试大纲》中的二级考试大纲“C 语言程序设计考试要求”。同时，参考了部分省市计算机应用知识和应用能力水平考试大纲对 C 语言部分的要求。

全书各章配有习题，并有配套的习题及上机指导参考书。全部的例题和习题均在 Turbo C环境下调试、运行。本书既可以作为高等院校非计算机专业学生的计算机语言教材，也可以作为高等院校计算机专业本科、专科低年级学生学习计算机语言的入门教材。本书还可以作为科技人员自学 C 语言的自学参考书。

参加本书编写的人员有：李凤霞、刘桂山、陈朔鹰和薛庆等。北京理工大学张鸿业教授审阅了全书，并提出了宝贵的意见。在本书的策划和出版过程中，一直得到学校各级领导的大力支持，许多从事教学工作的同仁也给予了关心和帮助，他们对本书提出了很好的建议。北京理工大学出版社，对本书的出版倾注了极大的热情和支持，在此一并表示衷心的感谢。

鉴于作者水平有限，加之时间仓促，书中一定存在不少错误和不妥之处，敬请读者批评指正。

编著者

2001 年 1 月

目　　录

第1章　程序设计基础知识

随着科学技术的迅猛发展，计算机技术日新月异，计算机程序设计语言也层出不穷。那么，什么是程序语言，什么是程序设计？应该学哪一种程序语言，如何进行程序设计？这些都是程序设计初学者首先遇到的问题，也是程序设计的基本问题、共性问题。

不论是什么样的计算机语言，其程序设计的基本方法是相同的。本书作为程序设计的入门教材，将以C语言程序设计为主线，介绍程序设计的基本概念和基本方法，讲述C语言的语法规则和实用的C程序设计技术。作为全书的开篇，本章就程序设计的基本知识作概括性讨论，重点介绍算法的概念、特征、设计算法的方法和策略、流程图的表示和结构化程序设计方法等内容。需要说明的是，有些概念和方法要随着后续各章的深入学习才会有深刻的理解，不必在一时不懂的问题上停滞不前。

1.1　程序与程序语言

1.1.1　程序与程序语言

1. 计算机语言

什么是计算机语言？为什么要使用计算机语言？过去，一提到语言这个词，人们自然想到的是像英语、汉语等这样的自然语言，因为它是人和人相互交流信息不可缺少的工具。而今天，计算机遍布于我们生活的每一个角落，除了人和人之间的相互交流之外，我们还必须和计算机交流。用什么样的方式和计算机做最直接的交流呢？人们自然想到的是最古老也最方便的方式——语言。人和人交流用的是双方都能听懂和读懂的自然语言，同样，人和计算机交流也要用人和计算机都容易接受和理解的语言，这就是计算机语言。人们用自然语言讲述和书写，目的是给另外的人传播信息。同样，我们使用计算机语言把我们的意图表达给计算机，目的是使用计算机。

计算机语言是根据计算机的特点而编制的，它没有自然语言那么丰富多样，而只是有限规则的集合，所以它简单易学。但是，也正因为它是根据机器的特点编制的，所以交流中无法意会和言传，而更多地表现了说一不二，表现了“规则”的严谨。例如该是“;”的地方不能写成“.”，该写“a”的地方不能写成“A”，这使得人和计算机的交流在一开始会有些不习惯。不过，只要认识到计算机语言的特点，注意学习方法，把必须的严谨和恰当的灵活相结合，一切都会得心应手。

2. 程序

计算机是一种具有内部存储能力的自动、高效的电子设备,它最本质的使命就是执行指令所规定的操作。如果我们需要计算机完成什么工作,只要将其步骤用诸条指令的形式描述出来,并把这些指令存放在计算机的内部存储器中,需要结果时就向计算机发出一个简单的命令,计算机就会自动逐条顺序执行操作,全部指令执行完就得到了预期的结果。这种可以被连续执行的一条条指令的集合称为计算机的程序。也就是说,程序是计算机指令的序列,编制程序的工作就是为计算机安排指令序列。

但是,我们知道,指令是二进制编码,用它编制程序既难记忆,又难掌握,所以,计算机工作者就研制出了各种计算机能够懂得、人们又方便使用的计算机语言,程序就是用计算机语言来编写的。因此,计算机语言通常被称为"程序语言",一个计算机程序总是用某种程序语言书写的。

3. 程序语言的发展

程序语言的产生和发展,直接推动了计算机的普及和应用。自第一个高级语言问世以来,人们已发明了上千种程序语言,常用的也有上百种。这些语言之间有什么区别,我们应该学习哪一种?

计算机语言按使用方式和功能可分为低级语言和高级语言。低级语言包括机器语言和汇编语言。机器语言就是计算机指令的集合,它与计算机同时诞生,是第一代的计算机语言;汇编语言是用符号来表示计算机指令,被称为第二代语言。机器语言和汇编语言都是围绕特定的计算机或计算机族而设计的,是面向计算机的语言。要使用这种语言必须了解计算机的内部结构,而且难学、难写、难记忆,把这种语言称为低级语言。因为低级语言是难以普及应用的,为此便产生了第三代语言——高级语言。它采用了完全符号化的描述形式,用类似自然语言的形式描述对问题的处理过程,用数学表达式的形式描述对数据的计算过程。可见,高级语言只是要求人们向计算机描述问题的求解过程,而不关心计算机的内部结构,所以把高级语言称为"面向过程语言",它易于被人们理解和接受。典型的面向过程语言有 BASIC、FORTRAN、COBOL、C、Pascal 等。

随着计算机技术的迅猛发展,自从 20 世纪 80 年代以来,众多的第四代非过程化语言、第五代智能化语言也竞相推出。如果说第三代语言要求人们告诉计算机怎么做,那么第四代语言只要求人们告诉计算机做什么。因此,人们称第四代语言是"面向对象语言"。面向对象概念的提出是相对于"面向过程"的一次革命,面向对象技术在系统程序设计、多媒体应用、数据库等诸多领域得到广泛应用。但是,"面向过程"是程序设计的基础,尤其对于程序设计的初学者。所以,我们将以面向过程的 C 程序设计语言为背景,主要介绍程序设计的基本概念和方法。

1.1.2 程序设计

什么是程序设计呢? 在日常生活中我们可以看到,同一台计算机,有时可以画图,有时可以制表、有时可以玩游戏,诸如此类,不一而举。也就是说,尽管计算机本身只是一种现代化方式批量生产出来的通用机器,但是,使用不同的程序,计算机就可以处理不同的问题。今天,计算机之所以能够产生如此之大的影响,其原因不仅在于人们发明了机器本身,更重要的是人们为计算机开发出了不计其数的能够指挥计算机完成各种各样工作的程序。正是这些功能丰富的程序给了计算机无尽的生命力,它们正是程序设计工作的结晶。而程序设计就是用某种程序语言编写这些程序的过程。

更确切地说,所谓程序,是用计算机语言对所要解决的问题中的数据以及处理问题的方法和步骤所做的完整而准确的描述,这个描述的过程就称为程序设计。对数据的描述就是指明数据结构形式;对处理方法和步骤的描述也就是下一节我们要讨论的算法问题。因而,数据结构与算法是程序设计过程中密切相关的两个方面。曾经发明 Pascal 语言的著名计算机科学家 N. Niklaus Wirth 教授关于程序提出了著名公式:程序 = 数据结构 + 算法。这个公式说明了程序设计的主要任务。但是在本书中,我们并没有以数据结构和算法为主展开讨论,因为本教材的主题是介绍用 C 语言进行编程。关于数据结构有专门的课程和教材,关于算法的问题我们在下一节给出初步的介绍。

对于程序设计的初学者来说,首先要学会设计一个正确的程序。一个正确的程序,通常包括两个含义:一是书写正确,二是结果正确。书写正确是指程序在语法上正确,符合程序语言的规则;而结果正确通常是指对应于正确的输入,程序能产生所期望的输出,符合使用者对程序功能的要求。程序设计的基本目标是编制出正确的程序,但这仅仅是程序设计的最低要求。一个优秀的程序员,除了程序的正确性以外,更要注重程序的高质量。所谓高质量是指程序具有结构化程度高、可读性好、可靠性高、便于调试维护等一系列特点。毫无疑问,无论是一个正确的程序,还是一个高质量的程序,都需要设计才能使之达到预期的目标。

那么,如何进行程序设计呢?一个简单的程序设计一般包含以下四个步骤:

(1) 分析问题,建立数学模型。使用计算机解决具体问题时,首先要对问题进行充分的分析,确定问题是什么,解决问题的步骤又是什么。针对所要解决的问题,找出已知的数据和条件,确定所需的输入、处理及输出对象。将解题过程归纳为一系列的数学表达式,建立各种量之间的关系,即建立起解决问题的数学模型。需要注意的是,有许多问题的数学模型是显然的或者简单的,以至于我们没有感觉到需要模型。但是有更多的问题需要靠分析问题来构造计算模型,模型的好与坏、对与错,在很大程度上决定了程序的正确性和复杂程度。

(2) 确定数据结构和算法。根据建立的数学模型,对指定的输入数据和预期的输出结果,确定存放数据的数据结构。针对所建立的数学模型和确定的数据结构,选择合适的算法加以实现。注意,这里所说的“算法”泛指解决某一问题的方法和步骤,而不仅仅是指“计算”。

(3) 编制程序。根据确定的数据结构和算法,用自己所使用的程序语言把这个解决方案严格地描述出来,也就是编写出程序代码。

（4）调试程序。在计算机上用实际的输入数据对编好的程序进行调试，分析所得到的运行结果，进行程序的测试和调整，直至获得预期的结果。

由此可见，一个完整的程序要涉及四个方面的问题：数据结构、算法、编程语言和程序设计方法。这四个方面的知识都是程序设计人员所必须具备的，其中算法是至关重要的一个方面。关于数据结构和算法问题有专门的著作，本书的重点是介绍编程语言和程序设计方法。但是，如果我们对算法还一无所知，就无法进行基本的程序设计。因此，下面一节我们对算法的基本概念、基本设计和表示方法作初步介绍，目的是使初学者了解程序设计如何开始。

1.2 算法和算法的表示

1.2.1 算法的概念

1. 算法的基本概念

什么是算法？当代著名计算机科学家 D. E. Knuth 在他的一本书中写到："一个算法，就是一个有穷规则的集合，其中之规则规定了一个解决某一特定类型的问题的运算序列。"简单地说，任何解决问题的过程都是由一定的步骤组成的，把解决问题确定的方法和有限的步骤称作为算法。

需要说明的是，不是只有计算问题才有算法。例如，加工一张写字台，其加工顺序是：桌腿→桌面→抽屉→组装，这就是加工这张写字台的算法。当然，如果是按"抽屉→桌面→桌腿→组装"这样的顺序加工，那就是加工这张写字台的另一种算法，这其中没有计算问题。通常计算机算法分为两大类：数值运算算法和非数值运算算法。数值运算是指对问题求数值解，例如对微分方程求解、对函数的定积分求解、对高次方程求解等，都属于数值运算范围。非数值运算包括非常广泛的领域，例如资料检索、事务管理、数据处理等。数值运算有确定的数学模型，一般都有比较成熟的算法。许多常用算法通常还会被编写成通用程序并汇编成各种程序库的形式，用户需要时可直接调用。例如数学程序库、数学软件包等。而非数值运算的种类繁多，要求不一，很难提供统一规范的算法。在一些关于算法分析的著作中，一般也只是对典型算法作详细讨论，其他更多的非数值运算是需要用户设计其算法的。

下面通过三个简单的问题说明设计算法的思维方法。

例 1-1 有黑和蓝两个墨水瓶，但却错把黑墨水装在了蓝墨水瓶子里，而蓝墨水错装在了黑墨水瓶子里，要求将其互换。

算法分析：这是一个非数值运算问题。因为两个瓶子的墨水不能直接交换，所以，解决这一问题的关键是需要引入第三个墨水瓶。设第三个墨水瓶为白色，其交换步骤如下：

① 将黑瓶中的蓝墨水装入白瓶中。

② 将蓝瓶中的黑墨水装入黑瓶中。

③ 将白瓶中的蓝墨水装入蓝瓶中。

④ 交换结束。

例 1－2 计算函数 M(x)的值。函数 M(x)为：

$$M(x)=\begin{cases}bx+a^2 & x\leqslant a\\ a(c-x)+c^2 & x>a\end{cases}$$

其中,a,b,c 为常数。

算法分析:本题是一个数值运算问题。其中 M 代表要计算的函数值,有两个不同的表达式,根据 x 的取值决定采用哪一个算式。根据计算机具有逻辑判断的基本功能,用计算机解题的算法如下:

① 将 a、b、c 和 x 的值输入到计算机。

② 判断 $x\leqslant a$? 如果条件成立,执行第③步,否则执行第④步。

③ 按表达式 $bx+a^2$ 计算出 M(x)结果,然后执行第⑤步。

④ 按表达式 $a(c-x)+c^2$ 计算出 M(x)结果,然后执行第⑤步。

⑤ 输出 M(x)的值。

⑥ 算法结束。

例 1－3 给定两个正整数 m 和 n($m\geqslant n$),求它们的最大公约数。

算法分析:这也是一个数值运算问题,它有成熟的算法,我国数学家秦九韶在《算书九章》一书中曾记载了这个算法。求最大公约数的问题一般用辗转相除法(也称欧几里德算法)求解。

例如:设 m＝35,n＝15,余数用 r 表示,它们的最大公约数的求法如下:

35/15 商 2　　余数为 5　　以 n 作 m,以 r 作 n,继续相除;

15/5 商 3　　余数为 0　　当余数为零时,所得 n 即为两数的最大公约数。

所以 35 和 15 两数的最大公约数为 5。

用这种方法求两数的最大公约数,其算法可以描述如下:

① 将两个正整数存放到变量 m 和 n 中。

② 求余数:计算 m 除以 n,将所得余数存放到变量 r 中。

③ 判断余数是否为 0:若余数为 0 则执行第⑤步,否则执行第④步。

④ 更新被除数和余数:将 n 的值存放到 m 中,将 r 的值存放到 n 中,转向第②步。

⑤ 输出 n 的当前值,算法结束。

如此循环,直到得到结果。

由上述三个简单的例子可以看出,一个算法由若干操作步骤构成,并且这些操作是按一定的控制结构所规定的次序执行。如例 1－1 中的四个操作步骤是顺序执行的,称之为顺序结构。而在例 1－2 中,则不是按操作步骤顺序执行,也不是所有步骤都执行。如第③步和第

④步的两个操作就不能同时被执行,它们需要根据条件判断决定执行哪个操作,这种结构称之为分支结构。在例 1-3 中不仅包含了判断,而且需要重复执行。如第②步到第⑤步之间的步骤就需要根据条件判断是否重复执行,并且一直延续到条件“余数为 0”为止,这种具有重复执行功能的结构称之为循环结构。

2. *算法的两要素*

由上述三个例子可以看出,任何简单或复杂的算法都是由基本功能操作和控制结构这两个要素组成。不论计算机的种类如何之多,但它们最基本的功能操作是一致的。计算机的基本功能操作包括以下四个方面:

(1) 逻辑运算:与、或、非。

(2) 算术运算:加、减、乘、除。

(3) 数据比较:大于、小于、等于、不等于、大于等于、小于等于。

(4) 数据传送:输入、输出、赋值。

算法的控制结构决定了算法的执行顺序。如以上例题所示,算法的基本控制结构通常包括顺序结构、分支结构和循环结构。不论是简单的还是复杂的算法,都是由这三种基本控制结构组合而成的。

算法是对处理问题的过程的描述,而数据结构是对这个过程中所涉及的数据的描述。因为算法的处理对象必然是问题中所涉及的相关数据,所以不能离开数据结构去抽象地分析程序的算法,也不能脱离算法去孤立地研究程序的数据结构,而只能从算法和数据结构的统一上去认识程序。但是,在计算机的高级语言中,数据结构是通过数据类型表现的,本书在第 3 章、第 7 章、第 9 章和第 10 章中,将通过对 C 语言数据类型的详细描述说明数据结构在程序设计中的作用。这里我们只讨论算法的问题。

需要强调的是,设计算法与演绎数学有明显区别,演绎数学是以公理系统为基础,通过有限次推演完成对问题的求解。每次推演都是对问题的进一步求解,如此不断推演,直到能将问题的解完全描述出来为止。而设计算法则是充分利用解题环境所提供的基本操作,对输入数据进行逐步加工、变换和处理,从而达到解决问题的目的。

1.2.2 算法的基本特征

算法是一个有穷规则的集合,这些规则确定了解决某类问题的一个运算序列。对于该类问题的任何初始输入值,它都能机械地一步一步地执行计算,经过有限步骤后终止计算并产生输出结果。归纳起来,算法具有以下基本特征:

(1) 有穷性:一个算法必须在执行有限个操作步骤后终止。

(2) 确定性:算法中每一步的含义必须是确切的,不可出现任何二义性。

(3) 有效性:算法中的每一步操作都应该能有效执行,一个不可执行的操作是无效的。例如,一个数被零除的操作就是无效的,应当避免这种操作。

(4) 有零个或多个输入:这里的输入是指在算法开始之前所需要的初始数据。这些输入的多少取决于特定的问题。例如,例 1-3 的算法中有两个输入,即需要输入 m 和 n 两个初始数据,而例 1-2 的算法中则需要输入四个初始数据。有些特殊算法也可以没有输入。

(5) 有一个或多个输出:所谓输出是指与输入有某种特定关系的量,在一个完整的算法中至少会有一个输出。如上述关于算法的三个例子中,每个都有输出。试想,如果例 1-3 中没有"输出 n 的当前值"这一步,这个算法将毫无意义。

通常算法都必须满足以上五个特征。需要说明的是,有穷性的限制是不充分的。一个实用的算法,不仅要求有穷的操作步骤,而且应该是使用尽可能少的操作步骤。例如,对线性方程组求解,理论上可以用行列式的方法。但是我们知道,要对 n 阶方程组求解,需要计算 n+1 个 n 阶行列式的值,要做的乘法运算是 $(n!)(n-1)(n+1)$ 次。假如 n 取值为 20,用每秒千万次的计算机运算,完成这个计算需要上千万年的时间。可见,尽管这种算法是正确的,但它没有实际意义。由此可知,在设计算法时,要对算法的执行效率作一定的分析。

1.2.3 算法的表示

原则上说,算法可以用任何形式的语言和符号来描述,通常有自然语言、程序语言、流程图、N-S 图、PAD 图、伪代码等。1.2.1 中的三个例子就是用自然语言来表示算法,而所有的程序是直接用程序设计语言表示算法。流程图、N-S 图和 PAD 图是表示算法的图形工具,其中,流程图是最早提出的用图形表示算法的工具,所以也称为传统流程图。它具有直观性强、便于阅读等特点,具有程序无法取代的作用。N-S 图和 PAD 图符合结构化程序设计要求,是软件工程中强调使用的图形工具。

因为流程图便于交流,又特别适合于初学者使用,对于一个程序设计工作者来说,会看会用传统流程图是必要的。本书既介绍和使用传统流程图表示算法,又兼顾对 N-S 图作简要说明。

1. 流程图符号

所谓流程图,就是对给定算法的一种图形解法。流程图又称为框图,它用规定的一系列图形、流程线及文字说明来表示算法中的基本操作和控制流程,其优点是形象直观、简单易懂、便于修改和交流。美国国家标准化协会 ANSI(American National Standard Institute)规定了一些常用的符号,表 1-1 中分别列出了标准的流程图符号的名称、表示和功能。这些符号已被世界各国的广大程序设计工作者普遍接受和采用。

起止框:用以表示算法的开始或结束。每个算法流程图中必须有且仅有一个开始框和一个结束框,开始框只能有一个出口,没有入口,结束框只有一个入口,没有出口,其用法如图 1-1(a)所示。

输入/输出框:表示算法的输入和输出操作。输入操作是指从输入设备上将算法所需要的数据传递给指定的内存变量;输出操作则是将常量或变量的值由内存储器传递到输出设备上。输入/输出框中填写需输入或输出的各项列表,它们可以是一项或多项,多项之间用逗号分隔。输入/输出框只能有一个入口,一个出口,其用法如图 1-1(b)所示。

表 1-1　标准流程图符号

符号名称	符　号	功　　能
起止框	(圆角矩形)	表示算法的开始和结束
输入/输出框	(平行四边形)	表示算法的输入/输出操作,框内填写需输入或输出的各项
处理框	(矩形)	表示算法中的各种处理操作,框内填写处理说明或算式
判断框	(菱形)	表示算法中的条件判断操作,框内填写判断条件
注释框	(虚线加半框)	表示算法中某操作的说明信息,框内填写文字说明
流程线	⇄ 和 ↓↑	表示算法的执行方向
连接点	○	表示流程图的延续

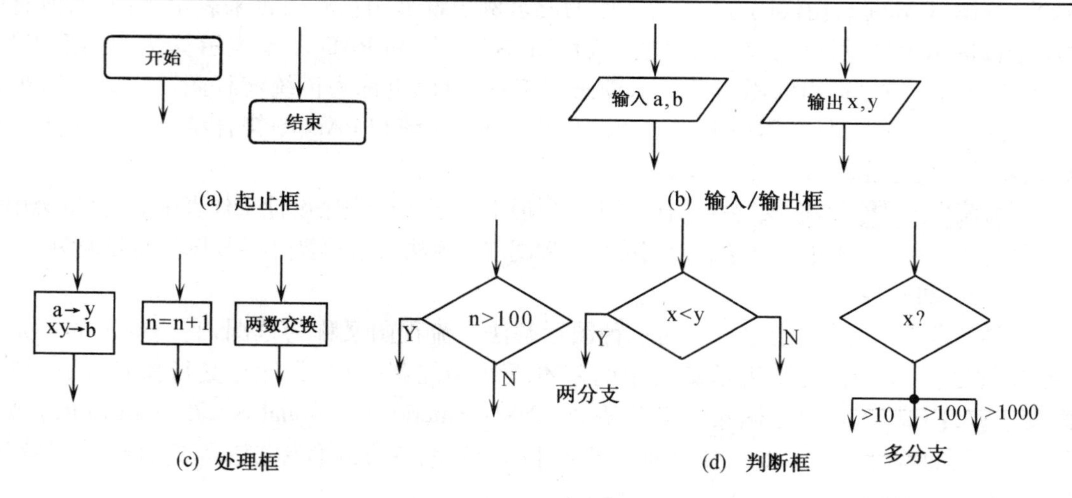

图 1-1　流程图的用法

处理框:算法中各种计算和赋值的操作均以处理框加以表示。处理框内填写处理说明或具体的算式。也可在一个处理框内描述多个相关的处理。但是一个处理框只能有一个入口,一个出口,其用法如图 1-1(c)所示。

判断框:表示算法中的条件判断操作。判断框说明算法中产生了分支,需要根据某个关系或条件的成立与否来确定下一步的执行路线。判断框内应当填写判断条件,一般用关系比较运算或逻辑运算来表示。判断框只能有一个入口，但可以有多个出口，其用法如图 1-1(d)所示。

注释框：表示对算法中的某一操作或某一部分操作所作的必要的备注说明。这种说明不是给计算机的，而是给读者的。因为它不反映流程和操作，所以不是流程图中必要的部分。注释框没有入口和出口，框内一般是用简明扼要的文字进行填写。其用法如图 1-4 所示。

流程线：表示算法的走向，流程线箭头的方向就是算法执行的方向。事实上，这条简单的流程线是很灵活的，它可以到达流程的任意处，但是灵活的另一面是很随意。程序设计的随意性是软件工程方法中要杜绝的，因为它容易使软件的可读性、可维护性降低。所以，在结构化的程序设计方法中，常用 N-S 图等适合于结构化程序设计的图形工具来表示算法，在这些图形工具中都取消了流程线。但是，对于程序设计的初学者来说，传统流程图有其显著的优点，流程线非常明确地表示了算法的执行方向，便于读者对程序控制结构的学习和理解。

连接点：表示不同地方的流程图的连接。

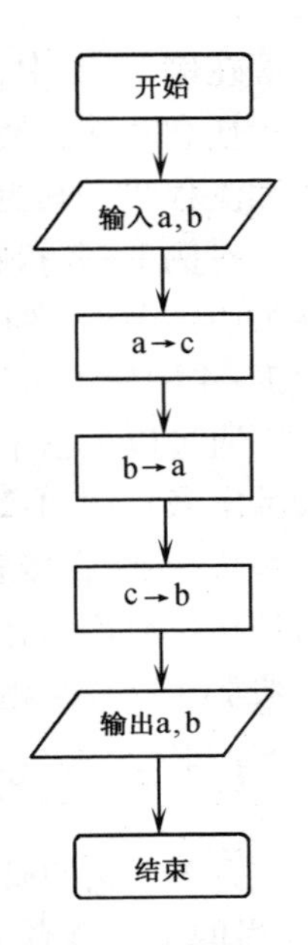

图 1-2　两数交换算法流程图

2. 用流程图表示算法

下面将例 1-1、例 1-2 和例 1-3 的解题算法用流程图表示。

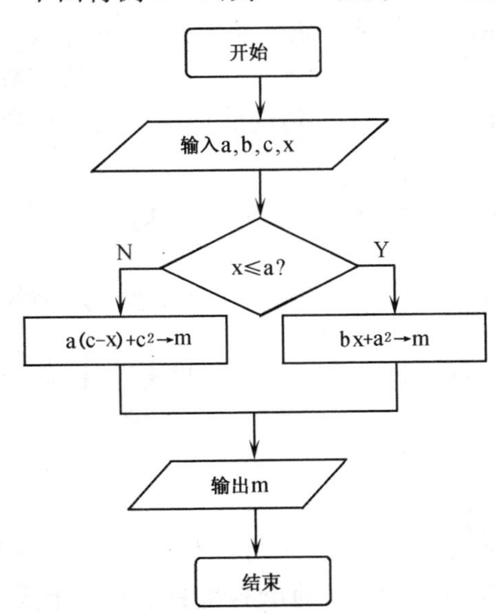

图 1-3　计算函数值算法流程图

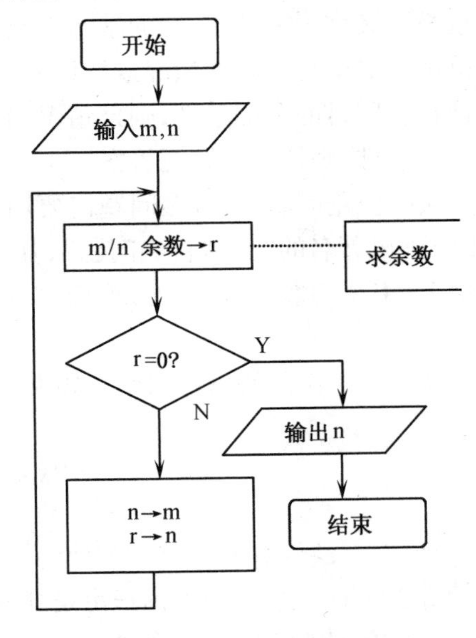

图 1-4　求最大公约数算法流程图

在例 1－1 中，将黑、蓝、白三个墨水瓶分别用 a、b、c 三个变量表示，其算法就是用计算机进行任意两数交换的典型算法，流程图如图 1－2 所示。图中有开始框、结束框、输入框、输出框和流程线。其控制流程是顺序结构。

对例 1－2 和例 1－3，使用与原题完全一致的变量名，图中的 Y 表示条件为真，N 表示条件为假。图 1－3 中计算函数值的控制流程是选择结构，图 1－4 的控制流程是循环结构。在图 1－4 中使用了注释框，用此说明本操作完成“求余数”。

通过以上三个实际例子可以看出，算法就是将需要解决的问题用计算机可以接受的方法表示出来。例如：2＋8－7 可以直接表示，而求定积分的解、求方程的根等问题，就必须找到数值解法，不能直接表达给计算机。所以算法设计是程序设计中非常重要的一个环节，而流程图是直观地表示算法的图形工具。作为一个程序设计者，在学习具体的程序设计语言之前，必须学会针对问题进行算法设计，并且会用流程图的方法把算法表示出来。

1.2.4　几种常用算法介绍

关于算法的研究可参阅有关的书籍，本书不可能罗列所有算法。这里只介绍几个典型算法，目的是使读者了解一些解题的基本思想和方法，了解如何设计算法。在本书后续各章中，将结合 C 语言的具体内容和实际应用问题进一步讨论算法的设计。

1. 枚举法

枚举法又称为穷举法，它的基本思想是：首先根据问题的部分条件预估答案的范围，然后在此范围内对所有可能的情况进行逐一验证，直到全部情况均通过了验证为止。若某个情况使验证符合题目的全部条件，则该情况为本题的一个答案；若全部情况验证结果均不符合题目的全部条件，则说明该题无答案。

在实际应用问题中，许多问题需要用穷举法来解决。中国古代数学家张丘建在他的《算经》中曾提出著名的“百钱百鸡问题”，其题目如下：

例 1－4　鸡翁一，值钱五；鸡母一，值钱三；鸡雏三，值钱一；百钱买百鸡，翁、母、雏各几何？

这就是一个典型的枚举问题。如果用 x、y、z 分别代表公鸡、母鸡、小鸡的数量，根据题意列方程：

$$x + y + z = 100$$

$$5x + 3y + \frac{z}{3} = 100$$

据题意可知，x、y、z 的范围一定是 0 到 100 的正整数，那么，最简单的解题方法是：假设一组 x、y、z 的值，直接带入方程组求解，即在各个变量的取值范围内不断变化 x、y、z 的值，穷举 x、y、z 全部可能的组合，若满足方程组则是一组解。这样即可得到问题的全部解。

可见，利用枚举法解题需要以下步骤：

(1) 分析题目,确定答案的大致范围。

(2) 确定列举方法。常用的列举方法有:顺序列举,排列列举和组合列举。

(3) 做试验,直到遍历所有情况。

(4) 试验完后可能找到与题目要求完全一致的一组或多组答案,也可能没找到答案,即证明题目无答案。

枚举法的特点是算法简单,容易理解,但运算量较大。对于可确定取值范围但又找不到其他更好的算法时,就可以用枚举法。通常枚举法用来解决"有几种组合""是否存在"、求解不定方程等类型的问题。利用枚举法设计算法大多以循环控制结构实现。

2. 迭代法

迭代法是一种数值近似求解的方法,在科学计算领域中,许多问题需要用这种方法解决。迭代法的特点是:把一个复杂问题的求解过程转化为相对简单的迭代算式,然后重复执行这个简单的算式,直到得到最终解。

迭代法有精确迭代法和近似迭代法。所谓精确迭代是指算法本身提供了问题的精确解。如对 N 个数求和、求均值、求方差等,这些问题都适合使用精确迭代法解决。

例 1－5　计算 $s = 1 + 2 + 3 + 4 + \cdots + 100$。

其迭代方法如下:

首先确定迭代变量 s 的初始值为 0;

其次确定迭代公式 $s + i \to s$;

当 i 分别取值 1,2,3,4,…,100 时,重复计算迭代公式 $s + i \to s$,迭代 100 次后,即可求出 s 的精确值。

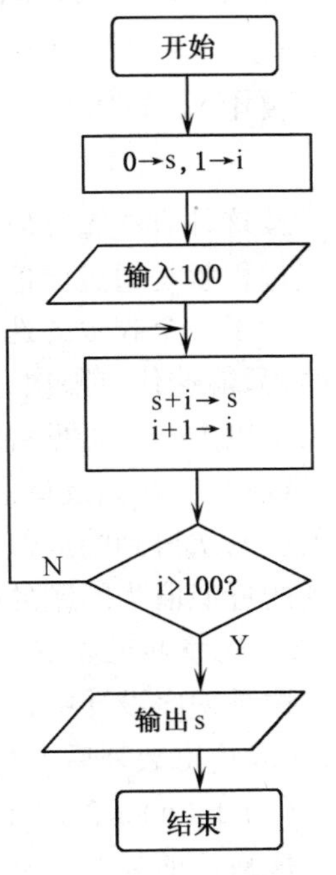

图 1－5　用迭代法求和

其中,i 的取值是一个有序数列,所以可以由计数器产生,即使 i 的初始值为 1,然后每迭代一次就对 i 加 1。图 1－5 是用迭代法求和的流程图。

迭代法的应用更主要的是数值的近似求解,它既可以用来求解代数方程,又可以用来求解微分方程。在科学计算领域,人们时常会遇到求微分方程的数值解或解方程 $f(x) = 0$ 等计算问题。这些问题无法用求和或求均值那样的直接求解方法。例如,一般的一元五次或更高次方程、几乎所有的超越方程以及描述电磁波运动规律的麦克斯韦方程等,它们的解都无法用解析方法表达出来。为此,人们只能用数值计算的方法求出问题的近似解,而解的误差是人们可以估计和控制的。

这里以求解方程 $f(x) = 0$ 为例说明近似迭代法的基本方法。首先把求解方程变换成为迭代算式 $x = g(x)$,然后由估计的一个根的初始近似值 x_0 出发,应用迭代计算公式 $x_{k+1} =$

$g(x_k)$求出另一个近似值 x_1,再由 x_1 确定 x_2,…,最终构造出一个序列 $x_0, x_1, x_2, \cdots, x_n, \cdots$,就可逐次逼近方程的根。

例 1-6 求方程 $x^3 - x - 1 = 0$ 在 $x = 1.5$ 附近的一个根。

首先将方程改写成: $x = \sqrt[3]{x+1}$

用给定的初始近似值 $x_0 = 1.5$ 代入上式的右端,得到:

$$x_1 = \sqrt[3]{1.5+1} = 1.35721$$

再用 x_1 作为近似值代入上式的右端,又得到:

$$x_2 = \sqrt[3]{1.35721+1} = 1.33086$$

按这种方法重复以上步骤,可以逐次求得更精确的值。这一过程即为迭代过程。显然,迭代过程就是通过原值求出新值,再用新值替代原值的过程。

对于一个收敛的迭代过程,从理论上讲,虽然经无限多次迭代可以得到准确解,但实际计算时,只能迭代有限次,这就是计算机执行算法的有穷性特征。

由以上分析可见,使用近似迭代法构造算法的基本方法是:首先确定一个合适的迭代公式,选取一个初始近似值以及解的误差,然后用循环处理实现迭代过程,终止循环过程的条件是前后两次得到的近似值之差的绝对值小于或等于预先给定的误差。并认为最后一次迭代得到的近似值为问题的解。

3. *递推和递归法*

这是程序设计中常用的两种算法,都是利用某些公式的递推性。最常见的例子是计算级数,一般给出数列后项与前项的递推公式,要求计算数列通项。例如:

(1) $f_1(n) = 2 + f_1(n-1), f_1(1) = 1$ $f_1(n) = \{1, 3, 5, 7, \cdots\}$

这是首项为 1 公差为 2 的等差数列(等差级数)。

(2) $f_2(n) = 2 \times f_2(n-1), f_2(1) = 1$ $f_2(n) = \{1, 2, 4, 8, \cdots\}$

这是首项为 1 公比为 2 的等比数列。

(3) $f_3(n) = n \times f_3(n-1), f_3(1) = 1$ $f_3(n) = \{1, 2, 6, 24, \cdots\}$

这个数列的通项 $f_3(n) = n!$。

(4) $f_4(n) = f_4(n-1) + f_4(n-2), f_4(1) = 1, f_4(2) = 1$ $f_4(n) = \{1, 1, 2, 3, \cdots\}$

这就是有名的斐波那契数列。

以上数列的共同特点是,在数列的未知项与已知项之间存在着一定关系,借助于已知项和这一关系,就可逐项求出未知项。计算这些数列通常用递推和递归两种算法。

所谓递推法,是指利用递推公式,由简到繁逐次迭代求解。

例 1-7 求 $n!$,设 $n = 15$。

求解 $n!$ 其算法存在如下递推过程:

$f(0) = 0! = 1$

$f(1) = 1! = 1 \times 0! = 1$

$f(2) = 2! = 2 \times 1! = 2$

$f(3) = 3! = 3 \times 2! = 6$

……

$f(n) = n! = n \times (n-1)! = n \times f(n-1)$

要计算 15!,可以从递推初始条件 $f(0) = 1$ 出发,应用递推通项公式 $f(n) = n \times f(n-1)$ 逐步求出 $f(1), f(2), f(3), \cdots, f(14)$,即由简到繁逐次迭代,直到最后求出 $f(15)$ 的值。

递推法的关键是找到进行递推的通项公式,求一个数的阶乘是一个简单问题,该通项公式 $f(n) = n \times f(n-1)$ 可以直接看出来。但事实上,有些问题要找出通项公式是相当困难的,并且即便找到计算也并非简便。

什么是递归法?它与递推法有什么不同?递归法也是利用递推公式,所不同的是,它是由繁化简,用简单的问题和已知的操作运算来解决复杂的问题。仍以例 1-7 为例:

$f(1) = 1$

$f(n) = f(n-1) \times n$

将后一个式子从 n 到 n-1、再到 n-2 逐步递推化简得到:

$$
\begin{aligned}
f(n) &= f(n-1) \times n = f(n-2) \times (n-1) \times n \\
&= \cdots = f(1) \times 2 \times 3 \times \cdots \times n \qquad (n > 1)
\end{aligned}
$$

每一次化简,自变量减 1,但要多乘一个因子。在化简的每一步,$f(n-1)$、$f(n-2)$、…等仍为未知量,直到化简到 $f(1)$,则因为 $f(1)$ 已知,$f(n)$ 便可由最后一个式子求乘法得到。这个计算过程不是直接的,它包含两个过程:

① 由繁到简的递推化简;

② 由已知值 $f(1)$ 经乘法运算回归到所求值。

可见,递推与递归是有区别的。

通常递归是这样定义的:如果一个过程直接或间接地有限次数地调用了它自身,则称这个过程是递归的。

例 1-8 有如下递归定义函数:

$$
x^n = \begin{cases} 1 & n = 0 \\ x \cdot x^{n-1} & n > 0 \end{cases}
$$

由函数的定义可见,如果 $n = 0$, x^n 的值是 1,如果 $n > 0$, x^n 的值就是 x^{n-1} 的 x 倍。用递归法分析:对于任何大于 0 的整数 n,x^n 的值是由 x^{n-1} 的值确定的,而 x^{n-1} 的值是由 x^{n-2} 的值确定的,……,就这样逐次上溯调用其本身的求解过程,最终 x^n 的值将归结到 x^0 的定义上。而 x^0 的定义是函数明确给出的,所以问题得到了结果。这就是递归的方法。

注意,在这个函数的右边使用了被定义形式 x^n 本身,这就是"递归"这个词的意义。这种情况就是调用了它自身。

递归法的关键是必须有一个递归终止条件，即要有递归出口。无条件的递归是毫无意义的。上述函数的递归终止条件是 $n=0$，这就是递归出口。在阶乘的递归定义中，当 $n=0$ 时，$n!=1$ 也是阶乘递归定义的递归出口。

递归与递推是既有区别又有联系的两个概念。递推是从已知的初始条件出发，逐次递推出最后所求的值。而递归则是从需要求解的函数本身出发，逐次上溯调用其本身的求解过程，直到递归的出口，然后再从里向外倒推回来，得到最终的值。一般说来，一个递归算法总可以转换为一个递推算法。

一般而言，递推算法可利用循环结构实现，比较简单。而递归算法则要求语言具有反复自我调用子程序的能力，有些高级语言不具有这种能力。递归算法往往比非递归算法要付出更多执行时间，但尽管如此，因有很多问题的数学模型或算法设计方法本来就是递归的。用递归过程来描述它们不仅非常自然，而且证明算法的正确性也比相应的非递归形式容易很多，因此，递归仍不失为一种强有力的算法设计方法。

递归的概念首先在数学领域出现，然而，按递归方法设计算法的策略不仅适用于计算数学问题，而且也适用于非数值运算领域，例如检索过程的求解等。

4. 分治法

在求解一个复杂问题时，应尽可能地把这个问题分解为较小部分，找出各部分的解，然后再把各部分的解组合成整个问题的解，这就是所谓的分治法。

使用分治法时，往往要按问题的输入规模来衡量问题的大小。若要求解一个输入规模为 n 且它的取值又相当大时，应选择适当的设计策略，将 n 个输入分成 k 个不同的子集合，从而得到 k 个可分别求解的子问题，其中 k 的取值为 $1<k\leq n$。在求出各个子问题的解之后，就可找到适当的方法把它们合并成整个问题的解。这里要注意的是，子问题要独立、要尽可能小。如果得到的子问题相对来说还太大，则可再次使用分治法进行分解，割得更小。

分治法常用于解决非数值运算问题，在数据检索、快速分类选择等问题的算法中被广泛应用。

1.3 结构化程序设计方法

程序设计的基本目标是用算法对问题的原始数据进行处理，从而获得所期望的效果。但这仅仅是程序设计的基本要求。要全面提高程序的质量，提高编程效率，使程序具有良好的可读性、可靠性、可维护性以及良好的结构，编制出好的程序来，应当是每位程序设计工作者追求的目标。而要做到这一点，就必须掌握正确的程序设计方法和技术。

1.3.1 程序的三种基本结构

结构化程序的概念首先是从以往编程过程中无限制地使用转移语句而提出的。转移语句可以使程序的控制流程强制性地转向程序的任一处,在传统流程图中,就是用上节我们提到的“很随意”的流程线来描述这种转移功能。如果一个程序中多处出现这种转移情况,将会导致程序流程无序可寻,程序结构杂乱无章,这样的程序是令人难以理解和接受的,并且容易出错。尤其是在实际软件产品的开发中,更多的追求软件的可读性和可维护性,像这种结构和风格的程序是不允许出现的。为此提出了程序的三种基本结构。

在讨论算法时列举了程序的顺序、选择和循环三种控制流程,这就是结构化程序设计方法强调使用的三种基本结构。算法的实现过程是由一系列操作组成的,这些操作之间的执行次序就是程序的控制结构。1996 年,计算机科学家 **Bohm** 和 **Jacopini** 证明了这样的事实:任何简单或复杂的算法都可以由顺序结构、选择结构和循环结构这三种基本结构组合而成。所以,这三种结构就被称为程序设计的三种基本结构。也是结构化程序设计必须采用的结构。

1. 顺序结构

顺序结构表示程序中的各操作是按照它们出现的先后顺序执行的,其流程如图 1-6 所示。图中的 **S1** 和 **S2** 表示两个处理步骤,这些处理步骤可以是一个非转移操作或多个非转移操作序列,甚至可以是空操作,也可以是三种基本结构中的任一结构。整个顺序结构只有一个入口点 **a** 和一个出口点 **b**。这种结构的特点是:程序从入口点 **a** 开始,按顺序执行所有操作,直到出口点 **b** 处,所以称为顺序结构。上一节图 1-2 表示的就是一个顺序结构的流程图。事实上,不论程序中包含了什么样的结构,程序的总流程都是顺序结构。例如,在图 1-3、图 1-4 和图 1-5 所表示的流程图中,其总体结构流程都是自上而下顺序执行。

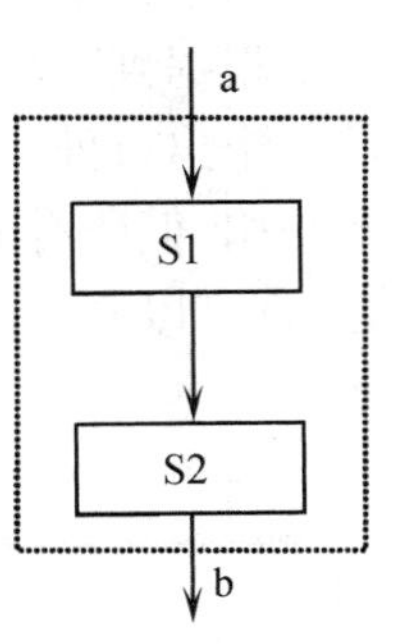

图 1-6 顺序结构

2. 选择结构

选择结构表示程序的处理步骤出现了分支,它需要根据某一特定的条件选择其中的一个分支执行。选择结构有单选择、双选择和多选择三种形式。

单选择结构如图 1-7 所示,它是双选择结构的一种特例。双选择是典型的选择结构形式,其流程如图 1-8 所示,图中的 S1 和 S2 与顺序结构中的说明相同。由图中可见,在结构的入口点 a 处是一个判断框,表示程序流程出现了两个可供选择的分支,如果条件满足执行 S1 处理,否则执行 S2 处理。值得注意的是,在这两个分支中只能选择一条且必须选择一条执行,但不论选择了哪一条分支执行,最后流程都一定到达结构的出口点 b 处。前面的图 1-3 中就采用了双选择结构流程图。

当 S1 和 S2 中的任意一个处理为空时,说明结构中只有一个可供选择的分支,如果条件满足执行 S1 处理,否则顺序向下到流程出口 b 处。也就是说,当条件不满足时,什么也没执行,这就是上面所述的单选择结构,如图 1 - 7 所示。

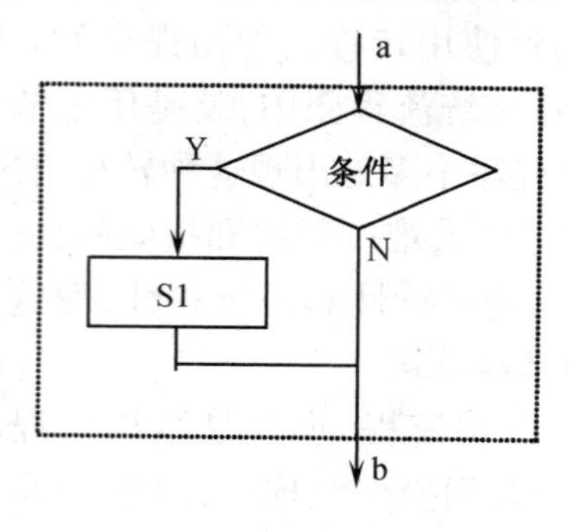

图 1 - 7　单选择结构

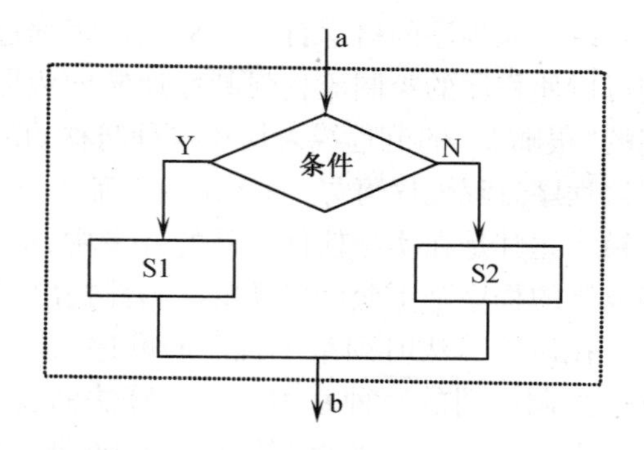

图 1 - 8　双选择结构

多选择结构是指程序流程中遇到如图 1 - 9 所示的 S1,S2,…,Sn 等多个分支,程序执行方向将根据条件确定。如果满足条件 1 则执行 S1 处理,如果满足条件 n 则执行 Sn 处理,总之要根据判断条件选择多个分支的其中之一执行。不论选择了哪一条分支,最后流程要到达同一个出口处。如果所有分支的条件都不满足,则直接到达出口。有些程序语言不支持多选择结构,但所有的结构化程序设计语言都是支持的,C 语言是面向过程的结构化程序设计语言,它可以非常简便地实现这一功能。本书在第 5 章将详细介绍各种形式的选择结构应用问题。

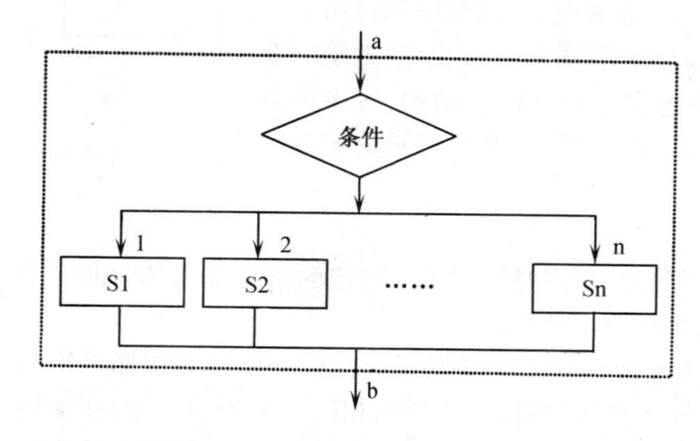

图 1 - 9　多选择结构

3. 循环结构

循环结构表示程序反复执行某个或某些操作,直到某条件为假(或为真)时才可终止循环。在循环结构中最主要的是:什么情况下执行循环?哪些操作需要循环执行?循环结构的基本形式有两种:当型循环和直到型循环,其流程如图 1 - 10 所示。图中虚线框内的操作称为循环体,是指从循环入口点 a 到循环出口点 b 之间的处理步骤,这就是需要循环执行的部分。而什么情况下执行循环则要根据条件判断。

当型结构:表示先判断条件,当满足给定的条件时执行循环体,并且在循环终端处流程自动返回到循环入口;如果条件不满足,则退出循环体直接到达流程出口处。因为是“当条件满足时执行循环”，即先判断后执行，所以称为当型循环，其流程如图 1－10（a）所示。

直到型循环：表示从结构入口处直接执行循环体，在循环终端处判断条件，如果条件不满足，返回入口处继续执行循环体，直到条件为真时再退出循环到达流程出口处，是先执行后判断。因为是“直到条件为真时为止”，所以称为直到型循环，其流程如图 1－10（b）所示。图 1－5 用迭代法求和的流程图就是一个典型的直到型循环结构。

同样，循环结构也只有一个入口点 a 和一个出口点 b，循环终止是指流程执行到了循环的出口点。图中所示的 S 处理可以是一个或多个操作，也可以是一个完整的结构或一个过程。整个虚线框中是一个循环结构。

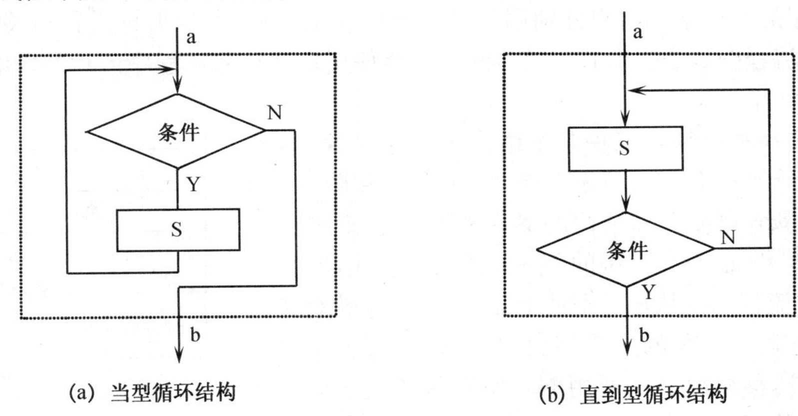

图 1－10　循环结构

通过三种基本控制结构可以看到，结构化程序中的任意基本结构都具有唯一入口和唯一出口，并且程序不会出现死循环。在程序的静态形式与动态执行流程之间具有良好的对应关系。

1.3.2　N－S 流程图

N－S 流程图是结构化程序设计方法中用于表示算法的图形工具之一。对于结构化程序设计来说，传统流程图已很难完全适应。因为传统流程图出现得较早，它更多地反映了机器指令系统设计和传统程序设计方法的需要，难以保证程序的结构良好。另外，结构化程序设计的一些基本结构在传统流程图中没有相应的表达符号。例如，在传统流程图中，循环结构仍采用判断结构符号来表示，这样不易区分到底是哪种结构。特别是传统流程图由于转向的问题而无法保证自顶而下的程序设计方法，使模块之间的调用关系难以表达。为此，两位美国学者 Nassi 和 Shneiderman 于 1973 年就提出了一种新的流程图形式，这就是 N－S 流程图，它是以两位创作者姓名的首字母取名，也称为 Nassi Shneiderman 图。

N－S 图的基本单元是矩形框，它只有一个入口和一个出口。长方形框内用不同形状的

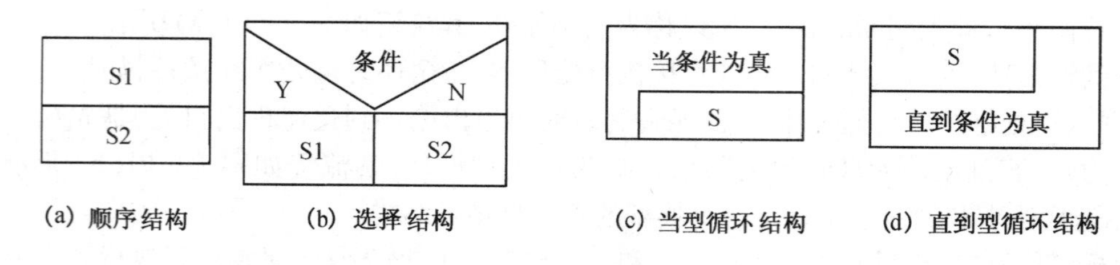

图 1－11　N－S 图

线来分割，可表示顺序结构、选择结构和循环结构。在 N－S 流程图中，完全去掉了带有方向的流程线，程序的三种基本结构分别用三种矩形框表示，将这种矩形框进行组装就可表示全部算法。这种流程图从表达形式上就排除了随意使用控制转移对程序流程的影响，限制了不良程序结构的产生。

与顺序、选择和循环这三种基本结构相对应的 N－S 流程图的基本符号如图 1－11 所示。图 1－11(a) 和图 1－11(b) 分别是顺序结构和选择结构的 N－S 图表示，图 1－11(c) 和图 1－11(d) 是循环结构的 N－S 图表示。由图可见，在 N－S 图中，流程总是从矩形框的上面开始，一直执行到矩形框的下面，这就是流程的入口和出口，这样的形式不可能出现无条件的转移情况。下面用 N－S 流程图表示前面例 1－2 中求函数值 m 的算法，其流程如图 1－12 所示。

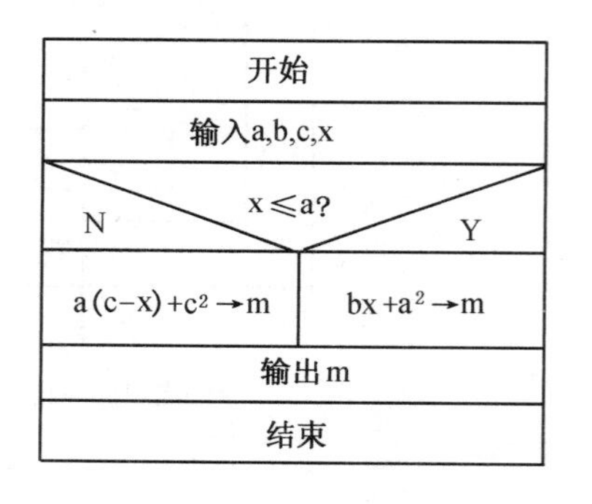

图 1－12　计算函数值的 N－S 图

值得注意的是，N－S 流程图是适合结构化程序设计方法的图形工具，对于非结构化的程序，用 N－S 流程图是无法表示的。例如在例 1－3 中，求任意两个正整数的最大公约数，其算法是非常经典的，图 1－4 中用传统流程图表示了该算法，但是这个算法却无法直接用 N－S流程图表示，因为该算法的关键是执行一个循环结构，但图 1－4 表示的循环结构既不是当型循环，也不是直到型循环，这样，用 N－S 流程图就无法表示。如果将例 1－3 中的算法稍作调整，使流程图采用单选择结构形式，其中的条件改为 r≠0，这样就可以用直到型循环的 N－S 流程图表示这个算法。图 1－13是表示例 1－3 的 N－S 流程图。

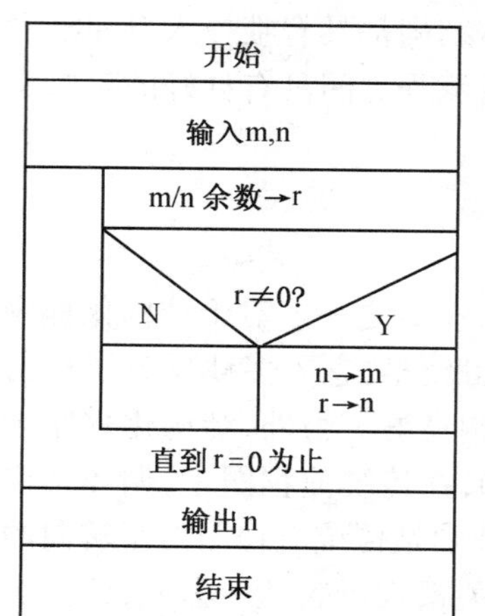

图 1－13　求最大公约数的 N－S 图

N－S 流程图是描述算法的重要图形工具之一，在结构化程序设计中得到了广泛应用。在此仅作简单介绍，旨在抛砖引玉。在实际软件开发中，有兴趣的读者可参阅有关软件工程或软件开发技术等方面的著作。

1.3.3 结构化程序设计方法

结构化程序设计方法是公认的面向过程编程应遵循的基本方法和原则。结构化程序设计方法主要包括:① 只采用三种基本的程序控制结构来编制程序,从而使程序具有良好的结构;② 程序设计自顶而下;③ 用结构化程序设计流程图表示算法。

有关结构化程序设计及方法有一整套不断发展和完善的理论和技术,对于初学者来说,完全掌握是比较困难的。但在学习的起步阶段就了解结构化程序设计的方法,学习好的程序设计思想,对今后的实际编程是很有帮助的。

1. 结构化程序设计特征

结构化程序设计的特征主要有以下几点:

(1) 以三种基本结构的组合来描述程序。

(2) 整个程序采用模块化结构。

(3) 有限制地使用转移语句,在非用不可的情况下,也要十分谨慎,并且只限于在一个结构内部跳转,不允许从一个结构跳到另一个结构,这样可缩小程序的静态结构与动态执行过程之间的差异,使人们能正确理解程序的功能。

(4) 以控制结构为单位,每个结构只有一个入口,一个出口,各单位之间接口简单,逻辑清晰。

(5) 采用结构化程序设计语言书写程序,并采用一定的书写格式使程序结构清晰,易于阅读。

(6) 注意程序设计风格。

2. 自顶而下的设计方法

结构化程序设计的总体思想是采用模块化结构,自上而下,逐步求精。即首先把一个复杂的大问题分解为若干相对独立的小问题。如果小问题仍较复杂,则可以把这些小问题又继续分解成若干子问题,这样不断地分解,使得小问题或子问题简单到能够直接用程序的三种基本结构表达为止。然后,对应每一个小问题或子问题编写出一个功能上相对独立的程序块来,这种像积木一样的程序块被称为模块。每个模块各个击破,最后再统一组装,这样,对一个复杂问题的解决就变成了对若干个简单问题的求解。这就是自上而下,逐步求精的程序设计方法。

确切地说,模块是程序对象的集合,模块化就是把程序划分成若干个模块,每个模块完成一个确定的子功能,把这些模块集中起来组成一个整体,就可以完成对问题的求解。这种用模块组装起来的程序被称为模块化结构程序。在模块化结构程序设计中,采用自上而下,逐步求精的设计方法便于对问题的分解和模块的划分,所以,它是结构化程序设计的基本原则。

例 1-9 求一元二次方程 $ax^2+bx+c=0$ 的根。

分析:先从最上层考虑,求解问题的算法可以分成三个小问题,即:输入问题、求根问题和输出问题。这三个小问题就是求一元二次方程根的三个功能模块:输入模块 M1、计算处理模块 M2 和输出模块 M3。其中 M1 模块完成输入必要的原始数据,M2 模块根据求根算法求解,M3 模块完成所得结果的显示或打印。这样的划分,使求一元二次方程根的问题变成了三个相对独立的子问题,其模块结构如图 1－14 所示。

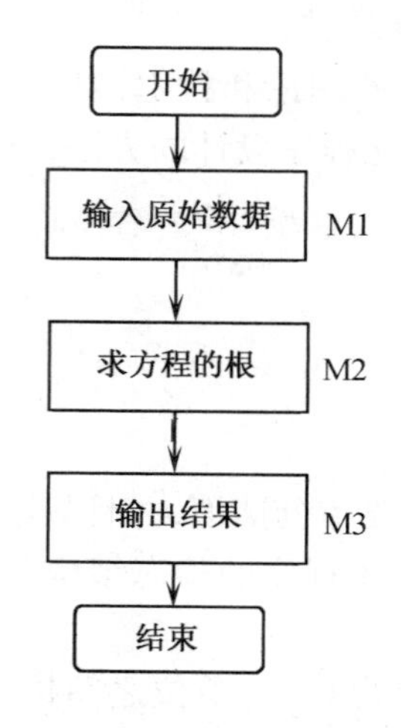

图 1－14　求一元二次方程根的顶层模块图

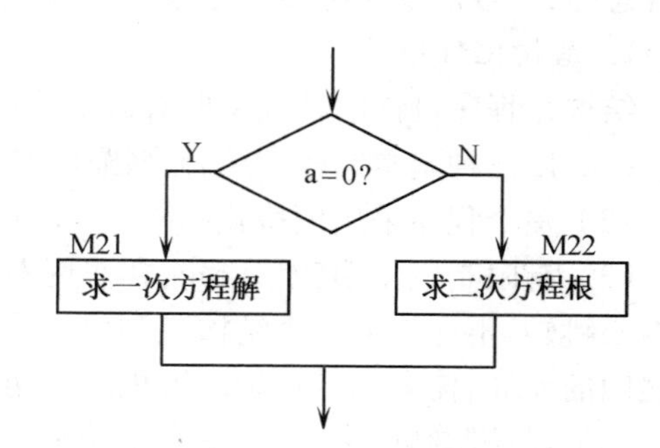

图 1－15　M2 子模块的细化

分解出来的三个模块从总体上是顺序结构。其中 M1 和 M3 模块是完成简单的输入和输出,可以直接设计出程序流程,不需要再分解。而 M2 模块是完成求根计算,求根则需要首先判断二次项系数 a 是否为 0。当 $a=0$ 时,方程蜕化成一次方程,求根方法就不同于二次方程。如果 $a\neq0$,则要根据 b^2-4ac 的情况求二次方程的根。可见 M2 模块比较复杂,可以将其再细化成 M21 和 M22 两个子模块,分别对应一次方程和二次方程的求根,其模块结构如图 1－15 所示。

此次分解后,M21 子模块的功能是求一次方程的解,其算法简单,可以直接表示。M22 是求二次方程的根,用流程图表示算法如图 1－16 所示,它由简单的顺序结构和一个选择结构组成,这就是 M22 模块最细的流程表示。然后,按照细化 M22 模块的方法,分别将 M1、M21 和 M3 的算法用流程图表示出来,再分别按图 1－15和图 1－14 的模块结构组装,最终将得到细化后完整的流程图。

可见,编制程序与建大楼一样,首先要考虑大楼的整体结构而忽略一些细节问题,待把整体框架搭起来后,再逐步解决每个房间的细节问题。在程序设计中就是首先考虑问题的顶层设计,然后再逐步细化,完成底层设计。使用自顶向下、逐步细化的设计方法符合人们解决复杂问题的一般规律,是人们习惯接受的方法,可以显著地提高程序设计的效率。在这种自顶而下、分而治之的方法的指导下,实现了先全局后局部,先整体后细节,先抽象后具体的逐步细化过程。这样编写的程序具有结构清晰的特点，提高了程序的可读性和可维护性。

3. 程序设计的风格

程序设计风格从一定意义上讲就是一种个人编写程序时的习惯。而风格问题不像方法问题那样涉及一套比较完善的理论和规则，程序设计风格是一种编写程序的经验和教训的提炼，不同程度和不同应用角度的程序设计人员对此问题也各有所见。正因为如此，程序设计风格很容易被人们忽视，尤其是初学者。结构化程序设计强调对程序设计风格的要求。因为，程序设计风格主要影响程序的可读性。一个具有良好风格的程序应当注意以下几点：

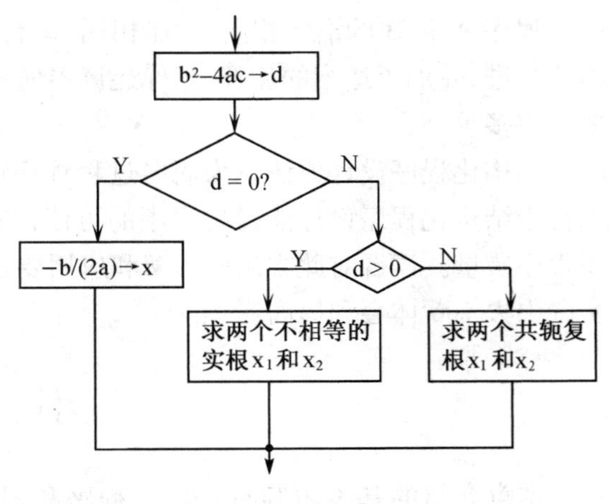

图 1-16　M22 子模块细化流程图

(1) 语句形式化。程序语言是形式化语言，需要准确，无二义性。所以，形式呆板、内容活泼是软件行业的风范。

(2) 程序一致性。保持程序中的各部分风格一致，文档格式一致。

(3) 结构规范化。程序结构、数据结构，甚至软件的体系结构要符合结构化程序设计原则。

(4) 适当使用注释。注释是帮助程序员理解程序，提高程序可读性的重要手段，对某段程序或某行程序可适当加上注释。

(5) 标识符贴近实际。程序中数据、变量和函数等的命名原则是：选择有实际意义的标识符，以易于识别和理解。要避免使用意义不明确的缩写和标识符。例如：表示电压和电流的变量名尽量使用 v 和 i，而不要用 a 和 b。要避免使用类似 aa、bb 等无直观意义的变量名。

例如，有 A 和 B 两个小程序如下：

```
/* 程序 A */
main()
{ int i=1;
  while (i<=100)              /* 循环开始行 */
  { if (i%3==0)               /* 判断是否被 3 整除 */
       printf("%d  ",i);      /* 输出 */
    i++;
  }
  printf("%d  ",i);
}
```

```
/* 程序 B */
main()
{ int i=1;
while (i<=100)
{ if (i%3==0)
printf("%d  ",i);
i++;
}
printf("%d  ",i);
}
```

程序A和B的语句相同、功能相同,运行结果也相同,但程序风格不同。程序A注意了格式缩进,并加了适当的注释,当你还读不懂一个C程序时,显然,程序A比程序B的可读性要好得多。

结构化程序设计方法作为面向过程程序设计的主流,被人们广泛接受和应用,其主要原因在于结构化程序设计能提高程序的可读性和可靠性,便于程序的测试和维护,有效地保证了程序质量。读者对此方法的理解和应用要在初步掌握C语言之后,更要在今后大量的编程实践中去不断体会和提高。

小　　结

本章介绍的基本内容有:语言、程序和程序设计;算法、算法设计和算法的表示;程序结构、结构化程序和程序风格。

语言是交流的工具,程序是指令的集合,而程序设计就是用计算机语言对所要解决的问题进行完整而准确的描述过程。一个完整的程序应该涉及以下四个方面的问题:数据结构、算法、编程语言、程序设计方法。

程序设计过程的四个步骤是:① 分析问题,建立数学模型;② 确定数据结构和算法;③ 编制程序;④ 测试程序。其中第①、②步就是确定解决问题的方案;第③步是用程序语言把这个解决方案严格地描述出来;第④步是在计算机上测试这个程序。在这里,工作过程的第①、②步与其他领域里解决问题的方法类似,只是考虑问题的基础不同、出发点不同。在程序设计领域里,我们需要从计算的观点、程序的观点出发,由此引出了数据结构、算法设计以及算法的表示等新问题。这是本章的重点,也是程序设计的基础。第③、④步是程序设计工作的特殊问题。由于程序设计具有严格规定的组成结构,各种结构有明确定义的功能和形式,要把问题解决方案转变为符合这些结构的形式,这也不是轻而易举的,需要掌握相关的技术和方法。由此引出了程序的三种基本结构、流程图、N－S图和结构化程序设计等方法和技术。这些都是程序设计的基本知识,每一个程序设计工作者都必须掌握。

会用一些常用算法(例如枚举法、迭代法、递归法等)解决实际问题,对于初学者来说,是至关重要的。许多初学者往往是把要解决的问题首先和程序设计语言中的语句联系在一起,影响了程序设计质量。设计算法和编写程序要分开考虑,当你还没有学习程序语言时,就学会针对一些简单问题设计算法,这是学习程序设计入门的好方法。

程序的结构化技术是程序设计的基本技术,它使得程序在逻辑上层次分明、结构清晰、易读、易维护,从而提高程序质量和开发效率。采用结构化程序设计方法,并且用流程图表示算法是必须的。将算法转换成程序代码,并注意程序风格,这都是编写代码时要注意的问题。

习　题

一、单项选择题

1. 面向过程的程序设计语言是________。

   A. 机器语言　　B. 汇编语言　　C. 高级语言　　D. 第四代语言

2. 程序设计一般包含以下四个步骤，其中首先应该完成的是________。

   A. 设计数据结构和算法　　B. 建立数学模型

   C. 编写程序　　D. 调试运行程序

3. 以下常用算法中，适合计算等差级数的算法是________。

   A. 枚举法　　B. 递推法　　C. 分治法　　D. 排序法

4. 以下不属于算法基本特征的是________。

   A. 有穷性　　B. 有效性　　C. 可靠性　　D. 有一个或多个输出

5. 下面描述中，不正确的是________。

   A. 程序就是软件，但软件不仅仅是程序

   B. 程序是指令的集合，计算机语言是编写程序的工具

   C. 计算机语言都是形式化语言，它有严格的语法规则和定义

   D. 计算机语言只能编写程序而不能表示算法

6. 下面描述中，正确的是________。

   A. 结构化程序设计方法是面向过程程序设计的主流

   B. 算法就是计算方法

   C. 一个正确的程序就是指程序书写正确

   D. 计算机语言是编写程序的工具而不是表示算法的工具

7. 下面描述中，不正确的是________。

   A. 递归法的关键是必须有一个递归终止条件

   B. 递归算法要求语言具有反复自我调用子程序的能力

   C. 对于同一个问题，递推算法比递归算法的执行时间要长

   D. 递推算法总可以转换为一个递归算法

8. N－S图与传统流程图比较，其主要优点是________。

   A. 杜绝了程序的无条件转移

   B. 具有顺序、选择和循环三种基本结构

   C. 简单、直观

   D. 有利于编写程序

二、填空题

1. 在流程图符号中,判断框中应该填写的是________。

2. 结构化程序设计是________应遵循的方法和原则。

3. 结构化程序必须用________程序设计语言来编写。

4. 可以被连续执行的一条条指令的集合称为计算机的________。

5. 只描述程序应该“做什么”,而不必描述“怎么做”的语言被称为________。

6. 任何简单或复杂的算法都是由________和________这两个要素组成。

7. 算法的________特征是指:一个算法必须在执行有限个操作步骤后终止。

8. 在三种基本结构中,先执行后判断的结构被称为________。

9. 在程序设计中,把解决问题确定的方法和有限的步骤称作为________。

10. 程序设计风格主要影响程序的________。

11. 用模块组装起来的程序被称为________结构程序。

12. 采用自上而下,逐步求精的设计方法便于________。

三、应用题

1. 用任何一种熟悉的方法描述求 N 个数中最小数的算法。

2. 试用枚举法设计例 1-4 中百钱买百鸡问题的算法,并用流程图表示。

3. 分别用递推和递归两种算法计算斐波那契数列:

$$f(n+2)=f(n+1)+f(n),f(1)=f(0)=1$$

的前 30 项,并用流程图表示。

4. 求例 1-6 中方程 $x^3-x-1=0$ 在 $x=1.5$ 附近的一个根。试用迭代法设计其算法,并用流程图表示。

5. 有一分数序列如下:

$$\frac{2}{1},\frac{3}{2},\frac{5}{3},\frac{8}{5},\frac{13}{8},\cdots$$

试用迭代法求出这个数列前 20 项之和,用流程图表示其算法。

6. 对输入的任意三个数 a,b,c,要求按从小到大的顺序把它们打印出来,用流程图表示该算法。

7. 判断一个整数 n 能否同时被 3 和 7 整除,用流程图表示该算法。

8. 求某课全班的平均分,用流程图表示该算法。

第2章 C语言概述

上一章介绍了程序设计的基本知识,从本章开始将进入对C程序设计语言的详细介绍。作为C语言的导引,本章主要介绍:C语言的发展、应用和特点;C程序的基本结构;C语言的基本组成,包括C语言采用的基本字符集、关键字、标识符、C语句和标准库函数等。在本章最后一节将简要介绍C程序的上机执行过程。

2.1 C语言概况

2.1.1 C语言的发展

C语言是国际上广泛流行的计算机高级程序设计语言,它是1973年由美国贝尔实验室设计发布的。由于C语言既是一个非常成功的系统描述语言,又是一个相当有效的通用程序设计语言,所以,C语言诞生后其发展速度和应用范围是任何一种程序设计语言所无法比拟的。作为现代计算机语言的代表之一,C语言展现出强大的生命力。

对C语言的研究起源于系统程序设计的深入研究和发展。1967年,英国剑桥大学的M. Richards在CPL(Combined Programming Language)语言的基础上,实现并推出了BCPL(Basic Combined Programming Language)语言。1970年,美国贝尔实验室的K. Thompson以BCPL语言为基础,设计了一种类似于BCPL的语言,称为B语言。他用B语言在PDP-7机上实现了第一个实验性的UNIX操作系统。1972年,贝尔实验室的Dennis M. Ritchie为克服B语言的诸多不足,在B语言的基础上重新设计了一种语言,由于是B语言的后继,故称为C语言。1973年,贝尔实验室的K. Thompson和Dennis M. Ritchie合作,首先用C语言重新改写了UNIX操作系统,在当时的PDP-11计算机上运行。此后,C语言作为UNIX操作系统上标准的系统开发语言,伴随着UNIX操作系统的发展,C语言越来越广泛地被人们接受和应用。

至此,C语言不断得到改进,但主要还是作为实验室产品在使用,因为它仍然依赖于具体的机器。随着计算机的普及应用,人们希望C语言能够成为一种更加安全可靠、既不依赖于具体计算机也不依赖于具体操作系统的标准化的程序设计语言。所以,1977年出现了独立于具体机器的C语言编译版本。由于C语言的独立和推广,也推动了UNIX操作系统在各种机器上的迅速实现。1978年,Brian W. Kernighan和Dennis M. Ritchie(称K&R)正式出版了著名的《The C Programming Language》一书,此书中介绍的C语言成为后来广泛使用的C语言版本基础,它被称为标准 C 语言。

C 语言的标准化工作是从 20 世纪 80 年代初期开始的。1983 年,美国国家标准化协会(ANSI)根据各种 C 语言版本对 C 的扩充和发展,颁布了 C 语言的新标准 ANSI C。ANSI C 比标准 C 有了很大的扩充和发展。

由于 C 语言的不断发展,1987 年,美国国家标准化协会在综合各种 C 语言版本的基础上,又颁布新标准,为了与标准 ANSI C 区别,所以称为 87 ANSI C。1990 年,国际标准化组织 ISO 接受了 87 ANSI C 作为 ISO C 的标准。这是目前功能最完善、性能最优良的 C 新版本。目前流行的 C 编译系统都是以它为基础的。

目前在我国微机上常用的、实际使用频率比较高的 C 语言版本主要有:Borland International 公司的 Turbo C(V2.0,V3.0);Microsoft 公司的 Microsoft C(V6.0,V7.0)等。

2.1.2 C 语言的特点

C 语言之所以能被世界计算机界广泛接受,正是由于它自身具备的突出特点。从语言体系和结构上讲,它与 Pascal、ALGOL 60 等语言相类似,是结构化程序设计语言。但从用户应用、实现难易程度、程序设计风格等角度来看,C 语言的特点又是多方面的。

(1) 适应性强。它能适应从 8 位微型机到巨型机的所有机种。

(2) 应用范围广。它可用于系统软件以及各个领域的应用软件。

(3) 语言本身简洁,使用灵活,便于学习和应用。在源程序表示方法上,与其他语言相比,一般功能上等价的语句,C 语言的书写形式更为直观、精练。

(4) 语言的表达能力强。C 是面向结构化程序设计的语言,通用直观;运算符达 30 种,涉及的范围广,功能强。可直接处理字符,访问内存物理地址,进行位操作,可以直接对计算机硬件进行操作,它反映了计算机的自身性能,足以取代汇编语言来编写各种系统软件和应用软件。鉴于 C 语言兼有高级语言和汇编语言的特点,也可称其为“中级语言”。

(5) 数据结构系统化。C 具有现代化语言的各种数据结构,且具有数据类型的构造能力,因此,便于实现各种复杂的数据结构的运算。

(6) 控制流程结构化。C 提供了功能很强的各种控制语句(如 if、while、for、switch 等语句),并以函数作为主要结构成分,便于程序模块化,符合现代程序设计风格。

(7) 运行程序质量高,程序运行效率高。试验表明,C 源程序生成的运行程序的效率仅比汇编程序的效率低 10% ~20% ,但 C 语言编程速度快,程序可读性好,易于调试、修改和移植,这些优点是汇编语言所无法比拟的。

(8) 可移植性好。统计资料表明,C 编译程序 80% 以上的代码是公共的,因此稍加修改就能移植到各种不同型号的计算机上。

(9) C 语言存在的不足之处是:运算符和运算优先级过多,不便于记忆;语法定义不严格,编程自由度大,编译程序查错纠错能力有限,对不熟练的程序员带来一定困难;C 语言的理论研究及标准化工作也有待推进和完善。

综上所述,C 语言把高级语言的基本结构与低级语言的高效实用性很好地结合起来,不失为一个出色而有效的现代通用程序设计语言。它一方面在计算机程序语言研究方面具有一定价值,由它引出了许多后继语言。另一方面,C 语言对整个计算机工业和应用的发展都起了很重要的推动作用。正因为如此,C 语言的设计者获得了世界计算机科学技术界的最高奖——图灵奖。

2.2 C 程序的基本结构

1. 两个简单的 C 程序实例

用 C 语言语句编写的程序称为 C 程序或 C 源程序。本节通过两个简单的 C 程序实例,介绍 C 程序的基本组成和结构,使读者对 C 语言和 C 程序的特性有初步的了解。

例 2-1 一个简单输出程序。

```
/* This is a hello C program. */
main ()
{
  printf("==================\n");
  printf("How are you! \n");
  printf("==================\n");
}
```

这个程序的功能是输出三行信息:

```
==================
How are you!
==================
```

程序第一行用一对"/ *"和" */"之间括起来的内容是程序的注释部分,它描述的是程序流程图中注释框中的内容。注释仅仅是为程序设计人员及程序使用者方便理解程序而附加在程序中的说明信息,对程序的运行功能是不起作用的。程序第二行是 C 程序的主函数,main 为主函数名。main 后的"( )"是函数的参数部分,括号内可为空,但括号不能省。程序第三行和第七行对应一对花括号"{ }",花括号内语句的集合构成函数体,它说明 main 函数干什么。本例中的函数体由三个语句组成,每个语句都以分号结尾。其中 printf 是 C 语言提供的标准输出库函数(详见第 4 章说明),它的作用是将双引号内的字符串原样输出,\n 是换行控制符。花括号表示函数体的开始和结束,是 C 程序不可少的重要组成部分。

例 2-2 计算函数 M(x)的值。函数 M(x)为:

$$M(x)=\begin{cases} bx+a^2 & x\leqslant a \\ a(c-x)+c^2 & x>a \end{cases}$$

其中,a,b,c 为常数。

在上一章中已经分析了这道题的算法,图 1－3 用流程图表示了该算法。当 a＝6,b＝30,c＝15 时实现此算法的 C 程序如下:

```
main()                          /* 主函数 */
{                               /* 主函数体开始行 */
  int x,m;                      /* 变量定义、说明 */
  scanf("%d",&x);               /* 输入变量 x 的值 */
  m=sub(x);                     /* 调用了函数 sub,并将得到的值赋值给 m */
  printf("m=%d\n",m);           /* 输出变量 m 的值 */
}                               /* 主函数体结束行 */

int sub(x)                      /* 定义 sub 函数, x 是形式参数 */
  int x;                        /* 定义形式参数 x */
  {                             /* 子函数体开始行 */
    int a,b,c,n;                /* 定义子函数中的变量 a、b、c、n */
    a=6;b=30;c=15;              /* 为子函数中的变量 a、b、c 赋值 */
    if (x<=a)                   /* 条件判断语句,判断 x 是否小于或等于 a */
      n=b*x+a*a;                /* 条件为真时计算 bx+a² 并赋值给 n */
    else
      n=a*(c-x)+c*c;            /* 条件为假时计算 a(c-x)+c² 并赋值给 n */
    return(n);                  /*返回语句,将 n 的值通过 sub 带回主函数调用处*/
  }                             /* 子函数体结束行 */
```

这个程序的执行结果如下:

3 ↙ (输入 3 给 x,其中↙表示回车符)

m＝126(输出 m 的值)

以上是对于输入的任意 x 值,计算函数值 M 的 C 程序。程序中每个语句的功能由其右边的注释部分给出简要说明。分析此例可知,本程序由两个函数组成,即主函数 main 和子函数 sub。主函数的具体功能是:输入 x 值,调用子函数,输出计算结果 m 的值;子函数 sub 的功能是:判断输入的 x 值是否满足条件 $x\leqslant a$,条件为真时计算 $bx+a^2$,条件为假时计算 $a(c-x)+c^2$;最后,返回语句把计算结果值通过 sub 带回主函数,并赋值给主函数中的 m 变量。

main 函数中的 scanf 和 printf 都是 C 语言提供的标准库函数。scanf 是输入函数名,其作用是由终端设备输入变量的值;printf 是输出函数名,其作用是将指定内存变量的内容输出到终端设备。需要输入输出的内容和格式由 scanf 函数和 printf 函数后面括号内的参数确定。main 函数中第 5 行是一个赋值语句 m = sub(x)，而赋值表达式 sub(x)是一个函数调用。sub 是程序设计者自定义的函数，它完成由判断到计算的过程，实现求函数值的确定功能，并将计算结果 n 返回给 main 函数。

在以上两个例子中，用到了语句、赋值、标准库函数、自定义函数、函数参数、函数调用等概念，这些在后续章节中会展开详细讨论，在此仅作简单说明。

2. C 程序的基本组成

由以上两个例子可以看到，C 程序的一般组成形式如下：

```
main()                    /* 主函数说明 */
{ 变量定义                /* 主函数体 */
  执行语句组
}
子函数名1(参数)           /* 子函数说明 */
{ 变量定义                /* 子函数体 */
  执行语句组
}
子函数名2(参数)           /* 子函数说明 */
{ 变量定义                /* 子函数体 */
  执行语句组
}
……
子函数名N(参数)           /* 子函数说明 */
{ 变量定义                /* 子函数体 */
  执行语句组
}
```

其中，子函数名 1 至子函数名 N 是用户自定义的函数。

由此可见，一个完整的 C 程序应符合以下几点：

(1) C 程序是由函数组成。其中主函数是一个特殊的函数，一个完整的 C 程序**必须有且仅有一个主函数**，它是程序启动时的唯一入口。除主函数外，C 程序还可包含若干其他 C 标准库函数和用户自定义的函数。这种函数结构的特点使 C 语言便于实现模块化的程序结构。

(2) 函数是由函数说明和函数体两部分组成。函数说明部分包括对函数名、函数类型、形式参数等的定义和说明；函数体包括对变量的定义和执行程序两部分，由一系列语句和注释组成。整个函数体由一对花括号括起来。

（3）语句是由一些基本字符和定义符按照C语言的语法规定组成的，每个语句以分号结束。

（4）C程序的书写格式是自由的。一个语句可写在一行上，也可分写在多行内。一行内可以写一个语句，也可写多个语句。注释内容可以单独写在一行上，也可以写在C语句的右面。

2.3　C语言的基本组成

任何程序设计语言如同自然语言一样，都具有自己一套对字符、单词及一些特定符号的使用规定，也有对语句、语法等方面的使用规则。在C语言中，所涉及的规定很多，其中主要有：基本字符集、标识符、关键字、语句和标准库函数等。这些规定构成了C程序的最小的语法单位。例如，例2-2中的a、b、c、x是标识符，int、if是关键字，return(n)是语句，scanf和printf是标准库函数等，这些都是由C语言规定的基本字符组成。

2.3.1　基本字符集

一个C程序是C语言基本字符构成的一个序列。C语言的基本字符集包括：

数字字符：0、1、2、3、4、5、6、7、8、9

字　　母：A、B、C、…、Z、a、b、c、…、z

（注意：字母的大小写是可区分的。如：abc与ABC是不同的）

运 算 符：+、-、*、/、%、=、<、>、<=、>=、!=、==、<<、>>、&、|、&&、||、^、~、(、)、[ ]、->、.、!、?、:、,、;

特殊符号和不可显示字符：_（连字符或下划线）、空格、换行、制表符

对初学者来说，书写程序要从一开始就养成良好的习惯，力求字符准确、工整、清晰，尤其要注意区分一些字形上容易混淆的字符，避免给程序的阅读、录入和调试工作带来不必要的麻烦。

2.3.2　标识符

在程序中有许多需要命名的对象，以便在程序的其他地方使用。如何表示在一些不同地方使用的同一个对象？最基本的方式就是为对象命名，通过名字在程序中建立定义与使用的关系，建立不同使用之间的关系。为此，每种程序语言都规定了在程序里描述名字的规则，这些名字包括：变量名、常数名、数组名、函数名、文件名、类型名等，通常被统称为“标识符”。

C 语言规定,标识符由字母、数字或下划线(_)组成,它的第一个字符必须是字母或下划线。这里要说明的是,为了标识符构造和阅读的方便,C 语言把下划线作为一个特殊使用,它可以出现在标识符字符序列里的任何地方,特别是它可以作为标识符的第一个字符出现。C 语言还规定,标识符中同一个字母的大写与小写被看做是不同的字符。这样,a 和 A,AB、Ab 是互不相同的标识符。下面是合法的和不合法的两组 C 标识符:

合法的 C 标识	不合法的 C 标识符	说明
call _ name	call. . . name	非字母数字或下划线组成的字符序列
test39	39test	非字母或下划线开头的字符序列
_ string1	– string1	非字母或下划线开头的字符序列

在 C 程序中,标识符的使用很多,使用时要注意语言规则。在例 2 – 2 的程序中,a、b、c、x 等就是变量名,main 和 sub 是函数名,它们都是符合 C 语言规定的标识符。ANSI C 标准规定标识符的长度可达 31 个字符,但一般系统使用的标识符,其有效长度不超过 8 个字符。

2. 3. 3 关键字

C 语言有一些具有特定含义的关键字,用作专用的定义符。这些特定的关键字不允许用户作为自定义的标识符使用。C 语言关键字绝大多数是由小写字母构成的字符序列,它们是:

auto	break	case	char	const	continue	default
do	double	else	enum	extern	float	for
goto	if	int	long	register	return	short
signed	sizeof	static	struct	switch	typedef	union
unsigned	void	volatile	while			

2. 3. 4 语句

语句是组成程序的基本单位,它能完成特定操作,语句的有机组合序列能实现指定的计算处理功能。所有程序设计语言都提供了满足编写程序要求的一系列语句,它们都有确定的形式和功能。C 语言中的语句有以下几类:

- C 语句
  - 流程控制语句
    - 选择语句 if,switch
    - 循环语句 for,while,do _ while
    - 转移语句 break,continue,return,goto
  - 表达式语句
  - 复合语句
  - 空语句

这些语句的形式和使用见后续相关章节。

2.3.5 标准库函数

标准库函数不是C语言本身的组成部分,它是由C编译系统提供的一些非常有用的功能函数。例如,C语言没有输入/输出语句,也没有直接处理字符串的语句,而一般的C编译系统都提供了完成这些功能的函数,称为标准库函数。

在C语言处理系统中,标准库函数存放在不同的头文件(也称标题文件)中,例如,输入/输出一个字符的函数 getchar 和 putchar、有格式的输入/输出函数 scanf 和 printf 等就存放在标准输入输出头文件 stdio.h 中,求绝对值函数和三角函数等各种数学函数存放在头文件 math.h 中。这些头文件中存放了关于这些函数的说明、类型和宏定义,而对应的子程序则存放在运行库(.lib)中。使用时只要把头文件包含在用户程序中,就可以直接调用相应的库函数了。即在程序开始部分用如下形式:

```
#include <头文件名> 或:#include"头文件名"
```

标准库函数是语言处理系统中一种重要的软件资源,在程序设计中充分利用这些函数,常常会收到事半功倍的效果。所以,读者在学习C语言本身的同时,应逐步了解和掌握标准库中各种常用函数的功能和用法,避免自行重复编制这些函数。

需要说明的是,不同C编译系统提供的标准库函数在数量、种类、名称及使用上都有一些差异,例如 ANSI C 标准建议的标准库函数有100多个,不同的编译系统在此基础上有不同的扩充,但就一般系统而言,常用的标准函数基本上是相同的。附录E中列出了一些常用的标准库函数,供读者参考。

2.4 C程序的上机执行过程

编写出C程序仅仅是程序设计工作中的一个环节,写出来的程序需要在计算机上进行调试运行,直到得到正确的运行结果为止。

C语言处理系统提供的开发环境是编译系统,所以,C程序的上机执行过程一般要经过如图2-1所示的四个步骤,即:编辑、编译、链接和运行。图中虚线框内是C编译系统提供的语言处理程序和C标准库函数,单线框内是用户程序。下面分别说明上机执行过程。

(1) 编辑C源程序。编辑是用户把编写好的C语言源程序输入计算机,并以文本文件的形式存放在磁盘上。其标识为:“文件名.C”。其中文件名是由用户指定的符合C标识符规定的任意字符组合,扩展名要求为“.C”,表示是C源程序。例如 file1.C、t.C 等。用于编辑源程序所使用的软件是编辑程序。编辑程序是提供给用户书写程序的软件环境,可用来输入和修改源程序。如DOS系统提供的全屏幕编辑程序 edit;UNIX 系统提供的文本行编辑程序

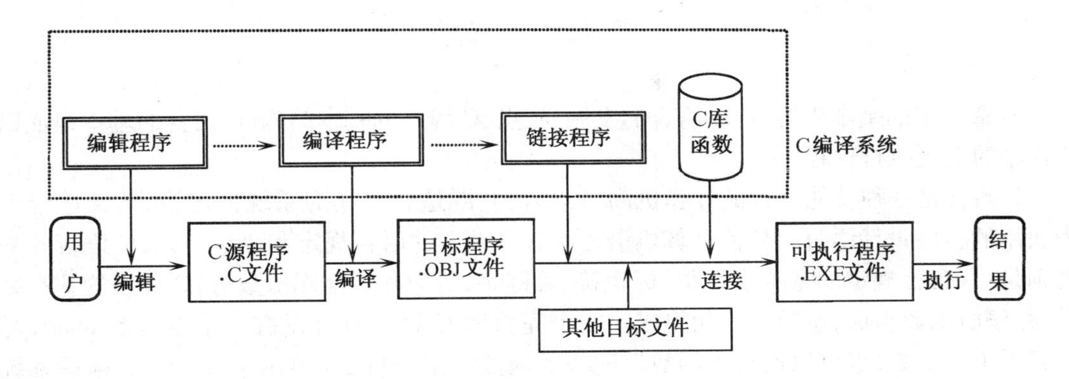

图 2－1　C 程序的上机执行过程

ed;还有许多功能更强的专用编辑程序,如 PE、NE,以及 Windows 系统提供的写字板,文字处理软件 WPS、Word 等都可以用来编辑 C 语言源程序。

(2) 编译 C 源程序。编译是把 C 语言源程序翻译成用二进制指令表示的目标文件。编译过程由 C 编译系统提供的编译程序完成。编译程序自动对源程序进行句法和语法检查,当发现错误时,就将错误的类型和所在的位置显示出来,提供给用户,以帮助用户修改源程序中的错误。如果未发现句法和语法错误,就自动形成目标代码并对目标代码进行优化后生成目标文件。目标程序的文件标识是:"文件名. OBJ"。这是系统规定的形式,扩展名". OBJ"是目标程序的文件类型标识。

(3) 程序链接。计算机还不能执行目标程序。程序链接过程是用系统提供的连接程序(也称链接程序或装配程序)将目标程序、库函数或其他目标程序链接装配成可执行的程序。可执行程序的文件名为:"文件名. EXE",扩展名". EXE"是可执行程序的文件类型标识。绝大部分系统生成的可执行文件的扩展名是". EXE",但 UNIX 系统中,生成的可执行文件自动确定为"a. OUT",除非在编译时用户特别规定自己的文件名。

有的 C 编译系统把编译和链接放在一个命令文件中,用一条命令即可完成编译和链接任务,减少了操作过程。

(4) 运行程序。运行程序是指将可执行程序投入运行,以获取程序处理的结果。如果程序运行结果不正确,可重新回到第一步,重新对程序进行编辑修改、编译和运行。与编译、连接不同的是,运行程序可以脱离语言处理环境。因为它是对一个可执行程序进行操作,与 C 语言本身已经没有联系,所以可以在语言开发环境下运行,也可直接在操作系统下运行。

必须指出,通常由于上机环境(例如机器类型、操作系统)不相同,编译系统支持性能存在个别差异,但这种差异是极个别的地方,尤其是非软件开发性的应用,是可以不去关注的。随着知识和经验的积累,这类问题会不解自通的。

小　　结

本章介绍的基本内容有:C 语言的发展、特点、C 程序的基本结构、C 语言的基本组成以及 C 程序的上机执行过程。

C 语言是一种功能强大的计算机高级语言,它既适合于作为系统描述语言,又适合于作为通用的程序设计语言。任何计算机语言都有一系列的语言规定和语法规则,C 语言的基本规则是:有自己规定的基本字符集、标识符、关键字、语句和标准库函数等;C 程序的基本结构是:程序由函数组成,函数由语句组成。一个完整的 C 程序有且仅有一个主函数 main,可以有若干个子函数,也可以没有子函数。这些子函数有用户自定义的函数,也有 C 编译系统提供的标准库函数。每个函数都由函数说明和函数体两部分组成,函数体必须用一对花括号括起来。

语句是组成程序的基本单位,C 语言中包含了四种基本语句:流程控制语句、表达式语句、复合语句和空语句,它们完成各自特定的操作。C 程序中的每个语句都由分号作为结束标志。

在 C 程序中标识符的使用有其严格的规定,这些规定没有多少道理,所以几乎没有理解问题,只需要记忆。

一个 C 源程序需要经过编辑、编译和链接后才可运行,对 C 源程序编译后生成目标文件(.OBJ),对目标文件和库文件连接后生成可执行文件(.EXE)。程序的运行是对可执行文件而言的。

习　　题

一、单项选择题

1. 以下不是 C 语言特点的是________。

   A. 语言的表达能力强　　　　B. 语法定义严格

   C. 数据结构系统化　　　　　D. 控制流程结构化

2. TC 编译系统提供了对 C 程序的编辑、编译、连接和运行环境,以下可以不在该环境下进行的是________。

   A. 编辑和编译　　　　　　　B. 编译和连接

   C. 连接和运行　　　　　　　D. 编辑和运行

3. 以下不是二进制代码文件的是________。

   A. 标准库文件　　　　　　　B. 目标文件

   C. 源程序文件　　　　　　　D. 可执行文件

4. 下面各选项组中，均属于 C 语言关键字的一组是________。

A. auto，enum，include　　B. switch，typedef，continue

C. signed，union，scanf　　D. if，struct，type

5. 下面四组字符串中，都可以用作 C 语言标识符的是________。

A. print	B. I\am	C. sign	D. if
_ maf	scanf	3mf	ty _ pe
mx _ 2d	mx _	a. f	x1#
aMb6	AMB	A&B	5XY

6. 以下不属于流程控制语句的是________。

A. 表达式语句　　B. 选择语句

C. 循环语句　　D. 转移语句

7. 下面描述中，不正确的是________。

A. C 程序的函数体由一系列语句和注释组成

B. 注释内容不能单独写在一行上

C. C 程序的函数说明部分包括对函数名、函数类型、形式参数等的定义和说明

D. scanf 和 printf 是标准库函数而不是输入和输出语句

8. 下面描述中，正确的是________。

A. 主函数中的花括号必须有，而子函数中的花括号是可有可无的

B. 一个 C 程序行只能写一个语句

C. 主函数是程序启动时唯一的入口

D. 函数体包含了函数说明部分

二、填空题

1. 一个完整的 C 程序至少要有一个____函数。

2. 标准库函数不是 C 语言本身的组成部分，它是由____提供的功能函数。

3. C 程序是以____为基本单位，整个程序由____组成。

4. 常用的标准库函数有数学函数、字符函数和字符串函数、动态分配函数、随机函数和________函数等几个大类。

5. 标准库函数存放在________文件中。

6. 目标程序文件的扩展名是________。

7. 程序链接过程是将目标程序、________或其他目标程序链接装配成可执行文件。

8. 因为源程序是________类型的文件，所以它可以用具有文本编辑功能的任何编辑程序完成编辑。

三、应用题

1. 你认为 C 语言的主要特点和用途是什么？它和其他高级语言有什么不同？

2. C 语言以函数为程序的基本单位,它有什么好处?

3. C 语言程序结构的特点是什么? 由哪些基本部分组成?

4. C 语言标识符的作用是什么? 命名规则是什么? 与关键字有何区别?

5. 指出下列符号中哪些是 C 语言标识符? 哪些是关键字? 哪些既非标识符亦非关键字?

stru	au _ to	_ auto	sizeof	3id	file	m _ i _ n
– min	call. . menu	hello	ABC	SIN90	n * m	x. y
x1234	until	cos2x	1234	1234hello	s + 3	s _ 3

6. 为什么可以称 C 为"中级语言"?

7. 请参照例 2 – 1,编写一个能输出一个简单课程表的 C 程序,并上机运行该程序。

8. 请参照例 2 – 2 和图 1 – 2 的流程图,编写任意两数交换的 C 程序,要求分别输出交换前的两数和交换后的两数。上机运行该程序。

第 3 章　数据类型与运算规则

程序处理的对象是数据,编写程序也就是描述对数据的处理过程。在写程序的过程中必然要涉及数据本身的描述问题。例如计算以下算式:

$$-(5.62\times 8+\frac{3.2}{5})\times 12.6$$

首先要解决的问题是如何将这个算式表达给计算机,乘号怎么写?分数如何表示?在程序设计语言中,上述的算式称为表达式。如何描述表达式中的数据、运算符号和运算过程?这就是本章要解决的主要问题。

这一章将首先讨论 C 语言中与数据描述有关的问题,包括数据与数据类型、常量和变量等。然后介绍 C 语言对数据运算的有关规则,包括运算类型、运算符和表达式等。

3.1　数据与数据类型

3.1.1　什么是数据和数据类型

数据是程序加工、处理的对象,也是加工的结果,所以数据是程序设计中所要涉及和描述的主要内容。程序所能够处理的基本数据对象被划分成一些组,或说是一些集合。属于同一集合的各数据对象都具有同样的性质,例如对它们能够做同样的操作,它们都采用同样的编码方式等等,把程序语言中具有这样性质的数据集合称为数据类型。

计算机基础知识告诉我们,计算机硬件也把被处理的数据分成一些类型,例如有定点数、浮点数等。CPU 对不同的数据类型提供了不同的操作指令,程序语言中把数据划分成不同类型与此有密切关系。但在程序语言中,类型的意义还不仅于此。所有程序语言都是用数据类型来描述程序中的数据结构、数据表示范围、数据在内存中的存储分配等。实际上,数据类型是计算机领域中一个非常重要的概念,可以说是计算机科学的核心概念之一。在学习程序设计的过程中,我们将要不断地与数据类型打交道。请读者给予特别的关注。

3.1.2　C 语言中的数据类型

在 C 语言中,任何数据对用户呈现的形式有两种:常量或变量。而无论常量还是变量,都必须属于各种不同的数据类型。在一个具体的 C 语言系统里,每个数据类型都有固定的表示方式,这个表示方式实际上就确定了可能表示的数据范围和它在内存中的存放形式。例如,一个整数类型就是数学中整数的一个子集合,其中只能包含有限个整数值。超出这个子集合之外的整数在这个类型里是没有办法表示的。

C 语言规定的主要数据类型如下:

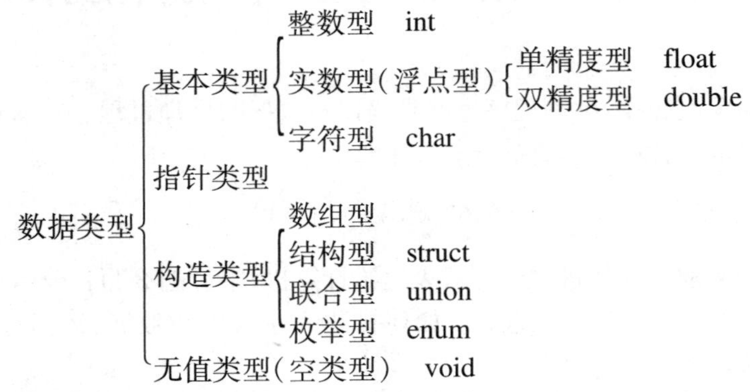

C 语言为每个类型定义了一个标识符,通常把它们称为类型名。例如整数型用 int 标识,字符型用 char 标识。一个类型名由一个或几个关键字组成,它与前面讲的"名字"不尽相同。类型名仅用于说明数据属于哪一种类型,它并不会在程序的另一处被引用。

C 语言的数据类型比其他一些程序语言要丰富,它有指针类型,还有构造其他多种数据类型的能力。例如,除了数组类型之外,C 语言还可以构造结构型、联合型和枚举型等多种数据类型。基本类型结构比较简单,构造类型一般是由其他的数据类型按照一定的规则构造而成,结构比较复杂。指针类型是 C 语言中使用灵活,颇具特色的一种数据类型。本章主要介绍常用的基本数据类型和指针类型,一是因为基本类型是其他类型的基础,有了它就足以进入讨论的主题——程序与程序设计;二是不希望冗长繁杂的介绍在这里干扰读者。我们将在第 7 章以后对其他各种数据类型做全面的介绍。

3.2　C 语言的基本数据类型及其表示

C 语言的基本数据类型包括整型数据、实型数据和字符型数据,这些不同数据类型如何表示?如何使用?它们的数据范围是什么?下面我们分别进行介绍。

3.2.1　常量与变量

1. 常量

常量是指程序在运行时其值不能改变的量,它是 C 语言中使用的基本数据对象之一。C 语言提供的常量有:

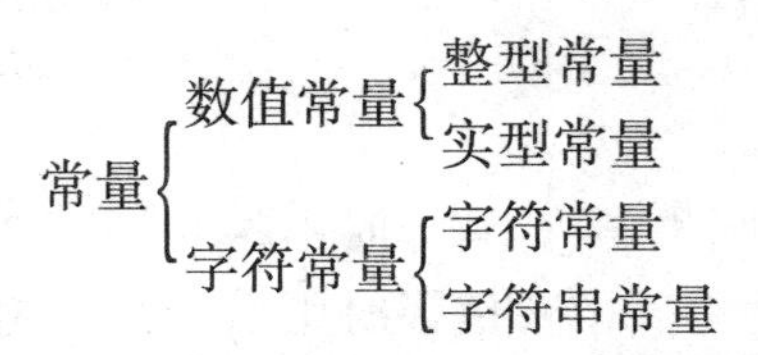

以上是常量所具有的类型属性，这些类型决定了各种常量所占存储空间的大小和数的表示范围。在C程序中，常量是直接以自身的存在形式体现其值和类型，例如：123是一个整型常量，占2个字节，整数的表示范围是 $-32768 \sim 32767$；123.0是实型常量，占8个字节，实数的表示范围是 $-3.4 \times 10^{-308} \sim 3.4 \times 10^{308}$。

需要注意的是，常量并不占内存，在程序运行时它作为操作对象直接出现在运算器的各种寄存器中。

2. 符号常量

在C程序中，常量除了以自身的存在形式直接表示之外，还可以用标识符来表示常量。因为经常碰到这样的问题：常量本身是一个较长的字符序列，且在程序中重复出现，例如：取常数π的值为3.1415927，如果π在程序中多处出现，直接使用3.1415927的表示形式，势必会使编程工作显得繁琐，而且，当需要把π的值修改为3.1415926536时，就必须逐个查找并修改，这样，会降低程序的可维护性和灵活性。因此，C语言中提供了一种符号常量，即用指定的标识符来表示某个常量，在程序中需要使用该常量时就可直接引用标识符。

C语言中用宏定义命令对符号常量进行定义，其定义形式如下：

#define 标识符 常量

其中#define是宏定义命令的专用定义符，标识符是对常量的命名，常量可以是前面介绍的几种类型常量中的任何一种。该命令的含义是使用指定的标识符来代表指定的常量，这个被指定的标识符就称为符号常量。例如，在C程序中，要用PAI代表实型常量3.1415927，用W代表字符串常量"Windows 98"，可用下面两个宏定义命令：

```
#define PAI   3.1415927
#define W   "Windows 98"
```

宏定义的功能是：在编译预处理时，将程序中宏定义（关于编译预处理和宏定义的概念详见附录A）命令之后出现的所有符号常量用宏定义命令中对应的常量一一替代。例如，对于以上两个宏定义命令，编译程序时，编译系统首先将程序中除这两个宏定义命令之外的所有PAI替换为3.1415927，所有W替换为"Windows 98"。因此，符号常量通常也被称为宏替换名。

习惯上人们把符号常量名用大写字母表示，而把变量名用小写字母表示。例3-1是符号常量的一个简单的应用。其中，PI为定义的符号常量，程序编译时，用3.1416替换所有的PI。

例3-1　已知圆半径r，求圆周长c和圆面积s的值。

```
#define PI 3.1416
main()
```

```
{ float r,c,s;
  scanf("%f",&r);
  c=2*PI*r;                    /* 编译时用3.1416 替换 PI */
  s=PI*r*r;                    /* 编译时用3.1416 替换 PI */
  printf("c=%6.2f,s=%6.2f\n",c,s);
}
```

3. 变量

变量是程序设计语言中的重要概念,它是指在程序运行时其值可以改变的量。这里所说的变量与数学中的变量是完全不同的概念。在C语言以及其他各种常规程序设计语言中,变量是表述数据存储的基本概念。我们知道,在计算机硬件的层次上,程序运行时数据的存储是靠内存储器、存储单元、存储地址等一系列相关机制实现的,这些机制在程序语言中的反映就是变量的概念。

程序里的一个变量可以看成是一个存储数据的容器,它的功能就是可以存储数据。对变量的基本操作有两个:① 向变量中存入数据值,这个操作被称作给变量"赋值"。② 取得变量当前值,以便在程序运行过程中使用,这个操作称为"取值"。变量具有保持值的性质,也就是说:如果在某个时刻给某变量赋了一个值,此后使用这个变量时,每次得到的将总是这个值。

因为要对变量进行"赋值"和"取值"操作,所以程序里的每个变量都要有一个变量名,程序是通过变量名来使用变量的。在C语言中,变量名是作为变量的标识,其命名规则符合标识符的所有规定。以下是合法的变量名:

```
f1          total       name_1      _sum        ave1        r123
stu_12_1    stu_name    x1          x1_         pi          year
```

C语言提供的基本变量类型有:

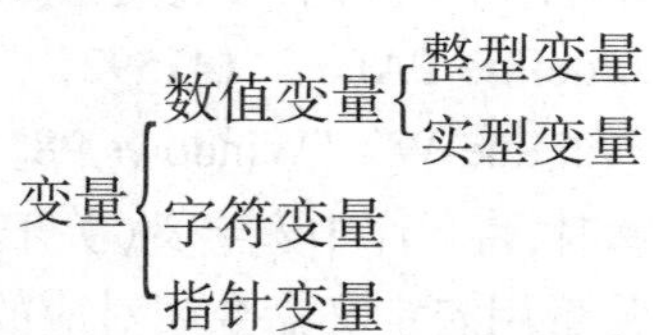

C语言要求:程序里使用的每个变量都必须首先定义,也就是说,首先需要声明一个变量的存在,然后才能够使用它。要定义一个变量需要提供两方面的信息:变量的名字和它的类型,其目的是由变量的类型决定变量的存储结构,以便使C语言的编译程序为所定义的变量分配存储空间。

4. 变量的定义

变量以标识符的形式来表示其类型。在C语言中,是用类型说明语句对变量进行定义的,其定义形式如下:

类型说明符　变量名表;

其中,类型说明符是C语言中的一个有效的数据类型,如整型类型说明符 int,字符型类型说明符 char 等。变量表的形式是:变量名1,变量名2,……,变量名 n,即:用逗号分隔的变量名的集合。最后用一个分号结束定义。定义变量的这种语言结构称为“变量说明”,例如下面是某程序中的变量说明:

```
int     a, b, c;          /* 说明 a,b,c 为整型变量 */
char    cc;               /* 说明 cc 为字符变量 */
double x, y;              /* 说明 x,y 为双精度实型变量 */
```

可见,一个定义中可以说明多个变量。而且,由于C语言是自由格式语言,把多个变量说明写在同一行也是允许的。但是为了程序清晰,人们一般不采用这种写法,尤其是初学者。在C程序中,除了不能用关键字作变量名外,可以用任何标识符作变量名。但是,一般提倡用能说明变量用途的有意义的名字为变量命名,因为这样的名字对读程序的人有一定提示作用,有助于提高程序的可读性,尤其是当程序比较大,程序中的变量比较多时,这一点就显得尤其重要。这就是结构化程序设计所强调的编程风格问题。在数学里人们常常采取对变量简单命名的方式,那是因为数学公式里使用的变量通常都很少。程序的情况则不同,一个大程序里可能有成百成千的变量,命名问题就显得特别重要。

3.2.2 整型数据及其表示

1. 整数类型

C语言提供了多种整数类型,用以适应不同情况的需要。常用的整数类型有:整型、长整型、无符号整型和无符号长整型等四种基本类型。不同类型的差别就在于采用不同位数的二进制编码方式,所以就要占用不同的存储空间,就会有不同的数值表示范围。表3-1列出了常用的基本整数类型和有关数据。

在数学中,整数是一个无限的集合,即整数的表示范围为 $-\infty \sim +\infty$。C语言标准本身也并不限制各种类型数据所占的存储字节数。但在计算机中,所有数值的取值范围受限于机器所能表示的范围,不同的计算机系统对数据的存储有具体的规定。表3-1列出了 IBM PC 机及其兼容机上对C语言整型数的规定,表中的存储字节数和取值范围表示相应类型的整数只能表示此范围内的数据。

表3-1　整数基本类型表

整数类型	存储字节	取值范围
整型	2字节	-32768 ~ 32767
长整型	4字节	-2147483648 ~ 2147483647
无符号整型	2字节	0 ~ 65535
无符号长整型	4字节	0 ~ 4294967295

计算机内部总是采用二进制补码形式表示一个整型数据,所以对于带符号的数,其负数的表示范围比正数大,请读者注意这一点。表 3 – 2 中的整型和长整型均表示带符号的整型数据,一个带符号整数和无符号整数在计算机中的存储形式是不同的,其示意图如图 3 – 1 所示。例如,长整型不可少于四个字节,但可以是八个字节。

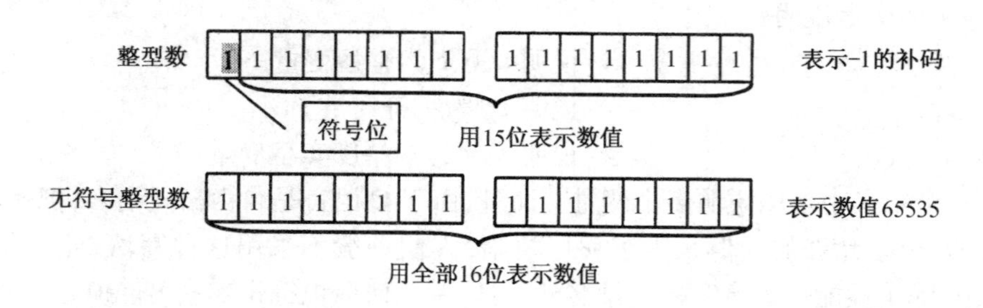

图 3 – 1　整型数据存储示意图

图中的整型数和无符号整型数都是用两个字节(16 位二进制数)表示,整型数的最高位为符号位,“1”表示负数,“0”表示正数,用其余 15 位表示数值。而无符号整型数用全部 16 位表示数值。

2. 整型常量

在计算机语言中,常量一般是以自身的存在形式直接表示数据属性,C 语言亦如此。例如: – 35 是十进制整型常数,应占 2 个字节的存储空间,而 – 35. 0 是十进制实型常数,占 8 个字节的存储空间。

在 C 语言中,所有的数值型常量都带有符号,所以整型常量只区别整型和长整型两种形式,而没有无符号整型常量。整型和长整型常量均可用十进制、八进制和十六进制三种形式表示。

(1) 十进制整型常量。

十进制整型常量的形式是有效的十进制数字串。如:123, – 123,8,0, – 5,30000 等。40000则不是一个十进制整型常量,因为它超过了整型常量的表示范围。对于这种超过某种类型表示范围的数据,C 语言系统会自动将其转换为其他适合的数据类型。

(2) 八进制整型常量。

八进制整型常量的形式是以数字“0”开头的八进制数字串。数字串中只能含有 0 ~ 7 这八个数字。

如: 056　　表示八进制数 56,等于十进制数 46。

　　017　　表示八进制数 17,等于十进制数 15。

(3) 十六进制整型常量。

十六进制整型常量的形式是以数字 0x 或 0X 开头的十六进制字符串。字符串中只能含有 0 ~ 9 这十个数字和 a、b、c、d、e、f(或大写的 A、B、C、D、E、F)这六个字母。这一规定与计算机领域中通行的表示十六进制字符方式相同。

如:0x123　　表示十六进制数 123,等于十进制数 291。

0x3A　　表示十六进制数 3A,等于十进制数 58。

0x2e　　表示十六进制数 2e,等于十进制数 46。

以上是整型常量的表示,对于长整型常量同样可以用十进制、八进制和十六进制三种形式表示。其表示形式是在常量之后加上字母"l"或"L"。例如: 123L, -1234567L, 01, 32769L, 0171, 0x123BL, 0Xf3acL, 0x2eL 都是长整型常量。

长整型常量在计算机中占 4 个字节,数的表示范围可达到 -2147483648 ~ 2147483647。所以尽管 40000 不是一个合法的十进制整型常量,但 40000 L 是一个合法的十进制长整型常量。

3. 整型变量

在 C 语言中,整型变量有上述整型数据所具有的四种类型:整型、长整型、无符号整型和无符号长整型。整型变量以关键字 int 作为基本类型说明符,另外配合 4 个类型修饰符,用来改变和扩充基本类型的含义,以适应更灵活的应用。可作用于基本型 int 上的 4 个类型修饰符有:

long　　长
short　　短
signed　　有符号
unsigned　　无符号

这些修饰符与 int 可以组合成如表 3-2 所示的不同整数类型,这是 ANSI C 标准允许的整数类型。由表中可见,有些修饰符是多余的,例如修饰符 signed 和 short 就是不必要的,因为 signed int、short int、signed short int 与 int 类型都是等价的。提出这些修饰符只是为了提高程序的可读性。因为 signed 与 unsigned 对应,short 与 long 对应,使用它会使程序看起来更加明了。

表 3-2　ANSI 标准规定的整型变量属性表

数据类型	占用字节数	二进制位	取值范围
int	2	16	-32768 ~ 32767
short [int]	2	16	同 int
long [int]	4	32	-2147483648 ~ 2147483647
signed [int]	2	16	同 int
signed short [int]	2	16	同 int
signed long [int]	4	32	同 long int
unsigned [int]	2	16	0 ~ 65535
unsigned short [int]	2	16	同 unsigned int
unsigned long [int]	4	32	0 ~ 4294967295

前面已经提到,一个C程序中用到的所有变量都必须在使用前进行变量说明。一是说明变量类型,二是说明变量名。对于程序中要说明为整型的变量,只需在说明语句中指明整型数据类型和相应的变量名即可。

```
例如:int a,b,c;               /* 说明 a,b,c 为整型变量 */
     long e,f;                /* 说明 e,f 为长整型变量 */
     unsigned short g,h;      /* 说明 g,h 为无符号短整型变量 */
     signed int x,y;          /* 说明 x,y,z 为带符号整型变量,其作用同 int x,y */
```

4. 整型数据应用中的几个问题

整型数据在使用中应注意以下几个问题:

(1) 变量要先定义后使用;

(2) 数据溢出;

(3) 常量与变量的类型要匹配。

下面通过一个简单的程序实例讨论以上三个问题。

例 3-2 编写求两数和的C程序并上机运行。程序如下:

```
/* SUM.C 源程序 */
main()                          /* 求两数和主函数 */
{
  int a,b;                      /* 说明 a、b 为整型变量 */
  a=32767;                      /* 为变量 a 赋最大值 */
  b=3;                          /* 为变量 b 赋值 */
  c=a+b;                        /* 计算 a+b 并将结果赋值给变量 c */
  printf("c=%d\n",c);           /* 输出变量 c 的值 */
}
```

讨论1:在Visual C++开发环境下运行此程序时,编译过程中提示有一个错误,信息窗口显示如图3-2所示的错误信息,说明源程序第七行的c=a+b;有错,错误原因是主程序中的变量c没有定义。所以,修改程序第四行的int a,b为:

int a,b,c;

重新编译即可通过。可见,C程序中的所有变量都必须先定义后使用。

图3-2 SUM.C源程序编译出错信息

讨论 2: 由 SUM. C 源程序可见,该程序的运行结果应该是:c = 32770,可实际运行结果如下:

c = -32766

显然这个结果是错误的,但系统没有提示出错。为什么会出现这种情况呢? 图 3-4 是该程序运行后变量 a、b、c 中的存储情况。由图中可见,a 和 b 的值都没有超出整型数的表示范围,而 a 加 b 后应得到 32770,这个数已经超出了整型数的表示范围,称为溢出。但这种溢出在内存变量 c 中的表现形式正好是数值 -32766 的补码形式,当输出变量 c 的内容时自然就输出了 -32766,造成结果错误。这就是数据溢出导致的结果。对于这种问题,系统往往不给出错误提示,而是要靠正确使用类型说明来保证其正确性。所以要求对数据类型的使用要仔细,对运算结果的数量级要有基本估计。

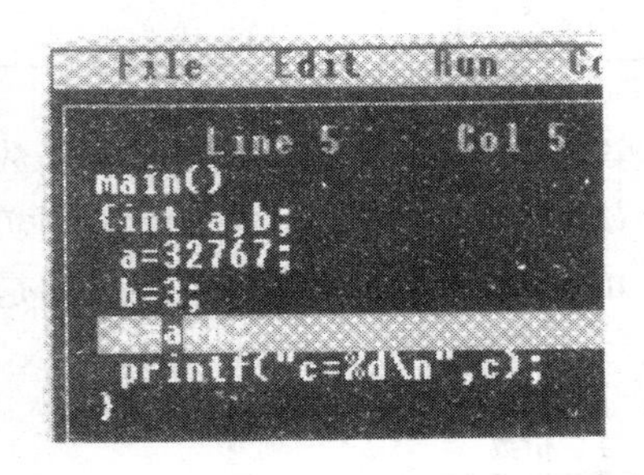

图 3-3 SUM. C 源程序编辑窗口

变量																	值
变量 a	0	1	1	1	1	1	1	1	1	1	1	1	1	1	1	1	32767
变量 b	0	0	0	0	0	0	0	0	0	0	0	0	0	0	1	1	3
变量 c	1	0	0	0	0	0	0	0	0	0	0	0	0	0	1	0	-32766 的补码

图 3-4 两数相加变量存储示意图

如果把上述程序做以下修改:

```
main()
  { long a,b,c;                    /* 说明 a、b、c 为长整型变量 */
    a=32767;
    b=3;
    c=a+b;
    printf("c=%ld\n",c);           /* 按长整型格式输出变量 c 的值 */
  }
```

即把变量 a、b、c 定义为长整型,就可以得到正确的运行结果。请读者思考:如果只把 c 定义为长整型,a 和 b 还保持整型,结果会怎样?

讨论 3: 在 C 程序中,要注意常量与变量的类型匹配问题,例如上述程序中变量 c 的结果是正整数 32770,与之匹配的有 long int 型,还有 unsigned int、unsigned short int 和 unsigned long int 等所有无符号整型,因为 32770 是正数,又没有超出所有无符号整型数的表示范围。而 int 或 short int 型是不能与之匹配的,否则会产生溢出。

3.2.3 实型数据及其表示

1. 实数类型

C 语言提供了三种用于表示实数的类型:单精度型、双精度型和长双精度型。表 3-3 列出了实型数据的长度和表示范围。表中的取值范围是指绝对值,它表示了数值的精度,有效位是指数据在计算机中存储和输出时能够精确表示的数字位数。

表 3-3 实数基本类型表

实数类型	存储字节数	取值范围(绝对值)	有效位
单精度型	4 字节	$10^{-38} \sim 10^{38}$	6 ~7
双精度型	8 字节	$10^{-308} \sim 10^{308}$	15 ~ 16
长双精度型	16 字节	$10^{-4931} \sim 10^{4932}$	18 ~ 19

在计算机中,实数是以浮点数形式存储的,所以通常将单精度实数称为浮点数。浮点数在计算机中是按指数形式存储的,即把一个实型数据分成小数和指数两部分。例如十进制实型数据 0.123456×10^{-2} 在计算机中的存放形式可用图 3-5 示意。实际上计算机中存放的是二进制数,这里仅用十进制数说明其存放形式。

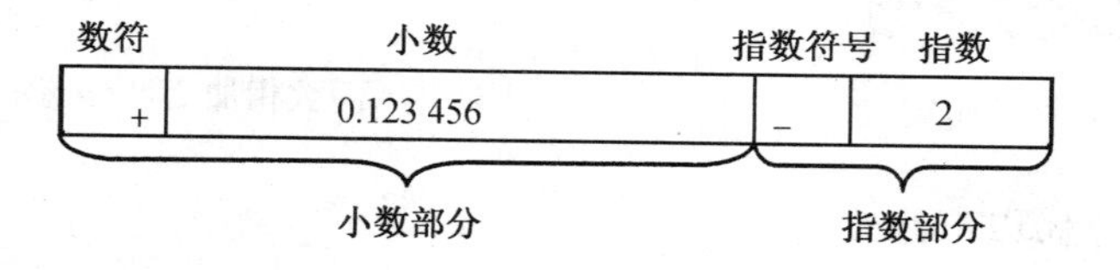

图 3-5 实型数在计算机中的存放形式

其中,小数部分一般都采用规格化的数据形式,即:小数点放在第一个有效数字前面,使小数部分为一个小于 1 的纯小数。例如 0.123456×10^{-2} 还可表示为 123.456×10^{-5}、1.23456×10^{-3}、$0.000123456 \times 10^{1}$ 等,但这些都不是规格化的数。

表示小数部分的位数愈多,数的有效位就愈多,数的精确度就愈高。表示指数部分的位数愈多,数的表示范围就愈大。究竟用多少位来表示小数部分,多少位表示指数部分,C 标准对此并无具体规定,由各 C 编译系统自定。对于单精度实数,一般的 C 编译系统用 4 个字节中的前 24 位表示小数部分,其中最高位为整个数的符号位,用后 8 位表示指数部分,其中最高位为指数的符号位(见图 3-5)。这样,单精度实数的精度就取决于小数部分的 23 位二进制数位所能表达的数值位数,将其转换为十进制,最多可表示 7 位十进制数字,所以单精度实数的有效位是 7 位。

由实型数据的存储形式可见,由于机器存储位数的限制,浮点数都是近似值,而且多个浮点数运算后误差累积很快,所以引进了双精度型和长双精度型,用于扩大存储位数,目的是增加实数的长度,减少累积误差,改善计算精度。

2. 实型常量

实型常量亦被称为实型数或浮点数。在C语言中,实型常量一般都作为双精度来处理,并且只用十进制数表示。实型常量有两种书写格式:小数形式和指数形式。

(1)小数形式:它由符号、整数部分、小数点及小数部分组成。例如以下都是合法的小数形式实型常量:

12.34, 0.123, .123, 123., -12.0, -0.0345, 0.0, 0.

注意其中任何位置上的小数点都是不可缺少的。例如123.不能写成123,因为123是整型常量,而123.是实型常量。

(2)指数形式:由十进制小数形式加上指数部分组成,其形式如下:

十进制小数e指数 或:十进制小数E指数

格式中的e或E前面的数字表示尾数,e或E表示底数10,而e或E后面的指数必须是整数,表示10的幂次。例如25.34e3表示 $25.34\times10^3=25340$。以下都是合法的指数形式实型常量:

2.5e3, -12.5e-5, 0.123E-5, -267.89E-6, 0.61256e3

注意指数必须是不超过数据表示范围的正负整数,并且在e或E前必须有数字。例如:

e3, 3.0e, E-9, 10e3.5, .e8, e 都是不合法的指数形式。

对于上述两种书写形式,系统均默认为是双精度实型常量,可表示15~16位有效数字,数的表示范围可达到 $10^{-308}\sim10^{308}$。如果要表示单精度实型常量和长双精度实型常量,只要在上述书写形式后分别加上后缀f(F)或l(L)即可。例如:

2.3f, -0.123F, 2e-3f, -1.5e4F 为合法的单精度实型常量,注意只有7位有效数字。

1256.34L, -0.123L, 2e3L, 为合法的长双精度实型常量,有18~19位有效数字。

对于超过有效数字位的数位,系统存储时自动舍去。

3. 实型变量

在C语言中,实型变量分为单精度、双精度和长双精度三种类型。ANSI C标准允许定义三种实型变量的关键字如下:

float	单精度型
double	双精度型
long double	长双精度型

实型变量的定义,只需在说明语句中指明实型数据类型和相应的变量名即可。

例如:
```
float a,b;          /* 说明变量 a,b 为单精度型实数 */
double c,d;         /* 说明变量 c,d 为双精度型实数 */
long double e,f     /* 说明变量 e,f 为长双精度型实数 */
```

4. 实型数据应用中的误差问题

例 3-3 输出实型数据 a,b。

```
main( )
  { float a;                          /* 说明变量 a 为单精度型 */
    double b;                         /* 说明变量 b 为双精度型 */
    a = 12345.6789;                   /* 为 a 赋值 */
    b = 0.1234567891234567899e15;     /* 为 b 赋值 */
    printf("a = %f,b = %f\n",a,b);    /* 输出变量 a、b 的值 */
  }
```

程序为单精度变量 a 和双精度变量 b 分别赋值,并不经过任何运算就直接输出变量 a,b 的值。理想结果应该是照原样输出,即:

a = 12345.6789,b = 0.1234567891234567899e15

但运行该程序,实际输出结果是:

a = 12345.678711,b = 123456789123456.800000

由于实型数据的有效位是有限的,程序中变量 a 为单精度型,只有 7 位有效数字,所以输出的前 7 位是准确的,第 9 位以后的数字“711”是无意义的。变量 b 为双精度型,可有 15 ~ 16 位的有效位,所以输出的前 16 位是准确的,第 17 位以后的数字“97000”是无意义的。由此可见,由于机器存储的限制,使用实型数据会产生一些误差,运算次数愈多,误差积累就愈大,所以要注意实型数据的有效位,合理使用不同的类型,尽可能减少误差。

3.2.4 字符型数据及其表示

1. 字符型数据

文字处理是计算机的一个重要应用领域,这个应用领域的程序必须能够使用和处理字符形式的数据。在 C 语言中,字符型数据包括字符和字符串两种,例如'a'是字符,而"Windows"是字符串。

字符型数据在计算机中存储的是字符的 ASCII 码(ASCII 码表见附录 D),一个字符的占用一个字节。因为 ASCII 码形式上就是 0 到 255 之间的整数,因此 C 语言中字符型数据和整型数据可以通用。例如,字符“A”的 ASCII 码值用二进制数表示是 1000001,用十进制数表示是 65,在计算机中的存储示意图见图 3-6。由图可见,字符“A”的存储形式实际上就是一个整型数 65,所以它可以直接与整型数据进行算术运算、混合运算,可以与整型变量相互赋值,也可以将字符型数据以字符或整数两种形式输出。以字符形式输出时,先将 ASCII 码值转换为相应的字符,然后再输出;以整数形式输出时,直接将 ASCII 码值作为整数输出。

字符“A”的 ASCII 码	0	1	0	0	0	0	0	1	二进制表示一个字节

字符“A”的 ASCII 码	65	十进制表示

整型数	0	0	0	0	0	0	0	0	0	1	0	0	0	0	0	1	65

图 3－6　字符型数据存储示意图

2. 字符型常量

字符常量亦被称为字符常数。C 语言中字符常量是括在一对单引号内的一个字符。例如:′x′、′B′、′b′、′$′、′?′、′ ′(表示空格字符)、′3′都是字符常量,注意其中′B′和′b′是不同的字符常量。

除了以上形式的字符常量外,对于常用的但却难以用一般形式表示的不可显示字符,C 语言提供了一种特殊的字符常量,即用一个转义标识符“\”开头,后续需要的转义字符来表示。常用的转义字符序列的字符常量见表 3－4。

表 3－4　转义字符序列及其功能

转义字符	功　　能
\n	换行
\t	水平跳格
\b	退格
\r	回车
\f	走纸换页
\\	反斜线字符
\′	单引号字符
\″	双引号字符
\ddd	1 至 3 位八进制数表示的字符
\xdd	1 至 2 位十六进制数表示的字符

转义字符是一种特殊形式的字符常量,其意思是将转义符“\”后的字符原来的含义进行转换,变成某种另外特殊约定的含义。

例如,转义字符“\n”中的 n 已不代表字符常量“n”,由于 n 前面是转义符“\”,所以 n 就转义成换行。转义字符“\015”是“\ddd”形式的转义字符,其中“015”是八进制字符串,它表示了 ASCII 码表中编码为十进制 13 的字符,也就是回车。转义字符“\x1f”是“\xdd”形式的转义字符,其中“1f”是十六进制字符串,它表示了 ASCII 码表中编码为十进制 31 的字符,也就是▼。

可见,用转义字符方法可以表示任何可显示或不可显示的字符。在实际应用中,转义字符的使用很多,例如:有以下程序行:

printf("a = %f,b = %f\n",a,b);

其中的"\n"就是转义字符换行。几乎每个程序中都会有一个或若干个这样的程序行。要注意其使用。

3. 字符型变量

字符型变量用于存放字符,即一个字符型变量可存放一个字符,所以一个字符型变量占用1个字节的内存容量。说明字符型变量的关键字是char,使用时只需在说明语句中指明字符型数据类型和相应的变量名即可。例如:

```
char s1, s2;            /* 说明 s1,s2 为字符型变量 */
s1 = 'A';               /* 为 s1 赋字符常量'A' */
s2 = 'a';               /* 为 s2 赋字符常量'a' */
```

4. 字符串常量

字符串常量是用一对双引号括起来的字符序列。这里的双引号仅起到字符串常量的边界符的作用,它并不是字符串常量的一部分。例如下面的字符串都是合法的字符串常量:

"I am a student. \n","ABC","","a"

注意不要把字符串常量和字符常量混淆,如"a"和'a'是根本不同的数据,前者是字符串常量,后者是字符常量。如果字符串常量中出现双引号,则要用反斜线'\"'将其转义,取消原有边界符的功能,使之仅作为双引号字符起作用。例如,要输出字符串:

He says:"How do you do."

应写成如下形式:

printf ("He says:\"How do you do. \"");

C语言对字符串常量的长度不加限制,编译程序总是自动地在字符串的结尾加上一个转义字符'\0'(即ASCII码是0,所对应的字符是空),作为字符串常量的结束标志。对字符串操作时,这个结束标志是非常重要的。例如输出字符串时,遇到这个结束标志才终止输出。

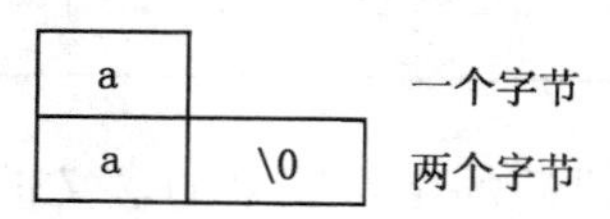

图3-7 字符与字符串的存储

可见,字符常量与字符串常量的区别有两个方面:从形式上看,字符常量是用单引号括起的单个字符,而字符串常量是用双引号括起的一串字符;从存储方式看,字符常量在内存中占一个字节,而字符串常量除了每个字符各占一个字节外,其字符串结束符'\0'也要占一个字节。例如:字符常量'a'占一个字节,而字符串常量"a"占2个字节,如图3-7示意图所示。

C语言没有专门的字符串变量,如果需要处理字符串,一般用字符型数组来实现。关于字符数组及其他字符数据处理问题在本书第7章作详细介绍。

5. 字符数据的应用举例

例3-4 计算字符'A'与整型数据25的和。

```
main()
{ char a;                              /* 说明 a 为字符型变量 */
  int b;                               /* 说明 b 为整型变量 */
  a='A';                               /* 为 a 赋字符常量'A' */
  b=a+25;                              /* 计算 65+25 并赋值给字符变量 b */
  printf("%c,%d,%c,%d\n",a,a,b,b);     /* 分别以字符型和整型两种格式输出 a、b */
  }
```

程序运行的输出结果如下：

A,65,Z,90

上述程序中 a 变量的值是'A',实际存放的是'A'的 ASCII 码 65,它可直接与十进制整型常量 25 相加,所得整型数据 90 赋值给变量 b,而 90 是大写字符'Z'的 ASCII 码,所以可以将 a、b 变量分别以字符型和整型两种格式输出。可见字符型数据和整型数据是可以通用的。

3.2.5 变量的初始化

通常一个变量是先说明,然后再赋值给它,例如：

```
int x,y;
x=10,b=20;
……
```

在 C 语言中,也可以对变量进行初始化,即允许在说明变量的同时对变量赋初值。所以上例可改为：

```
int x=10,y=20;
……
```

所以变量赋值具有两种形式,一种是先说明后赋值,另一种是在说明变量的同时对变量赋初值,这就是变量的初始化。所有类型的变量都可以初始化,例如：

```
float x=123.45;            /* 说明 x 为实型量,且赋初值为 123.45 */
int a,b,c=10;              /* 类型说明语句中给部分变量赋初值,即仅给 c 赋初值 10 */
int a1=10,b1=6,c1=10;      /* 说明整型变量 a1、b1、c1,并分别赋不同的初值 */
double pai=3.14;           /* 说明 pai 为双精度实型变量,且赋初值为 3.14 */
char ch='a';               /* 说明字符变量 ch,并赋初值为'a' */
int x,*pa=&x;              /* 说明整型变量 x 和指向整型变量的指针变量 pa,且给 pa
                              赋初值为变量 x 的地址 */
```

以上为 x、c、a1、b1、c1、pai、ch 和 *pa 都赋了初值,它与用赋值语句赋值有同样的效果。例如上面最后一行的 int x,*pa=&x;相当于：

```
int x, *pa;
pa = &x;
```

但是变量初始化不是在程序编译时完成的(除后面介绍的外部变量和静态变量),而是在程序运行时进行变量赋初值。这与一般的赋值语句是不同的。

3.3 算术运算与赋值运算

3.3.1 C语言中的运算规则

在计算机语言中,所有的运算都是按照事先规定的规则进行。前面介绍的数据类型、常量、变量等就是运算对象的规则,它们是运算中的基本元素。下面介绍运算的操作规则,包括运算符、表达式和运算过程。

运算符是C语言里用于描述对数据进行运算的特殊符号。有了基本数据对象和运算符,就可以写出描述计算的表达式了。C语言具有丰富而繁多的运算符,由它构成了各种表达式,这是其他任何程序设计语言所不可比的。其中有些运算符已超出了一般"运算符"的概念,这为编写程序带来了很大的方便性和灵活性,使程序简洁而高效。但另一方面,由于运算符丰富也会产生不便于记忆、应用难度较高等问题。初学者一定要注意运算符、表达式和运算过程的使用规则,这是编程的基本条件。由这一节开始直到本章结束主要讨论C语言的各种运算符及它们的形式和意义,介绍如何用这些运算符构造表达式。还要介绍一些与运算符、表达式和表达式所描述的计算有关的重要问题。

1. 运算符

C语言的运算符种类多、功能强,除了通常的程序设计语言提供的算术、关系及逻辑等运算符以外,还有一些完成特殊任务的运算符(操作符)。

C语言的运算符按其在表达式中与运算对象的关系(连接运算对象的个数)可以分为:

单目运算:一个运算符连接一个运算对象

双目运算:一个运算符连接两个运算对象

三目运算:一个运算符连接三个运算对象

若按它们在表达式中所起的作用又可以分为:

算术运算符: +、-、*、/、%

自增自减运算符: ++、--

赋值与赋值组合运算符: =、+=、-=、*=、/=、%=、<<=、>>=、|=、&=、^=

关系运算符: <、<=、>、>=、==、!=

逻辑运算符: &&、||、!

位运算符: |、^、&、<<、>>、~

条件运算符： ?:

逗号运算符： ,

其他： ＊、&、(type)、()、[]、.、->、sizeof

2. 表达式

表达式就是用运算符将运算对象连接而成的符合 C 语言规则的算式。C 语言是一种表达式语言，它的多数语句都与表达式有关。正是由于 C 语言具有丰富的多种类型的表达式，才得以体现出 C 语言所具有的表达能力强，使用灵活，适应性好的特点。

如果按照运算符在表达式中的作用，C 的表达式可分为：

算术表达式	例：	a + b	- c
自增、自减表达式	例：	i ++	-- i
关系表达式	例：	a! = b	(a + b) > (a - b)
逻辑表达式	例：	! a	a&&(b == c)
字位表达式	例：	a << 2	a&b
赋值表达式	例：	a = 3	a ∗ = 2 a = b = 6
逗号表达式	例：	(a + b, a - b)	

如果按照运算符与运算对象的关系，则可以分成：

单目表达式	例：	++ a	b = - a y = !a
双目表达式	例：	a + b	c = a^b
三目表达式	例：	max = (a > b) ? a:b	

表达式中的运算对象可为常量、变量、函数调用等。表达式是程序和语句中最为活跃的成分，C 语言的多数执行语句中都包含有表达式。有些表达式在程序中可以作为一个独立的语句，如赋值表达式，组合赋值表达式，自增自减表达式等，将这些可作为独立语句使用的表达式称为表达式语句。

对 C 语言表达式的理解和掌握，除了要严格遵循表达式构成的规则外，最重要的有两方面：一是对表达式含义的理解，也就是对各种运算符运算规则的理解；二是掌握运算符的优先级和结合规则。在此基础上才能灵活地用表达式有效地对实际问题进行描述。

3. 优先级和结合性

C 语言中的运算具有一般数学运算的概念，即有优先级和结合性（也称为结合方向）。

优先级：指同一个表达式中不同运算符进行计算时的先后次序。

结合性：结合性是针对同一优先级的多个运算符而言的，它是指同一个表达式中相同优先级的多个运算应遵循的运算顺序。

如数学中的四则运算，乘、除的优先级高于加、减；而乘、除之间是同级运算，其运算顺序是从左向右。C 语言的运算符也同样具有运算的优先级和结合性。通常所有单目运算的优先级高于双目运算。C 语言规定，单目运算符是自右向左结合，双目运算符是自左向右结合。

关于 C 语言运算符的种类、优先级、结合性等问题参见附录 B。

3.3.2 算术运算符与算术表达式

1. 算术运算符

C 语言允许的算术运算符及其有关的说明见表 3－5。

表 3－5 算术运算符

运算符	含　　义	运算对象个数	结合方向	简例
+	加法运算或取正值运算	双目、单目运算符	自左至右	a+b，+5
-	减法运算或取负值运算	双目、单目运算符	自左至右	a-b，-5
*	乘法运算	双目运算符	自左至右	a*b
/	除法运算	双目运算符	自左至右	a/b
%	模运算(求余运算)	双目运算符	自左至右	5%7

其中需要说明的是：

(1)"+""-"运算符既具有单目运算的取正值运算和取负值运算的功能，又具有双目运算功能。作为单目运算符使用时其优先级别高于双目运算符。

(2) 除法运算"/"在使用时要特别注意数据类型。因为两个整数(或字符)相除，其结果是整型。如果不能整除时，只取结果的整数部分，小数部分全部舍去。例如：

1/3 =0　　　　　　13/4 =3

只取结果的整数部分 0 和 3，而舍去了 0.333333 和 0.25 小数部分。

若两个实数相除，所得的商也为实数。例如上述两个整数如果用实数相除，则有：

1.0/3.0 =0.333333　　　　13.0/4.0 =3.250000

可见，整数相除时，如果不能整除，将造成很大误差，所以要尽量避免整数直接相除。

(3) 模运算"%"也称为求余运算。运算符"%"要求两个运算对象都为整型，其结果是整数除法的余数。例如：

5%10 =5　　10%3 =1　　-10%3 = -1　　-10% -3 = -1　　10% -3 =1

(4) 算术运算符的优先级及结合性如下：

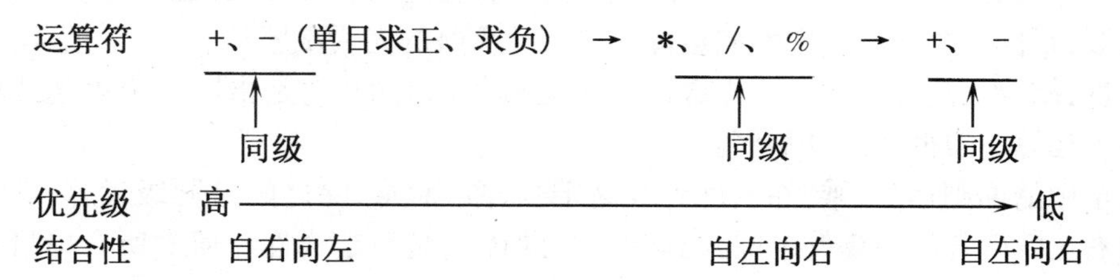

2. 算术表达式

C 语言的算术表达式由算术运算符、常数、变量、函数和圆括号组成，其基本形式与数学上的算术表达式类似。例如：

3 + 5　　12.34 - 23.65 * 2　　-5 * (18%4 + 6)　　x/(67 - (12 + y) * a)

都是合法的算术表达式。使用算术表达式时应注意：

(1) 双目运算符两侧运算对象的类型必须一致，所得结果的类型将与运算对象的类型一致。如果类型不一致，系统将自动按转换规律先对操作对象进行转换，然后再进行相应的运算。

(2) 用括号可以改变表达式的运算顺序，左右括号必须配对，多层括号都用圆括号“( )”表示，运算时先计算内括号中表达式的值，再计算外括号中表达式的值。例如上述表达式 x/(67 - (12 + y) * a) 的运算顺序是：

x/(67 - (12 + y) * a)

①

②

③

④

注意，算术表达式中的运算对象可为常量、变量、函数调用等。其中函数调用是指既可以调用系统定义的各类函数库中的函数，也可以调用自己编写的函数。以数学函数的调用为例，C 语言把数学计算中常用的计算公式（或算法）抽象定义为一个个的函数，这些函数的集合构成了 C 语言的数学库（见附录 E），这样在程序中用到相应的函数时只要直接调用即可。例如，要计算 sin(x) + cos(y/2)，通过调用 C 语言数学函数库中的 sin 和 cos 函数，可直接写出算术表达式如下：

sin(x) + cos(y/2)

另外，C 语言中不含乘方运算符，对于乘方运算也要调用系统提供的函数库中的数学函数。关于系统函数库中常用函数的功能及有关说明在附录 E 中给出，读者可参照使用。关于函数一些更全面、深入的问题从第 8 章开始将有详述。

例 3-6　将下列数学表达式：

$$\frac{a+b+c}{\sqrt{a}+b(\sin x+\sin y+\sin z)}$$

写成符合 C 语言规则的表达式。

其 C 语言表达式如下：

(a + b + c)/(sqrt(a) + b * (sin(x) + sin(y) + sin(z)))

其中 sqrt(a) 和 sin(x)、sin(y)、sin(z) 都是数学函数的引用，表达式中用了三层括号，以保证表达式的运算顺序。

3.3.3 自增、自减运算

自增"++"、自减"--"运算是单目运算,其作用是使变量的值增 1 或减 1。其优先级高于所有双目运算。自增、自减运算的应用形式为:

++i; --i; 运算符在变量前面,称为前缀形式,表示变量在使用前自动加 1 或减 1;

i++;i--; 运算符在变量后面,称为后缀形式,表示变量在使用后自动加 1 或减 1;

使用自增自减运算时应注意:

(1) ++、--运算只能作用于变量,不能用于表达式或常量。因为自增、自减运算是对变量进行加 1 或减 1 操作后再对变量赋新的值,而表达式或常量都不能进行赋值操作。所以下列语句形式都是不允许的:

```
x=(i+j)++; 5++; (3*8)++;
```

如果有以下程序段:

```
int n=6;
printf("%d", -n++);
```

请思考:输出的是什么? 输出后 n 的值是什么?

(2) ++、--运算的前缀形式和后缀形式的意义不同。前缀形式是在使用变量之前先将其值增 1 或减 1;后缀形式是先使用变量原来的值,使用完后再使其值增 1 或减 1。例如设 x=5,有:

y= ++x;　　　等价于:先计算 x=x+1(结果 x=6),再执行 y=x,结果 y=6。

y=x++;　　　等价于:先执行 y=x,再计算 x=x+1,结果 y=5,x=6。

y=x++ * x++;　结果:y=25,x=7。

　　　　　　　++为后缀形式,先取 x 的值进行"*"运算,再进行两次 x++。

y= ++x* ++x;　结果:y=49,x=7。

　　　　　　　++为前缀形式,先进行两次 x 自增1,使 x 的值为7,再进行相乘运算。

(3) 用于++、--运算的变量只能是整型、字符型和指针型变量。

(4) ++、--的结合性是自右向左的。

3.3.4 赋值运算符和赋值表达式

赋值运算构成了 C 语言最基本、最常用的赋值语句,同时 C 语言还允许赋值运算符"="与 10 种运算符联合使用,形成组合赋值运算,使得 C 程序简明而精练。

1. 赋值运算符

赋值运算符用"="表示,其功能是计算赋值运算符"="右边表达式的值,并将计算结果赋给"="左边的变量。例如:

```
n=12.3;      /* 直接将实型数 12.3 赋给变量 n */
```

```
c = a * b;        /* 将 a 和 b 进行乘法运算,所得到的结果赋给变量 c */
```

注意:赋值运算符"="与数学中的等号完全不同,数学中的等号表示在该等号两边的值是相等的,而赋值运算符"="是指要完成"="右边表达式的运算,并将运算结果存放到"="左边指定的内存变量中。

2. 赋值表达式

由赋值运算符将一个变量和一个表达式连接起来的式子称为赋值表达式。它的一般形式为:

变量名 = 表达式

对赋值表达式的求解过程:计算赋值运算符右边"表达式"的值,并将计算结果赋值给赋值运算符左边的"变量"。赋值表达式"变量名 = 表达式"的值就是赋值运算符左边"变量"的值。例如上面提到的算术表达式:

(a + b + c)/(sqrt(a) + b * (sin(x) + sin(y) + sin(z))) 写成赋值表达式为:

v = (a + b + c)/(sqrt(a) + b * (sin(x) + sin(y) + sin(z)))

其中 v 是变量,赋值号右边是算术表达式,v 的值就是这个算术表达式的值,也就是该赋值表达式的值。以下的赋值表达式表示:

i = 5　　将常数 5 赋值给变量 i,赋值表达式"i = 5"的值就是 5

a = 3.5 - b　　计算算术表达式 3.5 - b 的值并赋值给变量 a

x = (a + b + c)/12.4 * 8.5　　计算算术表达式(a + b + c)/12.4 * 8.5 的值并赋值给变量 x

3. 类型转换

在对赋值表达式求解过程中,如果赋值运算符两边的数据类型不一致,赋值时要进行类型转换。其转换工作由 C 编译系统自动实现,转换原则是以"="左边的变量的类型为准。即将"="右边的值转换为与"="左边的变量类型相一致。

例 3 - 7

```
main()
{ int i = 5;                              /* 说明整型变量 i 并初始化为 5 */
  float a = 3.5, a1;                      /* 说明实型变量 a 和 a1 并初始化 a */
  double b = 123456789.123456789;         /* 说明双精度型变量 b 并初始化 */
  char c = 'A';                           /* 说明字符变量 c 并初始化为'A' */
  printf("i = %d, a = %f, b = %f, c = %c\n", i, a, b, c);   /* 输出 i,a,b,c 的初始值 */
  a1 = i; i = a; a = b; c = i;   /* 整型变量 i 的值赋值给实型变量 a1, 实型变量 a 的值赋
                                    给整型变量 i,双精度型变量 b 的值赋值给实型变量 a,
                                    整型变量 i 的值赋值给字符变量 c */
  printf("i =%d, a =%f, a1 =%f, c =%c\n", i, a, a1, c); /* 输出 i,a,a1,c 赋值后的值 */
}
```

运行该程序的输出结果如下：

i = 5，a = 3.500000，b = 123456789.123457，c = A

i = 3，a = 123456792.000000，a1 = 5.000000，c = ♥

由以上运行结果可见：

① 将 float 型数据赋值给 int 型变量时，先将 float 型数据舍去其小数部分，然后再赋值给 int 型变量。例如“i = a;”的结果是：int 型变量 i 只取实型数据 3.5 的整数 3。

② int 型数据赋给 float 型变量时，先将 int 型数据转换为 float 型数据，并以浮点数的形式存储到变量中，其值不变。例如“a1 = i;” 的结果是：整型数 5 先转换为 5.000000 再赋值给实型变量 a1。如果赋值的是双精度实数，则按其规则取有效数位。

③ double 型实数赋给 float 型变量时，先截取 double 型实数的前 7 位有效数字，然后再赋值给 float 型变量。例如“a = b;”的结果是：截取 double 型实数 123456789.123457 的前 7 位有效数字 1234567 赋值给 float 型变量。上述输出结果中 a = 123456792.000000 的第 8 位以后就是不可信的数据了。所以一般不使用这种把有效数字多的数据赋值给有效数字少的变量。

④ int 型数据赋值给 char 型变量时，由于 int 型数据用两个字节表示，而 char 型数据只用一个字节表示，所以先截取 int 型数据的低 8 位，然后赋值给 char 型变量。例如上述程序中执行“i = a;”后 int 型变量 i 的结果是 3，而“c = i;”的结果是：截取 i 的低 8 位（二进制数 00000011）赋值给 char 型变量，将其 ASCII 码对应的字符输出为♥。

3.3.5　组合赋值运算符和组合赋值表达式

1. 组合赋值运算符

C 语言规定，在赋值运算符“ = ”之前加上其他运算符可以构成组合运算符，用于完成赋值组合运算操作。C 语言规定赋值组合运算符的一般形式为：

运算符 =

其中“运算符”为可与“ = ”形成组合赋值运算的运算符。这些运算符有：

+、-、*、/、%、<<、>>、|、&、^

所构成的组合赋值运算有：

+=、-=、*=、/=、%=、<<=、>>=、|=、&=、^=

2. 组合赋值表达式

由组合赋值运算符将一个变量和一个表达式连接起来的式子称为组合赋值表达式。它的一般形式为：

变量名　组合赋值运算符　表达式

其功能是对“变量名”和“表达式”进行组合赋值运算符所规定的运算，并将运算结果赋值给组合赋值运算符左边的“变量名”。

组合赋值运算的作用等价于：

变量名 = 变量名　运算符　表达式

即：先将变量和表达式进行指定的组合运算，然后将运算的结果值赋给变量。例如：

a *= 3	等价于	a = a * 3
a *= b + 5	等价于	a = a * (b + 5)
a -= 1	等价于	a = a - 1 或 --a

注意："a *= b + 5"与"a = a * b + 5"是不等价的，它实际上等价于"a * (b + 5)"，这里括号是必须的。

C语言提供了赋值表达式，它使赋值操作不仅可以出现在赋值语句中，而且可以以表达式的形式出现在其他语句中。例如：

```
printf("i = %d,s = %f\n",i = 3 * 45,s -= 3.14 * 12.5 * 12.5);
```

该语句直接输出赋值表达式 i = 3 * 45 和 s -= 3.14 * 12.5 * 12.5 的值，也就是输出变量 i 和 s 的值，在一个语句中完成了赋值和输出的双重功能，这就是C语言使用的灵活性。

例 3-8

```
main()
{
  int a = 3,b = 2,c = 4,d = 8,x;
  a += b * c;
  b -= c/b;
  printf("%d,%d,%d,%d\n",a,b,c *= 2 * (a - c),d% = a);
  printf("x = %d\n",x = a + b + c + d);
}
```

程序的运行结果如下：

```
11,0,56,8
x = 75
```

3.4　位运算

我们知道，数据在计算机里是以二进制形式表示的。在实际问题中，常常也有一些数据对象的情况比较简单，只需要一个或几个二进制位就能够编码表示。如果在一个软件系统中这种数据对象非常多，用一个基本数据类型表示，对计算机资源是一种浪费。另一方面，许多系统程序需要对二进制位表示的数据直接操作，例如许多计算机硬件设备的状态信息通常是用二进制位串形式表示的，如果要对硬件设备进行操作，也要送出一个二进制位串的方式发出命令。由于C语言的主要设计目的是面向复杂的系统程序设计，所以它特别提供了对二进制位的操作功能，称为位运算。

位运算应用于整型数据，即把整型数据看成是固定的二进制序列，然后对这些二进制序列进行按位运算。与其他高级语言相比，位运算是C语言的特点之一。但是由于位运算的应用涉及更深入和更广泛的内容，初学者不必细究，在实际应用中可逐步体会其优越性。这部分内容相对比较独立，读者可根据实际需要选择学习。本书仅对位运算及其应用作简要的介绍。

3.4.1　位运算符

因为一个二进制位只能取值为0或者1，所以位运算就是从具有0或者1值的运算对象出发，计算出具有0或者1值的结果。C语言提供了6种基本位运算功能：位否定、位与、位或、位异或、位左移和位右移。其中除位否定是单目运算外，其余5种均为双目运算，6个位运算符分为4个优先级别，参见表3-9。

表3-9　逻辑运算符

运算符	含　义	运算对象个数	结合方向	优先级
~	按位求反	单目运算符	自右向左	1
<<	按位左移	双目运算符	自左向右	2
>>	按位右移	双目运算符	自左向右	2
&	按位与	双目运算符	自左向右	3
^	按位异或	双目运算符	自左向右	4
|	按位或	双目运算符	自左向右	5

说明：

① 位运算的优先级是：~ →<<、>>→&→^→|。

② 位运算的运算对象只能是整型（int）或字符型（char）的数据。

③ 位运算是对运算量的每一个二进制位分别进行操作。

3.4.2　按位逻辑运算

按位逻辑运算包括：位与、位或、位异或和位否定等四种运算。为了帮助读者理解，我们设a和b都是16位二进制整数，它们的值分别是：

a：1010，1001，0101，0111

b：0110，0000，1111，1011

为了便于阅读，a和b中每4位用一个逗号分开。以下介绍对于a和b的位与、位或、位异或和位否定等按位逻辑运算。

1. 按位与运算（&）

按位与是对两个运算量相应的位进行逻辑与，“&”的运算规则与逻辑与“&&”相同。

按位与表达式：c = a&b

$$
\begin{array}{r}
a:1010,1001,0101,0111\\
\&\ b:0110,0000,1111,1011\\
\hline
c:0010,0000,0101,0011
\end{array}
$$

2. 按位或运算(|)

按位或是对两个运算量相应的位进行逻辑或操作，其运算规则与逻辑或“||”相同。

按位或表达式：c = a|b

$$
\begin{array}{r}
a:1010,1001,0101,0111\\
|\ b:0110,0000,1111,1011\\
\hline
c:1110,1001,1111,1111
\end{array}
$$

3. 按位异或运算(^)

按位异或运算的规则是：两个运算量的相应位相同，则结果为0，相异则结果为1。

即：0^0 = 0　　0^1 = 1　　1^0 = 1　　1^1 = 0

按位异或表达式：c = a^b

$$
\begin{array}{r}
a:1010,1001,0101,0111\\
\hat{}\ b:0110,0000,1111,1011\\
\hline
c:1100,1001,1010,1100
\end{array}
$$

可见，异或运算的含义是：两个相应位的值相异，则结果为1，相同则结果为0。

4. 按位求反运算符(~)

按位求反运算运算规则是将二进制表示的运算对象按位取反，即将1变为0，将0变为1。

按位求反表达式：c = ~a

$$
\begin{array}{r}
\sim a:1010,1001,0101,0111\\
\hline
c:0101,0110,1010,1000
\end{array}
$$

5. 按位逻辑运算的应用

例3-9　设 int x = 7，求 y = ~x

y = ~x = ~7 = ~(0000,0000,0000,0111) = 1111,1111,1111,1000 = -8

可见，对x的值(7)按位求反结果恰为-8的补码表示，其原因是计算机中有：

整数求负 = 整数求补 = 按位求反 +1

所以：按位求反＝整数求负－1。

请注意求反运算与单目减和逻辑非运算的区别：

y＝－x　　　结果为：y＝－7，

y＝!x；　　　结果为：y＝0。

例3－10　用按位与运算屏蔽特定位（将指定位清为0）。

设 n＝051652（八进制数），计算 m＝n&0177，则：m＝052。

```
       n: 0,101,001,110,101,010
   &0177: 0,000,000,001,111,111
--------------------------------
       m: 0,000,000,000,101,010
```

经过位与运算，将 n 前 9 位屏蔽掉，即截取 n 的后 7 位。

例3－11　用按位与运算保留特定位。

要想将一个变量 n 的特定位保留下来，只要设一个数，使该数的某些位为 1，这些位是与要保留的 n 的特定位相对应的位，再将 n 与该数按位与。

设 n＝011050（为八进制数。对应的二进制为：0，001，001，000，101，000），要将 n 的右起第 2、4、6、8、10 位的原值保留下来其余位变为 0，只要 n＝n&01252，则有：

```
       n: 0,001,001,000,101,000
  &01252: 0,000,001,010,101,010
--------------------------------
       n: 0,000,001,000,101,000     (n=01050)
```

注意，按位与的"&"功能与取地址运算的"&"不同，尽管两者采用了相同的符号。

例3－12　用按位或运算将指定的位置为1。

设：x＝061，y＝016，则 z＝a|b 为：

```
     x: 0000,0000,0011,0001
   | y: 0000,0000,0000,1110
----------------------------
     z: 0000,0000,0011,1111
```

即将 x 或 y 中为 1 的位的相应位置成 1，其结果是 z 中的后 6 位为 1。

例3－13　用按位异或运算将某个量的特定位翻转。

要将变量 n 的特定位翻转，即原来为 1 的变 0，为 0 的变 1，只要设一个数，使该数的某些位为 1，这些位是与 n 中要翻转的相对应的位，然后将 n 与该数进行按位异或运算。

设：a＝015，要将后四位翻转，只要 a＝a^017，则：

```
     a: 0000,0000,0000,1101
  ^017: 0000,0000,0000,1111
----------------------------
     a: 0000,0000,0000,0010
```

3.4.3 移位运算

C 语言提供了两个移位运算:左移和右移,它们是把整数作为二进制位序列,求出把这个序列左移若干位或者右移若干位所得到的序列。左移和右移都是双目运算,运算符左边的运算对象是被左移或右移的数据,而运算符右边的运算对象是指明移动的位数。

左移、右移运算表达式的一般形式为:

x << n 或 x >> n

其中 x 为移位运算对象,是要被移位的量;n 是要移动的位数。

左移运算的规则是将 x 的二进制位全部向左移动 n 位,将左边移出的高位舍弃,右边空出的低位补 0。右移是将 x 的各二进制位全部向右移动 n 位,将右边移出的低位舍弃,左边高位空出要根据原来量符号位的情况进行补充,对无符号数则补 0;对有符号数,若为正数则补 0,若为负数则补 1。

例如,设 a = 7,则:

b = a << 2　　　即:b = 0000,0111 << 2 = 0001,1100 = 28

c = a >> 2　　　即:c = 0000,0111 >> 2 = 0000,0001 = 1

左移的一个特殊用途是将整数值乘以 2 的幂,例如:左移运算表达式 1 << 4 的计算结果是 16,右移可以用于将整数值除以 2 的幂。

3.4.4 位运算赋值运算符

位运算符与赋值运算符可以组成以下 5 种组合位运算赋值运算符:

&= 、|= 、>>= 、<<= 、^=

由这些位运算赋值运算符可以构成位运算赋值表达式。例如:

x& = y　　　相当于:x = x &y

x << = 2　　　相当于:x = x << 2

x >> = 3　　　相当于:x = x >> 3

x^= 5　　　相当于:x = x^5

3.5 其他运算

除了上述介绍的几种运算外,C 语言还提供了其他一些丰富多样的运算符,用于实现指针操作、地址操作、结构体成员操作、强制类型转换操作等运算功能。这些运算符及其功能见表 3 - 10。以下简要介绍“,”“( )”“[ ]”“&”“(type)”“sizeof( )”这六个运算符的功能及使用,其他三个运算符以及这些所有运算符的详细应用将在本书相关内容的章节中介绍。

表 3－10　其他运算符

运算符	功　　能	适用范围
,	逗号运算符	表达式
( )	改变运算顺序运算符	表达式,参数表
[ ]	下标运算符	数组
&	取地址运算符	指针
*	取内容运算符	指针
.	成员访问运算符	结构/联合
→	指针成员访问运算符	结构/联合
(type)	强制类型转换运算符	类型转换
sizeof( )	测试占用内存长度	变量/数据类型

3.5.1　逗号运算符

逗号运算使用的运算符是“,”,其作用是将多个表达式连在一起构成逗号表达式。其形式为：

表达式 1,表达式 2,…,表达式 n

逗号表达式的优先级是所有表达式中最低的,其结合性是自左向右结合。

对逗号表达式的求解过程:将逗号表达式中各表达式按从左至右的顺序依次求值,并将最右面的表达式结果作为整个逗号表达式的最后结果。例如：

y = (x = 123, x ++ , x += 100 - x);

括号内表达式是用“,”运算符连接的三个表达式,执行情况是将 123 赋给 x,然后执行 x ++ 得 x 得值为 124,最后执行 x += 100 - x 得 100,这个 100 就是该逗号表达式的求解结果,所以 y 的值是 100。

3.5.2　“( )”和“[ ]”运算符

在 C 语言中,“( )”和“[ ]”也作为运算符使用。“( )”运算符常使用于表达式中,其作用是改变表达式的运算次序;也可在强制类型转换运算或 sizeof 运算中使用。“( )”还可用于函数的参数表,有关的详细说明请参见本书第 8 章中有关函数说明、定义和调用的内容。

“[ ]”为下标运算符,用于数组的说明及数组元素的下标表示。有关数组的内容请参见第 7 章。

“( )”和“[ ]”运算符的优先级与“.”和“ -> ”运算符同级,也就是说,在 C 语言的所有运算符中,“( )”“[ ]” “.”“ ->” 运算符的优先级别最高,其结合性是自左向右结合。

3.5.3 “&”运算符

“&” 是地址运算符,其含义是取指定变量的地址。一般形式为:

& 内存变量

例如:&a 表示要取出内存变量 a 的地址。

“&”是单目运算符,其优先级高于所有双目运算符的优先级,结合性是自右向左结合。

注意:这里给出的“&”运算符是取地址运算符,它不同于位运算中的按位与“&”运算符。

3.5.4 (type)运算符

(type)是强制类型转换运算符,其作用是进行数据类型的强制转换。(type)是单目运算符,其中 type 泛指某一数据类型名,(type)的一般使用形式为:

(type) 表达式

其中 type 表示一个强制数据类型名,表达式是任何一种类型的表达式。强制类型转换运算的含义是将右边表达式的值转换成括号中指定的数据类型。这是一种数据类型转换的显式方式。例如,

(double) n　　将 n 强制转换成 double 型。

(int)(a * b)　　将 a * b 的结果强制转换成整型。注意,不要写成 int (a * b)。

(int) a * b　　将 a 强制转换成整型后再与 b 相乘求出结果。

3.5.5 sizeof 运算符

sizeof 是一种运算符,其一般应用形式为:

sizeof (opr)

其中 opr 表示 sizeof 运算符所要运算的对象,opr 可以是表达式或数据类型名,当 opr 是表达式时括号可省略。sizeof 是单目运算符,其运算的含义是:求出运算对象在计算机的内存中所占用的字节数量。例如:

sizeof(char) 求字符型在内存中所占用的字节数,结果为 1。

sizeof (int) 求整型数据在内存中所占用的字节数,结果为 4。

3.6 混合运算及数据类型转换

在 3.3 节的赋值运算符和赋值表达式中我们介绍过有关数据类型转换的问题,主要讨论了在赋值过程中,赋值运算符左边变量的类型和赋值运算符右边值的类型不一致时,系统所

遵循的转换原则。3.5 节介绍的强制类型转换运算符(type)也提供了进行数据类型转换的手段,这种通过用强制类型转换运算符实现的类型转换称为“显式的”类型转换。本节中要讨论的数据类型转换是由 C 语言的编译系统自动完成的,是一种“隐式的”自动类型转换,这种“隐式的”类型转换不会体现在 C 语言源程序中。但是,C 语言程序设计人员必须了解这种自动转换的规则及其结果,否则会引起对程序执行结果的误解。

3.6.1 混合运算

混合运算是指在一个表达式中参与运算的对象不是相同的数据类型,例如:

2 * 3.1416 * r　　　3.1416 * r * r　　　3.6 * a%5/(a * b) + 'f';

如果 r 为 int 型变量,a 为 float 型变量,b 为 double 型变量,则以上三个表达式中涉及的数据类型有整型、实型、字符型,这种表达式称为混合类型表达式。对混合类型表达式的求解要进行混合运算,此时首要的问题是对参与运算的数据进行类型转换。

3.6.2 数据类型转换

C 语言允许进行整型、实型、字符型数据的混合运算,但在实际运算时,要先将不同类型的数据转换成同一类型再进行运算。这种类型转换的一般规则是:

(1) 运算中将所有 char 型数据都转换成 int 型,float 型转换成 double 型。

(2) 低级类型服从高级类型,并进行相应的转换。数据类型的级别由低到高的排序表示如下:

char →int →unsigned →long → float→ double

低————————————————→高

(3) 赋值运算中最终结果的类型,以赋值运算符左边变量的类型为准,即赋值运算符右端值的类型向左边变量的类型看齐,并进行相应的转换。

下面给出类型转换的示例,以加深理解。设有如下变量说明:

int a, j, y; float b; long d; double c;

则对赋值语句:

y = j + 'a' + a * b - c/d;

其运算次序和隐含的类型转换如下:

① 计算 j + 'a'。因为 j 是整型变量,类型高于字符常数'a',所以系统先自动将'a'对应的 ASCII 码 97 与 j 相加,其运算结果为整型。

② 计算 a * b,由于变量 b 为 float 型,按照 C 语言的运算规则,所有实型数的运算都以 double 型进行,所以系统自动先将变量 b 转换为 double,然后按照两个运算对象要保持类型一致的原则,将变量 a 也转换为 double 型,运算结果为 double 型。

③ 将第①步和第②步的结果相加,先将第①步的 int 型结果转换成 double 型再进行运

算,结果为 double 型。

④ 计算 c/d。由于 c 和 d 要保持类型一致,所以系统先将 d 转换成 double 型再计算 c/d,其结果为 double 型。

⑤ 做减法。用第③步的结果减第④步的结果,因为两个运算分量同是 double 类型,所以直接进行相减运算,结果为 double 型。

⑥ 给 y 赋值。由于 y 是整型变量,所以先将第⑤步的结果 double 型转换为整型,然后进行赋值。

以上步骤中的类型转换都是由 C 语言处理系统自动完成的。

3.7 应用示例

本章涉及数据与数据类型、常量与常量定义、变量与变量说明、数据的运算、表达式与赋值语句等内容,都是 C 语言程序设计中非常重要的基本概念。现综合举例说明,以便读者能更深入地掌握本章涉及的内容。

例 3-14 写出下列程序的运行结果。

```
#include <stdio.h>
main( )                    /* 注意转义符号\t 和\b 的含义 */
{ printf ("The file name is c:\tools\booklist.txt\n");
  printf ("1234567890123456789012345678901234567890\n");
}
```

运行结果:

```
The file name is c: oolooklist.txt
1234567890123456789012345678901234567890
```

例 3-15 分析下列位运算的结果。

```
#define PR(x) printf("d=%d; octal=%o; hex=%x\n",x,x,x) /* 定义宏替换 */
#include <stdio.h>
main( )
{ unsigned a=0252, b=0xcc, x;
  printf("a=%u, b=%u\n", a,b);        /* 输出:a=170, b=204 */
  x=a&b; PR(x);                       /* 输出:d=136; octal=210; hex=88 */
  x=a|b; PR(x);                       /* 输出:d=238; octal=356; hex=ee */
  x=a^b; PR(x);                       /* 输出:d=102; octal=146; hex=66 */
}
```

例 3-16 分析下列“?”运算的结果。

```
main()
{ int x=1,y=2,z=3;
  x += y += z;                            /* 等价于:y=y+z; x=x+y; */
  printf("%d\n", x<y ? y : x);            /* 输出x:6 */
  printf("%d\n", x<y ? x++ : y++);        /* 输出y:5。输出后y加1,x不加1 */
  printf("%d,%d\n", x, y);                /* 输出x和y:6,6 */
  printf("%d\n",z+=x>y? x++:y++);         /* 输出z,按优先级计算输出后y加1*/
  printf("%d,%d\n", y, z);                /* 输出y和z:7,9 */
  x=3; y=z=4;
  printf("%d\n",(z>=y && y==x) ? 1 : 0);  /* 输出: 0 */
  printf("%d\n", z>=y && y>=x);           /* 输出:1 */
}
```

小　　结

本章主要介绍了C语言中有关数据与数据计算的基本概念和规则。关于数据的主要内容有:数据类型;常量与变量;各种类型数据的表示方法、数据的取值范围和数值的有效位。关于计算的主要内容有:运算符与运算对象、表达式及其表示、运算优先级及结合性;算术运算(包括自增、自减运算);位运算;赋值运算;组合运算;运算及赋值过程中的类型转换等。

本章的要点是:

① 各种数据类型及其类型说明,其中涉及的重要概念有:整型、实型、字符型数据的表示、存储、取值范围、数值有效位及各种类型说明形式。例如,整型数据都是用补码表示;单精度实型数据的有效位只有7位;字符常数用单引号括起来,每个字符只占一个字节,而字符串常数用双引号括起来,其存储长度总比字符串多一个字节,用于标识字符串的结束;实型数据表示的是近似值;两个整数相除时有可能造成误差。

② 各种运算符与表达式,其中涉及的重要概念有:运算对象的个数、运算优先级、结合性、类型转换等。例如,单目运算符、双目运算符和三目运算符的使用;赋值表达式、逗号表达式、条件表达式和组合运算表达式的值;将一个实型数据赋值给整型变量时将产生误差。运算时的类型转换是由低级到高级转换。

本章的难点是:一些特殊运算符的使用,例如:-、++、--、*、&等,求负与减的区别,自增、自减与加1减1的区别。

本章的内容是C语言的部分基本语法元素,主要是一些基本概念和规则,没有多少灵活性,所以需要在理解的基础上记忆和熟练。为了循序渐进,其他一些运算符(例如指针运算、关系运算、逻辑运算等)将放到相应的章节介绍。

习　　题

一、单项选择题

1. C语言中字符型(char)数据在内存中存储的是________。

   A. 原码　　B. 补码　　C. 反码　　D. ASCII码

2. 运算符有优先级，在C语言中关于运算符优先级的正确叙述是________。

   A. 所有单目运算的级别相同

   B. 单目运算高于双目运算

   C. 赋值运算级别最低

   D. 求余运算比乘除运算级别高

3. C语言并不是非常严格的算法语言，在以下关于C语言的不严格的叙述中，错误的说法是________。

   A. 任何不同数据类型都不可以通用

   B. 有些不同类型的变量可以在一个表达式中运算

   C. 在赋值表达式中等号(=)左边的变量和右边的值可以是不同类型

   D. 同一个运算符号在不同的场合可以有不同的含义

4. 以下选项中属于C语言的数据类型是________。

   A. 复数型　　B. 逻辑型　　C. 双精度型　　D. 集合型

5. 在C语言中，int、char和short三种类型数据所占用的内存________。

   A. 均为2个字节　　B. 由用户自己定义

   C. 由所用机器的机器字长决定　　D. 是任意的

6. 下列常数中不能作为C的常量的是________。

   A. 0xA5　　B. 2.5e-2　　C. 3e2　　D. 0582

7. 设int类型的数据长度为2个字节，则unsigned int类型数据的取值范围是________。

   A. 0至255　　B. 0至65535　　C. -256至255　　D. -32768至32767

8. 在C语言中，数字029是一个________。

   A. 八进制数　　B. 十六进制数　　C. 十进制数　　D. 非法数

9. 下列可以正确表示字符型常数的是________。

   A. "a"　　B. '\t'　　C. "\n"　　D. 297

10. 以下错误的转义字符是________。

    A. '\\'　　B. '\'　　C. '\81'　　D. '\0'

11. C语言中整数-8在内存中的存储形式是________。

A. 1111 1111 1111 1000　　B. 1000 0000 0000 1000

C. 0000 0000 0000 1000　　D. 1111 1111 1111 0111

12. 已知 int i;float f;正确的语句是________。

A. (int f)%i　　B. int(f)%i　　C. int(f%i)　　D. (int)f%i

13. 已知:char a;int b;float c;double d;执行语句 c = a + b + c + d;后,变量 c 的数据类型是________。

A. int　　B. char　　C. float　　D. double

14. 已知 int i,a;执行语句"i = (a = 2 * 3,a * 5),a + 6;"后,变量 i 的值是________。

A. 6　　B. 12　　C. 30　　D. 36

15. 已知 int i = 5;执行语句 i += ++i;i 的值是________。

A. 10　　B. 11　　C. 12　　D. A,B,C 答案都不对

16. 字符串"\\\22a,0\n"的长度是________。

A. 8　　B. 7　　C. 6　　D. 5

17. 已知:char c = 'A';int i = 1,j;执行语句 j = ! c&&i ++;则 i 和 j 的值是________。

A. 1,1　　B. 1,0　　C. 2,1　　D. 2,0

18. 已知:int x = 1,y = 2,z;则执行:z = x > y? ++x: ++y;则 z 的值为________。

A. 1　　B. 2　　C. 3　　D. 4

19. 为求出 s = 10! 的值,则变量 s 的类型应当为________。

A. int　　B. unsiged　　C. long　　D. 以上三种类型均可

20. 已知:float x = 1, y;则:y = ++x * ++x 的结果为________。

A. y = 9　　B. y = 6　　C. y = 1　　D. 表达式是错误的

21. 已知:int a = 4,b = 5,c;则执行表达式"c = a = a > b"后变量 a 的值为________。

A. 0　　B. 1　　C. 4　　D. 5

22. 已知:char w;int x;float y;double z;则表达式 w * x + z - y 结果的类型是________。

A. float　　B. Char　　C. int　　D. double

23. 选出使变量 i 的运行结果为 4 的表达式________。

A. int i = 0, j = 0;
(i = 3,(j ++) + i);

B. int i = 1, j = 0;
j = i = ((i = 3) * 2);

C. int i = 0, j = 1;
(j == 1) ? (i = 1):(i = 3);

D. int i = 1, j = 1;
i += j += 2;

24. 已知:int x;则使用逗号运算的表达式"(x = 4 * 5, x * 5), x + 25"的结果为①________,变量 x 的值为 ②________。

① A. 20　　B. 100　　C. 表达式不合法　　D. 45

② A. 20　　B. 100　　C. 125　　D. 45

25. 执行下面语句后 x 的值为________。

```
int a = 14, b = 15, x;
char c = 'A';
x = sizeof(c);
```

A. A　　B. 41H　　C. 0　　D. 1

26. 若定义了 int x;则将 x 强制转化成双精度类型应该写成________。

A. (double)x　　B. x(double)　　C. double(x)　　D. (x)double

二、填空题

1. 负数在计算机中是以________形式表示。
2. 双精度型实数的表示范围是________,其有效位是________。
3. 一个整型数与一个实型数的运算结果是________型。
4. “=”是________运算符,其结合性是由________。
5. 表达式的运算对象可以是常数、变量和________。
6. 已知在 ASCII 代码中,字母 A 的序号为 65,以下程序的输出结果是________。

```
#include <stdio.h>
  main()
{ char c1 = 'A',c2 = 'Y';
  printf("%d,%d\n",c1,c2);
}
```

三、应用题

1. 下面程序的输出是________。

```
main( )
  { int x = 10, y = 10;
  printf("%d %d\n", x--, --y);
}
```

2. 分析下面程序执行后的结果。

```
main ( )
{ int a = 3, b = 7;
  printf ("%d\n", a++  +  ++b);        /* ① */
  printf ("%d\n", b%a);                /* ② */
  printf ("%d\n", a/b);                /* ③ */
  printf ("%d\n", a+b);                /* ④ */
  printf ("%d\n", a* =b+1);            /* ⑤ */
}
```

3. 在 C 语言中,怎样区分求负与减法运算?怎样区分取地址运算和按位与运算?

第 4 章　顺序结构的程序设计

在第 1 章中我们已经讲述了结构化程序的基本概念和基本结构。由本章开始,我们对三种基本结构程序控制流程展开讨论。本章主要介绍顺序结构的程序设计,包括:C 语句概述、赋值语句、程序的输入和输出等。

4.1　C 语句概述

在第 2 章中已经说明 C 语言程序的基本组成单位是函数。其中有些是用户自编的,有些则是 C 的库函数。这些函数可以出现在同一源文件中,也可以出现在多个源文件中,但最后总是编译连接成一个可执行 C 程序(.EXE)。

主函数是 C 程序运行的起点,所以主函数必须唯一,其函数名固定为 main。C 语言程序由一个或多个函数组成,其中有且仅有一个主函数 main。最简单的 C 语言程序只有一个函数,即主函数。

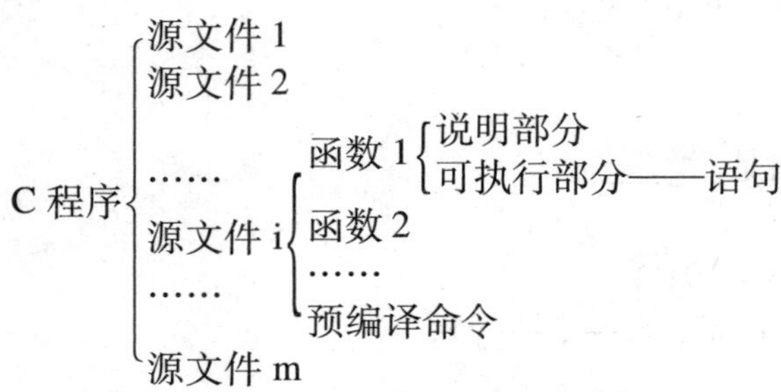

C 程序的基本组成单位是函数,而函数由语句构成。所以语句是 C 程序的基本组成成分。语句能完成特定操作,语句的有机组合能实现指定的计算处理功能。语句最后必须有一个分号,分号是 C 语句的组成部分。

C 语言中的语句分类如下:

- C 语句
  - 流程控制语句
    - 选择语句 if,switch
    - 循环语句 for,while,do _ while
    - 转移语句 break,continue,return,goto
  - 表达式语句
  - 复合语句
  - 空语句

4.1.1 流程控制语句

C 语言中控制程序流程的语句有三类,共 9 种语句。

1. 选择语句

选择语句有 if 语句和 switch 语句两种。

例如:
```
if( a > b )      max = a;
else             max = b;
```

该语句表示:如果 a > b 条件成立,则 max 取 a 的值,否则 max 的值是 b。在 a > b 条件的控制下,出现两个可能的分支流程。而 switch 语句能实现多个分支流程。

2. 循环语句

循环语句有 for、while 和 do _ while 三种。当循环语句的循环控制条件为真时,反复执行指定操作,这些是 C 语言中专门用来构造循环结构的语句。

如:
```
for ( i = 1;i < 10;i + + )
    printf ("% d",i );
```

i 从 1 开始,每次加 1,只要 i < 10 就输出 i 的值,因此 i = 1,2,3,…,9,共循环 9 次,输出:

1 2 3 4 5 6 7 8 9

上述功能还可以用 while 语句和 do _ while 语句实现。

用 while 语句实现:
```
i = 1;
while( i < 10 )
{ printf("% d",i); i + + ;
}
```

用 do _ while 语句实现:
```
i = 1;
do
{ printf ("% d",i); i + + ;
} while(i < 10);
```

3. 转移语句

转移语句有 break,continue,return 和 goto 四种。它们都能改变程序原来的执行顺序并转移到其他位置继续执行。例如,循环语句中 break 语句终止该循环语句的执行;而循环语句中的 continue 语句只结束本次循环并开始下次循环;return 语句用来从被调函数返回到主调函数并带回函数的运算结果;goto 语句可以无条件转向函数内任何指定的位置执行。

4.1.2 表达式语句

运算符、常量、变量等可以组成表达式,而表达式后加分号就构成表达式语句。

例如,max = a 是赋值表达式,而 max = a;就构成了赋值语句。

printf("% d",a)是函数表达式,而 printf("% d",a);是函数调用语句。

x + y 是算术表达式,而 x + y;是语句。尽管 x + y;无实际意义,实际编程中并不采用它,但 x + y;的确是合法语句。

4.1.3 复合语句

用一对大括号括起一条或多条语句,称为复合语句。复合语句的一对大括号中无论有多少语句,复合语句只视为一条语句。例如,{t = a;a = b;b = t;}是复合语句,是一条语句,所以执行复合语句实际是执行该复合语句一对大括号中的所有语句。注意,复合语句的"}"后面不能随便加分号,要注意语句语法的正确性,而"}"前复合语句中最后一条语句的分号不能省略。

如:

{ t = a ;a = b;b = t }

均是错误的复合语句。

4.1.4 空语句

空语句由一个分号组成,它表示什么操作也不做。从语法上讲,它的确是一条语句。在程序设计中,若某处从语法上需要一条语句,而实际上不需要执行任何操作时就可以使用它。例如,在设计循环结构时,有时用到空语句。

4.2 赋值语句

赋值语句是程序设计中使用频率最高也是最基本的语句。它由赋值表达式后跟分号组成。如 :

赋值表达式	赋值语句
i = a + b	i = a + b;
a + = c	a + = c;

赋值语句形式:　　　　　　　　变量 = 表达式;

功能:首先计算"="右边表达式的值,将值类型转换成"="左边变量的数据类型后,赋给该变量(即把表达式的值存入该变量存储单元)。

说明:赋值语句中,"="左边是以变量名标识的内存中存储单元。在程序中定义变量,编译程序将为该变量分配存储单元,以变量名代表该存储单元。所以出现在"="左边的通常是变量。

例如 int i; float a = 3.5;

```
i = 1;
i = i + a;
a + 1 = a + 1;
```

先把 1 赋给变量 i,则 i 变量的值为 1,接着计算 i + a 的值为 4.5,把 4.5 转换成 int 类型即 4,再赋给 i,则 i 的值变为 4。原来的值 1 消失了,这是因为 i 代表的存储单元任何时刻只存放一个值,后存入的数据 4 把原先的 1 覆盖了。a + 1 = a + 1;是错误的,因为"="左边的 a + 1 不代表存储单元。

根据语法,赋值运算符右侧是表达式。a = b = c + (d = 2 * 3);中" = "右侧是赋值表达式 b = c + (d = 2 * 3),所以 a = b = c + (d = 2 * 3);也是合法的赋值语句。根据运算符优先级,先计算括号内的 d = 2 * 3,变量 d 的值为 6;将结果 6 与变量 c 相加,得到的和赋给变量 b,最后将该结果赋给变量 a。所以,如下形式的语句是合法的(其中,V1,V2,…,Vi 为变量名,E 为表达式):

V1 = V2 = … = Vi = E;

它与 V1 = E;V2 = E;……; Vi = E;等价。

a += c;x += b *= c;都是对应复合赋值表达式的赋值语句,它们等价于 a = a + c;和 x = x + (b = b * c);

需要注意的是,C 语言的赋值运算与数学中等号的意义完全不一样。例如,k = k + 1 在 C 语言中表示 k + 1 的值赋给 k;而 k = k + 1 在数学中是不成立的,k 的值不会与 k + 1 的值相等。又如,1 = k 在数学中表示 1 与 k 的值相等;而在 C 语言中 1 = k 是非法的,因为" = "左边的 1 不代表内存的存储单元,所以无法实现赋值。

4.3 数据输出

一般 C 程序总可以分成三部分:输入原始数据部分、计算处理部分和输出结果部分。其他高级语言均提供了输入和输出语句,而 C 语言无输入输出语句。为了实现输入和输出功能,在 C 的库函数中提供了一组输入输出函数,其中 scanf 和 printf 函数是针对标准输入输出设备(键盘和显示器)进行格式化输入输出的函数,而 getchar 和 putchar 是专门对单个字符进行输入输出的函数。由于它们在文件"stdio.h"中定义,所以要使用它们,应使用编译预处理命令 # include"stdio.h"将该文件包含到程序文件中。有关编译预处理命令的用法请参见附录 A。

4.3.1 输出一个字符的函数 putchar

调用形式： putchar(ch)；

功能:在屏幕上输出 ch 字符。

说明:ch 是字符常量或字符变量。例如,putchar('A');将在屏幕上输出大写字母 A。

设有程序段:

```
char c1,c2 = 'h',c3,c4,c4;
c1 = c2 - 5 - 32;      /* c2 - 5 是小写字母 c,c2 - 5 - 32 是大写字母 C */
c3 = c2 + 1;           /* c2 + 1 是小写字母 i */
c4 = c2 + 6;           /* c2 + 6 是小写字母 n */
c5 = c2 - 7;           /* c2 - 7 是小写字母 a */
putchar(c1); putchar(c2); putchar(3);
putchar(c4); putchar(c5)
```

执行该程序段可以输出:China。

4.3.2 格式化输出函数 printf

printf 函数的调用形式：

printf(格式字符串 ,输出项表)；

功能：按格式字符串中的格式依次输出输出项表中的各输出项。

说明：字符串是用双引号括起的一串字符,如:"China"。格式字符串是用来说明输出项表中各输出项的输出格式。输出项表列出要输出的项(常量、变量或表达式),各输出项之间用逗号分开。若输出项表不出现,且格式字符串中不含格式信息,则输出的是格式字符串本身。因此实际调用时有两种形式：

形式 1： printf(字符串)；

功能：按原样输出字符串。

形式 2： printf(格式字符串,输出项表)；

功能：按格式字符串中的格式依次输出输出项表中的各输出项。

例如:printf("How are you\n")；

输出：How are you 并换行。'\n'表示换行。

又如:printf("r = %d,s = %f\n",2,3.14 * 2 * 2)；

输出：r = 2, s = 12.560000。用格式%d 输出整数 2,用%f 输出 3.14 * 2 * 2 的值 12.56,%f 格式要求输出 6 位小数,故在 12.56 后面补 4 个 0。"r ="、","和"s ="不是格式符,按原样输出。

格式字符串中有两类字符：

1. 非格式字符

非格式字符(或称普通字符)一律按原样输出。如:上例的"r =""s ="等。

2. 格式字符

格式字符的形式: % [附加格式说明符] 格式符

如:%d,%10.2f 等。其中%d 格式符表示用 10 进制整型格式输出,而%f 表示用实型格式输出,附加格式说明符"10.2"表示输出宽度为 10,输出 2 位小数。常用的格式符见表 4-1,常用的附加格式说明符见表 4-2。

表 4-1　格式符

格式符	功　　能
d	输出带符号 10 进制整数
o	输出无符号 8 进制整数(无前缀 0)
x	输出无符号 16 进制整数(无前缀 0x)
u	输出无符号整数
c	输出单个字符
s	输出一串字符
f	输出实数(6 位小数)
e	以指数形式输出实数(尾数含 1 位整数,6 位小数,指数至多 3 位)
g	选用 f 与 e 格式中输出宽度较小的格式,且不输出无意义 0

表 4-2　附加格式说明符

附加格式说明符	功　　能
-	数据左对齐输出,无 - 时默认右对齐输出
m(m 为正整数)	数据输出宽度为 m
.n (n 为正整数)	对实数,n 是输出的小数位数,对字符串,n 表示输出前 n 个字符
l	ld 输入输出 long 型数据,lf、le 输入 double 型数据

注意,格式符必须用小写字母,否则无效。如:

printf("%D,%%d",10,12);输出%D,%%d 而不是 10,12。

例 4-1　分析程序的执行结果。

```
#include"stdio.h"
main( )
{ int a =16;      char e ='A';
  unsigned        b;
```

```
    long            c;
    float           d;
    b=65535;
    c=123456;
    d=123.45;
    printf("a=%d, %4d, %-6d, c=%d\n", a, a, a, c);
    printf("%o, %x, %u, %d\n", b, b, b, b);
    printf("%f, %e, %13.3e, %g\n", d, d, d, d);
    printf("%c, %s, %7.3s\n", e,"China","Beijing");
}
```

程序执行结果:(□表示空格)

a=16,□□16,16□□□□,c=123456

177777,ffff,65535,65535

123.449997,1.234500e+002,□□□1.234e+002,123.45

A,China,□□□□Bei

“a=”和“c=”都是非格式字符,故照原样输出;用%d输出a的值,按实际位数输出;用%4d输出a的值,宽度为4,a的值为16,只占2位,右对齐输出16,左边补两个空格;用%-6d输出a的值,左对齐,宽度为6,故右补4个空格。c的输出显然不正确,这是因为c是long型,应使用%ld格式符,但例中采用%d,故输出错误结果。unsigned型数据在内存中占4个字节,65535是unsigned型数据最大值,故b的值在内存中存放形式是16个1:

2进制: | 1 1 1 1 1 1 1 1 | | 1 1 1 1 1 1 1 1 |

8进制:1　7　7　7　7　7

16进制:　f　f　f　f

%o格式是按8进制形式输出b,应是177777;而%x格式按16进制形式输出b,故输出ffff;按%u格式输出自然是65535;若按%d格式输出,则输出-1,这是因为%d是带符号的10进制整型格式符,而b在内存中的存放形式是16个1,它是-1的补码,所以b按%d格式输出是-1。变量d的值为123.45,按%f格式输出时,小数位默认为6位,所以右补4个0,即123.450000;%e格式输出形式如下:

*.******e±***

用*表示占位符,即1位整数,6位小数,3位指数,所以输出1.234500e+002,不同C语言系统%e格式有微小的差别。例如,在Turbo C中输出d的值为1.23450e+02,%e格式中小数位为5位,指数位不足3位时只输出2位。

%g格式实际是选择%f和%e格式中宽度较小者且不输出其中无意义0的格式。因为用%f 格式输出 d,占 10 位,而用%e 格式占 13 位,所以选择%f 格式,应输出 123.450000,小数最后 4 个 0 是无意义的,不输出。所以用%g 格式输出 d 的值,实际输出:123.45。

最后一行按%c 格式输出字符'A',按%s 格式输出完整字符串"China";用%7.3s 格式输出"Beijing",这里的"7"指输出宽度,".3"表示输出"Beijing"的前三个字符。所以输出"Bei"。

4.4 数据输入

4.4.1 输入一个字符的函数 getchar

调用形式: getchar();

功能:从键盘读一个字符作为函数值。

说明:getchar 后的一对括号内无参数,但括号不能省略。例如,ch = getchar();表示从键盘读一个字符并赋给字符变量 ch。

设有程序段:

```
char ch;
ch = gechar();
putchar(ch);putchar(ch+32);
```

执行该程序段时,若输入 A↙,则输出:Aa。

4.4.2 格式化输入函数 scanf

与格式化输出函数 printf 相对应的是格式化输入函数 scanf。

scanf 函数的调用形式:

scanf(格式字符串,输入项地址表);

功能:按格式字符串中规定的格式,在键盘上输入各输入项的数据,并依次赋给各输入项。

请注意,输入项以其地址形式出现,而不是输入项名称。

scanf 函数中格式字符串的构成与 printf 函数基本相同,但使用时有不同点:

(1) 附加格式说明符 m 可以指定数据宽度,但不允许使用附加格式说明符.n(例如用.n 规定输入的小数位数)。

例如,scanf("%10.2f,%10f,%f",&a,&b,&c);其中%10.2f 是错误的。

(2) 输入 long 型数据必须用%ld,输入 double 数据必须用%lf 或%le。

(3) 附加格式说明符"*"使对应的输入数据不赋给相应变量。

设 double a;int b;float c;

scanf("%f,%2d,%*d,%5f",&a,&b,&c);

在键盘上输入:5.3,12,456,1.23456↙ (↙表示回车键)

输入后,a 的值为 0,b 的值为 12,c 的值为 1.234。a 的值不正确,原因是格式符用错了。a 是 double 型,所以输入 a 用%lf 或%le,用%f 是错误的;% *d 对应的数据是 456,因此 456 实际未赋给 c 变量,把 1.23456 按%5f 格式截取 1.234 赋给 c。

4.4.3 关于输入方法

1. 非格式字符按原样输入

scanf ("%d ,%d",&a,&b);

若输入序列为:12,13↙

则:a = 12,b = 13

若输入序列为:12□13↙(□表示空格)

则:a = 12,而 b 的值不确定。这是因为格式串中的逗号是非格式字符,要照原样输入。

2. 按格式截取输入数据

scanf("%f,%4d",&a,&b);

若输入序列为:1.23,12345↙

则 a = 1.23, b = 1234。虽然输入的是 12345 但%4d 宽度为 4 位,截取前 4 位,即 1234。

3. 输入数据的结束

输入数据时,表示数据结束有下列三种情况:

(1) 从第一非空字符开始,遇空格、跳格(TAB 键)或回车;

(2) 遇宽度结束;

(3) 遇非法输入。

设 int a,b,d ; char c ;

scanf("%d%d%c%3d",&a,&b,&c,&d);

输入序列为:10□11A12345↙

则 a = 10,b = 11,c = 'A',d = 123。

10 后的空格(□表示空格)表示数据 10 的结束;11 后遇字符'A',对数值变量 b 而言是非法的,故数字 11 到此结束;而'A'对应 c;最后一个数据对应的宽度为 3,故截取 12345 前三位 123。注意,输入 b 数据 11 后不能用空格结束,这是因为下一个数据为一字符,而空格也是字符,将被变量 c 接受,c 的值不是'A'而是空格。

4.5 应用实例

例 4-2 设变量 x = 10.2,y = 20.5,编程序实现两个变量的值互换。

怎样才能实现 x、y 值的互换? 若用程序段:x = y;y = x;执行 x = y;后,x 的值 10.2 已经丢失,由 y 的值 20.5 取而代之。再执行 y = x;时,赋给 y 的不是 x 原来的值 10.2,而是 x 的新值 20.5,所以,执行后 x、y 的值均为 20.5。这里失败的原因在于一开始 x 值的丢失,因此,应该先把 x 的值保存在另一变量 t 中,即 t = x;执行 x = y;时,虽然 x 的值被 y 的值取代,但 x 的值事先已经保存在另一变量 t 中,所以用 y = t;就可以把原 x 的值赋给 y。从而实现 x、y 值的互换。程序流程如图 4 - 1 所示。

```
main ( )
{ double x, y, t ;
  printf("Enter x and y :\n");
  scanf ("%lf%lf", &x, &y);
  t = x;
  x = y;
  y = t;
  printf ("x = %lf, y = %lf \n", x, y);
}
```

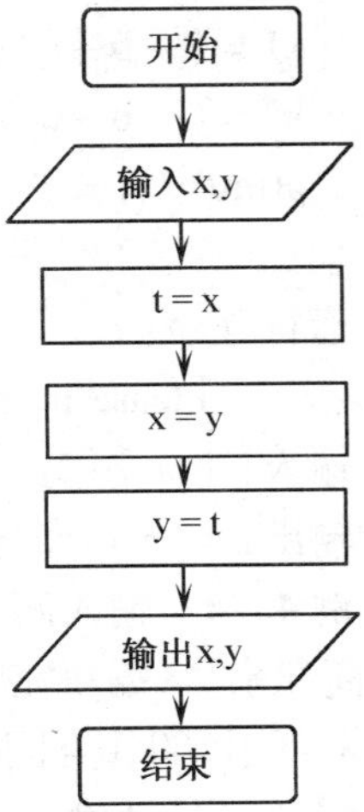

运行程序 :

Enter x and y :

输入:12.34□34.12↙(↙表示回车,□表示空格)

输出:x = 34.120000,y = 12.340000

开始 → 输入x,y → t = x → x = y → y = t → 输出x,y → 结束

图 4 - 1　两变量值互换流程

第一个 printf 函数输出的是提示信息,提醒用户输入 x 和 y 的值;x,y 值交换后用%f 格式输出 x 和 y 的值(输出 double 型数据可以用%f 格式,但输入 double 型数据必须用%lf 或%le 格式)。在格式字符串中用"x =","y ="是为了对输出的数据进行说明,使输出数据更明确。

例 4 - 3　求一元二次方程 $x^2 + x - 2 = 0$ 的根。

对一元二次方程 $ax^2 + bx + c = 0$,若 $b^2 - 4ac \geqslant 0$,则方程有两个实根:

$x1 = (-b + \sqrt{b*b-4*a*c})/(2*a)$

$x2 = (-b - \sqrt{b*b-4*a*c})/(2*a)$

这里 a = 1,b = 1,c = -2,$b^2 - 4ac = 9 > 0$,方程有两个实根。程序流程图如图 4 - 2 所示。首先输入方程系数 a、b、c,然后利用上述求根公式计算两个实根 x1、x2,其中利用赋值语句 q = sqrt(b * b - 4 * a * c);把中间结果 $\sqrt{b*b-4*a*c}$ 存放在变量 q 中,这样做的好处是避免重复计算 $\sqrt{b*b-4*a*c}$。最后输出结果,输出 x1,x2 时采用%.0f 格式,表示输出实数,但不保留小数位。

因为程序中使用了求平方根函数 sqrt,它在 math.h 文件中定义(其他数学类函数也在该文件中定义)。所以用预处理命令#include"math.h"把文件 math.h 包含到程序中。

```
#include"math.h"
```

```
main( )
{ float a, b, c, x1, x2, q;
  printf("Please input a, b, c\n");
  scanf("%f,%f,%f", &a, &b, &c);
  q = sqrt (b * b - 4 * a * c);
  x1 = ( - b + q)/(2 * a);
  x2 = ( - b - q)/(2 * a);
  printf("x1 = %.0f, x2 = %.0f \n", x1, x2);
}
```

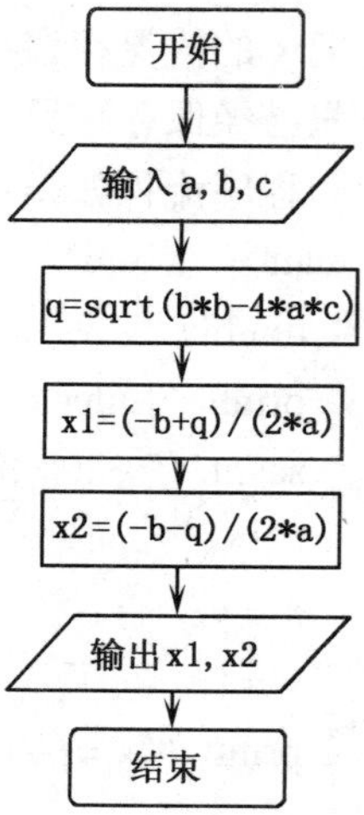

运行程序:

Please input a, b, c

输入:1,1, -2↙

输出:x1 =1,x2 = -2

开始 → 输入a, b, c → q=sqrt(b*b-4*a*c) → x1=(-b+q)/(2*a) → x2=(-b-q)/(2*a) → 输出x1, x2 → 结束

图 4 – 2 解一元二次方程流程

例 4 – 4 输入两个整数 a 和 b(设 a = 1500, b = 350),求 a 除以 b 的商和余数,编写完整程序并按如下形式输出结果(□表示空格)。

a = □1500, b = □350

a/b = □□4, the□a□mod□b = □100

这个程序由三部分组成:输入部分:输入整型变量 a、b 的值;计算处理部分:求 a/b 的商和余数;输出部分:按要求输出结果。

```
#include"stdio.h"
main( )
{ int a, b, c, d;
  scanf ("%d,%d", &a, &b);
  c = a/b;              /* 求 a/b 的商 */
  d = a%b;              /* 求 a/b 的余数 */
  printf ("a = %5d, b = %4d\n", a, b);
  printf ("a/b = %3d, the a mod b = %4d\n", c, d);
}
```

小　　结

C 语言程序是由一个或多个函数组成,其中有且仅有一个主函数 main。C 语言程序是从主函数 main 开始执行的,所以主函数必须唯一。构成 C 程序的函数既可以放在一个源文件中,也可以分布在若干源文件中,但最终要编译连接成一个可执行程序(文件扩展名为.exe)。

C 语言程序的基本组成单位是函数，而函数由语句组成。C 语言中，语句可分为流程控制语句（有 if 等 9 种）、表达式语句、复合语句和空语句四类。流程控制语句又分选择类、循环类和控制转移类。表达式后跟一个分号构成表达式语句。用大括号括起的一条或多条语句称为复合语句，它在语法上被看做一条语句。空语句由一个分号构成，常用在那些语法上需要一条语句，而实际上并不需要任何操作的场合。

C 语言程序中使用频率最高、也是最基本的语句是赋值语句，它是一种表达式语句。应当注意的是，赋值运算符"="左侧一定代表内存中某存储单元，通常是变量，a + b = 12；是错误的。

C 语言中没有提供输入输出语句，在其库函数中提供了一组输入输出函数。本章介绍的是其中对标准输入输出设备进行输入输出的函数：getchar、putchar、scanf 和 printf。适当使用格式，能使输入整齐、规范，使输出结果清楚而美观。

本章介绍的语句和函数可以进行顺序结构程序设计。顺序结构的特点是结构中的语句按其先后顺序执行。若要改变这种执行顺序，需要设计选择结构和循环结构。

习　　题

一、单项选择题

1. putchar 函数可以向屏幕输出一个________。
   A. 整型变量值　　B. 实型变量值　　C. 字符串　　D. 字符或字符变量值
2. 以下选项中不是 C 语句的是________。
   A. { int i; i++;printf("%d\n",i);}　　B. ;
   C. a=5,c=10　　D. { ; }
3. 以下合法的 C 语句是________。
   A. { a=b};　　B. k=int(a+b);　　C. k=a+b=c;　　D. --i;
4. 执行以下程序段后，c3 的值是________。
   ```
   int c1=1,c2=2,c3;
   c3=c1/c2;
   ```
   A. 0　　B. 1/2　　C. 0.5　　D. 1
5. 若 int a,b,c; 则为它们输入数据的正确输入语句是________。
   A. read(a,b,c);　　B. scanf("%d%d%d",a,b,c);
   C. scanf("%D%D%D",&a,&b,&c);　　D. scanf("%d%d%d",&a,&b,&c);
6. 若 float a,b,c; 要通过语句：scanf("%f %f %f",&a,&b,&c);分别为 a,b,c 输入 10,22,33。以下不正确的输入形式是________。
   A. 10↙　　B. 10.0,22.0,33.0↙　　C. 10.0↙　　D. 10 22↙

22↙　　　　　　　　　　　　　22.0　33.0↙　33↙
33↙

7. 若在键盘上输入：283.1900，想使单精度实型变量 c 的值为 283.19，则正确的输入语句是________。

A. scanf("%f",&c);　　　　B. scanf("%8.4f",&c);

C. scafn("%6.2f",&c);　　　D. scanf("%8",&c);

8. 执行语句：printf("|%10.5f|\n",12345.678);的输出是________。

A. |2345.67800|　B. |12345.6780|　C. |12345.67800|　D. |12345.678|

9. 若有以下程序段，其输出结果是________。

```
int a=0,b=0,c=0;
c=(a-=a-5),(a=b,b+3);
printf("%d,%d,%d\n",a,b,c);
```

A. 3,0,-10　B. 0,0,5　C. -10,3,-10　D. 3,0,3

10. 若 a 为 int 类型，且 a=125，执行下列语句后的输出是________。

```
printf("%d,%o,%x\n",a,a+1,a+2)
```

A. 125,175,7D　B. 125,176,7F　C. 125,176,7D　D. 125,175,2F

二、填空题

1. {a=3;c+=a-b;} 在语法上被认为是________条语句。空语句的形式是________。

2. 若 float x；以下程序段的输出结果是________。

```
x=5.16894;
printf("%f\n",(int)(x*1000+0.5)/(float)1000);
```

3. 以下程序段中输出语句执行后的输出结果依次是________、________和________。

```
int i=-200, j=2500;
printf("(1) %d %d",i,j);
printf("(2) i=%d,j=%d\n",i,j);
printf("(3) i=%d\n j=%d\n",i,j);
```

4. 当运行以下程序时，在键盘上从第一列开始输入 9876543210↙（此处↙代表回车），则程序的输出结果是________。

```
main()
{ int a; float b,c;
  scanf("%2d%3f%4f",&a,&b,&c);
  printf("\na=%d,b=%f,c=%f\n",a,b,c);
}
```

5. 以下程序段,要求通过 scanf 函数给变量赋值,然后输出变量的值。

写出运行时给 k 输入 100,给 a 输入 25.81,给 x 输入 1.89234 时的三种可能的输入形式是________、________和________。

```
int k; float a; double x;
scanf("%d%f%lf",&k,&a,&x);
pirntf("k=%d,a=%f,x=%f\n", k,a,x);
```

6. 执行下列程序段后,输出结果是________。

```
int a,b,c;
a=b=c=0;
c=(a-=a-3,a=b,b+3);
printf("%d,%d,%d\n",a,b,c);
```

7. 下面程序的输出结果是________。

```
main( )
{ int x=10,y=3,z;
  printf("%d\n",z=(x%y,x/y));
}
```

8. 若 double a,b,c;

要求为 a、b、c 分别输入 10、20、30。输入序列为:(□表示空格)

□10.0□□20.0□□30.0↙

则正确的输入语句是________。

9. 下面程序的输出结果是________。

```
main( )
{ double a; float b; int c;
  c=b=a=40/3;
  printf("%d %f %f\n",c,b,a);
}
```

10. 若有 int a=10,b=20,c=30;则能使 a 和 c 的值互换的语句是________。

三、编程题

1. 编写程序,输出如下信息:

```
******************************
          very good!
******************************
```

2. 编写程序,输入 9 时 23 分并把它化成分钟后输出。(从零点整开始计算)。

3. 编写程序,分别转换摄氏温度 -10℃、0℃、15℃、34℃为华氏温度。摄氏温度与华氏温

度满足下列关系式(C 表示摄氏温度,F 表示华氏温度):

$$C=(5/9)(F-32)$$

4. 设圆半径为 5,编写程序,求圆的周长和面积。

5. 编写程序,输入三角形的 3 个边长 A、B、C,求三角形的面积 SS。公式为:

$$SS=\sqrt{S(S-A)(S-B)(S-C)}$$

其中,$S=(A+B+C)/2$

6. 设 a=3,b=4,c=5,d=1.2,e=2.23,f=-43.56,编写程序,使程序输出为:

a=□□3,b=4□□□,c=**5

d=1.2

e=□□2.23

f=-43.5600□□**

7. 编写程序,读入三个整数给 a、b、c,然后交换它们中的数,使 a 存放 b 的值,b 存放 c 的值,c 存放 a 的值。

8. 编写程序,输入三个整数 a,b,c,求它们的平均值。并按如下形式输出:

average of **、** and ** is **.**

其中,三个 ** 依次表示 a,b,c 的值,**.** 表示 a,b,c 的平均值。

9. 执行下列程序,按指定方式输入(□表示空格),能否得到指定的输出结果?若不能,请修改程序,使之能得到指定的输出结果。

输入:2□3□4↙

输出:a=2,b=3,c=4

x=6,y=24

程序:

```
main ( )
{ int a, b, c, x, y;
  scanf ("%d, %d, %d", a, b, c);
  x=a*b; y=x*c;
  printf ("%d %d %d", a, b, c);
  printf ("x=%f\n",x,"y=%f\n",y);
}
```

第 5 章　选择结构的程序设计

顺序结构的程序是解决问题的单向求解，对于需要判断执行的问题将无法用简单的单向流程解决。

例 4－3 中，一元二次方程 $ax^2+bx+c=0$ 的求解没有考虑 $b^2-4ac<0$ 的情况。若 $b^2-4ac\geqslant 0$，方程有两个实根；若 $b^2-4ac<0$，方程有两个复根，其实部和虚部分开计算。所以，方程求根要根据 $b^2-4ac\geqslant 0$ 是否成立而分别采用不同的计算方法。

根据某种条件的成立与否而采用不同的程序段进行处理的程序结构称为选择结构。通常选择结构有两个分支，条件为“真”，执行甲程序段，否则执行乙程序段。有时，两个分支还不能完全描述实际问题。例如，判断学生成绩属于哪个等级（A：90～100，B：80～89，C：60～79，D：0～59），根据学生的成绩，分成 4 个分支，分别处理各等级分情况。例如，A 级分的学生可获奖学金等。这样的程序结构称为多分支选择结构。

本章将介绍如何实现选择结构的程序设计。

5.1　关于条件的表示

选择需要判断，计算机具有逻辑判断能力，其判断的依据是计算机内部进行逻辑运算的结果。C 语言提供了关系运算、逻辑运算和条件运算，实际上关系运算和条件运算都是逻辑判断的方法，用以构造程序控制中的条件，实现程序的选择结构和循环结构控制。

无论是关系运算、逻辑运算还是条件运算，其结果都是逻辑值，即“真”和“假”。在 C 语言中没有专门的逻辑型数据，在进行逻辑判断时，将非 0 视为“真”，将 0 视为“假”。但是对于关系运算和逻辑运算的结果，将逻辑“真”记录为整数 1，将逻辑“假”记录为整数 0。

5.1.1　关系运算

1. 关系运算符

关系运算实际上是逻辑运算中的一种。关系运算符的作用是确定两个数据之间是否存在某种关系。C 语言规定的 6 种关系运算符及其有关的说明见表 5－1。

表 5－1　关系运算符

运算符	含　　义	运算对象个数	结合方向	简例
>	大于	双目运算符	自左至右	a > b,3 > 8
>=	大于等于	双目运算符	自左至右	a >= b,3 >= 2
<	小于	双目运算符	自左至右	a < b,3 < 8
<=	小于等于	双目运算符	自左至右	a <= b,3 <= b
!=	不等于	双目运算符	自左至右	a! = b,3! = 5%7
==	恒等于	双目运算符	自左至右	a == b,3 == 5 * a

关系运算符都是双目运算符,其结合性是从左到右结合。优先级分为两级:

高级: < 、<= 、> 、>=

低级: == 、!=

关系运算符的优先级低于算术运算符。

2. 关系表达式

用关系运算符将两个表达式连接起来的式子称为关系表达式。它的一般形式为:

表达式 1　关系运算符　表达式 2

其中,关系运算符指明了对表达式所实施的操作。“表达式 1”和“表达式 2”是关系运算的对象,它们可以是算术表达式、关系表达式、逻辑表达式、赋值表达式和字符表达式。但一般关系运算要求关系运算符连接的两个运算对象为同类型数据。例如:

a + b > 3 * c　　　　两个算术表达式的值作比较
(a = b) < (b = 10% c)　两个赋值表达式的值作比较
(a <= b) == (b > c)　　两个关系表达式的值作比较
'A'! = 'a'　　　　　两个字符表达式的值作比较

关系表达式只有两种可能的结果:或者它所描述的关系成立,或者这个关系不成立,所以说一个关系表达式描述的是一种逻辑判断。若关系成立,说明关系式表述的关系是“真”的,称逻辑值为“真”,用 1 表示;若关系不成立,说明关系式表述的关系是“假”的,称逻辑值为“假”,用 0 表示。所以关系表达式的运算结果一定是逻辑值。

进行关系运算时,先计算表达式的值,然后再进行关系比较运算。例如:

a = 2,b = 3,c = 4,则上述关系表达式的值为:

a + b > 3 * c　　　　(5 > 12)关系不成立,表达式结果值为 0(假)
(a += b) < (b *= 10% c)　(5 < 6)关系成立,表达式结果值为 1 (真)
(a <= b) == (b > c)　　(1 == 0)关系不成立,表达式结果值为 0(假)

'A'! = 'a'　　　　　　　　　(65! =97)关系成立,表达式结果值为1(真)

以关系表达式"a + b > 3 * c"为例,因为算术运算的优先级高于关系运算,所以先计算 a + b 和 3 * c 的值,结果分别为 5 和 12,再将 5 和 12 进行关系比较,其运算结果为 0。

在表达式中连续使用关系运算符时,要注意正确表达含义,注意运算优先级和结合性。例如,变量 x 的取值范围为"0≤x≤20"时,不能写成"0 <= x <= 20"。因为关系表达式"0 <= x <= 20"的运算过程是:按照优先级,先求出"0 <= x"的结果,再将结果 1 或 0 作"<= 9"的判断,这样无论 x 取何值,最后表达式一定成立,结果一定为 1。这显然违背了原来的含义。此时,就要运用下面介绍的逻辑运算符进行连接,即应写为:"0 <= x && x <= 9"。

5.1.2 逻辑运算

1. 逻辑运算符

逻辑运算符的作用是对两个操作数施加逻辑运算。C 语言规定的 3 种逻辑运算符及其有关的说明见表 5-2。

表 5-2 逻辑运算符

运算符	含　义	运算对象个数	结合方向	简例
&&	逻辑与	双目运算符	自左向右	a && b,3 > 8 && a == b
||	逻辑或	双目运算符	自左向右	a||b,3 <= 8||a == b
!	逻辑非	单目运算符	自右向左	!a,!a == b

逻辑运算要求运算对象为"真"(非 0)或"假"(0)。这三种逻辑运算符的运算规则可用表 5-3 的真值表表示:

表 5-3 逻辑运算真值表

a	b	a&&b	a||b	!a	!b
0	0	0	0	1	1
0	非 0	0	1	1	0
非 0	0	0	1	0	1
非 0	非 0	1	1	0	0

在一个逻辑表达式中,可以含有多个逻辑运算符,其优先级是:"!"最高,"&&"次之,"||"最低;逻辑运算优先级低于所有关系运算,而"!"优先级高于所有算术运算。

例如:某程序中有如下说明:int a = 3, b = 1, x = 2, y = 0;则下列表达式:

① (a > b) && (x > y) 的值为 1。

② a > b && x > y 的值为 1。

注意:①②两式是等价的,因为“&&”运算优先级低于关系运算,故括号可以省略。

③ (y||b) && (y||a) 的值为1。

④ y||b && y||a 的值为1。

注意:③④两式结果虽然一样,但两式的含义不同。③式中由于括号的优先级高于“&&”,因此,先计算“y||b”和“y||a”后,再将两个结果进行“&&”运算。而④式由于“&&”的优先级高于“||”,故要先计算“b&&y”,其结果为0,再计算“y||0”,其值也为0,最后计算“0||a”,结果为1。由此可见,运算符的优先级制约着表达式的计算次序。

⑤ !a||a>b 的值为1。

此式中“!”的优先级高于“ >”,而“ >”的优先级高于“||”,故先计算“!a”,其值为0,再计算“a>b”,其值为1,最后计算“0||1”,值为1。

如果一个表达式中有多个逻辑运算,该表达式的值不一定要将所有运算完成才能得到,而表达式中变量的值则要依据表达式完成操作的步骤来确定。例如:

⑥ a>=10&&b&&x ++的值为0。

⑦ a>=10 ‖ y ‖ x ++的值为1。

请读者考虑:⑥和⑦两个表达式的值什么时候得到? 得到表达式的结果后,其中x变量中的值有无变化?

在表达式⑥中,虽然x ++的优先级最高,但整个表达式是左结合,根据关系运算“ >=”比逻辑运算“&&”的优先级高,先进行“a>=10”的关系比较运算,结果为逻辑值0。而这个0已经确定了整个表达式的结果为0,C语言规定&&之后的所有操作将不再进行。所以表达式的值在第一步操作后就已经得到,“x ++”没有被执行,x变量中的值无变化,仍为2。

在表达式⑦中,因为“a>=10 ‖ y”运算的结果为0,而其后是或运算,0必须与“x ++”的结果运算才能确定整个表达式的结果,所以表达式的值在最后一步操作后才能得到,“x ++”被执行了,x变量值自增为3。

⑧: ++a ‖ y&&++x 的值为1。

与⑥和⑦同样的道理,不论“&&”运算的结果是什么,“ ++a”的运算结果都已经确定了整个表达式的结果为真,所以“ ‖ ”之后的所有操作都不再进行。当表达式⑧运算完成后,其中的x变量中的值无变化,而a变量中的值自增为4。

5.1.3 条件运算

条件运算是C语言中的一个专门用于条件判断的功能,它由一个条件运算符和三个运算分量构成。条件运算符是C语言中唯一的三目运算符,就是说它有三个运算对象。条件运算符的形式是“? :”由它构成的表达式称为条件表达式。其形式为:

表达式1 ? 表达式2 : 表达式3

条件运算符的“?”和“:”总是成对出现的。条件表达式的运算功能是:先计算表达式1的值,若值为非0,则计算表达式2的值,并将表达式2的值作为整个条件表达式的结果;若表达式1的值为0,则计算表达式3的值,并将表达式3的值作为整个条件表达式的结果。例如有以下条件表达式:

(a>b)? a+b:a-b

当a=8,b=4时,求解条件表达式的过程如下:

先计算关系式a>b,结果为1,因其值为真,则计算a+b的结果为12,这个12就是整个条件表达式的结果。请特别注意,此时不再计算表达式a-b了。如果关系式a>b的结果为0,就不再计算表达式a+b了。这一点在应用中很重要。

条件表达式的优先级高于赋值运算,但低于所有关系运算、逻辑运算和算术运算。其结合性是自右向左结合,当多个条件表达式嵌套使用时,每个后续的“:”总与前面最近的、没有配对的“?”相联系。例如在条件表达式“a>0 ? a/b:a<0 ? a+b:a-b”中,出现两个条件表达式的嵌套,最后的“:”与表达式“a<0”后面的“?”号相匹配,而表达式“a<0”前面的“:”与表达式“a>0”后面的“?”相匹配。

使用条件表达式可以使程序简洁明了。例如,赋值语句“z=(a>b)? a:b ”中使用了条件表达式,很简洁地表示了判断变量a与b的最大值并赋给变量z的功能。所以,使用条件表达式可以简化程序。

例5-1 定义高等数学中常用的符号函数sign的数学定义如下。

$$\text{sign}(x)=\begin{cases}1 & x>0\\ 0 & x=0\\ -1 & x<0\end{cases}$$

对应的C函数定义如下:

```
double sign(double x)
{ return x>0 ? 1:(x==0 ? 0: -1);
}
```

例5-2 分析下列运算的结果。

```
#define printt(x,y,z) printf("x=%d, y=%d, z=%d\n",x,y,z) /* 定义宏替换 */
main( )
{ int x,y,z;
  x=y=z=2;
  ++x||++y&&++z;   /* 由于++x后不为0,所以不再执行||后的++y&&++z */
  printt(x,y,z);   /* 输出:x=3, y=2, z=2 */
  x=y=z=2;
  ++x&&++y||++z;   /* 由于++x&&++y后不为0,所以不再执行||后的++z */
```

```
printt(x,y,z);          /* 输出:x=3, y=3, z=2 */
x=y=z=2;
++x&&++y&&++z;  /* 由于是&&运算,要依次执行++x、++y、++z后才能得
                   到结果 */
printt(x,y,z);          /* 输出:x=3, y=3, z=3 */
/* 虽然以下x、y、z的值都<0,但运行时遵从的规律不变 */
x=y=z=-2;
++x||++y&&++z;
printt(x,y,z);          /* 输出:x=-1, y=-2, z=-2 */
x=y=z=-2;
++x&&++y||++z;
printt(x,y,z);          /* 输出:x=-1, y=-1, z=-2 */
x=y=z=-2;
++x&&++y&&++z;
printt(x,y,z);          /* 输出:x=-1, y=-1, z=-1 */
}
```

有了这种逻辑运算的功能,就可以实现判断,进而进行选择结构的程序设计。以下介绍C语言中用于实现选择程序设计的语句。

5.2 用if语句设计选择结构程序

C语言中的if语句有两种形式:简单if语句和if_else语句。

5.2.1 简单if语句

简单if语句形式: if(表达式) 语句序列

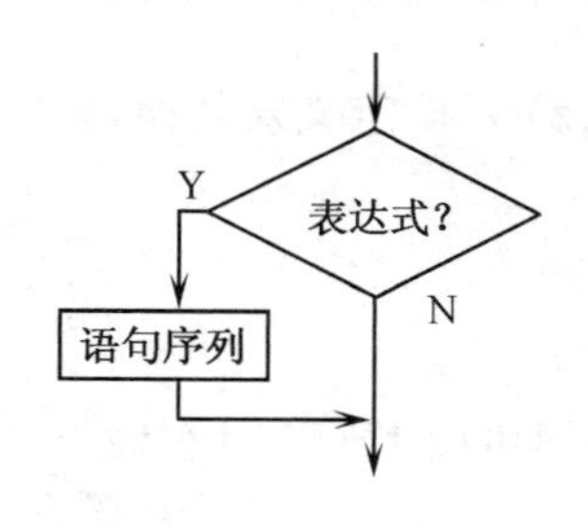

图5-1 简单if语句执行流程

功能:计算表达式的值,若为“真”,则执行语句序列;否则将跳过语句序列,执行if语句的下一条语句。如图5-1所示。其中Y表示“真”,N表示“假”。

说明:括号中的表达式表示控制条件,表达式的值非零为“真”,零为“假”。语句序列语法上应是一条语句,若需要在此执行多条语句,必须用大括号将它们括起来,构成复合语句,这样,语法上它仍然是一条语句。

例5-3 求给定整数的绝对值。

求x绝对值的算法很简单,若x≥0,则x即为所求;若x<0,

则 -x 为 x 的绝对值。程序流程如图 5-2 所示。

程序中首先定义整型变量 x 和 y,其中 y 存放 x 的绝对值。输入 x 的值之后,执行 y=x;语句,即先假定 x≥0,然后再判断 x 是否小于 0,若 x<0,则 x 的绝对值为 -x,将 -x 赋给 y(y 中原来的 x 值被“冲”掉了),然后输出结果。若 x≥0,则跳过 y=-x; 语句,直接输出结果。此时 y 中的值仍然是原 x 的值。

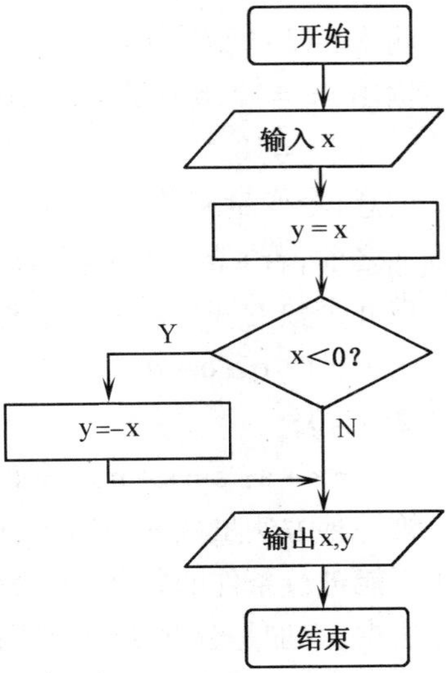

```
#include"stdio.h"
main( )
{ int x, y;
  scanf("%d", &x);
  y=x;
  if(x<0) y=-x;
  printf("x=%d, |x|=%d\n", x, y);
}
```


图 5-2　求 x 绝对值流程

运行程序:

输入:-5↙

输出:x= -5, |x|=5

例 5-4　求 4 个数中的偶数之和。

```
#include"stdio.h"
main( )
{ int a, b, c, d, s;
  printf ("Please input a, b, c, d:\n");
  scanf ("%d,%d, %d, %d", &a, &b, &c, &d);
  s=0;                /* 存放和的变量先置初值 0 */
  if(a%2==0)s=s+a; /*能被 2 整除是偶数,依次检查各变量并将偶数累加到 s 中*/
  if(b%2==0) s=s+b;
  if(c%2==0) s=s+c;
  if(d%2==0) s=s+d;
  printf("a=%d, b=%d, c=%d, d=%d\n", a, b, c, d);
  printf("s=%d\n", s);
}
```

运行程序:

Please input a,b,c,d:

输入: 12,35,6,11↙

输出: a=12,b=35,c=6,d=11

s=18

注意,令变量 s(存放和值)的初值为 0,这一步骤不能省略,否则不能保证 s 的初值为 0。在累加之前,若 s 的初值不为 0,则最终的和值中含有 s 的非 0 初值,得到错误结果。

求 n 个数的和可以采用两种算法:(以 n=4 为例)

① s=a+b+c+d

② s=0;

s=s+a; s=s+b; s=s+c; s=s+d;

第一种方法虽然简单明了,但有明显不足。在本例中,要求累加 4 个数中的偶数,第一种方法不能进行条件的判断,无法采用;又如,当 n 很大时,不可能把 n 个数依次写出。而第二种方法中,累加是分开执行的,因此可以在累加前进行条件的判断;在第 6 章中可以看到,第二种方法结合循环和数组就可以解决 n 很大的求和问题。

5.2.2 控制条件的表示

控制条件通常用关系表达式或逻辑表达式构造,由于控制条件的"真""假"用非 0 和 0 表示,因此也可以用一般表达式构造控制条件。

例 5-5 分析程序运行结果。

```
#include"stdio.h"
main( )
{ int a, b, c=25;
  a=10>c;            /* 10>c的值为"假",所以a的值为0 */
  b=a==a;            /* a==a的值为"真",所以b的值为1 */
  printf("a=%d, b=%d\n", a, b);
  if(b!=0) printf("b=%d (!=0)\n", b); /* b的值为1,输出:b=1(!=0) */
  if(c) printf("c=%d (!=0)\n", c); /* c的值不为0,输出:c=25(!=0) */
}
```

运行结果:

```
a=0,b=1
b=1 (!=0)
c=25 (!=0)
```

注意,判断表达式的逻辑值时,以非 0 为逻辑"真",但逻辑运算的结果,用"1"表示"真",

用“0”表示“假”。例如:

$$a=(10>2\ \&\&\ (b=5))+25;$$

10 >2 的值为“真”;b =5 的值为 5,是非 0 值,所以,b =5 的逻辑值也为“真”; 则(10 >2 && (b =5))的值为“真”,用 1 表示(不能用任意非 0 值表示)。与 25 相加后赋给变量 a,a 的值为 26。

例 5 -6 分析程序运行结果。

```
#include"stdio.h"
main ( )
{ float a =1.1, b;
  b =a/2.0;
  b =b *2.0;
  if (b ==1.1) printf ("b == a\n");
  if (b =a) printf ("b is assigned a\n");
}
```

运行结果:

```
b is assigned a
```

显然,b 不等于 1.1。在数学中,1.1/2.0 * 2.0 结果为 1.1,然而计算机中表示浮点数是有误差的,本例表明,1.1/2.0 * 2.0 不等于 1.1。这就提醒用户:不要用“==”进行两个浮点数是否相等的比较。如果一定要判断两个浮点数是否相等,可以采用如下方法(以两个浮点数 a,b 为例):

检测 $|a - b| < \varepsilon$ (ε 为很小的正数,表示 a 和 b 之间的误差)

若该式成立,则认为 a 与 b 之间误差不超过 ε,近似相等;否则 a 和 b 不相等。ε 可以根据要求进行调节,ε 越小,a 和 b 之间的差就越小。因此,本例中 if(b ==1.1) 可改为 if(fabs(b -1.1) <1.e -6)。其中 fabs(x)是库函数,表示 x 的绝对值。在"math.h"文件中定义。要使用它,应在程序文件开头增加#include"math.h"命令。

常见的控制条件有如下几种形式:

```
if (a ==0) k =1;            关系表达式,a 的值为 0 时,执行 k =1;
if (a =0) k =1;             赋值表达式, 给 a 赋 0 值,不执行 k =1;
if (a >b && c >d) k =1;     逻辑表达式,a >b && c >d 为“真”时,执行 k =1;
if (a! =0) k =1;            关系表达式,a 不等于 0 时,执行 k =1;
if (a) k =1;                算术表达式,a 不等于 0 时,执行 k =1;
if (1) k =1;                算术表达式,1 为“真”,执行 k =1;
```

5.2.3 if _ else 语句

简单 if 语句只指出条件为“真”时做什么，而未指出条件为“假”时做什么。if _ else 语句明确指出作为控制条件的表达式为“真”时做什么，为“假”时做什么。

if _ else 语句的形式：

```
if(表达式)    语句1
else          语句2
```

功能：计算表达式的值，若表达式的值为“真”，执行语句1，并跳过语句2，继续执行 if _ else 语句的下一条语句；若表达式的值为“假”，跳过语句1，执行语句2，然后继续执行 if _ else 语句的下一条语句。如图 5-3 所示。

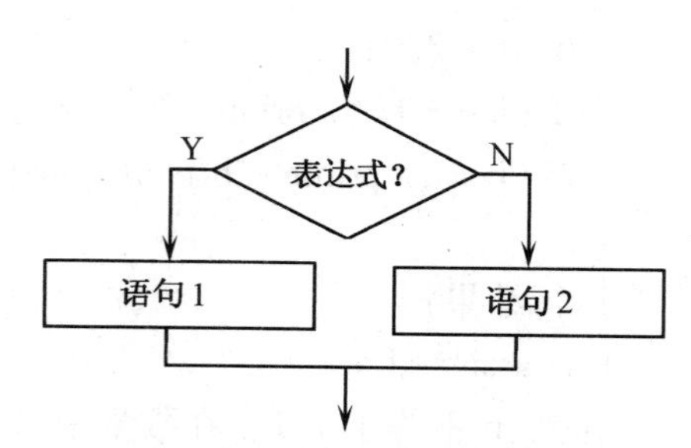

图 5-3　if _ else 语句执行流程

例 5-7　求两个数中的最大值。

```
#include"stdio.h"
main ( )
{ float x, y;
  scanf ("%f, %f", &x, &y);
  if (x > y) printf ("max = %f\n", x);
  else printf ("max = %f\n", y);
}
```

运行程序：

输入：1.2,2.3↙

输出：max = 2.300000

输入后，x = 1.2，y = 2.3，x > y 为假，执行 else 后的输出语句。

例 5-8　判断某数是否能被 k 整除。

在例 5-2 中判别偶数的方法实际上是判别该数是否能被 2 整除。即 a%2 = = 0 为“真”，则 a 是偶数，否则 a 不是偶数，而是奇数。同样，判断某数是否能被 k 整除的方法为：若 a%k = = 0 为“真”，则 a 能被 k 整除，否则 a 不能被 k 整除。

```
#include"stdio.h"
main ( )
{ int a,k;
  scanf ("%d, %d", &a, &k);
  if(a%k ==0) printf ("%d/%d yes\n", a, k);
  else        printf ("%d/%d no\n", a, k);
}
```

运行程序：

输入:12,3↙

输出:12/3 yes

5.2.4 嵌套的 if 语句

在简单 if 语句和 if _ else 语句形式中,语句 1 或语句 2 可以是任意合法语句。若它们也是 if 语句,就构成嵌套的 if 语句。

1. 嵌套形式 1

```
if(表达式 1)
        if(表达式 2)      语句 1
        else              语句 2
else    语句 3
```

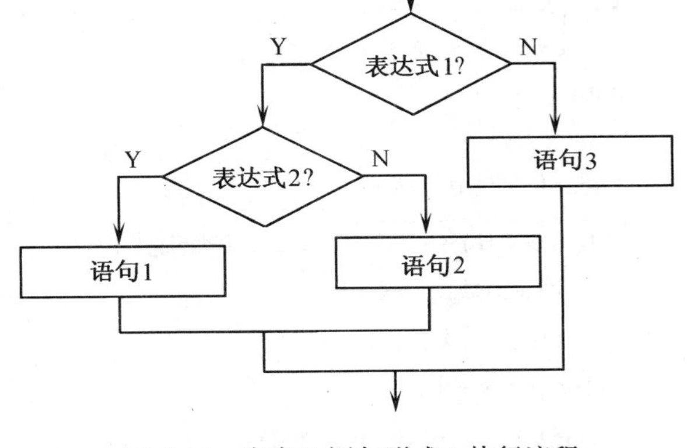

图 5－4 嵌套 if 语句形式 1 执行流程

执行流程如图 5－4 所示,第一个 else 与第二个 if 结合,而最后一个 else 与第一个 if 结合。

2. 嵌套形式 2

```
if(表达式 1)
  { if(表达式 2) 语句 1 }
else 语句 2
```

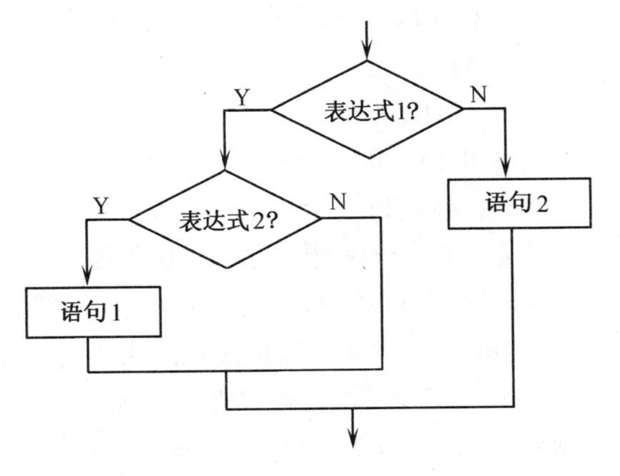

图 5－5 嵌套 if 语句形式 2 执行流程

执行流程如图 5－5 所示,else 与第一个 if 结合。因为第二个 if 在复合语句中,复合语句是一条语句,不能与复合语句外的 else 结合。如果把{ }去掉,则 else 与第二个 if 结合。

3. 嵌套形式 3

```
if (表达式 1)
  语句 1
else if (表达式 2)
      语句 2
    else
      语句 3
```

执行流程如图 5－6 所示。

C 语言规定:else 总是与它前面最近的同一复合语句内的不带 else 的 if 结合。在 if 语句嵌套形式 2 中可以看到,else 与 if 在同一复合语句内才能结合。

例 5-9 求分段函数。

$$y=\begin{cases}x+1 & x>0\\ x & x=0\\ x-1 & x<0\end{cases}$$

```
main ( )
{ int x, y;
  scanf ("%d", &x);
  if(x >=0)                /*if 嵌套形式1*/
     if(x >0)   y =x +1;
     else y = x;
  else y = x - 1;
  printf ("x = %d, y = %d\n", x, y);
}
```

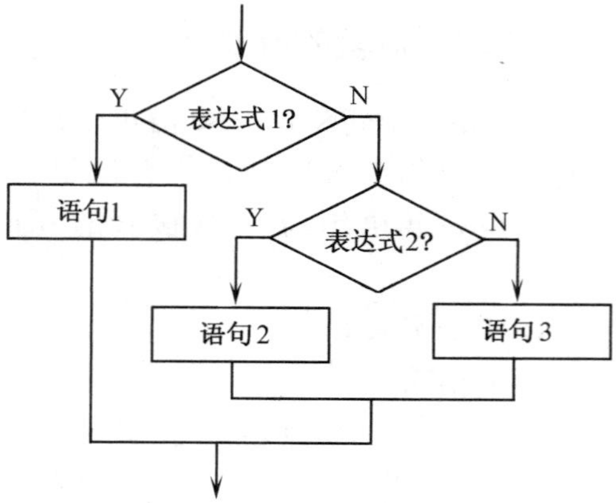

图 5-6 嵌套 if 语句形式 3 执行流程

程序中方框内采用 if 语句嵌套形式 1 实现分段函数的计算。若采用 if 语句嵌套形式 2,可用如下程序段代替程序中方框内的语句:

```
y = x;
if (x >=0)
   { if (x >0) y =x +1;}
else y =x -1;
```

首先执行 y = x。由于在 x≥0 条件下只有 x >0 的计算公式,所以 x = =0 时,实际执行的正是 y = x;,若 x >0,执行的是 y = x + 1,执行 y = x 的结果被替换成 y = x + 1 的执行结果。若 x <0,则执行 y = x - 1,以替换先前执行 y = x 的结果。

这里{ }不能省略,若省略,则 else 与第二个 if 结合,结果就完全不一样了:x >0 时,执行 y = x + 1; 而 x = =0 时却执行 y = x - 1; 若 x <0,则执行 y = x。即:

```
y =x;
if (x >=0)
  if (x >0) y =x +1;
  else y =x -1;
```

若采用 if 语句嵌套形式 3,可用如下程序段代替程序中方框内的语句:

```
if (x >0) y =x +1;
else if (x ==0) y =x;
     else y =x -1;
```

若 x > 0，执行 y = x + 1；否则必有 x <= 0，若 x == 0，则执行 y = x；否则（x < 0），执行 y = x - 1；这种阶梯式写法层次分明，else 与 if 的结合一目了然。若写成如下形式，则可读性较差。

```
if (x >0) y =x +1;
else if (x ==0)        y =x;
     else              y =x -1;
```

注意，阶梯式写法仅是一种写法而已，目的是增加可读性。阶梯式写法与 if、else 的结合无关。如下的写法并不表明 else 与第一个 if 结合。

```
if (x >0) y =x +1;
if (x ==0) y =x;
else y =x -1;
```

例 5-10　输入某学生的成绩，输出该学生的成绩和等级。（A 级：90～100，B 级：80～89，C 级：60～79，D 级：0～59）。

```
main ( )
{ int x ;
  printf ("Please input x ( 0 <=x <=100) \n");
  scanf("%d", &x);
  if (x >100||x <0)
          printf ("x =%d data error!  \n",x);
  else if (x >=90)
           printf ("x =%d → A\n",x);
      else if (x >=80)
               printf ("x =%d → B\n",x);
          else if (x >=60)
                   printf ("x =%d → C\n",x);
              else printf ("x =%d → D\n",x);
}
```

首先提示用户输入成绩，当输入成绩不在合理范围（0≤x≤100）时，提示输入错误，程序结束。否则满足 x≥90 就是满足 100≥x≥90，属于 A 级；若不满足 x≥90，则 x < 90 自然满足，只要 x≥80 就是满足 90 > x≥80，属于 B 级；……；x < 60 且 x≥0（前面已判定），属于 D 级。本例实际上用嵌套 if 语句处理了 5 个分支的情况，控制流程如图 5-7 所示。

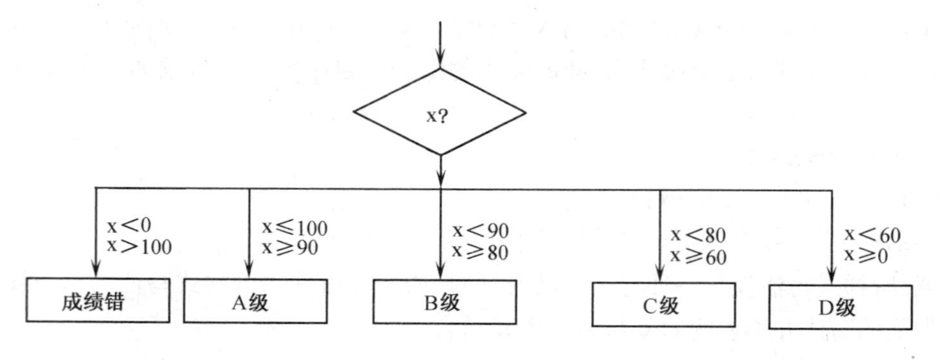

图 5－7　多分支结构

5.3　用 switch 语句设计多分支结构程序

例 5－10 中已经遇到多分支选择结构，虽然用嵌套 if 语句也能实现多分支结构程序，但分支较多时显得很繁琐，可读性较差。C 语言中，switch 语句专用于实现多分支结构程序，其特点是各分支清晰而直观。

5.3.1　switch 语句

switch 语句调用形式：

```
switch ( 表达式 )
{ case 常量表达式 1：语句 1
  case 常量表达式 2：语句 2
  ……
  case 常量表达式 n：语句 n
  default ：语句 n+1
}
```

功能：

首先计算表达式的值，然后依次与常量表达式 i(i=1,2,…,n) 比较，若表达式的值与某常量表达式相等，则从该常量表达式处开始执行（执行入口），直到 switch 语句结束。若所有的常量表达式 i(i=1,2,…,n) 的值均不等于表达式的值，则从 default 处开始执行。

说明：

① switch 后面括号中可以是任何表达式，取其整数部分与各常量表达式进行比较。

② 常量表达式中不能出现变量，且类型必须是整型、字符型或枚举型，各常量表达式互不相同。

③ 语句 i 可以是一条或多条语句,多条语句时不必用{ }将它们括起来。语句 i 处也可以没有语句,程序执行到此会自动向下顺序执行。

④ default 语句一般出现在所有 case 语句之后,也可以出现在 case 语句之前或两个 case 语句之间。default 语句可以缺省。

例 5-11 用 switch 语句实现例 5-10。

为了区分各分数段,将[0,100]每 10 分划为一段,则 x/10 的值为 10,9,…,1,0,它们表示 11 段:0~9 为 0 段,10~19 为 1 段,……,90~99 为 9 段,100 为 10 段。用 case 后的常量表示段号。例如,x=76,则 x/10 的值为 7,所以 x 在 7 段,即 $70 \leqslant x < 79$,属于 C 级。若 x/10 不在[0,10],则表明 x 是非法成绩,在 default 分支处理。

```
#include"stdio.h"
main ( )
{ int x ;
  printf ("Please input x:\n");
  scanf ("%d", &x);
  switch ( x/10 )
    { case 10: printf ("x = %d →A\n", x);
      case 9: printf ("x = %d →A\n", x);
      case 8: printf ("x = %d →B\n", x);
      case 7: printf ("x = %d →C\n", x);
      case 6: printf ("x = %d →C\n", x);
      case 5: printf ("x = %d →D\n", x);
      case 4: printf ("x = %d →D\n", x);
      case 3: printf ("x = %d →D\n", x);
      case 2: printf ("x = %d →D\n", x);
      case 1: printf ("x = %d →D\n", x);
      case 0: printf ("x = %d →D\n", x);
      default : printf ("x = %d data error! \n", x);
    }
}
```

运行程序:

输入:65↙

输出:x=65→C

x=65→D

x=65→D

```
x =65→D
x =65→D
x =65→D
x =65→D
x =65 data error!
```

第一行输出正确,但后7行输出是多余的。原因何在? x/10的值为6,从case 6处开始执行,输出x =65→C,若就此结束switch语句的执行,则结果正确。但是,根据switch语句的执行流程,x/10的值与case 6匹配后,case 6处是执行的入口,以后将顺序执行case 7,case 8,……后面的语句(除非遇到终止执行的指令)。因此在输出正确结果后,立即终止switch语句的执行才能达到目的。如何终止switch语句的执行呢? C语言中提供的break语句可以做到这一点。

break语句调用形式:

```
break;
```

功能:终止它所在的switch语句的执行。

现在我们用break语句来解决例5-11中出现的问题:

```
#include"stdio.h"
main ( )
{ int x ;
  printf ("Please input x:\n");
  scanf ("%d", &x);
  switch ( x/10 )
    { case 10: printf ("x = %d →A\n", x); break;
      case 9: printf ("x = %d →A\n", x); break;
      case 8: printf ("x = %d →B\n", x); break;
      case 7: printf ("x = %d →C\n", x); break;
      case 6: printf ("x = %d →C\n", x); break;
      case 5: printf ("x = %d →D\n", x); break;
      case 4: printf ("x = %d →D\n", x); break;
      case 3: printf ("x = %d →D\n", x); break;
      case 2: printf ("x = %d →D\n", x); break;
      case 1: printf ("x = %d →D\n", x); break;
      case 0: printf ("x = %d →D\n", x); break;
      default: printf ("x = %d data error! \n", x);
    }
}
```

运行程序:

输入:65↙

输出:x =65→C

显然,输出结果是正确的。该程序还可以改进,例如,x/10 =0, 1, 2, 3, 4, 5 时执行的程序代码相同,只要在 case 0:处写这段程序代码,其他 case 1 到 case 5 均空白。这样,当 x/10 =1, 2, 3, 4, 5 时,其后无语句,程序会自动顺序向下执行,所以均会执行 case 0 处的程序段。同样 case 9 与 case 10、case 6 与 case 7 也依此处理。大大减少了程序冗余。

```
#include"stdio. h"
main ( )
{ int x ;
  printf ("Please input x:\n");
  scanf ("% d", &x);
  switch ( x/10 )
    { case 10:
      case 9: printf ("x = % d →A\n", x); break;
      case 8: printf ("x = % d →B\n", x); break;
      case 7:
      case 6: printf ("x = % d →C\n", x); break;
      case 5:
      case 4:
      case 3:
      case 2:
      case 1:
      case 0: printf ("x = % d →D\n", x); break;
      default : printf ("x = % d data error! \n", x);
    }
}
```

通过上例可以看到,switch 语句与 break 语句相结合,才能设计出正确的多分支选择结构程序。

5.3.2 嵌套 switch 语句

在 switch 语句中,每个 case 后面可以出现任意合法 C 语句,因此,也可以出现另一个 switch 语句,从而形成嵌套 switch 语句。

例 5 -12 分析程序的执行结果。

```
#include"stdio.h"
main ( )
{ int x, y, z ;
  scanf ("%d,%d,%d", &x, &y, &z);
  switch (x)
    { case 0: switch (y==0)
              { case 1: printf ("*"); break;
                case 0: printf ("+"); break;
              }
      case 1: switch (z)
              { case 1: printf ("$"); break;
                case 2: printf ("*"); break;
                default : printf ("#");
              }
      default : printf ("!!! \n");
    }
}
```

程序中,switch (y = =0)和 switch (z)语句嵌套在 switch (x)语句中。注意:switch (y = =0)语句中的 break 只能终止 switch (y = =0)语句的执行,不能终止 switch (x)语句的执行。因此,从 switch (y = =0)语句退出后,将执行 switch (x)语句 case 1: 后面的语句。

运行以上程序:

输入:0,2,3↙

输出: +#!!!

输入:3,2,0↙

输出: !!!

5.4 goto 语句

C 语言中的 goto 语句可以转向同一函数内任意指定位置执行,称为无条件转向语句。

goto 语句调用形式:

```
    goto 语句标号;
    ……
语句标号: 语句
```

功能:goto 语句无条件转向语句标号所标识的语句执行。它将改变顺序执行方式。

说明：

① 语句标号用标识符后跟冒号表示。例如：

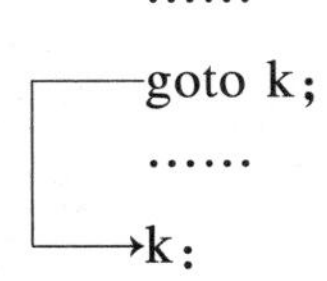

② goto 语句与相应的语句标号必须处在同一个函数中，不允许跨两个函数。下面的用法是错误的：

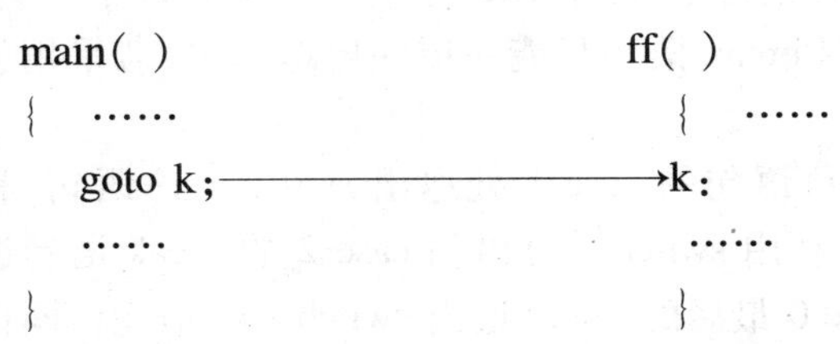

例 5－13 输入三角形 3 条边的边长并输出。

作为三角形的 3 条边长，必须满足任意两个边长之和大于第 3 个边长。若输入的 3 个边长不满足该条件，程序在显示提示信息后，利用 goto 语句自动转到输入函数调用语句，要求用户重新输入，直到输入的 3 个边长满足条件。

```
main ( )
{ int x, y, z ;
  k:scanf ("%d,%d,%d", &x, &y, &z);
  if (x + y <= z||x + z <= y||y + z <= x)
     { printf ("data error! Input again\n");
       goto k ; /* x 、y、z 不满足三角形边长要求,转 k:,重新输入 */
     }
  printf ("x = %d, y = %d, z = %d\n", x, y, z);
}
```

运行程序：

输入：1，2，3↙

输出：data error! Input again

输入：2，2，3↙

输出：x＝2，y＝2，z＝3

在例 5－10 中，输入的成绩是非法成绩时，只能终止程序的运行。用下面带 goto 语句的程序段可以要求用户重新输入合法成绩：

```
……
k: scanf ("%d", &x);
   if (x<0||x>100)
      { printf(" data error! Input again\n");
        goto k;
      }
   ……
```

由于 goto 语句转移的任意性,使程序流程毫无规律,可读性较差。所以,一般情况下结构化程序设计中不主张使用 goto 语句。但在某种场合下,使用 goto 语句可以提高效率。例如,在嵌套 switch 语句的内层 switch 语句中,利用 break 语句只能一层一层地退出,若采用 goto 语句,可以一次退出多层 switch 语句。

如下程序段中,要从内层 switch (y==0)语句的 case 1 处退出 switch (x)语句,利用 break 语句先退出 switch (y==0)语句,然后利用 switch (z)语句 case 2 的 break 语句退出 switch (z)语句,再利用 switch (x)语句的 case 0 最后的 break 退出 switch (x)语句。同样处在内层 switch (y==0)语句的 case 0 处的 goto 语句,却能直接转出 switch (x)语句,执行语句标号 k 处的语句,只需一步就退出 switch (x)语句,其效率不言自明。

```
switch (x)
{ case 0: switch (z)
          { case 2: switch (y==0)
                    { case 1: printf ("*"); break;
                      case 0: printf ("+"); goto k;
                    }
                    break;
            case 1: printf ("@"); break;
            default : printf ("===");
          }
          break;
  case 1: printf ("$"); break;
  default : printf ("!!!");
}

k:   ……
```

5.5　应用实例

例 5－14　输入 3 个数,输出其中最小者。

设 3 个数分别是 a、b 和 c,先求 a、b 中较小者并记为 min,然后再用 min 与 c 进行比较,取其中较小者作为最后结果。采用以前介绍的条件运算符可以解决这个问题。

```
#include"stdio.h"
main ( )
{ int a, b, c, min ;
  printf ("Please input a,b,c\n");
  scanf ("%d,%d,%d", &a, &b, &c);
  min = a < b ? a : b ;
  min = min < c ? min : c ;
  printf ("min = %d\n", min);
}
```

运行程序:

输入:12,24,8↙

输出:min = 8

程序中两条关于 min 的赋值语句也可以换成本章介绍的 if _ else 语句结构:

```
if ( a < b)      min = a;
else             min  =  b;
if (min > c)     min  =  c;
```

例 5－15　输入 3 个数,按从大到小的顺序输出。

设 3 个数分别是 a、b 和 c,把它们中最大者存放在 a 中,把次大者存放在 b 中,c 中存放最小者。然后依次输出 a、b 和 c。

```
#include"stdio.h"
main ( )
{ int a, b, c, t ;
  printf ("Please input a,b,c\n");
  scanf ("%d, %d, %d", &a, &b, &c);
  if (a < b) { t = a; a = b; b = t;}        /* a 和 b 的值交换,a 中存放较大的数 */
  if (a < c) { t = a; a = c; c = t;}        /* a 和 c 的值交换,a 中存放最大数 */
```

```
    if (b < c) { t = b; b = c; c = t;}        /* b和c的值交换,c中存放最小数 */
    printf ("%d >= %d >= %d\n", a, b, c);
}
```

运行程序:

输入:12,24,8↙

输出:24 >= 12 >= 8

例 5-16 输入两个整数,若它们的平方和大于100,则输出该平方和的百位数以上(包括百位数字)的各位数字,否则输出两个整数的和。

```
#include"stdio.h"
main ( )
{ int a, b, c, d ;
  printf ("Please input a,b\n");
  scanf ("%d, %d", &a, &b);
  c = a * a + b * b;
  if ( c > 100 )
    { d = c/100;
      printf (" %d → %d\n", c, d );
    }
  else
      printf (" a + b = %d\n", a + b);
}
```

运行程序:

输入:11,10↙

输出:221→2

输入:3,2↙

输出:a + b = 5

若a、b的平方和大于100时,要求输出百位数以上的数字,即去掉个位及十位数字后的数。一个数k,取百位数以上(含百位数)的数字为k/100;取百位数以下(不含百位数)的数字为k %100。如:12345,12345/100的值为123,即百位数以上(含百位数)的数;12345% 100的值为45,即百位数以下(不含百位数)的数。

例 5-17 求一元二次方程 $ax^2 + bx + c = 0$ 的根。

对一元二次方程 $ax^2 + bx + c = 0$,要考虑其系数a、b、c各种可能的取值情况。

若a为0,则原方程退化为一元一次方程 $bx + c = 0$,所以当b不为0时,$x = -c/b$;

当 a 不为 0 时，有两个根（实根或复根）：

若 $b*b-4*a*c \geq 0$，有两个实根：

$x_{1,2}=(-b \pm \sqrt{b*b-4*a*c})/(2*a)$

若 $b*b-4*a*c<0$，有两个共轭复根：

$x_{1,2}=-b/(2*a) \pm i\sqrt{|b*b-4*a*c|}/(2*a)$

在第 1 章中介绍了"自顶向下，逐步细化"的程序设计方法，这种方法可以先全局后局部，先整体后细节，先抽象后具体，其优点在于问题考虑全面，程序结构清晰，层次分明，可读性好。

一般，求解问题的程序可以分成三部分：输入部分、计算处理部分和输出部分。输入部分负责输入必要的原始数据，计算处理部分根据问题的算法求解，得到的结果由输出部分显示或打印。因此，本题的顶层设计就是把问题划分为三个模块：M1 模块用来输入方程的系数 a、b、c；M2 模块的功能是计算方程的根；M3 模块负责输出结果。它们的执行顺序是 M1，M2，M3。如图 5－8 所示。

对这些模块还可以进行细化。对 M1 模块，功能是输入方程的三个系数，比较简单，不必再细分了。M2 模块的功能是求根，当二次项系数 a 为 0 时，方程蜕化成一次方程 $bx+c=0$，$x=-c/b$。求根方法不同于二次方程，可见 M2 模块比较复杂，需要进一步细化。M2 模块可以再细分成 M21 和 M22 两个模块，M21 模块的功能是一次方程的求根，无需细分。M22 模块的功能是二次方程的求根。实际上，M22 模块还可以再分解为求实根和求复根两个子模块，这里就不再细分了，因为求实根和求复根在同一个模块中处理并不复杂。现在可以把各模块流程图按图 5－8 所示的顺序组装成完整的流程图，如图 5－9 所示（sqrt(d)表示求 d 的算术平方根）。根据流程图就可以用 C 语言编写程序了。

```
#include"stdio.h"
#include"math.h"
main ( )
{ float a,b,c,a2,x1,x2; double d;
  printf(" Input a,b, c\n");
  scanf("%f,%f,%f",&a,&b,&c);
  if (a==0)/* 解一元一次方程 */
     x1 = -c/b;
  else      /* 解一元二次方程 */
  { d = b*b - 4*a*c;
    a2 =2*a;
    x1 = -b/a2;
```

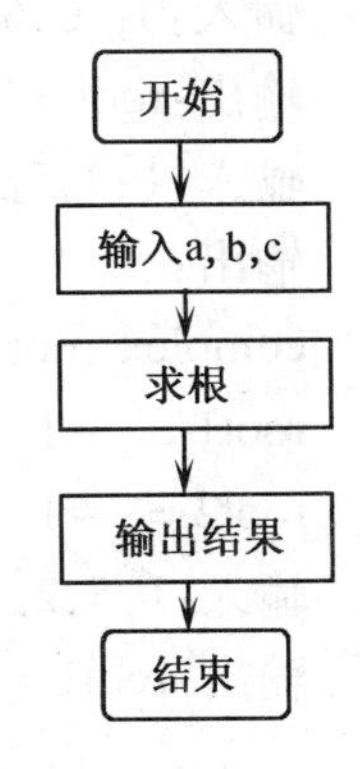

图 5－8　解一元二次方程的模块划分

```
    if (d>=0) x2=sqrt(d)/a2;
    else x2=sqrt(-d)/a2;
  }
  if (a==0) /* 输出一次方程根 */
    printf("root=%f\n",x1);
  else
    if(d>=0) /* 输出实根 */
    { printf(" real root:\n");
      printf("root1=%f,root2=%f\n",x1+x2,x1-x2);
    }
    else /* 输出复根 */
    { printf("complex root:\n");
      printf("root1=%f+%fi\n",x1,x2);
      printf ("root2=%f-%fi\n",x1,x2);
    }
}
```

运行程序：

输入:0,10,5↙

输出:root = -0.500000

输入:1,2,5↙

输出:

complex root:

root1 = -1.000000 + 2.000000 i

root2 = -1.000000 - 2.000000 i

输入:1,5,2↙

输出:root1 = -0.438447,root2 = -4.561553

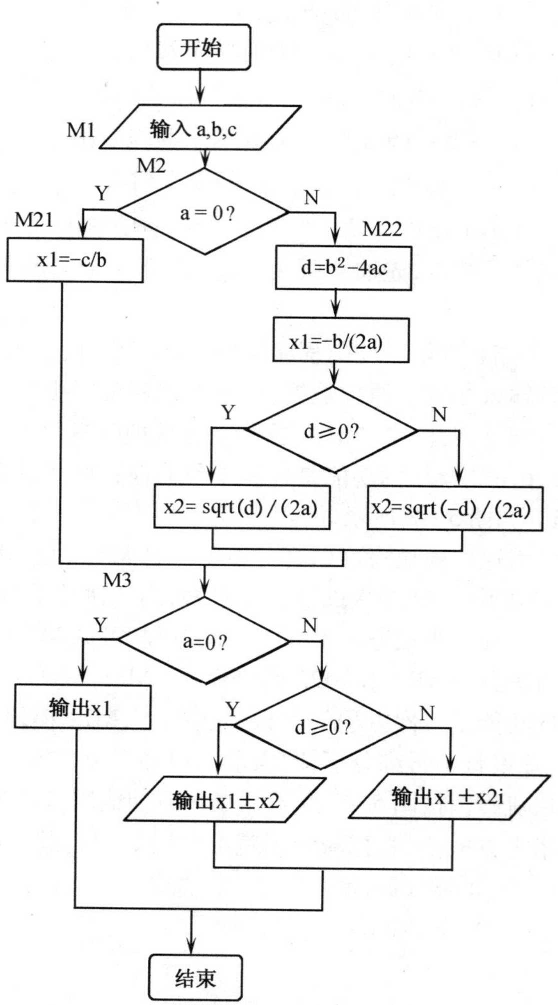

图 5-9　解一元二次方程模块细化

小　结

根据某种条件的成立与否而采用不同的程序段进行处理的程序结构称为选择结构。条件的判断是需要逻辑运算的结果来支持。C 提供了关系比较运算和逻辑运算，其结果用 1 表示条件成立，用 0 表示条件不成立。但是值得注意的是：C 没有专门的逻辑型数据，用数字 0 和 1 表示假和真，判断时非 0 则真，只有 0 为假。

选择结构可分为简单分支（两个分支）和多分支两种情况。一般，采用 if 语句实现简单分支结构程序，用 switch 和 break 语句实现多分支结构程序。虽然用嵌套 if 语句也能实现多分支结构程序，但用 switch 和 break 语句实现的多分支结构程序更简洁明了。

if 语句的控制条件通常用关系表达式或逻辑表达式构造，也可以用一般表达式表示。因为表达式的值非零为“真”，零为“假”。所以具有值的表达式均可作 if 语句的控制条件。

if 语句有简单 if 和 if _ else 两种形式，它们可以实现简单分支结构程序。采用嵌套 if 语句还可以实现较为复杂的多分支结构程序。在嵌套 if 语句中，一定要搞清楚 else 与哪个 if 结合的问题。C 语言规定，else 与其前最近的同一复合语句的不带 else 的 if 结合。书写嵌套 if 语句往往采用缩进的阶梯式写法，目的是便于看清 else 与 if 结合的逻辑关系，但这种写法并不能改变 if 语句的逻辑关系。

switch 语句只有与 break 语句相结合，才能设计出正确的多分支结构程序。break 语句通常出现在 switch 语句或循环语句中，它能轻而易举地终止执行它所在的 switch 语句或循环语句。虽然用 switch 语句和 break 语句实现的多分支结构程序可读性好，逻辑关系一目了然。然而，使用 switch(k)的困难在于其中的 k 表达式的构造。

goto 语句可以方便快速地转到指定的任意位置继续执行（注意，goto 语句与语句标号必须在同一函数中）。正是它的任意性破坏了程序的自上而下的流程，可读性差，可维护性差，因而结构化程序设计中不提倡使用 goto 语句，甚至有人主张在程序设计语言中完全去掉 goto 语句。然而，在某些场合适当使用 goto 语句能提高程序的效率。

习　题

一、单项选择题

1. 要判断 char 型变量 m 是否是数字字符，可以使用下列表达式________。

   A. 0 < = m && m < = 9　　　B. '0' < = m && m < = '9'

   C. "0" < = m && m < = "9"　　　D. 前面三个答案均是错误的

2. if 语句的控制条件________。

   A. 只能用关系表达式　　　B. 只能用关系表达式或逻辑表达式

C. 只能用逻辑表达式　　　　D. 可以用任何表达式

3. 以下程序的输出结果是________。

```
main( )
{ float x = 2, y;
  if (x < 0) y = 0;
  else if (x < 5&&!x) y = 1/(x + 2);
      else if (x < 10) y = 1/x;
          else y = 10;
  printf("% f\n", y); }
```

A. 0.000000　　B. 0.250000　　C. 0.500000　　D. 10.000000

4. 执行以下程序段后，a，b，c 的值分别是________。

```
int a, b = 100, c, x = 10, y = 9;
a = ( --x == y ++ )? --x: ++y;
if(x < 9) b = x ++; c = y;
```

A. 9，9，9　　B. 8，8，10　　C. 9，10，9　　D. 1，11，10

5. 执行下列程序段后，x、y 和 z 的值分别是________。

```
int x = 10, y = 20, z = 30;
if(x > y) z = x; x = y; y = z;
```

A. 10，20，30　　B. 20，30，30　　C. 20，30，10　　D. 20，30，20

6. 以下程序的输出结果是________。

```
main( )
{ int w = 4, x = 3, y = 2, z = 1;
  if(x > y&&(z == w)) printf("% d\n", (w < x? w:z < y? z:x));
  else printf("% d\n", (w > x? w:z > y? z:x));
}
```

A. 1　　B. 2　　C. 3　　D. 4

7. 下面的程序片段所表示的数学函数关系是________。

```
y = -1;
if (x! = 0) { if (x > 0) y = 1; }
else y = 0;
```

A. $y = \begin{cases} -1(x < 0) \\ 0(x = 0) \\ 1(x > 0) \end{cases}$　　B. $y = \begin{cases} 1(x < 0) \\ -1(x = 0) \\ 0(x > 0) \end{cases}$

C. $y=\begin{cases}0(x<0)\\-1(x=0)\\1(x>0)\end{cases}$　　D. $y=\begin{cases}-1(x<0)\\1(x=0)\\0(x>0)\end{cases}$

8. 若执行以下程序时从键盘上输入3□4，则输出结果是________（□表示空格）。

```
main( )
{ int a,b,s;
  scanf("%d%d",&a,&b);
  s=a;
  if (a<b) s=b;
  s*=s;
  printf("%d\n",s);
}
```

A. 14　　B. 16　　C. 18　　D. 20

9. 若a和b均是整型变量，以下正确的switch语句是________。

A.
```
switch (a/b)
  { case 1: case 3.2: y=a+b; break ;
    case 0: case 5: y=a-b;
  }
```

B.
```
switch (a*a+b*b);
  { case 3:
    case 1: y=a+b; break ;
    case 0: y=b-a; break; }
```

C.
```
switch a
  { default : x=a+b;
    case 10 : y=a-b;break;
    case 11 : y=a*d; break; }
```

D.
```
switch(a+b)
  { case 10: x=a+b; break;
    case 11: y=a-b; break;
  }
```

二、填空题

1. if语句控制表达式只有其值为________时表示逻辑“真”，其值为________表示逻辑“假”。

2. if (!k) a=3;语句中的! k可以改写为________，使其功能不变。

3. 表达“若|x|>4，则输出x，否则输出:error!”的if语句是________。

4. 能正确表达“当x的值是[1,10]或[200,210]范围内的奇数时，输出x”的if语句是________。

5. 已知:a=15，b=240;则表达式(a&b)&b||b的结果为________。

6. 下列程序段的输出是________。

```
int i=0,k=100,j=4;
if (i+j) k=(i=j)? (i=1):(i=i+j);
printf ("k=% \n",k);
```

7. 下列程序段当 a 的值为 014 和 0x14 时的执行结果分别是________。

```
if ( a =0xA | a >12 )
   if ( 011&10 = =a ) printf ("%d!  \n",a);
   else              printf ("Right!%d\n",a);
else printf ("Wrong!%d\n",a);
```

8. 以下程序的输出是________。

```
main( )
{ int a =0, b =0, c =0;
  if (a =b +c) printf ("*** a =%d\n", a);
  else printf ("$$$ a =%d\n", a);
}
```

9. 下列程序的输出结果是________。

```
#include" stdio. h"
main ( )
{ int x =1, y =0, a =0, b =0;
  switch (x)
  { case 1: switch (y)
            { case 0: a ++; break;
              case 1: b ++; break;
            }
              case 2: a ++; b ++;
  }
  printf ("a =%d, b =%d\n" , a, b);
}
```

10. 若下列程序执行后 t 的值为 4,则执行时输入 a,b 的值范围是________。

```
#include"stdio. h"
main( )
{ int a, b, s =1, t =1;
  scanf ("%d, %d", &a, &b);
  if (a >0)   s +=1;
  if (a >b)   t +=s;
  else if(a = =b) t =5;
      else        t = 2*s;
  printf ("s =%d, t =%d\n", s,t);
}
```

三、编程题

1．以下程序求 3 个整数中的最小值，程序是否有错？若有错，请改正。

```
main( )
{ int a, b, s, t;
  scanf ("% d, % d", &a, &b);
  if (a > b)&&(a > c)
     if b < c     printf("min = % d\n",b)
     else         printf("min = % d\n",c)
  if(a < b)&&(a < c) printf("min = % d\n",a)
}
```

2．给出一个 5 位数，按逆序输出它的各位数字。如：输入 12345，输出 54321。

3．有一函数：

$$y=\begin{cases}x & (-5<x<0)\\ x-1 & (0\leqslant x<5)\\ x+1 & (5\leqslant x<10)\end{cases}$$

分别用：(1)简单 if 语句　　(2)嵌套的 if 语句

(3)if _ else 语句　　(4)switch 语句

编写程序，要求输入 x 的值，输出 y 的值。

4．编写程序，输入一位学生的生日（年：y0、月：m0、日：d0）；并输入当前的日期（年：y1、月：m1、日：d1）；输出该生的实足年龄。

5．编写程序，输入 3 个整数，判断它们是否能够构成三角形，若能构成三角形，则输出三角形的类型（等边、等腰或一般三角形）。

6．将下列程序用 switch 语句改写，并使其功能不变。

```
main( )
{ int x, y;
  scanf ("% d",&x);
  if ( x <20 ) y = 1;
  else if ( x <30 ) y = 2;
       else if ( x <40 ) y = 3;
            else if ( x <50 ) y = 4;
                 else if ( x <60 ) y = 5;
                      else y = 6;
  printf("x = % d,y = % d\n",x,y);
}
```

7. 某商店为促销推出如下让利销售方案,其中 M 为购买金额,N 为让利百分比。

M < 100,　　N = 0;　　100 < = M < 200,　　N = 1.5%;

200 < = M < 300,　　N = 2.5%;　　300 < = M < 400,　　N = 3.5%;

400 < = M < 500,　　N = 4.5%;　　500 < = M < 600,　　N = 5.5%

M > = 600,　　N = 6 %;

编写程序,对输入的购买金额,输出顾客购买金额、实际支付的金额和返还的金额。

8. 编写程序,计算从 1995 年元月 1 日至 2000 年 12 月 10 日共有多少天。闰年的二月有 29 天。闰年 Y 满足如下条件:Y 能被 400 整除或 Y 能被 4 整除,但不能被 100 整除。

9. 编写程序,输入一个不超过 5 位数的正整数,输出它的个位数,并指出它是几位数。

10. 编写程序,加密数据。方法:对给定数值,每一位数字均加 2,且在[0,9]范围内,若加密后某位数字大于 9,则取其被 10 除的余数。如:6987 加密后为 8109。

第 6 章　循环结构的程序设计

循环是指对某一过程反复执行。结构化程序由顺序结构、选择结构和循环结构组成。前面已经分别介绍了顺序结构和选择结构的程序设计方法,本章讨论循环结构的程序设计方法。

6.1　循环的基本概念

在第 5 章的例 5－2 中曾提到 n 个数求和有两种方法(以 $s=1+2+3+\cdots+n$ 为例):

(1) $s=1+2+3+\cdots+n$

显然,当 n 较大时,这种方法不实用。

(2)
```
s=0;
s=s+1;
s=s+2;
……
s=s+n;
```

这种方法需要改造才能达到实用,我们将其改写成(设 n=100):

```
s=0; i=1;
s=s+i; i=i+1;    (s=0+1; i=2)
s=s+i; i=i+1;    (s=1+2; i=3)
……
s=s+i; i=i+1;    (s=4950+100; i=101)
```

将上述过程总结归纳为:

s=0; i=1;

当 $i\leqslant n$ 时,重复执行以下程序段:

```
s=s+i;
i=i+1;
```

可以看到,这种方法有效地克服了第一种方法的缺点,无论 n 有多大,执行的程序段不变,只是重复执行的次数变化而已。

像这样重复做某件事的现象称为“循环”。C 程序的循环结构就是在满足循环条件时,重复执行某程序段,直到循环条件不满足为止。重复执行的程序段称为循环体。

循环结构有两种形式:“当型”循环和“直到型”循环。

1. “当型”循环

首先判断循环控制表达式是否为“真”,若为“真”,则反复执行循环体。若为“假”,则结束循环。“真”用Y表示,“假”用N表示。控制流程如图1-10(a)所示。

2. “直到型”循环

首先执行循环体,然后才判断循环控制表达式,若为“假”,则反复执行循环体;直到循环控制表达式为“真”时结束循环。控制流程如图1-10(b)所示。

6.2 用while语句设计循环结构程序

用while语句可以设计“当型”循环结构程序。

while语句形式:

while(表达式)

循环体语句

功能:首先计算表达式的值,若为“真”,则执行循环体语句,执行完毕后,再计算表达式的值,若仍为“真”,则重复执行循环体语句。直到表达式的值为“假”时,结束while语句的执行,继续执行while语句后面的语句。while语句构成的循环属于“当型”循环。

说明:

① 表达式是控制循环的条件,它可以是任何类型的表达式。

② 循环体语句语法上定义为一条语句,若循环体含有多条语句,则必须用大括号把它们括起来,成为复合语句。

③ while语句的特点是:先判断,后执行。若表达式一开始就为“假”,则循环一次也不执行。

例6-1 求1到n之和。执行流程如图6-1所示。

```
#include"stdio.h"
main()
{ int s,i;
  s=0;
  i=1;
  while (i<=100)
  { s+=i;
    i++;
  }
```

```
    printf ("1 +2 +3 +…… +100 = % d\n", s);
}
```

运行程序:

输出:1 +2 +3 + ··· +100 =5050

注意:

① while 语句的循环体中必须出现使循环趋于结束的语句,否则,会出现“死循环”的现象(即循环永远不会结束)。

例如,将本例中的 i ++ ;语句删除,则 i 的值永远为 1;或将 i ++ ;语句改为 i -- ; ,则 i 的值越来越小,即循环控制条件 i <= 100 永远满足,循环将永远不会结束。由于i 的值实际上决定循环是否进行,所以把这类变量称为“循环控制变量”或“循环变量”。

② 若循环体含有多条语句,则必须用大括号把它们括起来,成为复合语句,否则,将只把其中第一条语句当作循环体语句执行。

例如,将本例中的{s += i; i ++ ;}大括号去掉,则执行的循环体语句只有 s += i;于是,i 的值保持不变,导致“死循环”。

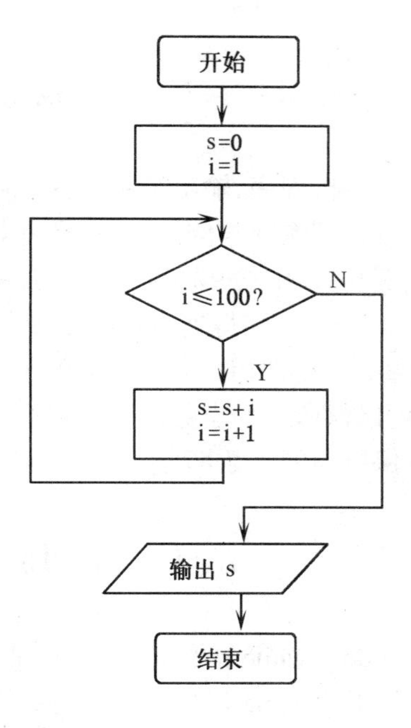

图 6 - 1　用 while 循环求和

③ 循环体中语句顺序也很重要。例如,本例中若把循环体中的两条语句的位置颠倒:

```
        i ++ ;
        s += i;
```

则最后输出:1 +2 +3 + ··· +100 =5150,显然是错误的结果。这是因为 i 的初值为 1,循环体中先执行 i ++ ;,后执行 s += i;,所以第一次累加的是 2,而不是 1。执行最后一次循环(i =100)时,先执行 i ++ ;,则 i =101,再执行 s += i;,所以最后一次累加的是 101。即实际计算的是:2 +3 + ··· +100 +101 =5150。

例 6 -2　计算 s =1 +1/2 +1/3 + ··· +1/100。

```
#include"stdio. h"
main ( )
{ int i; float s;
  s =0;
  i =1;
  while (i <=100)
     { s += 1.0/i;
```

```
        i++;
    }
  printf("s=%f\n",s);
}
```

运行程序,输出结果是:s=5.187378

本例实际与例6-1一样是若干项的求和问题。不同的是累加的项由整数换成分数。因此例6-1中的s+=i在本例应换成s+=1.0/i,最后结果是实数,故变量s应是浮点型。若用s+=1/i,则得到错误结果:s=1.000000。这是因为i是整型变量,当i>1时,1/i的值为0(两个整型数相除不保留商的小数部分)。s中只累加了第一项1/1,所以s=1.000000。1.0/i可以保留商的小数部分,故程序中采用s+=1.0/i。若将i变量定义为实型变量,则1/i也可以保留商的小数部分。

6.3 用do_while语句设计循环结构程序

do_while语句可以设计"直到型"循环结构程序。

do_while语句形式:

```
do
   循环体语句
while( 表达式 );
```

功能:首先执行循环体语句,然后检测循环控制条件表达式的值,若为"真",则重复执行循环体语句,否则退出循环。控制流程如图6-2所示。

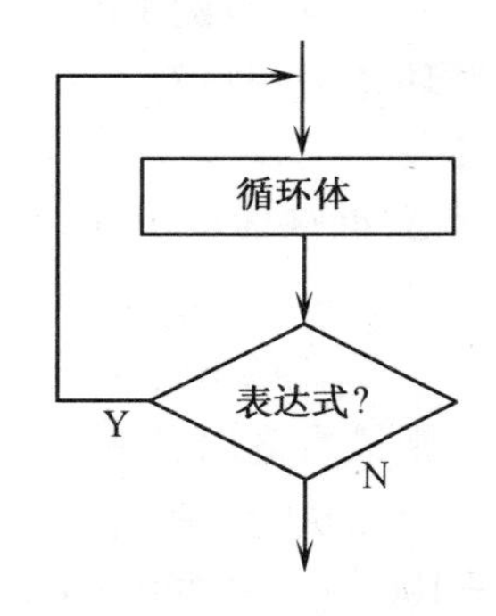

图6-2 do_while循环执行流程

说明:

① do_while语句的表达式是任意表达式,是控制循环的条件。

② do_while语句的特点:先执行后判断。因此,循环体至少执行一次。

③ do_while语句实现的循环与6.1节叙述的"直到"型循环有所不同,它重复执行循环体,直到表达式为"假"才退出循环。

例6-3 求n!。

s=n! =1*2*3*…*(n-1)*n

这是若干项的连乘问题。与求和的算法类似,连乘问题的算法可以归纳为:

s=1

s = s * i (i = 1, 2,⋯, n)

这里 s 的初值定为 1,这是为了保证做第一次乘法后,s 中存放第一项的值。执行流程如图 6 – 3 所示。

```
#include"stdio. h"
main ( )
{ int i, n; long s;
  s = 1;
  i = 1;
  printf ("Please input n:\n");
  scanf ("% d", &n );
  do { s * = i;
       i + + ;
  } while (i < = n) ;
  printf ("% d! = % ld\n", n, s);
}
```

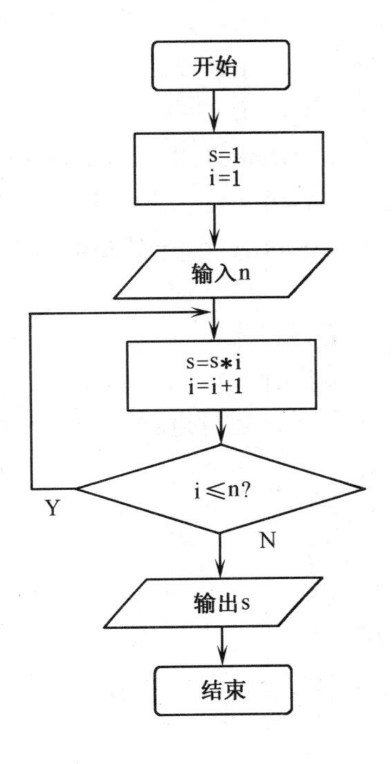

图 6 – 3 do _ while 循环求 n!

运行程序:

Please input n:

输入: 4↙

输出: 4! = 24

例 6 – 4 计算 π 的近似值。公式如下:

$\pi/4 \approx 1 - 1/3 + 1/5 - 1/7 + \cdots$

直到累加项的绝对值小于 10^{-4} 为止(即求和的各项的绝对值均大于等于 10^{-4})。

本例仍然可以看做若干项累加的问题,只是累加的项的符号正负交替出现。若不考虑正负号,用下列程序段完成求和:

```
s = 0; i = 1;
do { s + = 1.0/i;
     i + = 2;
}while(1.0/i > = 1. e - 4);
```

为了反映各项的正负号,用 k * 1.0/i 表示要累加的项,其中 k 是 1 或 – 1。i = 1 时,累加项是 1.0/1,所以 k = 1;i = 3 时,累加项是 – 1.0/3,所以 k = – 1;……正负号总是交替出现,第一项为正数,故 k 的初值为 1,以后每累加一项就执行 k = – k;语句,使 k 的值交替为 1 或 – 1。

```
#include"stdio. h"
```

```
main ( )
{ int i, k; float s;
  s =0; k =1; i =1;
  do { s + =k * 1.0/i;
       i + =2;
       k = -k;                    /* 下一项的符号 */
  } while(1.0/i > =1.e -4);      /* 累加项的绝对值必须大于或等于10^-4 */
  s =4 * s;                       /* 因为π/4的值为s,所以π的值是4 * s */
  printf ("pai = %f\n", s);
}
```

运行程序:

输出:pai =3.141397

下面是运行过程中变量i、k和s的变化情况:

i	k	s = s + k * 1.0/ i
1	1	0 + 1 * 1/1 = 1
3	-1	1 + (-1) * 1/3 = 0.6666
5	1	0.6666 + 1 * 1/5 = 0.8666
……	……	……
9999	-1	0.7854 + (-1) * 1/9999 = 0.7853

6.4 用for语句设计循环结构程序

for语句是C语言中最灵活、功能最强的循环语句。

for语句形式:

```
for (表达式1; 表达式2; 表达式3 )
    循环体语句
```

功能:首先计算表达式1的值;然后检测表达式2的值,若其值为"真",则执行循环体语句,执行完毕后,再计算表达式3。然后,再测试表达式2的值是否为"真",若为"真",继续执行循环体语句,……若为"假",则终止循环。控制流程如图6-4所示。

说明:表达式1通常是为循环变量赋初值的表达式;表达式2是控制循环的表达式;表达式3通常是改变循环变量值的表达式。

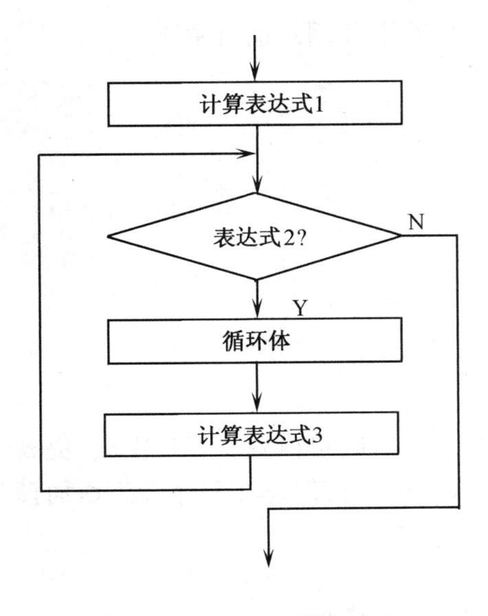

图 6 – 4　for 循环执行流程

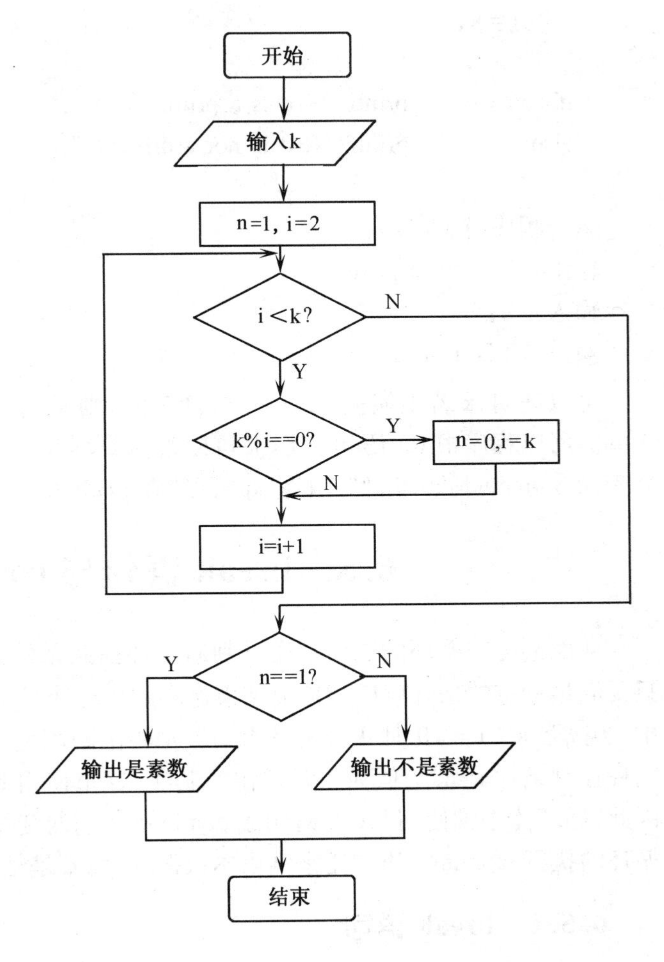

图 6 – 5　检测素数的流程

例 6 – 5　检测给定整数是否是素数。

一个自然数,若除了 1 和它本身外不能被其他整数整除,则称为素数。例如 2,3,5,7…。根据定义,测试自然数 k 能否被 2,3,…,k – 1 整除,只要能被其中一个整除,则 k 不是素数,否则是素数。程序中设立标志量 n, n 为 0 时, k 不是素数, n 不为 0 时, k 是素数。执行流程如图 6 – 5 所示。

```
#include"stdio. h"
main ( )
{ int i, k, n;
  scanf ("% d",&k );
  n =1;        /* 若标志变量 n 等于 0,k 不是素数,若 n 不等于 0,则 k 是素数。*/
  for ( i =2; i < k;i + + )   /* i 循环中分别检测 k 能否被 i 整除,i =2,3,…,k –1 */
    if ( k% i = =0 )
```

```
    { n = 0;                    /* k能被i整除,k不是素数,令n=0 */
      i = k;                    /* 令i为k,使i<k不成立,其作用是退出循环 */
    }
  if ( n == 1 ) printf("%d is a prime\n",k);
  else          printf("%d is not a prime\n",k);
}
```

运行程序,输入:15↙

输出:15 is not a prime

输入:17↙

输出:17 is a prime

可以证明,k若不能被2,3,……,$\sqrt{k}$整除,则k是素数。$\sqrt{k} \leq k$,可以减少循环次数,提高效率。所以程序中for语句的i<k可以改为i<=sqrt((double)k),但要在程序开头增加预处理命令#include"math.h",因为sqrt函数在math.h文件中定义。

6.5 break语句与continue语句

前面例题中循环的结束是通过判断循环控制条件为假而正常退出。然而,在某些场合,只要满足一定的条件就应当提前结束循环的执行或只结束本次循环、转入下次循环。例6-5中,当满足k%i==0时,k不是素数,应立即结束循环。程序通过令i的值为k,从而通过判断循环控制条件i<k为假而正常退出。其实,这里使用break语句直接退出循环是最方便的。因此,循环体中常使用break语句或continue语句改变循环的执行流程。break语句用于终止循环的执行;continue语句用来结束本次循环,而不是结束整个循环。

6.5.1 break语句

在介绍switch语句时已经提到break语句,其实break语句还可以出现在循环语句中。

break语句的形式:

```
break;
```

功能:终止它所在的switch语句或循环语句的执行。

说明:break语句只能出现在switch语句或循环语句的循环体中。

现在可以用break替换例6-5循环体中的i=k,直接用break语句退出循环。即:

```
for ( i = 2; i < k; i++ )
  if ( k%i == 0 )
    { n = 0;
```

```
        break;          /* 用 break;代替 i = k; */
    }
```

例 6-6 在 3 位数中找一个满足下列要求的正整数 n:其各位数字的立方和恰好等于它本身。例如,$371 = 3^3 + 7^3 + 1^3$。

要判断 n 是否满足要求,必须将它的各位数字分拆开。拆分的方法如下:

百位数字:n/100。n 是整数,所以 n/100 不保留商的小数位,甩掉的是十位和个位数字,结果必然是百位数字。例如 371/100 的结果是 3。

十位数字:n/10%10。n/10 的结果甩掉的是个位数字,保留 n 的百位和十位数字,再除以 10 取余数,结果必然是 n 的十位数字。例如 371/10 的结果是 37,37%10 的结果是 7。

个位数字:n%10。n 除以 10 取余数,结果一定是 n 的个位数字。371%10 的结果是 1。

```
main ( )
{ int n, i, j, k;
  for( n = 100; n < 1000; n ++ )      /* 对所有的 3 位数循环 */
  { i = n/100;       /* n 的百位数字 */
    j = n/10%10;     /* n 的十位数字 */
    k = n%10;        /* n 的个位数字 */
    if ( n == i*i*i+j*j*j+k*k*k)
    { printf ("%d = %d*%d*%d+%d*%d*%d +%d*%d*%d \n",n,i,i,i,j,
      j,j,k,k,k);
      break;       /* 只要求找一个满足条件的数,所以找到后立即退出循环 */
    }
  }
}
```

运行程序:

输出:153 = 1 * 1 * 1 + 5 * 5 * 5 + 3 * 3 * 3

3 位数的范围是[100,999],所以用 n 循环在 3 位数中寻找满足条件的数,先把 n 的百位、十位和个位数字拆开(用 i、j 和 k 表示),然后判断是否满足条件。由于只要求找一个数,所以在循环中一旦找到一个满足条件的数,应立即用 break 语句退出循环。若要求找出 3 位数中全部满足要求的数,则去掉 break 语句即可。

6.5.2 continue 语句

continue 语句的形式:

```
continue ;
```

功能:结束本次循环(不是终止整个循环),即跳过循环体中 continue 语句后面的语句,开始下一次循环。

说明:

① continue 语句只能出现在循环语句的循环体中。

② 若执行 while 或 do _ while 语句中的 continue 语句,则跳过循环体中 continue 语句后面的语句,直接转去判别下次循环控制条件;若 continue 语句出现在 for 语句中,则执行 continue 语句就是跳过循环体中 continue 语句后面的语句,转而执行 for 语句的表达式 3。

例 6 -7 输出两位数中所有能同时被 3 和 5 整除的数。

两位数的范围是[10,99],能同时被 3 和 5 整除的数 n 满足条件:n%3 = =0&&n%5 = =0。

不能同时被 3 和 5 整除的数 n 满足条件:n%3! =0||n%5! =0。

```
main ( )
{ int n;
  for( n =10;n <100;n + + )
    { if (n%3!=0||n%5!=0) continue ; /* n 不满足要求,结束本次循环 */
      printf (" %5d", n);
    }
}
```

运行程序,输出结果是:15 30 45 60 75 90

对两位数循环,即 n =10,11,…,99。若不满足要求,应跳过输出语句转而考察下一个 n。所以用 continue 语句结束本次循环。若 n 满足要求,则输出 n。

若把程序中 continue 语句换成 break 语句,则执行程序将无任何输出。因为 n =10 时,满足条件 n%3! =0||n%5! =0,所以执行 break 语句,终止循环。

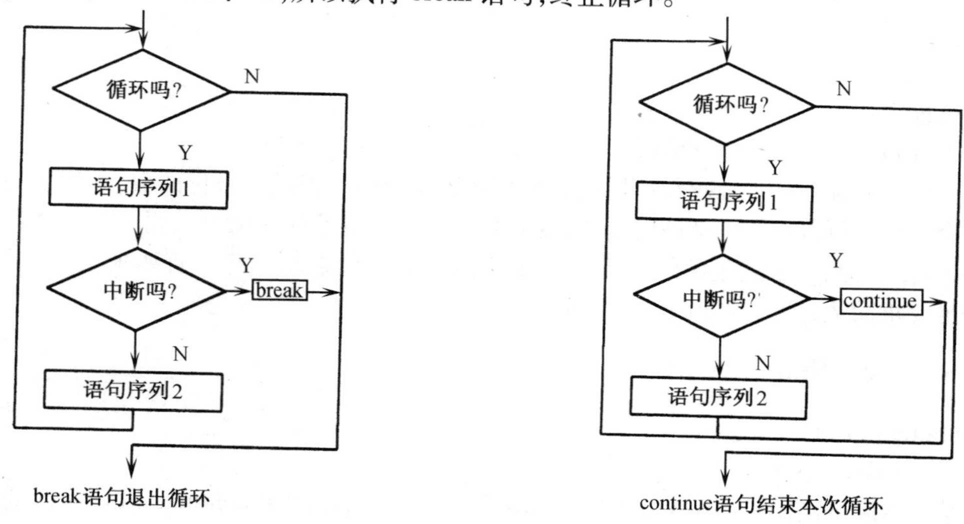

图 6 -6 break 与 continue 语句执行流程

continue 语句和 break 语句的区别:

① continue 语句只能出现在循环语句的循环体中;而 break 语句既可以出现在循环语句中,也可以出现在 switch 语句中。

② break 语句终止它所在的循环语句的执行;而 continue 语句不是终止它所在的循环语句的执行,而只是中断本次循环,并开始下一次循环。如图 6－6 所示。

6.6 几种循环语句的比较

C 语言中构成循环结构的有 while、do _ while 和 for 循环语句。下面对它们进行粗略比较。

(1) 三种循环语句均可处理同一个问题。它们可以相互替代。

例 6－8 求 10 个数中的最大值。

从键盘上输入第一个数,并假定它是最大值存放在变量 max 中。以后每输入一个数便与 max 进行比较,若输入的数较大,则最大值是新输入的数,把它存放到 max。当全部 10 个数输入完毕,最大值也确定了,即 max 中的值。执行流程如图 6－7 所示。

```
#include"stdio.h"
main ( )
{ int i, k, max;
  scanf ("%d", &max );
  for ( i =2; i <11; i ++ )
     { scanf ("%d",&k);
       if ( max <k ) max =k;
     }
  printf ("max =%d\n", max );
}
```

运行程序:

输入:1 23 12 14 24 5 78 9 10 27↙

输出:max =78

用 while 语句改写如下:

```
main ( )
{ int i, k, max;
  scanf("%d",&max);
  i =2;        /* for 语句中的 i =2 */
  while (i <11)                                        /* for 语句中的 i <11 */
```

```
  { scanf("% d",&k);
    if (max < k) max = k;
    i ++;    /* for 语句中的 i ++ */
  }
  printf ("max = % d\n",max);
}
```

用 do _ while 语句改写如下:

```
main ( )
{ int i, k, max;
  scanf ("% d",&max);
  i = 2;   /*  for 语句中的 i = 2  */
  do
   { scanf("% d",&k);
     if(max < k) max = k;
     i ++;/*  for 语句中的 i ++  */
   } while(i < 11);
              /*  for 语句中的 i < 11  */
  printf("max = % d\n",max);
}
```

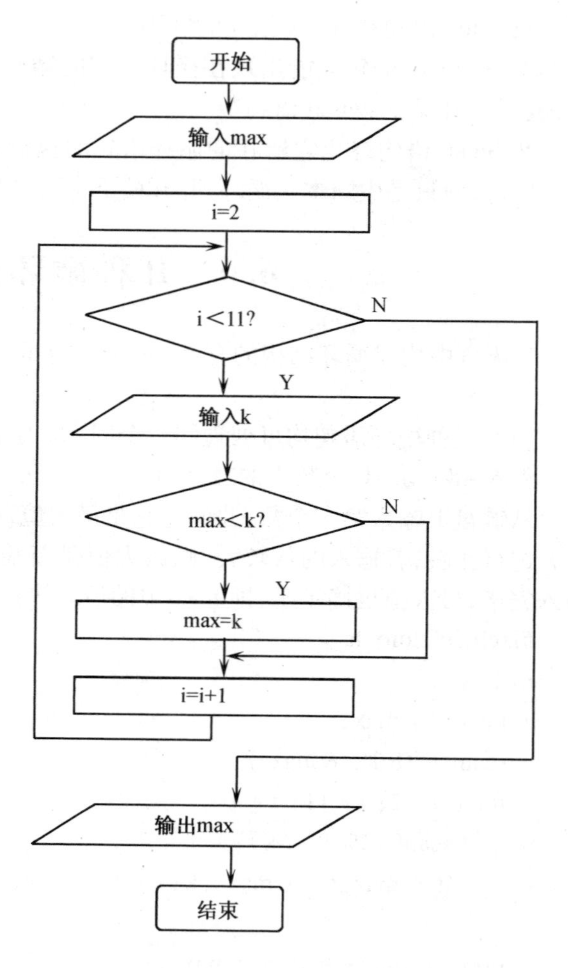

图 6-7　求最大值的流程

(2) for 语句和 while 语句先判断循环控制条件,后执行循环体;而 do _ while 语句是先执行循环体,后进行循环控制条件的判断。for 语句和 while 语句可能一次也不执行循环体;而 do _ while 语句至少执行一次循环体。for 和 while 循环属于“当型”循环;而 do _ while 循环属于“直到型”循环。

(3) do _ while 语句和 while 语句多用于循环次数不定的情况,如例 6-4。对于循环次数确定的情况,使用 for 语句更方便,如例 6-6。

(4) do _ while 语句更适合于第一次循环肯定执行的场合。

例如,输入学生成绩,为了保证输入的成绩均在合理范围内,可以用 do _ while 语句进行控制。

```
do scanf("% d",&n);
while (n > 100 || n < 0);
```

只要输入的成绩 n 不在[0,100]中(即 n>100||n<0),就在 do _ while 语句的控制下重新输入,直到输入合法成绩为止。这里肯定要先输入成绩,所以采用 do _ while 循环较合适。

用 while 语句实现:

```
scanf ("%d", &n);
while ( n>100 || n<0 )
  scanf("%d",&n);
```

用 for 语句实现:

```
scanf ("%d", &n );
for ( ; n>100||n<0; )
  scanf ("%d", &n );
```

显然,用 for 语句或 while 语句不如用 do _ while 语句更自然。

(5) do _ while 语句和 while 语句只有一个表达式,用于控制循环是否进行。for 语句有三个表达式,不仅可以控制循环是否进行,而且能为循环变量赋初值及不断修改循环变量的值。for 语句比 while 和 do _ while 语句功能更强,更灵活。for 语句中三个表达式可以是任何合法的 C 表达式,而且可以部分省略或全部省略,但其中的两个分号不能省略。

例如,对
```
for ( i=2; i<10; i++ )
    printf ("%5d", i);
```

① 省略表达式 1(i=2)。

```
i=2;          /* 循环变量赋初值 */
for ( ; i<10; i++ )
  printf ("%5d", i );
```

省略 i=2 后,i 的初值放在循环前确定。

② 省略表达式 2(i<10)。

```
for (i=2; ; i++)
  { if (i >=10) break; /* 循环出口 */
    printf ("%5d", i );
  }
```

省略 i<10 后,循环无法终止,因此在循环体的第一条语句处安排一条循环出口语句(因为表达式 2 在循环体之前被执行)。以便适时退出循环。

③ 省略表达式 3(i++)。

```
for (i=2; i<10; )
{ printf ("%5d", i );
  i++;        /* 修改循环变量的值 */
}
```

省略 i++ 后,i 变量的值保持不变,循环无法终止。因此在循环体最后增加 i++;(因为表达式 3 在循环体之后被执行)。

④ 三个表达式全部省略。

```
i=2;                        /* 循环变量赋初值 */
for ( ; ; )
  { if (i >=10) break;      /* 循环出口 */
    printf ("%5d", i );
    i++;                    /* 修改循环变量的值 */
  }
```

⑤ 循环体放入表达式 3。

```
for ( i=2; i<10; printf ("%5d", i ), i++ ) ;
```

由于循环体在表达式 2 之后、表达式 3 之前执行,所以把循环体语句放在表达式 3 的开头,循环体语句与原来的 i++ 构成逗号表达式,作为循环语句的新的表达式 3,所以没有循环体语句了。但从语法上,循环结构必须有循环体语句,否则出现语法错。为此,用空语句作为循环体语句,既满足语法要求,也符合了实际上循环体中什么也不做的现实。

有时,为了产生一段延时,也可以用空语句作为循环体语句。i 循环 60000 次,但什么也不做,目的就是消耗时间:

```
for ( i=0; i<60000; i++ );
```

从以上讨论可知,for 语句书写形式十分灵活,在 for 的一对括号中,允许出现各种表达式,有的甚至与循环控制毫无关系,这在语法上是合法的。但初学者一般不要这样做,因为它使程序杂乱无章,降低可读性。

6.7 循环的嵌套

循环结构的循环体语句可以是任何合法的 C 语句。若一个循环结构的循环体中又包含了另一循环语句,则构成了循环的嵌套,称为多重循环。

下面通过例子说明多重循环的执行流程:

```
for (i=1; i<3; i++)              /* 外层 i 循环 */
{ printf ("i=%d→", i );
  for (j=1; j<3; j++)            /* 内层 j 循环 */
     printf ("j=%d", j );
  printf (" *j=%d\n", j );       /* 内层 j 循环结束时的 j 值 */
}
```

```
printf ("*i=%d\n", i );              /* 外层i循环结束时的i值 */
```

运行该程序段:

输出:i=1→j=1 j=2 *j=3

i=2→j=1 j=2 *j=3

*i=3

从输出可以看出,对外层i循环的i=1,内层j循环的j从1变化到2,j=3时退出j循环;然后外层i循环的i增加1(i=2),对i=2,内层j循环的j仍然从1变化到2,j=3时退出。外层i循环的i又增加1(i=3),退出i循环。所以,执行多重循环时,对外层循环变量的每一个值,内层循环的循环变量都要从初值变化到终值。因此,每执行一次外层循环,内层的循环就要完整执行一遍。

例6-9 求10到40之间的所有素数。

在例6-5中介绍了如何判断给定整数k是否素数的方法,即用循环考察k%i(i=2,3,……,k-1)若存在某个i使k%i为0,则k不是素数,否则k是素数。k是通过输入提供的。本例要求10到40之间的所有素数,可以在外层加一层循环,用于提供要考察的整数:k=10,11,……,39,40。即外层循环提供要考察的整数k,内层循环则判别k是否素数。

```
main ( )
{ int n, i, k;
  for( k=10; k<=40; k++ )
  { n=1;
    for ( i=2; i<k; i++ )
       if ( k%i==0 ) { n=0; break; }
    if ( n==1 ) printf ("%4d", k);
  }
}
```

下面通过跟踪程序的运行,了解程序的执行流程及各变量值的变化情况。这种以具体数据代入程序跟踪运行的方法有助于理解程序中的算法和思路。虽然效率低一些,却很实用。

k=10:n=1, i=2 因为k%2==0,所以n=0(k不是素数)

k=11:n=1, i=2,3,……,10 因为k%i!=0,所以n=1(k是素数)

k=12:n=1, i=2 因为k%2==0,所以n=0(k不是素数)

……

k=40:n=1, i=2 因为k%2==0,所以n=0(k不是素数)

所以输出:11 13 17 19 23 29 31 37

以上程序还可以改进:

素数中除了 2 以外，其他均为奇数，因此，外层循环可以改为：

```
for ( k = 11; k < 40; k += 2 )
```

若自然数 k 是素数，则 k 不能被 2,3,…,$\sqrt{k}$整除。所以内层循环可以改为：

```
for ( i = 2; i <= sqrt( (double) k ); i++ )
```

并在程序开头增加命令 #include"math. h"。

6.8 应用实例

例 6-10 求两个整数的最大公约数和最小公倍数。

若已知整数 x 和 y 的最大公约数是 k，则它们的最小公倍数是 x * y/k。

下面介绍求两个整数最大公约数的两种方法：

（1）辗转相除法。

第 1 章曾介绍过该方法。两个数相除，若余数为 0，则除数就是这两个数的最大公约数。若余数不为 0，则以除数作为新的被除数，以余数作为新的除数，继续相除，……，直到余数为 0，除数即为两数的最大公约数。如：a = 32，b = 12。求 a 和 b 的最大公约数。

32%12 的值为 8，不为 0；

12%8 的值为 4，不为 0；

8%4 的值为 0，所以 a 和 b 的最大公约数是 4。

（2）相减法。

两个数中从大数中减去小数，所得的差若与小数相等，则该数为最大公约数。若不等，对所得的差和小数，继续从大数中减去小数，……，直到两个数相等为止。仍以 a = 32，b = 12 为例：

a	b
32	12
32 - 12 = 20 (20 > 12)	
20 - 12 = 8　(8 < 12)	12 - 8 = 4 (4 < 8)
8 - 4 = 4　(4 = 4)	

所以，32 和 12 的最大公约数是 4。

辗转相除法程序如下：

```
main ( )                          /* 辗转相除法求最大公约数和最小公倍数 */
{ int x,y,a,b,t;
  scanf ("%d,%d",&x,&y);
  a = x; b = y;                   /* 保存 x,y 以便求它们的最小公倍数 */
```

```
  t = a% b;
  while ( t! =0 )                    /* 余数不为0,继续相除,直到余数为0 */
  { a = b; b = t; t = a% b;
  }
  printf("x = % d,y = % d → % d,% d\n", x, y, b, x * y/b );
}
```

相减法程序如下:

```
main ( )                    /* 相减法求最大公约数和最小公倍数 */
{ int x, y, a, b;
  scanf ("% d,% d", &x, &y);
  a = x; b = y;             /* 保存x,y以便求它们的最大公约数和最小公倍数 */
  while ( a!= b)            /* a,b不相等,大数减小数,直到相等为止。*/
       if (a > b) a = a - b;
       else       b = b - a;
  printf ("x = % d,y = % d → % d,% d\n", x, y, a, x * y/a);
}
```

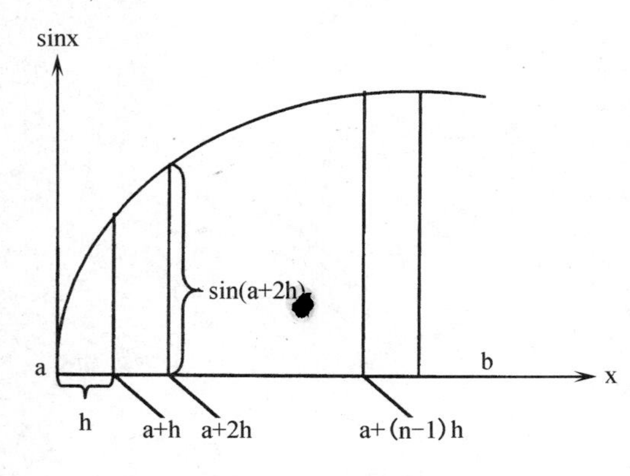

图6-8 定积分求解的几何意义

例6-11 求定积分 $\int_0^1 \sin x$。

定积分 $\int_0^1 \sin x$ 的几何意义就是[0,1]区间sinx曲线与坐标轴围成的图形面积。若把图形平均分割成n个条形,每个条形近似梯形,则图形的面积就是这n个小梯形面积之和,即所求的定积分。如图6-8所示。显然,分割的小梯形越多,即n越大,n个小梯形面积之和越接近定积分。

梯形的高为:h = (b - a)/n,则n个小梯形的面积是:

$s_1 = (\sin(a) + \sin(a + h)) * h/2$

$s_2 = (\sin(a + h) + \sin(a + 2h)) * h/2$

……

$s_{n-1} = (\sin(a + (n-2)h) + \sin(a + (n-1)h)) * h/2$

$s_n = (\sin(a + (n-1)h) + \sin(b)) * h/2$

把以上n个小梯形面积加起来就是所求的定积分的近似值:

$$
\begin{aligned}
s &= s_1 + s_2 + s_3 + \cdots\cdots + s_n \\
&= (\sin(a) + \sin(a+h)) * h/2 + (\sin(a+h) + \sin(a+2h)) * h/2 + (\sin(a+2h) + \\
&\quad \sin(a+3h)) * h/2 \\
&\quad \cdots + (\sin(a+(n-2)h) + \sin(a+(n-1)h)) * h/2 + (\sin(a+(n-1)h) + \sin(b)) * h/2 \\
&= h/2 * (\sin(a) + \sin(a+h) + \sin(a+h) + \sin(a+2h) + \sin(a+2h) + \sin(a+3h) + \cdots \\
&\quad + \sin(a+(n-2)h) + \sin(a+(n-1)h) + \sin(a+(n-1)h) + \sin(b)) \\
&= h/2 * (\sin(a) + \sin(b) + 2(\sin(a+h) + \sin(a+2h) + \cdots + \sin(a+(n-1)h))) \\
&= h * ((\sin(a) + \sin(b))/2 + (\sin(a+h) + \sin(a+2h) + \cdots + \sin(a+(n-1)h))) \\
&= h * ((\sin(a) + \sin(b))/2 + \sum_{i=1}^{n-1} \sin(a + i * h)
\end{aligned}
$$

程序中按题目要求定义积分上下限为:$b=1$,$a=0$。积分区间划分为 150 等份:$n=150$(n 越大,结果越精确),每一等份为$(b-a)/n$。用 for 循环计算 $\sum_{i=1}^{n-1} \sin(a+i*h)$,最后按公式计算出结果。

```
#include"math. h"
main ( )
{ double a, b, s, h;
  int n = 150, i;
  a = 0; b = 1; s = 0;
  h  =  (b - a)/n;
  for ( i = 1; i < n; i ++ )
  s = s + sin(a + i * h);
  s = h * ((sin(a) + sin(b))/2 + s);
  printf ("s =  % lf\n", s);
}
```

运行程序,输出结果是:s = 0.459696。

例 6 - 12 用递推法求 Fibonacci 数列的前 20 项。Fibonacci 数列:1,1,2,3,5,8,13,21,34,…。可以用如下递推公式求它的第 n 项:

$$
F_n = \begin{cases} 1 & n=1, n=2 \\ F_{n-1} + F_{n-2} & n>2 \end{cases}
$$

F1 = 1,F2 = 1,由递推公式,F3 = F2 + F1 = 1 + 1 = 2,F4 = F3 + F2 = 2 + 1 = 3,……,若用变量 f 代表 F_n,f1,f2 分别代表 F_{n-1} 和 F_{n-2},则可以用 f = f1 + f2 表示递推过程:

```
 1       1       2       3       5 ……
 ↓       ↓
f1   +  f2  →   f
         ↓       ↓
        f1   +  f2  →   f
                 ↓       ↓
                f1   +  f2  →   f
                 ……
```

```
main ( )
{ long f, f1, f2; int i;
  f1 = f2 = 1;
  printf ("%10ld%10ld", f1,f2);
  for ( i=3; i<=20; i++ )                  /* 产生第3到20项 */
  { f=f1+f2;                               /* 递推出第i项 */
    printf("%10ld", f);
    if ( i%4 ==0 ) printf("\n");           /* 每行输出4个数 */
    f1=f2; f2=f;                           /* 为下一步递推做准备 */
  }
}
```

运行程序,输出结果是:

```
      1         1         2         3
      5         8        13        21
     34        55        89       144
    233       377       610       987
   1597      2584      4181      6765
```

以上程序还可以改进。请看:

```
 1       1       2       3       5       8……
 ↓       ↓
f1   +  f2  →   f1
        f2   +  f1  →   f2
                f1   +  f2  →   f1
                        f2   +  f1  →   f2
                   ……
```

当 f1 + f2 → f 时,f1 对下次递推已无作用,所以用 f1 存放当前递推结果是很自然的。下次递推公式为 f2 + f1 →f2,注意,此时 f1 是上次的递推结果,同样,本次递推后,f2 已经无用了,故用 f2 存放当前递推结果。

例如,f1 = f2 = 1

f1 = f1 + f2 → f1 = 1 + 1 = 2

f2 = f2 + f1 → f2 = 1 + 2 = 3

f1 = f1 + f2 → f1 = 2 + 3 = 5

……

这样,循环体中可用如下语句进行递推:

f1 = f1 + f2;

f2 = f2 + f1;

一次可产生两项。循环次数减少一半。下面是改进后的程序:

```
main ( )
{ long f1 ,f2; int i;
  f1  =  f2  =1;
  printf ("%10ld%10ld", f1,f2);
  for ( i =2; i <=10; i ++ )              /* 产生第 3 到 20 项 */
  { f1  =  f1 + f2;                       /* 递推出 2 项 */
    f2  =  f2 + f1;
    printf ("%10ld%10ld", f1,f2);
    if ( i%2 ==0 ) printf("\n");          /* 每行输出 4 个数 */
  }
}
```

例 6 – 13 用迭代法求正数 a 的算术平方根。

C 语言的数学库函数中有专用于求算术平方根的函数 sqrt (x)。本例不采用它,而是用第 1 章介绍的迭代法求正数 a 的算术平方根。已知求 a 的算术平方根的迭代公式如下:

$$x_n = 0.5 * (x_{n-1} + a/x_{n-1})$$

迭代步骤为:

(1) 先确定 a 的平方根的初值 x0。例如 x0 = 0.5 * a,并代入迭代公式计算,所得的 x1 是 a 的平方根的首次近似值。它可能与 a 的平方根有很大误差,需要修正。

(2) 把 x1 作为 x0,再代入迭代公式计算,得到新得的 x1,此次的 x1 比上次的 x1(即本次的 x0)更接近 a 的平方根。

(3) 当 $|x1 - x0| >= \varepsilon$ 时,表示近似值的精度不够,转步骤(2)继续迭代。其中 ε 是一个很小的正数(程序中用 eps 表示),用来控制误差,ε 越小,误差越小,但迭代次数也越多。当 $|x1 - x0| < \varepsilon$ 时,表示 x1 就是 a 的平方根。

```
#include"math.h"
main ( )
{ double x0, x1, a, eps =1.e -5;
```

```
  do { printf ("Please input a number( >0):");
       scanf ("%lf", &a);
  } while ( a<0 );
  x0 = a/2;
  x1 = 0.5 * (x0 + a/x0);
  while ( fabs(x1 - x0) >= eps )
  { x0 = x1;
    x1 = 0.5 * (x0 + a/x0);
  }
  printf("sqrt(%f) = %f\n",a,x1);
}
```

运行程序,输入:2

输出:sqrt(2.000000) = 1.414214

例 6-14 任取 1 ~9 中的 4 个互不相同的数,使它们的和为 12。用穷举法输出所有满足上述条件的 4 个数的排列。如:

{1,2,3,6},{1,2,6,3},{1,3,2,6},{1,3,6,2},…

我们采用第 1 章介绍的枚举法解本题。若 i,j,k,m 分别代表 4 个数,列出它们所有的排列,从中找出符合条件的 i、j、k 和 m(i+j+k+m 的值为 12,且这 4 个数互不相同)。这种方法一定能找出全部解,因为它搜索了所有可能的排列,因而又称为穷举法。由于穷举法对所有可能的情况都进行搜索,所以计算工作量巨大,离开高速计算机,穷举法只能是理论上可行而实际上不可行的计算方法。

```
main ( )
{ int i, j, k, m, n=0;
  for ( i=1; i<10; i++ )          /* 列举 4 个 1 到 9 之间的数的所有排列,供选择 */
    for ( j=1; j<10; j++ )
      for ( k=1; k<10; k++ )
        for ( m=1; m<10; m++ )
        { if ( i==j||i==k||i==m||j==k||j==m||k==m ) continue;
          if ( i+j+k+m!=12 ) continue;          /* 不满足条件,舍弃 */
          n++;                                  /* 满足条件的排列计数 */
          printf("{%d,%d,%d,%d}",i,j,k,m);
          if ( n%6==0 ) printf("\n");           /* 每行输出 6 个排列 */
        }
}
```

运行程序，输出结果是：

{1,2,3,6} {1,2,4,5} {1,2,5,4} {1,2,6,3} {1,3,2,6} {1,3,6,2}
{1,4,2,5} {1,4,5,2} {1,5,2,4} {1,5,4,2} {1,6,2,3} {1,6,3,2}
{2,1,3,6} {2,1,4,5} {2,1,5,4} {2,1,6,3} {2,3,1,6} {2,3,6,1}
……

i、j、k 和 m 分别代表排列中的一个数（可能的取值范围是 1 到 9），它们所有的排列可用 4 重循环来表示。其中很多排列不是要求的解，如{1,1,1,1}不满足"互不相同"的要求，而{1,2,3,4}不满足"4 个数的和为 12"的要求，所以应舍弃。像{1,2,3,6}就是满足条件的解，应输出。对所有的排列过滤一遍，就可以找到全部解并输出。但计算工作量很大。四重循环共循环 $9^4=6561$ 次，每次循环判断 8 次，共 $8*9^4=52488$ 次判断。

为了减少工作量，通过分析，可以从以下三个方面进行改进。

（1）互不相同的 4 个数均小于或等于 6。

若其中有一个数为 7，则其他 3 个数的和为 $12-7=5$，这是不可能的，因为互不相同的最小的 3 个数是 1、2 和 3，它们的和为 6，大于 5。

由于 4 个数均不超过 6，所有循环变量的范围缩小为 [1,6]。

（2）把所有判断均放到 m 循环中是不合理的，应放到与之相关的循环中。

例如关于 i==j 的判断，只和 i、j 有关，放在 j 循环中只判断 $9^2=81$ 次，而放在 m 循环中判断 $9^4=6561$ 次。因此，关于 i==j 的判断放到 j 循环中；关于 i==k 和 j==k 的判断放到 k 循环中；关于 i==m、j==m 和 k==m 的判断放到 m 循环中。

（3）因为 i、j、k 和 m 的和为 12，所以有 $m=12-i-j-k$，这样就减少一重循环。不过，要注意 m>0 且 m<7。

下面是改进后的程序：

```
main ( )
{ int i, j, k, m, n=0;
  for ( i=1; i<=6; i++ )      /* 列举4个1到6之间的数的所有排列 供选择 */
    for ( j=1; j<=6; j++ )
    { if ( i==j ) continue; /* 不满足条件,舍弃 */
      for ( k=1; k<=6; k++ )
      { if ( i==k || j==k ) continue; /* 不满足条件,舍弃 */
        m=12-i-j-k;
        if ( i==m||j==m||k==m||m<1||m>6 ) continue; /*不满足条件,舍弃
        */
        n++; /* 满足条件的排列计数 */
        printf("{%d,%d,%d,%d}",i,j,k,m);
```

```
            if ( n%6 ==0 ) printf("\n"); /* 每行输出6个排列 */
          }
        }
    }
```

改进后的程序共循环 $6^3 = 216$ 次,判断 $6^2 + 2*6^3 + 6*6^3 = 1764$ 次;而改进前共循环 $9^4 = 6561$ 次,判断 $8*9^4 = 52488$ 次。

例 6-15 在键盘上输入若干字符,把其中的小写字母转换成大写字母,其他字符不变。最后把处理结果输出到屏幕上。

```
#include"stdio.h"
main()
  { char ch;
    ch = getchar();
    while(ch! ='#') /* 以#作为输入字符序列的结束标志 */
      { ch = ch >='a'&& ch <='z' ? ch - 32 : ch; /* 将小写字母转换成大写字母 */
        putchar(ch);
        ch =  getchar();/* 输入下一个字符 */
      }
}
```

运行程序:

输入:sada! wqe5re? b334#↙

输出:SADA! WQE5RE? B334

通过循环不断输入字符,直到输入的字符是'#'为止。这里'#'作为输入字符的结束标志。利用 ch >='a' && ch <='z'判断输入的字符是否是小写字母,若 ch 是小写字母则转换成大写字母,否则 ch 不变。注意,两个字符进行关系运算实际上是它们的 ASCII 码的比较,例如关系表达式'A' >'B'的值为"假",这是因为字符 A、B 的 ASCII 码分别是 65 和 66,而 65 小于 66。由于在 ASCII 码表中,字母的 ASCII 码按字母序排列,大写字母 A,B,……,Z 的 ASCII 码依次是 65,66,……90。而小写字母 a, b, ……, Z 的 ASCII 码依次是 97,98,……122。所以字符 ch 若满足 ch >'a' && ch <='z'或 ch >=97 && ch <=122,则 ch 一定是小写字母。还可以发现:同一个字母的大小写字母的 ASCII 码相差 32。所以可以用 ch - 32 将小写字母 ch 转换成大写字母。反之,用 ch + 32 可以将大写字母 ch 转换成小写字母。

例 6-16 输入若干字符,统计其中大写字母、小写字母、数字、空格以及其他字符的个数。并输出。

仍然采用上例的方法,用一个特定字符作为输入结束标志。输入的字符 ch 是否是大写字母的判断方法参考上例,即 ch >='A' && ch <='Z';因为数字字符'0','1',……,'9'的

ASCII 码依次是 48,49,……,57,所以用 ch >= '0' && ch <= '9'或 ch >= 48 && ch <= 57 判断 ch 是否为数字字符;空格可以用 ch == ' '或 ch == 32 来判断。

```
#include"stdio. h"
main( )
{ char ch;
   int let1, let2, digit, space, other;
   let1 = let2 = digit = space = other = 0;
   while((ch = gethcar( ))! ='!')       /* 以! 作为输入字符序列的结束标志 */
     if(ch >= 'a' &&ch <= 'z') let2 ++;                 /*统计小写字母的个数*/
     else if(ch) = 'A' &&ch <= 'Z') let1 ++;            /*统计大写字母的个数*/
          else if(ch) = '0'&&ch <= '9'dig ++             /*统计数字字符的个数*/
               else  if(ch == '  ') space ++;            /*统计空格字符的个数*/
                     else other ++;                      /*统计其他字符的个数*/
   printf("let1 = %d, let2 = %d, digit = %d, space = %d, other = %d\n"),
                                              let1,let2,digit,space,other);
}
```

运行程序:

输入:China2000 Beijing0830a#% &!

输出:let1 = 2,let2 = 10,digit = 8,space = 1,other = 5

小　结

本章介绍了构成循环结构的三种循环语句:while 语句、do _ while 语句和 for 语句。一般,用某种循环语句写的程序段,也能用另外两种循环语句实现。while 语句和 for 语句属于"当型"循环,即"先判断,后执行";而 do _ while 语句属于"直到型"循环,即"先执行,后判断"。在实际应用中,for 语句多用于循环次数明确的问题,而无法确定循环次数的问题采用 while 语句或 do _ while 语句比较方便。for 语句的三个表达式有多种变化,例如可以省略部分表达式或全部表达式,甚至把循环体也写进表达式 3 中,循环体为空语句,以满足循环语句的语法要求。

出现在循环体中的 break 语句和 continue 语句能改变循环的执行流程。它们的区别在于:break 语句能终止整个循环语句的执行;而 continue 语句只能结束本次循环,并开始下次循环。break 语句还能出现在 switch 语句中;而 continue 语句只能出现在循环语句中。

本章还通过例子介绍了几种基本算法,如递推法、迭代法和穷举法。

习　　题

一、单项选择题

1. 下列程序执行的结果是________。

```
a=1;b=2;c=3;
while(b<a<c) {t=a;a=b;b=t;c--;}
printf("%d,%d,%d",a,b,c);
```

A. 1,2,0　　B. 2,1,0　　C. 1,2,1　　D. 2,1,1

2. 执行语句 for(i=1;i++<4;); 后,i 的值是________。

A. 3　　B. 4　　C. 5　　D. 不定

3. 下列程序段________。

```
x=3;
do{ y = x--;
    if ( !y ) { printf("x"); continue; }
    printf("#");
} while(1<=x<=2);
```

A. 输出 ##　　B. 输出 ##x　　C. 是死循环　　D. 有语法错

4. 若 int x;则执行下列程序段后输出是________。

```
for ( x=10; x>3; x-- )
{ if ( x%3 ) x--; --x; --x;
  printf("%d",x);
}
```

A. 6 3　　B. 7 4　　C. 6 2　　D. 7 3

5. 下列说法中正确的是________。

A. break 用在 switch 语句中,而 continue 用在循环语句中。

B. break 用在循环语句中,而 continue 用在 switch 语句中。

C. break 能结束循环,而 continue 只能结束本次循环。

D. continue 能结束循环,而 break 只能结束本次循环。

6. 指出程序结束之时,j、i、k 的值分别是________。

```
main( )
{ int a=10,b=5,c=5,d=5,i=0,j=0,k=0;
  for (;a>b;++b) i++;
  while (a>++c) j++;
```

```
    do k++; while (a>d++);
  }
```

A. j=5,i=4,k=6;　　　B. j=4,i=5,k=6;

C. j=6,i=5,k=7;　　　D. j=6,i=6,k=6;

7. 下面程序的输出结果是________。

```
main( )
{ int i,j; float s;
  for(i=6;i>4;i--)
     { s=0.0;
       for(j=i;j>3;j--)s=s+i*j;
     }
  printf("%f\n",s);
}
```

A. 135.000000　　B. 90.000000　　C. 45.000000　　D. 60.000000

8. 若有:do { i=a-b++; printf("%d",i);} while(!i);

则 while 中的!i 可用________代替。

A. i==0　　B. i!=1　　C. i!=0　　D. 以上均不对

二、填空题

1. 以下 while 循环执行的次数是________。

```
k=0;     while( k=10)   k=k+1;
```

2. 下列程序段的执行结果是________。

```
int a,b;
for(a=1,b=1,a<=100;a++)
   { if(b>=20) break;
     if (b%3==1)
        { b+=3;continue;}
     b-=5;
   }
  printf("%d\n",a);
```

3. 以下循环语句执行________次循环?

```
int i,j;
for(i=5; i ; i--)
for(j=0;j<4;j++) { …… }
```

4. 以下程序段的输出结果是________。

```
int i=0,sum=1;
do{sum+=i++;}while(i<5);
printf("%d\n",sum);
```

5. 执行以下程序后，输出是________。

```
#include"math.h"
main( )
{ float x,y,z;
  x=3.6; y=2.4; z=x/y;
  while(1)
    if(fabs(z)>1) {x=y; y=x; z=x/y; }
    else break;
  printf("%f\n",y);
}
```

6. 以下程序的输出结果是________。

```
main( )
{ int i;
  for(i=1;i<=5;i++)
  { if(i%2) printf("*");
    else continue;
    printf("#");
  }
  printf("$\n");
}
```

7. 以下程序的输出结果是________。

```
main( )
{ int y=10;
  for ( ; y>0; y-- )
  { if (y%3) continue;
    printf ("%4d", --y);
  }
}
```

8. 有以下程序段：

```
s=1.0;
for ( k=1; k<=n; k++ ) s=s+1.0/(k*(k+1));
```

```
printf ("%f\n",s);
```

请填空,使下面的程序段的功能完全与之等同。

```
s=0.0; k=0; ____①____;
do { s=s+d; ____②____;
      d=1.0/(k*(k+1));
} while (____③____);
printf ("%f\n",s);
```

9. 以下程序的功能:从键盘上输入若干学生的成绩,统计并输出最高成绩和最低成绩,当输入负数时结束输入。填空,使程序正确。

```
main( )
{ float x,amax,amin;
  scanf("%f",&x);
  amax=x; amin=x;
  while (____①____)
  { if ( x>amax ) amax=x;
    if (____②____) amin=x;
    scanf("%f",&x);
  }
  printf("\namax=%f\namin=%f\n",amax,amin);
}
```

三、编程题

1. 求 1-3+5-7+⋯-99+101 的值。
2. 任意输入 10 个数,计算所有正数的和、负数的和以及这 10 个数的总和。
3. 任意输入小于 32768 的正整数 s,从 s 的个位开始输出每一位数字,用逗号分开。
4. 对输入的正整数 a,b,求 a^b 的最后 3 位数。
5. 输入 6 个学生的 5 门课成绩,分别求出每个学生的平均成绩。
6. 编写程序, 求 e 的近似值。

   $e \approx 1+1/2!\ +1/3!\ +\cdots+1/n!$

   (1) 计算前 20 项。

   (2) 计算各项,直到最后一项的值小于 10^{-4} 为止(计算的项均大于等于 10^{-4})。
7. 设 X 数列定义如下:

$$x_n=\begin{cases} n & n=1,2,3 \\ x_{n-1}+x_{n-2}+x_{n-3} & n>3 \end{cases}$$

   编写程序,对输入的正整数 n,输出 x 数列的前 n 项。

8. 输出所有大于 1010 的 4 位偶数,且该偶数的各位数字两两不相同。

9. 用 40 元买苹果、西瓜和梨共 100 个,3 种水果都要。已知苹果 0.4 元一个,西瓜 4 元一个,梨 0.2 元一个。问可以各买多少个？输出全部购买方案。

10. 编写程序,输出以下图形：

```
   *
  ***
 *****
*******
 *****
  ***
   *
```

第7章　数　　组

本章首先介绍数组的基本概念，然后分别介绍一维数组和二维数组的定义、引用、初始化和应用，并且介绍了求最大(小)值、排序等基本算法。

7.1　数组的基本概念

所谓数组，就是同类型有序数据的集合。可以为该数据集合起一个名字，称为数组名。该数据集合中的各数据项称为数组元素，用数组名和下标表示。

例6－12中的Fibonacci数列的前20项数据可以用数组f表示。数组f有20个数组元素：

f[i] (i = 0,1,…,19)

即f[0],f[1],f[2],…,f[19]。括号中的数称为数组元素的下标，由于只有一个下标，所以称为一维数组。若用f数组表示Fibonacci数列的前20项，则：

f[0] = f[1] = 1, f[2] = 2, f[3] = 3, f[4] = 5, …, f[19] = 6765。

数学中的矩阵是一种具有行和列的二维数据结构。矩阵可以用具有两个下标的数组(称为二维数组)来表示。如：

$$a = \begin{bmatrix} 1 & 2 & 3 \\ 4 & 5 & 6 \end{bmatrix}$$

若用二维数组a表示a矩阵，则数组a有2 * 3 = 6个数组元素：

a[i][j] (i = 0,1;j = 0,1,2) 代表i行j列处的元素。其中第一个下标代表行，第二个下标代表列。即：

a[0][0] = 1, a[0][1] = 2, a[0][2] = 3, a[1][0] = 4, a[1][1] = 5, a[1][2] = 6

在程序设计中，数组是十分有用的数据类型。循环中使用数组能更好地发挥循环的作用。某些问题不使用数组就难以解决。

例如：将输入的26个数按输入次序相反的顺序输出。

若不使用数组，则程序如下：

```
#include "stdio.h"
main ( )
{ int a,b,c,……,x,y,z;
  scanf ("%d",&a);          /* 26个输入函数调用语句 */
```

```
    scanf ("%d",&b);
    ……
    scanf ("%d",&z);
    printf ("%d ",z);          /* 26个输出函数调用语句 */
    printf ("%d ",y);
    ……
    printf("%d ",a);
}
```

这样的程序是无法接受的,因为输入的数据若增加到1000个,程序如何写?若采用数组,问题就简单多了。下面是采用数组的程序。

```
#define N 26          /* 定义符号常量N为26 */
#include "stdio.h"
main ( )
{ int a[N], k;
  for ( k=0; k<N; k++ )
     scanf ("%d",&a[k]);
  for ( k=N-1; k>=0; k-- )
     printf ("%d ",a[k]);
}
```

本程序采用数组和循环相结合,不仅书写简洁,而且通用性强。若输入的数据个数不是26,而是1000,所做的工作只是把符号常量N的值改为1000而已。

7.2 一维数组

只有一个下标的数组称为一维数组。

7.2.1 一维数组的定义

定义一维数组的形式:

数据类型 数组名1[整型常量表达式1],数组名2[整型常量表达式2],……

说明:

① 数据类型是数组全体数组元素的数据类型。

② 数组名用标识符表示,整型常量表达式代表数组具有的数组元素个数。

③ 数组元素的下标一律从0开始。

④ 编译程序为数组开辟连续的存储单元,用来顺序存放数组的各数组元素。用数组名

表示该数组存储区的首地址。

例如：int　a[5],b[12];

该语句表示：

① 定义了整型数组 a 和 b,其数组元素的类型都是 int。

② a 数组有 5 个数组元素,b 数组有 12 个数组元素。

③ a 数组的数组元素是 a[0],a[1],a[2],a[3]和 a[4],共 5 个数组元素。所以,a 数组元素的下标大于等于 0,且小于 5。

④ 定义了 int 型数组 a,编译程序将为 a 数组在内存中开辟 5 个连续的存储单元(每个 int 存储单元占 2 个字节),用来存放 a 数组的 5 个数组元素。如 a[0]代表这片存储区的第一个存储单元。而数组名 a 代表 a 数组的首地址,即 a[0]存储单元的地址。如图 7－1 所示。

由于 a[i]实际上代表这片存储区序号为 i 的存储单元,所以 a[i]就是一个带下标的 int 型变量。a 数组是这些 int 型下标变量的集合。

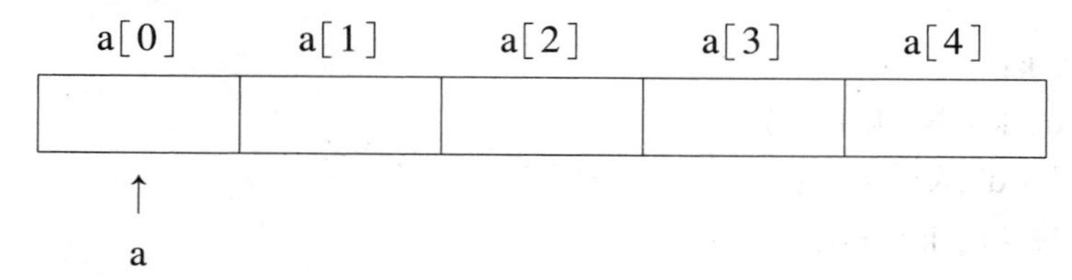

图 7－1　为数组开辟的连续存储单元

注意,定义数组元素个数的表达式是整型常量表达式。不能出现变量或非整型表达式。以下数组定义是错误的:

```
int a[j];          /* j 不是常量 */
int k=4,b[k];      /* 虽然 k 有初值 4,但 k 是变量,不是常量 */
int c(4);          /* 不能用圆括号定义数组 */
int d[2.9];        /* 定义数组元素个数的表达式必须是整型常量表达式 */
```

下列数组定义是正确的:

```
#define N 5
int a[N];          /* N 不是变量,是符号常量,其值为 5 */
int b[2+3];        /* 2+3 是常量表达式,其值为 5 */
int c[10];
```

7.2.2　一维数组的引用

引用数组,实际上是引用它的数组元素。数组元素的形式是:

　　数组名[下标表达式]

例如,若有数组定义 int a[5],i=1,j=2,k=4;则 a[k],a[j-1],a[j+i]都是对 a 数组元素的合法引用。

a[k]=a[i-1]+a[j];表示 a[0]的值与 a[2]的值求和并赋给 a[4]。

for(i=0;i<5;i++) scanf("%d",&a[i]); 表示依次为 a 数组的 5 个元素输入数据。

注意:

① 定义时整型常量表达式与引用时的数组元素的下标表达式是完全不同的概念。

对数组定义:int a[5]; 这里整型常量表达式 5 表示 a 数组有 5 个数组元素。

对数组元素的引用:a[3]=a[2]+a[5]; 这里下标表达式 3 和 2 均表示数组元素的下标。而 a[5]是错误的数组元素引用,因为下标从 0 开始,所以数组元素的下标小于 5,下标已经越界。

② 系统不检查数组元素下标是否越界。只能由编程者自己掌握。下标越界会破坏其他变量的值,因此编程时一定要保证数组元素下标不越界。

例如:int　a[3],k=10;

a[3]=5;

k=k+7;

printf("a[3]=%d,k=%d\n",a[3],k);

执行上述程序段,输出:a[3]=12,k=12 ,显然输出结果不是我们预期的 a[3]=5,k=17。编译程序为数组和变量分配存储单元时,很可能将它们分配在一起。如图 7-2 所示。

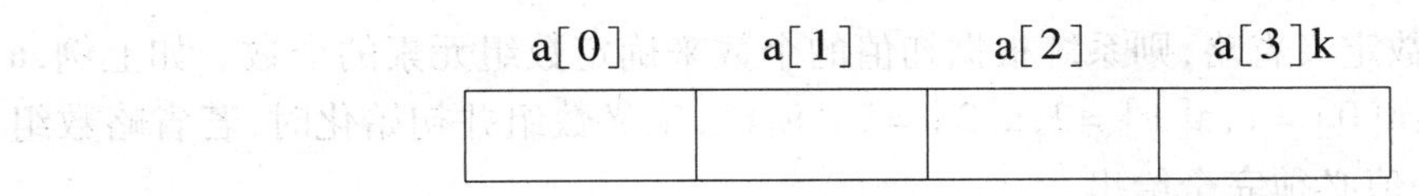

图 7-2　为 a 数组和 k 变量开辟的存储单元

a[3]不是 a 数组的数组元素(下标越界),根据数组元素连续存放的规则,a[3]代表 a[2]的下一个存储单元,即 k 变量的存储单元。执行 a[3]=5;就是把 5 存放到 k 变量的存储单元,于是 k 的值由 10 变成 5。再执行 k=k+7;则 k 的值由 5 变成 12。因为 a[3]和 k 变量对应同一个存储单元,所以 a[3]的值也是 12。

7.2.3　一维数组的初始化

变量可以初始化,一维数组也可以在定义的同时为各数组元素赋初值。

一维数组初始化的形式:

　　数据类型 数组名[整型常量表达式]={初值 1,初值 2,……};

数组中有若干个数组元素,可在{ }中给出各数组元素的初值,各初值之间用逗号分开。把{ }中的初值依次赋给各数组元素。

例如，int a[4] = { 1,2,3,4}；表示把初值1,2,3,4依次赋给a[0],a[1],a[2]和a[3]。相当于执行如下语句：

int a[4];a[0] =1;a[1] =2;a[2] =3;a[3] =4;

注意，初始化数据个数不能超过数组元素的个数，否则出错。例如：int a[4] = {1,2,3,4,5}；是错误的。

一维数组的初始化还可以通过如下方法实现：

① 只给部分数组元素初始化。

static int a[4] = { 1,2}；

初始化的数据个数不能超过数组元素的个数，却可以少于数组元素的个数。上述语句只给a[0]、a[1]赋了初值，即a[0] =1;a[1] =2;那么a[2]、a[3]呢？注意关键字static，它表示a数组的存储类型为static(静态存储)。存储类型为static的变量或数组的初值自动设置为0。所以a数组中的a[2]、a[3]的初值为0。

若数组元素的值全为0，则可以简写为：

static int a[100] = {0}；

它相当于：

$$\text{int a[100]} = \{\underbrace{0,0,0,\cdots,0}_{100\text{个}0}\};$$

② 初始化时，定义数组元素的个数的常量表达式可以省略。如：

int a[ ] = { 1,2,3}；

若数组元素的个数定义省略，则系统根据初值的个数来确定数组元素的个数。如上例，a数组有3个数组元素：a[0] =1,a[1] =2,a[2] =3。所以，定义数组并初始化时，若省略数组元素个数的定义，则初值必须完全给出。

7.2.4 一维数组的应用

在程序设计中常使用数组，很多算法也是基于数组和循环。数组只是一种便于实现算法的数据结构，如何使用它解决实际问题才是实质。下面通过例子说明如何使用数组以及常用的基本算法。

例7-1 输入100个数，输出它们的平均值和这些数当中所有大于平均值的数。

求100个数的平均值可以利用循环边输入、边累加，得到的累加和再除以100即可。

```
s =0;
for ( k =1; k <=100; k ++ ) /* 计算100个数的和 */
{ scanf ("%d", &a);
  s =s +a;
}
```

```
av = s/100.0;        /* 100 个数的平均值 */
```

若要输出大于平均值的个数,必须事先把 100 个数保存起来,求出平均值后,再与各数进行比较后决定是否输出。问题是如何保存这 100 个数? 若用 100 个变量分别存放这 100 个数,需用 100 个赋值语句完成,这肯定无法忍受。因为 100 个变量名互不相同,无法写成统一形式,所以也无法利用循环。如果采用一维数组 a 存放这 100 个变量,则它们可以用 a[i](i=0,1,……,99)表示。通过数组元素的下标变化就能区分不同的数。把数组元素的下标作为循环变量,就能用一个输入语句分别输入 100 个数并存放到不同的数组元素中。

```
for ( k=0; k<100; k++ )
    scanf("%d",&a[k]);
```

这里的关键是数组元素的下标可以随循环而有规律地变化,从而达到输入 100 个数并分别存放到各数组元素中的目的。

下面的程序假定有 10 个数。要计算 100 个数的平均值及其大于平均值的数,只需将符号常量 N 改为 100 即可。

```
#define N 10
main ( )
{ int k;
  float a[N],av,s;
  s=0;
  for ( k=0; k<N; k++ )          /* 输入 N 个数,存放到 a 数组中,并求和 */
  { scanf ("%f",&a[k]);
    s = s+a[k];
  }
  av=s/N;                        /* 求 N 个数的平均值并输出 */
  printf("average=%f\n",av);
  for ( k=0; k<N; k++ )          /* 输出大于平均值的数 */
    if ( a[k]>av ) printf("%f",a[k]);
}
```

运行程序:

输入:20 30 15 2 9 -6 31 14 23 11 ↙↙

输出:average=14.900000

20.000000 30.000000 15.000000 31.000000 23.000000

例 7-2 按下列要求分别编写程序:

① 求 10 个数中的最大值。

② 求 10 个数中的最小值。

③ 求 10 个数中的最大值和最小值。

④ 求 10 个数中的最大值和最小值以及它们的位置。

分别求解:① 求 10 个数中的最大值。

求若干个数的最大值采用打擂台的方式。先把这些数存放在数组 a 中。任意指定某数(如:a[0])为擂主 max,然后其他各数依次与擂主较量(比较),若某数(a[k])大于擂主,则该数为擂主(max = a[k])。这样,所有的数均比较一遍,最后擂主 max 中存放的一定是最大值。

```
#define N 10
main ( )
{ int a[N],k,max;
  for ( k=0; k<N; k++ )             /* N 个数输入到 a 数组中 */
    scanf ("%d",&a[k]);
  max = a[0];                       /* 假定 a[0]为最大值 */
  for ( k=1; k<N; k++ )             /* 依次比较各数,找出最大值 max */
    if ( max < a[k] ) max = a[k];
  printf ("max = %d\n",max);
}
```

运行程序:

输入:20 30 15 2 9 -6 31 14 23 11↙

输出:max = 31

② 求 10 个数中的最小值。

求最小值的方法与求最大值基本相同,只是比较时以小者为擂主。将求最大值程序中的 if (max < a[k])改为 if(max > a[k]),最后输出的就是最小值。当然,要把变量 max 改为 min,增加可读性。

③ 求 10 个数中的最大值和最小值。

要在同一个程序中求 10 个数的最大值和最小值,有两种方法:把以上求最大值的程序和求最小值的程序按串行方式写入一个程序中;或者在原来求最大值的程序的比较部分同时写入比较最大和比较最小两部分。

先看方法 1 的程序:

```
#define N 10
main ( )
{ int a[N],k,max,min;
  for ( k=0; k<N; k++ )             /* 将 N 个数输入到 a 数组中 */
    scanf("%d",&a[k]);
```

```
  max = a[0];
  for ( k = 1; k < N; k ++ )          /* 依次比较各数,找出最大值 max */
    if ( max < a[k] ) max = a[k];
  min = a[0];
  for ( k = 1; k < N; k ++ )          /* 依次比较各数,找出最小值 min */
    if ( min > a[k] ) min = a[k];
  printf ("max = %d,min = %d\n",max,min);
}
```

程序中先求最大值,然后再求最小值。基本上是求最大值的程序和求最小值的程序的合并。

下面是方法 2 的程序:

```
#define N 10
main ( )
{ int a[N],k,max,min;
  for(k = 0;k < N;k ++)               /* 将 N 个数输入到 a 数组中 */
  scanf("%d",&a[k]);
  max = min = a[0];                   /* 假定最大值、最小值均为 a[0] */
  for(k = 1;k < N;k ++)               /* 依次比较各数,找出最大值 max 和最小值 min */
  { if(max < a[k]) max = a[k];        /* 找出最大值 max */
    if(min > a[k]) min = a[k];        /* 找出最小值 min */
  }
  printf("max = %d,min = %d\n",max,min);
}
```

运行程序:

输入:20 30 15 2 9 -6 31 14 23 11↙

输出:max = 31,min = -6

由于求最大值和求最小值的方法基本相同,所用的循环也相同,只有用于比较的关系表达式有差异。因此可以把求最大值和求最小值的 if 语句放在同一个循环中,循环结束时,最大值和最小值也得到了。

④ 求 10 个数中的最大值和最小值以及它们的位置。

本题除了要求输出 10 个数中的最大值和最小值外,还要输出最大值和最小值在这 10 个数中的位置。若 10 个数存放在 a 数组中,则要求输出最大值和最小值的下标。以上程序只能求最大值和最小值,不知道它们的下标。所以,在以上程序中必须增加记忆最大值下标和最小值下标的语句。即每当产生一个最大(小)值时,立即记录它的下标。若最大值下标是

max,最小值下标是 min,则 a[max]就是最大值,a[min]就是最小值。

```
#define N 10
#include "stdio.h"
main ( )
{ int a[N],k,max,min;
  for(k=0;k<N;k++)              /* 将 N 个数输入到 a 数组中 */
  scanf("%d",&a[k]);
  max=min=0;                    /* 假定最大值和最小值均为 a[0],记录它们的下
                                   标0 */
  for ( k=1;k<N;k++ )           /* 依次比较各数,找出最大值和最小值的下标
                                   max、min */
  { if(a[max]<a[k]) max=k;      /* 找出最大值下标 max */
    if(a[min]>a[k]) min=k;      /* 找出最小值下标 min */
  }
  printf("max=a[%d]=%d,min=a[%d]=%d\n",max,a[max],min,a[min]);
}
```

运行程序:

输入:20 30 15 2 9 -6 31 14 23 11 ↙

输出:max=a[6]=31,min=a[5]= -6

例 7-3 输入 5 个数存放在数组中,再按输入顺序的逆序存放在该数组中并输出。

若输入时按 11,3,5,24,32 的顺序存放在 a 数组中,则处理后 a 数组中依次存放的是:32,24,5,3,11。如何才能做到逆序存放呢?有两种方法:

方法 1:若有 n 个数存放在 a 数组的 a[0],a[1],a[2],…,a[n-1]中,要按逆序存放就必须:

a[0]与 a[n-0-1] 进行值交换;

a[1]与 a[n-1-1] 进行值交换;

……

a[k]与 a[n-k-1] 进行值交换。

其中,k=n/2-1。

因此逆序操作可总结为:

a[i]与 a[j]进行值交换。

其中,i =0,1,…,n/2-1

j =n-i-1

例如,n=5,a[0]=1,a[1]=3,a[2]=5,a[3]=7,a[4]=9。

k = n/2 - 1 = 5/2 - 1 = 2 - 1 = 1

a[0]与 a[4] (a[5 - 0 - 1]) 进行值交换,则 a[0] = 9,a[4] = 1

a[1]与 a[3] (a[5 - 1 - 1]) 进行值交换,则 a[1] = 7,a[3] = 3

于是,a[0] = 9,a[1] = 7,a[2] = 5,a[3] = 3,a[4] = 1。

```
#define N 5
main ( )
{ int a[N],k,i,j,t;
  for(i = 0;i < N;i + + )          /* 将 N 个数输入到 a 数组中并输出 */
  { scanf("%d",&a[i]);
    printf("%4d",a[i]);
  }
  printf("\n");
  k = N/2 - 1;
  for(i = 0;i < = k;i + + )        /* 逆序操作 */
  { j = N - i - 1;
    t = a[j];
    a[j] = a[i];
    a[i] = t;
  }
  for(i = 0;i < N;i + + )          /* 输出逆序后的 a 数组 */
    printf("%4d",a[i]);
}
```

运行程序:

输入:11 3 5 24 32↙

输出: 11 3 5 24 32

       32 24 5 3 11

方法 2:由方法 1 可知,逆序存放就是按某种规则实施两个数组元素的交换:

a[0]与 a[n - 1]交换,a[1]与 a[n - 2]交换, a[2]与 a[n - 3]交换……

即 a[i]与 a[j]交换,i = 0 时,j = n - 1; i = 0 + 1 = 1 时,j = n - 1 - 1 = n - 2,…。因此,令 i = 0,j = n - 1,进行 a[i]与 a[j]的值交换;然后使 i = i + 1,j = j - 1,若 i < j,再进行 a[i]与 a[j]的值交换(实际是 a[1]与 a[n - 2]的值交换);……直到 i≥j 为止。如图 7 - 3 所示。

首先 i = 0,j = 4,则 a[0]与 a[4]交换;i = i + 1 = 0 + 1 = 1,j = j - 1 = 4 - 1 = 3,因为 i < j,所以进行 a[1]与 a[3]交换;i = i + 1 = 1 + 1 = 2,j = j - 1 = 3 - 1 = 2,因为 i = j,所以结束交换

操作。

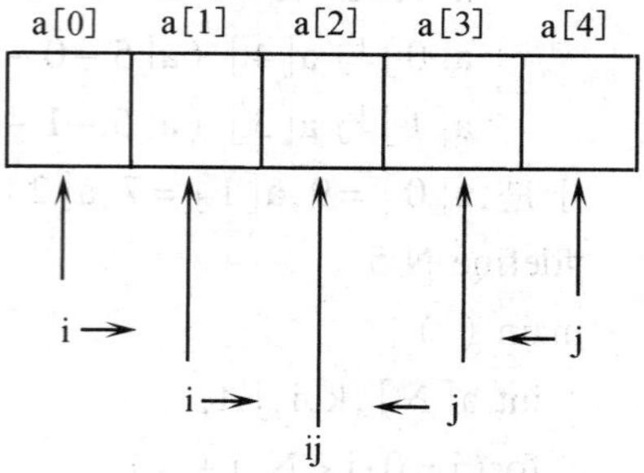

```
#define N 5
#include "stdio. h"
main ( )
{ int a[N],k,i,j;
  /* 将N个数输入到a数组中并输出 */
  for(i=0;i<N;i++)
  { scanf("%d",&a[i]);
    printf("%4d",a[i]);
  }
  printf("\n");
  for(i=0,j=N-1;i<j;i++, j--) /* 逆序操作 */
  { k=a[i];
    a[i]=a[j];
    a[j]=k;
  }
  for(i=0;i<N;i++) /* 输出逆序后的N个数*/
     printf("%4d",a[i]);
}
```

a[0] a[1] a[2] a[3] a[4]
i→ ←j
i→ ←j
ij

图7-3 数列逆序存放

例7-4 用气泡法为n个数排序(从大到小)。

气泡法排序是一个比较简单的排序方法。在待排序的数列基本有序的情况下排序速度较快。若要排序的数有n个,则需要n-1轮排序,第j轮排序中,从第一个数开始,相邻两个数进行比较,若不符合所要求的顺序,则交换两个数的位置;直到第n+1-j个数为止,第一个与第二个数比较,第二个与第三个数比较,……,第n-j个与第n+1-j个数比较,共比较n-j次。此时第n+1-j个位置上的数已经按要求排好,所以不参加以后的比较和交换操作。例如,第一轮排序:第一个数与第二个数进行比较,若不符合要求的顺序,则交换两个数的位置,否则继续进行第二个数与第三个数的比较……。直到完成第n-1个数与第n个数的比较。此时第n个位置上的数已经按要求排好,它不参加以后的比较和交换操作;第二轮排序:第一个数与第二个数进行比较,……,直到完成第n-2个数与第n-1个数的比较;……第n-1轮排序:第一个数与第二个数进行比较,若符合所要求的顺序,则结束气泡法排序;若不符合所要求的顺序,则交换两个数的位置,然后结束气泡法排序。下面是一个具体例子。

设n=4,4个数是0,2,3,9。按从大到小的顺序排序。

0,2, 3,9　　0↔2　
2, 0,3, 9　　0↔3　第一轮 n－1＝3 次比较，n－1＝3 次交换
2,3, 0,9　　0↔9

2,3, 0,9　　2↔3　
3, 2,9, 0　　2↔9　第二轮 n－2＝2 次比较，n－2＝2 次交换

3,9, 2　　3↔9　第三轮 n－3＝1 次比较，n－3＝1 次交换

9,3,2,0

共 n－1 轮排序处理,第 j 轮进行 n－j 次比较和至多 n－j 次交换。

从以上排序过程可以看出,较大的数像气泡一样向上冒,而较小的数则往下沉。故称为气泡法,又称为冒泡法。上例 4 个数气泡法排序的程序如下:

```
#define N 4
main( )                                /* 气泡法排序 */
{ int i,j,m,a[N];
  for(i=0;i<N;i++)
    scanf("%d",&a[i]);
  for(j=1;j<=N-1;j++)                  /* N-1 轮排序处理 */
    for(i=0;i<N-j;i++)                 /* N-j 次两个相邻数组元素的比较 */
      if(a[i]<a[i+1])                  /* 顺序不符合要求时交换位置 */
        { m=a[i];
          a[i]=a[i+1];
          a[i+1]=m;
        }
  for(i=0;i<N;i++)
    printf("%5d",a[i]);
}
```

运行程序:

输入:0 2 3 9↙

输出:9　　3　　2　　0

若进行从小到大的排序,则程序中 if(a[i]<a[i+1])改为 if(a[i]>a[i+1])即可。

若要排序的 4 个数是 9,3,0,2,则第一轮排序处理后已经完成了排序:9,3,2,0。那么后面的排序处理是多余的。因此,可以对上述程序加以改进:设标志变量 end,end＝0 时表示继续排序,end＝1 时结束排序。在每轮开始时令 end＝1。当发生两个数交换操作时,令 end＝

0,表示排序还要继续进行;若本轮始终未发生两个数交换操作,则实际上排序已经完成,此时,end = 1 的设置没有发生变化,根据 end = 1 就可以结束排序操作。下面是改进后的程序:

```
#define N 4
#include "stdio. h"
main( )                                   /* 改进的气泡法排序 */
{ int i, j, m, a[N], end =0;
  for ( i =0; i <N; i ++ )
     scanf("% d",&a[i]);
  for ( j =1; j < =N -1&&! end; j ++ )          /* N -1 轮排序处理 */
  { end =1;                               /* 排序结束标志:end =1 结束,end =0 继续 */
    for(i =0;i <N -j;i ++ )               /* N -j 次两个相邻数组元素的比较 */
      if(a[i] <a[i +1])                   /* 顺序不符合要求时交换位置 */
      { m =a[i];
        a[i] =a[i +1];
        a[i +1] =m;
        end =0;
      }                                   /* 发生两个数交换,故令 end =0,表示继续排序 */
  }
  for ( i =0; i <N; i ++)
     printf("% 5d",a[i]);
}
```

j 循环的控制条件中使用表达式 j < = N - 1&&!end,其中!end 等价于 end = = 0,即 end 为 0 时继续排序,end 不为 0 时,则!end 为“假”,结束 j 循环,排序结束。在 j 循环的开始假定本轮处理后完成排序,即令 end = 1,是否完成排序取决于本轮是否进行了交换两个数的操作。进行交换操作时,才令 end = 0。这样,当发生两个数的交换操作时,end = 0,继续 j 循环。而未发生交换操作时,保持 end = 1,结束 j 循环,完成排序操作。

例 7 - 5　选择法排序。

选择法是对气泡法的改进,在气泡法中,每一轮确定一个数的位置。在这个过程中,每当两个数的顺序不符合要求时就要进行两个数的交换操作,这种交换的实际意义不大,因为交换后这两个数的位置仍然未最后确定,在以后的操作中或许还要进行交换。因此,只有确定某数最后位置的交换才是有意义的。选择法排序也是每一轮确定一个数的位置。经过若干次比较后,把确定的数一次性交换到目标位置。其最大改进在于减少了交换次数。

选择法排序的基本思想:若有 n 个数要从小到大排序,则需要 n - 1 轮排序处理,第一轮排序中,从第一个数直到第 n 个数中找出最小的数,然后把它与第一个数交换位置。第一个数就确定了,以后的排序将不涉及该数。第二轮排序中,从第二个数直到第 n 个数中找出最小的数,然后把它与第二个数交换位置。第二个数也确定了,同样,以后的排序将不涉及该数。……。第 j 轮排序中,从第 j 个数直到第 n 个数中找出最小的数,然后把它与第 j 个数交换位置。第 j 个数就确定了。……。第 n - 1 轮排序中,第 n - 1 个数与第 n 个数比较,找出最小值,然后把它与第 n - 1 个数交换。完成排序操作。因此,n 个数进行选择法排序,要经 n - 1 轮排序处理。第 j 轮比较 n - j 次,至多交换一次(有时无需交换)。在每轮中实际是通过跟踪最小值的下标来求最小值的。下面是一个例子。

设 n = 5,5 个数是 5,7,4,2,8。按从小到大的顺序排序。

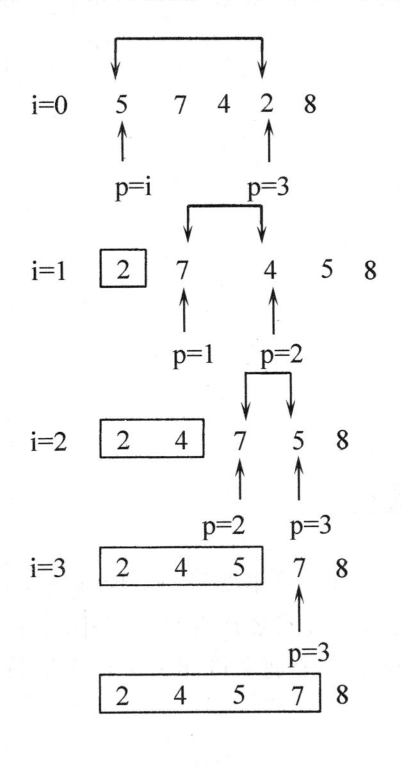

p = i = 0 记录最小值下标,然后与 a[j](j = i + 1, i + 2,…,n - 1) 比较,找到最小值 a[p],并使 a[i] 与 a[p]交换位置,p = 3,即 a[0]与 a[3] 交换位置。确定了 a[0]。

p = 1,a[p]与 a[j](j = 2,3,4) 比较,找到最小值 a[2],并使 a[1]与 a[2]交换位置。确定了 a[1]。

p = 2,a[p]与 a[j](j = 3,4) 比较,找到最小值 a[3],并使 a[2]与 a[3]交换位置。确定了 a[2]。

p = 3,a[p]与 a[j](j = 4) 比较,最小值仍然是 a[3],不必交换位置。确定了 a[3]。

完成排序。

从例子可以看出,选择法排序的程序可以使用 2 重循环,外层循环 i = 0,1,…,n - 2。用于确定 a[i]。内层循环 j = i + 1,i + 2,…,n - 1。用于找 a[i],a[i + 1],…,a[n - 1]中最小值 a[p]。然后 a[i]与 a[p]交换,便确定了 a[i]。

选择法排序共 n - 1 轮处理,每轮至多一次交换(如上例 i = 3 时,没有交换);而气泡法第 j 轮至多 N - j 次交换。显然选择法排序要优于气泡法排序。

```
#define N 5
main( )                              /* 选择法排序,从小到大 */
```

```
{ int i, j, m, p, a[N];
  for ( i=0; i<N; i++ )
    scanf("%d",&a[i]);
  for ( i=0; i<N-1; i++ )       /* N-1 轮处理 */
  { p=i;                         /* p 记录最小值的下标 */
    for ( j=i+1; j<N; j++ )     /* 确定本轮最小值的下标 p */
      if(a[p]>a[j]) p=j;
    if ( p!=i )                  /* 最小值不是 a[i]时才需要 a[i]与 a[p]交换 */
    { m=a[p];
      a[p]=a[i];
      a[i]=m;
    }
  }
  for(i=0;i<N;i++) printf("%5d",a[i]);
}
```

运行程序

输入:5 7 4 2 8↙

输出:2   4   5   7   8

7.3　一维字符数组

C 语言中有字符常量和字符变量,有字符串常量,但没有字符串变量。如何存储字符串?C 语言中可以用字符数组存放字符串。字符数组中的各数组元素依次存放字符串的各字符,字符数组的数组名代表该数组的首地址。这为处理字符串中个别字符和引用整个字符串提供了极大的方便。

7.3.1　一维字符数组的定义

一维字符数组的定义形式类似于一维数值数组的定义,只是数据类型改为 char。例如:

```
char a[6],b[10];
```

定义的字符数组 a 具有 6 个数组元素,可以存放长度等于或小于 5 的字符串,最后一个数组元素存放字符串结束符'\0'。b 数组具有 10 个数组元素。注意,若定义的字符数组用来存放 k 个字符的字符串,则定义时字符数组元素的个数至少为 k+1,一定要留一个数组元素存放字符串结束符'\0'。否则,字符串没有结束标志,处理字符串时可能会出现错误。

7.3.2 一维字符数组的初始化

一维字符数组可以采用逐个字符和字符串常量两种初始化方式。

1. 逐个字符初始化方式

```
char a[6] = {'C','h','i','n','a','\0'};
```

a[0] = 'C',a[1] = 'h',……,a[5] = '\0'。注意,大括号不能省略,初值的个数也不能超过数组元素的个数。下列对字符数组的初始化均是错误的:

```
char a[6] = {'C','h','i','n','a','a','\0'};
char a[6] = 'C','h','i','n','a','\0';
```

2. 字符串常量初始化方式

```
char a[6] = {"China"};
```

由于系统自动在字符串常量"China"的末尾增加字符串结束符'\0',所以字符数组 a 的各数组元素依次存放'C','h','i','n','a','\0'。

上述初始化形式中,大括号可以省略。如:

```
char a[6] = "China";
```

和数值数组一样,初始化时,数组的长度也可以省略,数组元素的个数由初始化的初值个数决定。如:下列定义的 a 数组有 5 个数组元素:

```
char a[ ] = "abcd";
```

7.3.3 一维字符数组的引用

对字符数组,不仅可以引用它的数组元素,也可以引用整个字符数组。例如:

```
char a[10] = "China2000",b[3] = "123",c = 'G';
a[8] = a[6];             /* 对数组元素 a[8],a[6]的引用,使 a[8]的值为'0' */
printf("%c\n",a[3]);     /* 对数组元素 a[3]的引用,输出 a[3] */
printf("%s\n",a);        /* 对数组 a 的引用,输出 a 数组 */
printf("%s\n",b);        /* 对数组 b 的引用,输出 b 数组 */
```

以上程序段运行结果是:

```
n
China2000
123G
```

以上最后一行应输出 123,但却输出 123G,为什么?注意到 b 数组有 3 个数组元素,初始化时却有 3 个字符,所以字符串结束符'\0'无法存储。输出字符串时,停止输出的标志是遇到字符串结束符。由于输出 b 数组的 3 个字符 abc 后,仍未遇到字符串结束符,因此继续输出后续存储单元 c 的内容 G。

7.3.4 字符串的输入输出

对字符串的输入输出可以采用格式化输入输出函数 scanf、printf（格式符用 s 或 c）或 getchar、putchar。

1. 逐个字符输入输出

```
char a[10],b[7];
for (k=0;k<10;k++)
    scanf ("%c",&a[k]);
for (k=0;k<7;k++)
    b[k]=getchar( );
for (k=0;a[k]!='\0';k++)
    printf ("%c",a[k]);
for (k=0; a[k]!='\0';k++)
    putchar(a[k]);
```

2. 字符串整体或部分输入输出

```
char a[10],b[7]="abcde";
scanf ("%s",a);              /* 键盘输入的字符串存入 a 数组 */
printf("%s",a);              /* 输出 a 数组中的字符串 */
printf("%s",&b[1]);          /* 输出 b 数组中从 b[1]开始的字符串:bcde */
```

注意：

① 用格式符 s 输入输出字符串，其输入(出)项必须以字符串的地址形式出现。

上例中 a 是字符数组名，它代表该数组的首地址，所以不要在数组名前再加地址运算符。若出现字符数组元素的地址，则表示输入(出)对象是从该地址开始的字符串。

另外，输出项以字符串常量形式出现也是正确的，此时它表示其首地址。下列输出函数的功能是输出字符串"abcd"。

```
printf("%s","abcd");
```

② 用格式符 s 输出字符串时，从输出项提供的地址开始输出，直到遇字符串结束符'\0'为止。

若有：char b[3]="xyz",c='H',a[10]="abcd\0823";

```
printf("b=%s\n", b);
printf("a=%s\n", a);
```

则输出：b=xyzHabcd

a=abcd

因为 b 数组长度为 3，用"xyz"初始化，字符串结束符'\0'无法存储，输出 xyz 后未遇到

'\0',于是接着输出后续存储单元 c 的内容 H 和 a 数组的内容 abcd,直到遇到'\0'后停止输出。对 a 数组,输出 abcd 后,也是遇到'\0'后停止输出。

③ 用格式符 s 不能输入带空格、回车或跳格的字符串。因为空格、回车或跳格是输入数据的结束标志。

```
char a[10];
scanf("%s",a);
printf("%s\n",a);
```

输入:How are you↙

输出:How

由于空格、跳格和回车均是输入数据的结束标志,所以 How are you 被看做 3 个输入数据,只把 How 作为 a 数组的数据。那么,如何输入带空格、回车或跳格的字符串?下面介绍的 gets 函数可以解决这个问题。

3. 用 gets 和 puts 函数输入输出字符串。

由于 gets 和 puts 函数均在文件 stdio. h 中定义,因此要使用这两个函数,就必须在程序开头加上命令行:#include "stdio. h"。

gets 函数调用形式:

```
gets(string);
```

功能:从键盘读入字符串,直到读入换行符为止,用'\0'代替换行符并把读入的字符串存入以 string 为首地址的存储区中。

puts 函数调用形式:

```
puts(string);
```

功能:把首地址为 string 的字符串显示在屏幕上并换行。

```
char a[15],b[20]="abcd\n1234";
gets(a);
puts(a);
puts(b);
```

输入:How are you↙　　　　/* 用 gets(a)函数可以输入含空格的字符串 */

输出:How are you

　　　abcd　　　　　　　　/* 输出 abcd 后输出'\n'引起换行 */

　　　1234　　　　　　　　/* 继续输出 1234 并换行 */

例 7-6　将给定的字符串复制到另一字符串。

用两个字符数组分别存放源字符串和目标字符串。复制时,一边读源字符串的字符,一边把该字符存入目标字符串,这个过程可以在一个循环中实现,循环结束的条件是遇到源字符串末尾的字符串结束符。

```
#include  "stdio. h"
main( )
{ char s1[80],s2[80];
  int i;
  printf("input string s2:\n");
  gets(s2);
  for(i=0;s2[i]!='\0';i++)        /* 逐个字符地复制 */
     s1[i]=s2[i];
  s1[i]='\0';                      /* 在复制的字符串末尾加上字符串结束符 */
  puts(s1);
}
```

运行程序:

```
    input string s2:
输入:Beijing↙
输出:Beijing
```

例 7-7 求给定字符串的长度。

字符串的长度是指字符串中的字符个数,不包含字符串结束符。从第一个字符开始逐个字符计数,直到遇上字符串结束符。

```
#include  "stdio. h"
main( )
{ char s1[80];
  int i;
  printf("input string s1:\n");
  gets(s1);
  i=0;
  while(s1[i]!='\0') i++;         /* 逐个字符计数 */
  printf("i=%d\n",i);
}
```

运行程序:

```
    input string s1:
输入:Beijing↙
输出:i=7
```

7.4　字符串处理函数

对字符的赋值、比较操作可以使用赋值运算符和关系运算符。例如：

```
#include "stdio.h"
main( )
{   char a,b;
    a = 'A';
    b = getchar( );
    if(a > b) printf("max = %c\n",a);
    else printf("max = %c\n",b);
}
```

运行程序：

输入：h↙

输出：max = h

对字符串的整体操作(如复制、比较、连接、计算字符串长度等),C 语言没有提供相应的运算符,但以库函数的形式实现了这些操作。在 string.h 文件中对这些函数进行了定义,用户只要在程序的开头加上命令行#include "string.h",就可以调用它们完成相应的操作。

7.4.1　字符串复制

要使字符变量 ch 的值为'A',可以采用赋值的方法:ch = 'A'。如果想使字符数组 a 中存放字符串"Beijing",有很多方法,如:

(1) 字符数组初始化

```
char a[10] = "Beijing";
```

(2) 逐个字符输入

```
for ( k =0; k <7; k ++ )
    scanf ("%c",&a[k]);
a[7] = '\0';
```

(3) 用字符串输入函数输入

```
gets(a);
```

(4) 用字符串复制函数复制

```
strcpy(a,"Beijing");
```

还可以采用例 7 -6 所示的逐个字符复制的方法。

注意,采用 a = "Beijing";的方法是错误的。因为" = "左边不能出现常量,数组名 a 是代表

a 数组首地址的地址常量,而不是变量。实际上,通过字符串复制函数来实现这个功能是十分方便的。

strcpy( )函数的调用形式:

strcpy(s1,s2);

功能:把 s2 字符串复制到 s1 中。

说明:s1 是接受源字符串 s2 的存储区首地址,形式上可以是字符数组名或字符指针。s2 字符串在形式上可以是字符数组名或字符指针,也可以是字符串常量。

注意,要保证 s1 存储区能容纳下 s2 字符串。

例如,char a[6]="China",b[ ]="123";

```
strcpy(a,b);
strcpy(b,"ABC");
puts(a);
puts(b);
```

输出:123

ABC

若把 strcpy(b,"ABC");改成 strcpy(b,"Beijing");,则会出现意想不到的错误,因为 b 数组的长度只有 3,字符串"Beijing"长度为 7,就是说,有 4 个字符将占用其他存储单元,从而破坏了其他变量的值。对这种错误,系统并不报错。所以,一定要保证目标存储区足以存放源字符串。

7.4.2 求字符串的长度

所谓字符串的长度是指字符串中的字符个数,但不包括字符串结束符。例如,字符串"abcd"的长度为 4。在例 7-7 中,利用一段程序可以实现计算字符串的长度。实际上在库函数中已经存在求字符串长度的函数 strlen,用户可以调用,不必自己编写。

strlen 函数的调用形式:

strlen(x);

功能:返回 x 字符串中字符的个数(不包括字符串结束符)。

说明:x 是字符串首地址,其形式可以是字符数组名或字符指针,也可以是字符串常量。

例 7-8 输出若干字符串中最短的字符串。

这实际上是一个求最小值的问题。求出各字符串的长度,再进行比较。找出最小长度的字符串并输出。结束输入的标志为空字符串,输入字符串时,若直接按回车键,则输入的是空字符串,其第一个字符是'\0'。

```
#include "stdio.h"
#include "string.h"
```

```
main( )
{   char s1[80], min[80]; int k, len;
    printf("Input string :\n"); gets(s1);
    strcpy(min,s1);                    /* 假定第一个字符串是最短字符串 min */
    len = strlen(min);                 /* 最短字符串的长度记为 len */
    gets(s1);
    do{   k = strlen(s1);
          if ( k < len )
          {   len = k;
              strcpy(min,s1);          /* 确定最短字符串 */
          }
          gets(s1);                    /* 继续输入其他字符串
    } while (s1[0]! = '\0');           /* 以空串为输入结束标志 */
    printf("len = %d,min = %s\n",len,min);
}
```

运行程序:

Input string :

输入:AUSTRALIA↙↙

HOLLAND↙

AMERICA↙

JAPAN↙

↙

输出:len = 5,min = JAPAN

7.4.3 字符串连接

要把两个字符串合二为一,成为一个字符串,可以利用字符串连接函数 strcat。

strcat 函数的调用形式:

```
strcat(s1,s2);
```

功能:把 s2 字符串连接到 s1 字符串末尾。

说明:s1 是连接后字符串存储区的首地址,形式上可以是字符数组名或字符指针。s2 是连接在 s1 后面的字符串,形式上可以是字符数组名或字符指针,也可以是字符串常量。注意,要保证 s1 能容纳下连接后的字符串。

```
char s1[10] ="China",s2[ ] ="abc";
strcat(s1,s2);      /* 连接后的 s1: Chinaabc, s2 不变 */
```

```
strcat(s2,"123");   /* 连接后的 s2: abc123 但 s2 字符数组长度为 4,所以"23"将占用其
                       他存储单元,引起错误 */
```

图 7-4 图示了 s1 和 s2 连接前后的情况。

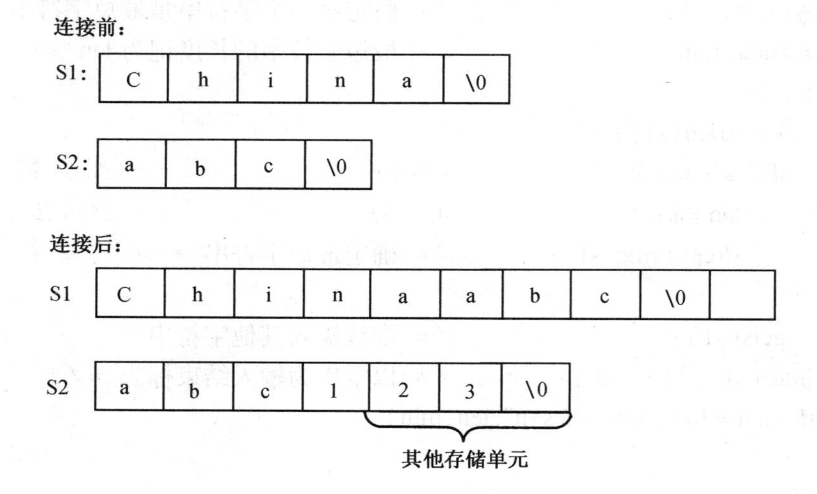

图 7-4　字符串连接

字符串连接函数也可以由用户自己编写。

例 7-9　编写程序,实现字符串连接。

```
#include "stdio.h"
main( )
{   char s1[80],s2[80];
    int i,k;
    printf("Input string s1 and s2 :\n");
    gets(s1);
    gets(s2);
    i=0;
    while(s1[i]!='\0') i++; /* 找 s1 串的串尾,以便从该位置连接 s2 串 */
    k=0;
    while(s2[k]!='\0')        /* s2 串逐个字符地存入 s1 串末尾,直到遇 s2 串尾 */
    {   s1[i]=s2[k];          /* s2 串的第 k 个字符存放在 s1[i] */
        i++;
        k++;
    }
```

```
    s1[i] = '\0';                    /* 在连接后的字符串 s1 末尾加上字符串结束符 */
    printf("s1 = s1 + s2 = %s\n",s1);
}
```

运行程序：

输入：Beijing↙↙

　　　China↙

输出：s1 = s1 + s2 = BeijingChina

为了把 s2 串连接在 s1 串尾，首先要找到 s1 串尾，即 s1 串的'\0'在 s1 数组的位置（下标）。用第一个 while 循环来达到目的，从 s1 串的第一个字符开始，边循环，边记录下标，循环到遇'\0'为止。记录的下标就是'\0'的下标。然后用第二个 while 循环把 s2 串的字符从该下标对应的位置依次存放，连接后在 s1 串尾加上字符串结束符'\0'。

7.4.4 字符串比较

字符比较大小可以用关系运算符进行。例如，'a' > 'f'的结果是 0（"假"），因为两个字符比较大小，实际上是比较它们的 ASCII 码，'a'的 ASCII 码是 97，'f' 的 ASCII 码是 102，所以'a'小于'f'。如果比较的是两个字符串，则比较的原则是：

依次比较两个字符串同一位置的一对字符，若它们的 ASCII 码相同，则继续比较下一对字符。若它们的 ASCII 码不同，则 ASCII 码较大的字符所在的字符串较大；若所有字符均相同，则两个字符串相等；若一个字符串全部 k 个字符与另一个字符串的前 k 个字符相同，则字符串较长的较大。例如：

"abc" 与 "abc"，它们相等；

"abcd" 与 "abck"，"abcd" 小于 "abck"；

"abc" 与 "ab"，"abc" 大于 "ab"；

注意，不能使用关系运算符比较两个字符串的大小。如："abc" > "cdef"是错误的。可以采用库函数中的字符串比较函数 strcmp 比较两个字符串的大小。

strcmp 函数的调用形式：

　　strcmp(s1,s2)

其中，s1、s2 分别是字符串存储区的首地址，形式上可以是字符数组名或字符指针，也可以是字符串常量。

功能：比较 s1 串和 s2 串。其返回值表示两者的关系：

$$\text{strcmp(s1,s2)的返回值}\begin{cases} >0 & s1 > s2 \\ =0 & s1 = s2 \\ <0 & s1 < s2 \end{cases}$$

例如：

```
char a[10] ="China",b[ ] ="123";
printf("%d\n",strcmp(b,a));                    /* 输出 -18,<0,所以 b 串小于 a 串 */
printf("%d\n",strcmp(a,"Beijing"));            /* 输出 1,>0,所以 a 串大于"Beijing" */
```

以上输出的实际是比较中两个不同字符的 ASCII 码的差。

```
printf("%d\n",strcmp(a,"China"));              /* 输出 0,所以 a 串与"China"相等 */
```

例 7-10 输入若干字符串,输出其中最大字符串。

```
#include "stdio.h"
#include "string.h"
main( )
{ char s1[80],max[80];
  int i;
  printf("Input string :\n");
  gets(s1);
  strcpy(max,s1);
  gets(s1);
  do {  if ( strcmp(max,s1) <0 )           /* s1 串大于 max 串,所以当前最大串是 s1 */
            strcpy(max,s1);                 /* 跟踪记录当前最大串 */
        gets(s1);
  } while ( strcmp(s1,"") );               /* 以空串为输入结束标志 */
  printf ("max string is %s\n",max);
}
```

运行程序:

```
      Input string :
输入: AUSTRALIA↙↙
      HOLLAND↙
      AMERICA↙
      JAPAN↙
      ↙
```

输出:max string is JAPAN

程序中先假定第一个字符串为最大串 max,然后利用 strcmp 函数逐个比较以后输入的各字符串,每当出现输入的 s1 字符串比 max 串大,则动态地把 s1 作为当前最大字符串。在例 7-8 中是以输入空串作为结束输入的条件,判断空串的方法:若输入的字符串的第一个字符是'\0',则 s1 为空串。本例也把输入空串作为结束输入的条件,但采用的是另一种判断方法:若 strcmp(s1,"") ==0(注意:两个双引号之间无字符),则 s1 为空串,退出循环。

7.4.5 大小写字母的转换

前面曾经介绍过字母的大小写转换方法，对同一个字母，由于小写字母的 ASCII 码比大写字母的 ASCII 码要大 32，所以'a' - 32 就是'A' 的 ASCII 码，'A' + 32 是'a'的 ASCII 码。这里再介绍另一种字母大小写转换的方法，由两个库函数分别完成字母的大写和小写转换。

(1) strlwr(x)

调用形式：　　　　strlwr(x);

功能：把地址为 x 的字符串中所有的大写字母转换成小写字母。

(2) strupr(x)

调用形式：　　　　strupr(x);

功能：把地址为 x 的字符串中所有的小写字母转换成大写字母。

以上两个函数中的参数 x 形式上可以是字符数组或字符指针，也可以是字符串常量。

例如：

```
char a[15 ] ="china2000",b[ ] ="beijing1999";
strupr(a);          /* 把 a 数组中所有小写字母转换成大写字母,其他字符不变 */
puts(a);            /* 输出:CHINA2000 */
strupr(b);          /* 把 b 数组中所有小写字母转换成大写字母,其他字符不变 */
puts(b);            /* 输出:BEIJING1999 */
strlwr(&a[1]);      /* 从 a[1]开始的字符串中所有大写字母转换成小写字母 */
puts(a);            /* 输出:China2000 */
strlwr(&b[2]);      /* 从 b[2]开始的字符串中所有大写字母转换成小写字母 */
puts(b);            /* 输出:BEijing1999 */
```

7.5 二维数组

当数组元素具有两个下标时，该数组称为二维数组。同样，三维数组具有三个下标……。二维数组可以看做具有行和列的平面数据结构，如矩阵。

7.5.1 二维数组的定义

定义二维数组的形式：

　　数据类型 数组名 1[整常量表达式 1][整常量表达式 2]，……

数据类型是数组全体数组元素的数据类型；数组名用标识符表示；两个整型常量表达式分别代表数组具有的行数和列数。数组元素的下标一律从 0 开始。

例如，int a[2][3];

该语句表示：

① 定义了整型二维数组 a，其数组元素的类型是 int。

② a 数组有 2 行 3 列，共 2 * 3 = 6 个数组元素。

③ a 数组行下标为 0,1，列下标为 0,1,2。a 数组的数组元素是：

a[0][0],a[0][1],a[0][2]

a[1][0],a[1][1],a[1][2]

④ 定义了 int 型数组 a，编译程序将为 a 数组在内存中开辟 2 * 3 = 6 个连续的存储单元，用来存放 a 数组的 6 个数组元素。存储方式为按行存放。即先依次存放 0 行的 3 个数组元素：a[0][0],a[0][1],a[0][2]，然后再接着存放 1 行的 3 个数组元素：a[1][0],a[1][1],a[1][2]。如图 7-5 所示。数组名 a 代表 a 数组的首地址。

⑤ 在 C 语言中，二维数组 a 的每一行都可以看做一维数组，用 a[i] 表示第 i 行构成的一维数组的数组名。二维数组 a 有两个数组元素 a[0]、a[1]，而 a[0]、a[1] 均是包含 3 个元素的一维数组。

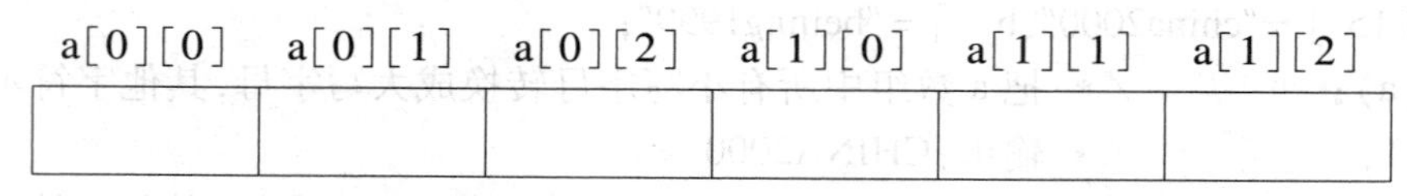

图 7-5　二维数组的数组元素在内存中的存储顺序

7.5.2　二维数组的引用

同一维数组一样，引用二维数组，也是引用它的数组元素。数组元素的形式是：

数组名[行下标表达式][列下标表达式]

例如：若有数组定义 int a[2][3],i=1,j=2,k=0；则 a[i][k],a[j-1][i],a[1][j+k] 都是对 a 数组元素的合法引用。a[i][k] = a[i-1][j] + a[1][j]；表示 a[0][2] 的值与 a[1][2] 的值求和并赋给 a[1][0]。而以下都是错误的引用：

a[2][3]，行下标为 0,1，列下标为 0,1,2。所以 a[2][3] 下标越界。

a[i+j][2] 即 a[3][2]，行下标越界。

a[1,0]，行列下标应分别放在各自的方括号里，即 a[1][0]。

a(1)(2)，下标应放在方括号里，而不是圆括号中。

如果希望从键盘依次为数组元素输入数据，可以采用如下语句：

```
for(i=0;i<2;i++)
  for(j=0;j<3;j++)
    scanf("%d",&a[i][j]);
```

7.5.3　二维数组的初始化

二维数组初始化的形式为：

数据类型 数组名[整常量表达式1][整常量表达式2] = { 初始化数据 };

在{ }中给出各数组元素的初值,各初值之间用逗号分开。把{ }中的初值依次赋给各数组元素。

有如下几种初始化方式：

(1) 分行进行初始化：

```
int a[2][3] = {{1,2,3},{4,5,6}};
```

在{ }内部再用{ }把各行分开,第一对{ }中的初值1,2,3是0行的3个元素的初值。第二对{ }中的初值4,5,6是1行的3个元素的初值。相当于执行如下语句：

```
int a[2][3];
a[0][0] =1;a[0][1] =2;a[0][2] =3;a[1][0] =4;a[1][1] =5;a[1][2] =6;
```

注意,初始化的数据个数不能超过数组元素的个数,否则出错。

(2) 不分行的初始化：

```
int a[2][3] = { 1,2,3,4,5,6};
```

把{ }中的数据依次赋给a数组各元素(按行赋值)。即a[0][0] =1; a[0][1] =2;a[0][2] =3;a[1][0] =4;a[1][1] =5;a[1][2] =6;

(3) 为部分数组元素初始化：

```
static int a[2][3] = {{1,2},{4}};
```

第一行只有2个初值,按顺序分别赋给a[0][0]和a[0][1];第二行的初值4赋给a[1][0]。由于存储类型是static,故其他数组元素的初值为0。注:某些C语言系统(如:Turbo C)中,存储类型不是static的变量或数组的初值也是0。

```
static int a[2][3] = { 1,2};
```

只有2个初值,即a[0][0] =1,a[0][1] =2,其余数组元素的初值均为0。

(4) 可以省略第一维的定义,但不能省略第二维的定义。系统根据初始化的数据个数和第二维的长度可以确定第一维的长度。

```
int a[ ][3] = { 1,2,3,4,5,6};
```

a数组的第一维的定义被省略,初始化数据共6个,第二维的长度为3,即每行3个数,所以a数组的第一维是2。

一般,省略第一维的定义时,第一维的大小按如下规则确定：

初值个数能被第二维整除,所得的商就是第一维的大小;若不能整除,则第一维的大小为商再加1。例如,int a[ ][3] = { 1,2,3,4};等价于:int a[2][3] = { 1,2,3,4};

若分行初始化,也可以省略第一维的定义。下列的数组定义中有两对{ },已经表示a数组有两行。

static int a[ ][3] = {{1,2},{4}};

7.5.4 二维数组的应用

例 7-11 不用输入,自动形成并输出如下矩阵。

$$A = \begin{bmatrix} 1 & 2 & 3 & 4 & 5 \\ 1 & 1 & 6 & 7 & 8 \\ 1 & 1 & 1 & 9 & 10 \\ 1 & 1 & 1 & 1 & 11 \\ 1 & 1 & 1 & 1 & 1 \end{bmatrix}$$

由于不允许输入,所以要设法找到矩阵元素的分布规律,用循环的方式自动生成。矩阵下三角的元素全是1,即 a[i][j]=1(i=0,1,2,3,4; j=0,1,…,i)。而矩阵上三角的元素按行的顺序依次是2,3,…,11。若令 k 的初值为2,从 a[0][1]开始的上三角元素的值用如下方法得到:

k=2;

a[i][j]=k++; (i=0,1,2,3;j=i+1,i+2, …,4)。

如:k=2,a[0][1]=2;k=3,a[0][2]=3;k=4,a[0][3]=4; k=5,a[0][4]=5;k=6,a[1][2]=6;……;k=11,a[3][4]=11。

```
#define N 5
main( )
{ int i,j,k,a[N][N];
  k=2;
  for ( i=0; i<N; i++ )                /* 对行循环 */
     for ( j=0; j<N; j++ )             /* 对列循环 */
        if ( j<=i ) a[i][j]=1;         /* 产生矩阵的下三角元素 */
        else a[i][j]=k++;              /* 产生矩阵的上三角元素 */
  for ( i=0; i<N; i++ )
  { for ( j=0; j<N; j++)
        printf ("%4d", a[i][j]);
    printf("\n");                      /* 每输出一行,立即换行*/
  }
}
```

运行程序,输出结果是:

1 2 3 4 5

$$
\begin{matrix}
1 & 1 & 6 & 7 & 8 \\
1 & 1 & 1 & 9 & 10 \\
1 & 1 & 1 & 1 & 11 \\
1 & 1 & 1 & 1 & 1
\end{matrix}
$$

例 7－12　产生4＊4矩阵 A,并输出它经过行列互换后的矩阵 B。

设 A 矩阵为:

$$
\begin{bmatrix}
1 & 2 & 3 & 4 \\
5 & 6 & 7 & 8 \\
9 & 10 & 11 & 12 \\
13 & 14 & 15 & 16
\end{bmatrix}
$$

则 B 矩阵为:

$$
\begin{bmatrix}
1 & 5 & 9 & 13 \\
2 & 6 & 10 & 14 \\
3 & 7 & 11 & 15 \\
4 & 8 & 12 & 16
\end{bmatrix}
$$

对照 A、B 矩阵的元素,可以发现它们的对应关系:

b[i][j] = a[j][i] (i=0,1,2,3;j=0,1,2,3)

```
#define N 4
main( )
{ int i,j,a[N][N],b[N][N];
  for ( i=0; i<N; i++ )              /* 输入 A 矩阵元素 */
    for ( j=0; j<N; j++ )
       scanf("%d",&a[i][j]);
  printf("A array:\n");
  for(i=0;i<N;i++)                   /* 输出 A 矩阵元素 */
  { for(j=0;j<N;j++)
       printf("%-4d", a[i][j]);
    printf("\n");                    /* 每输出一行,立即换行 */
  }
  for ( i=0; i<N; i++ )              /* 产生 B 矩阵元素 */
    for ( j=0; j<N; j++ )
      b[i][j]=a[j][i];
  printf("B array:\n");
  for(i=0;i<N;i++)                   /* 输出 B 矩阵元素 */
    { for(j=0;j<N;j++)
```

```
        printf("% -4d", b[i][j]);
      printf("\n");                    /* 每输出一行,立即换行 */
    }
}
```

运行程序:

输入:1 2 3 4 5 6 7 8 9 10 11 12 13 14 15 16↙

输出:A array:

```
    1    2    3    4
    5    6    7    8
    9   10   11   12
   13   14   15   16
   B array:
   1   5   9   13
   2   6   10  14
   3   7   11  15
   4   8   12  16
```

例 7-13 输入5个学生的学号和3门课的成绩,求每个学生的平均成绩。输出所有学生的学号、3门课的成绩和平均成绩。

建立一个5行5列的实型2维数组,其中,0列存放学号,1,2,3列存放3门课的成绩,4列存放平均成绩。首先,依次输入5个学生的学号和3门课的成绩,存放到数组的0,1,2,3列。然后计算3门课的平均成绩,并存放到4列。对每个学生重复以上操作。最后,依次输出所有学生的学号、3门课的成绩和平均成绩。

```
#define N 5
main( )
{ int i,j;
  float a[N][5];
  for(i=0;i<N;i++)                  /* 输入N个学生的数据 */
    for(j=0;j<4;j++)
      scanf("%f",&a[i][j]);
  for(i=0;i<N;i++)
  { a[i][4]=0;
    for(j=1;j<4;j++)
      a[i][4]+=a[i][j];
    a[i][4]/=3;                     /* 求第i个学生的平均成绩 */
```

```
    }
    for(i=0;i<N;i++)
    { printf("% -4.0f ", a[i][0]);          /* 输出第i个学生的学号 */
      for(j=1;j<5;j++)
        printf("% -6.1f ", a[i][j]);        /* 输出第i个学生的3门课成绩和平均成绩 */
      printf("\n");                          /* 每输出一行,立即换行 */
    }
}
```

运行程序:

```
输入:201  67  78  51↙
     202  69  98  74↙
     203  87  69  73↙
     204  39  68  76↙
     205  44  67  82↙
输出:
     201  67.0  78.0  51.0  65.3
     202  69.0  98.0  74.0  80.3
     203  87.0  69.0  73.0  76.3
     204  39.0  68.0  76.0  61.0
     205  44.0  67.0  82.0  64.3
```

7.6 二维字符数组

二维数组可以看做一维数组,这个一维数组的每个数组元素也是一维数组。例如:

int a[3][4]={{1,2,3,4},{5,6,7,8},{9,10,11,12}}

a 数组可以看做一维数组,它有 3 个数组元素 a[0],a[1],a[2]。而 a[i](i=0,1,2)本身也是一维数组,如 a[0]是一维数组,a[0]是该数组的数组名,它的数组元素是 a 数组 0 行的 4 个元素:1,2,3,4。即二维数组的每一行都可以看做一维数组。

二维字符数组的每一行也可以看做一维字符数组,即二维字符数组的每一行可以存放一个字符串。因此,可以利用二维字符数组存放多个字符串,于是二维字符数组又称为字符串数组。

7.6.1 二维字符数组的定义

二维字符数组的定义与二维数值数组的定义方法相同,只是数据类型为 char。

char　2[2][5],b[3][7];

二维字符数组 a 有 2 行 5 列,每一行可以存放长度等于或小于 4 的字符串(最后 1 列用于存放字符串结束符),所以 a 数组可以存放 2 个字符串,b 数组可以存放 3 个长度等于或小于 6 的字符串。

7.6.2　二维字符数组的初始化

和一维字符数组一样,二维字符数组也可以在定义时初始化。如:

```
char a[3][8] = {"str1","str2","string3"};
char b[ ][6] = {"s1","st2","str3"};
```

b 数组定义时省略第一维,由于 b 数组初始化有 3 个字符串,所以 b 数组有 3 行。a 数组有 3 行 8 列,每行可以存放一个字符串,其中 0 行存放字符串"str1",1 行存放字符串"str2",2 行存放字符串"string3"。如图 7-6 所示。

a[0][0]

a[0]	s	t	r	1	\0			
a[1]	s	t	r	2	\0			
a[2]	s	t	r	i	n	g	3	\0

图 7-6　a 数组初始化后的存储情况

7.6.3　二维字符数组的引用

由图 7-6 可知,每个字符串单独占一行,后面未用的数组元素均为\0。每行可以看做一维字符数组,数组名为 a[i](i=0,1,2)。可以用 a[i]引用 i 行的字符串,也可以用 a[i][j]引用 i 行 j 列的字符。如:

```
for  (i=0;i<3;i++)
    printf("%s\n",a[i]);              /* 输出i行字符串 */
for  (i=0,i<3;i++)
    printf("%c\n",a[i][i]);           /* 输出i行i列字符 */
for  (i=0;i<3;i++)
    printf("%s\n",&a[i][i+1]);        /* 输出i行i+1列字符开始的字符串 */
```

执行以上语句,输出:

```
str1
str2
string3
s
```

t

r

tr1

r2

ing3

例 7 – 14　统计选票。设候选人有 N 人,参加投票的有 M 人。

```
#define  N  3
#define  M  10
#include "stdio. h"
#include "string. h"
main( )
{  char s[N][10],k[10];
   int b[N],i,j;
   for(i =0;i <N,i ++)              /* 输入候选人姓名,选票计数器置 0 */
   {  gets(s[i]);
      b[i] =0;
   }
   printf("请输入所投候选人姓名:\n");
   for  ( i =0;i <M;i ++)           /* M 个人投票,并计票 */
   {  gets(k);                      /* 投票者所投的候选人 k */
      for ( j =0;j <3;j ++)         /* 若所投的是候选人 s[j],则 b[j]增加一票 */
        if(strcmp(s[j],k) ==0)
        {  b[j] ++;
           break;
        }
   }
   for  ( i =0;i <N;i ++)
        printf ("%10s:%5d\n",s[i],b[i]);/* 输出候选人姓名和票数 */
}
```

运行程序:

请输入候选人姓名:

输入:liu↙

wang↙

zhang↙

请输入所投候选人姓名：
liu↙
wang↙
wang↙
zhang↙
liu↙
wang↙
zhang↙
liu↙
liu↙
zhang↙
输出：　liu：　4
　wang：　3
　zhang：3

7.7 应用实例

例 7-15　输入若干个 0 到 9 之间的整数,统计各整数的个数。

输入整数的个数没有限定,因此在输入时应设置输入结束条件,由于输入的整数范围是 0 到 9,因此可以用该范围以外的特殊数作为结束标志,比如 -1。输入过程中,若想结束输入,则可以输入结束标志 -1,程序将停止输入,进入下一步处理。统计各数的个数用一维数组 b 记录,由于输入的整数范围是 0 到 9,我们可以利用 b[0]记录 0 的个数,用 b[1] 记录 1 的个数,…,用 b[9] 记录 9 的个数。即用数组元素(b[i])作为计数器来统计各数的个数。设输入的整数存放在数组 a 中,则 b[a[k]]存放的就是整数 a[k]的个数。如 a[k] =5,则 b[a[k]] =b[5]即整数 5 的个数。

```
#define N 100        /* 至多输入 100 个整数 */
main( )
{ int i,j,k,a[N],b[10];
  k=0;
  printf("Input a integer(0--9),end with -1\n");
  scanf("%d",&j);
  while(j>=0 && j<=9)
    { a[k]=j;                  /* 输入整数并存放到 a 数组中 */
      k++;
```

```
    scanf("%d",&j);
  }
  for(i=0;i<10;i++)       /* b数组各数组元素初始化为0,以便统计各整数的个数 */
    b[i]=0;
  for(i=0;i<k;i++)        /* 统计各整数的个数并存放到b数组 */
    b[a[i]]+=1;
  for(i=0;i<10;i++)       /* 输出各整数的个数 */
    printf("%d: %d\n",i,b[i]);
}
```

运行程序:

输入:2 5 3 6 9 2 4 7 4 6 2 7 4 9 5 4 7 8 6 3 8 4 6 7 4 -1↙

输出:0: 0
     1: 0
     2: 3
     3: 2
     4: 6
     5: 2
     6: 4
     7: 4
     8: 2
     9: 2

例7-16 按下列要求编程序:

① 产生10个2位随机正整数并存放在a数组中;

② 按从小到大的顺序排序;

③ 任意输入一个数,并插入到数组中,使之仍保持有序;

④ 任意输入一个0到9之间的整数k,删除a[k]。

通常,运行程序时所需原始数据都是在键盘上输入,有时,输入数据量较大。在调试程序时,可能要多次运行程序,于是会重复输入数据,耗费很多时间。其实,调试程序并不要求数据绝对准确,如果让计算机自动产生随机数,则可以免除重复输入数据之苦。那么如何产生满足要求的随机数呢?在C语言库函数中有一个产生1到32767之间随机数的函数rand,它在文件stdlib.h中定义。在程序的开头添加命令#include "stdlib.h",就可以在程序中使用该函数。下面是产生a到b之间的随机正整数的方法:

rand( )%b+a

rand( )%90产生0到89之间的整数,所以rand( )%90+10产生10到99之间的整数。

在一个长度为 n+1 的有序数组 a 中插入一个数 k，且插入后，a 数组中的数仍然保持有序，关键是插入位置的确定。若 a 数组中数据按从小到大排序，则 k 依次与 a 数组中从第一个数开始的各数进行比较，若 a[j] > k (j=0,1,…,n-1)，则 k 应插在 a[j] 的前面。若 a[n-1] < k，则 k 插在数组的最后，即 a[n] = k。确定插入位置 j 后，k 就成为 a[j] 的值，那么原来的 a[j] 怎么办？我们可以先把 a[i] (i= n-1,n-2,…,j) 依次向后移动一个位置，注意，应从最后一个数开始移动，否则会破坏原来的数据。然后把空出的 a[j] 存放插入值 k。如图 7-7 所示。

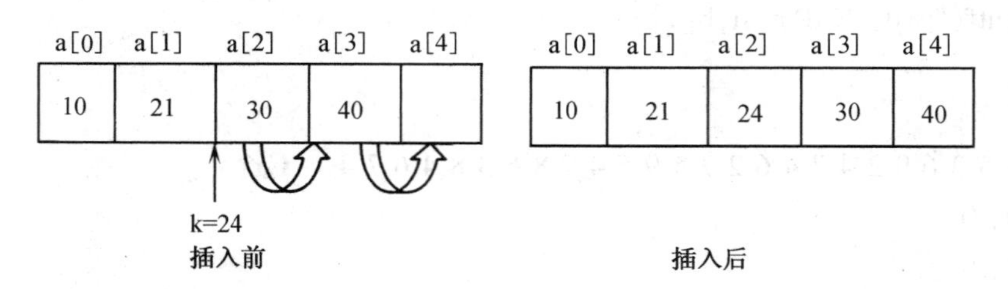

图 7-7　在有序数组中插入一个数

在一个长度为 n 的有序数组 a 中删除下标为 k 的数组元素，我们可以把 a[i] (i= k+1,k+2,…,n-1) 依次向前移动一个位置，注意，从 a[k+1] 开始依次移动，否则会破坏原来的数据。如原 a[k+1] 移到 a[k]，则原 a[k] 消失，客观上原 a[k] 被删除。然后原 a[k+2] 移到 a[k+1]，……原 a[n-1] 移到 a[n-2]。如图 7-8 所示。

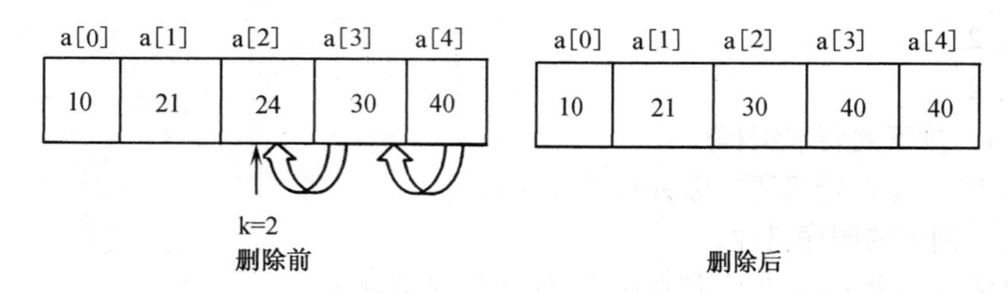

图 7-8　在有序数组中删除一个数

下面的程序可以产生 10 个 2 位随机整数并从小到大排序，然后在这些数中插入一个数和删除一个数，并使它们仍然保持有序。

```
#include "stdlib.h"
#define N 10
main( )
{ int i,j,k,t,n,a[N+1];
  n=N;
  printf("产生%d 个 2 位随机整数组成数组:\n",n);
```

```
  for(i=0;i<n;i++)
  { a[i]=rand()%90+10;
    printf("%4d",a[i]);
  }
  printf("\n");
  for(i=0;i<n-1;i++)        /* 选择法从小到大排序 */
  { k=i;
    for(j=i+1;j<n;j++)
    if(a[k]>a[j]) k=j;
    if(k!=i)
    { t=a[k];
      a[k]=a[i];
      a[i]=t;
    }
  }
printf("从小到大排序后的数组:\n");
for(k=0;k<n;k++)
  printf("%4d",a[k]);
printf("\n请输入一个要插入的数:\n");
scanf("%d",&k);
for(i=0;i<n;i++)    /* 找插入位置 i */
  if(k<a[i]) break;
for(j=n;j>i; j--)   /* a[j](j=n-1,n-2,...,i+1)后移一个位置,腾出 a[i] */
    a[j]=a[j-1];
a[i]=k;             /* 将 k 插入到 a[i] */
n=n+1;              /* a 数组增加一个元素 */
printf("\n输出插入后的 a 数组各元素:\n");
for(i=0;i<n;i++)
  printf("%4d",a[i]);
printf("\n输入要删除数组元素的下标 k :\n");
scanf("%d",&k);
for(j=k;j<n-1; j++)/* a[j+1](j=k,k+1,…,n-2)前移一个位置*/
  a[j]=a[j+1];
n=n-1;              /* a 数组减少一个元素 */
```

```
printf("\n 删除后的数组:\n");
for(i=0;i<n;i++)
  printf("%4d",a[i]);
printf("\n");
}
```

例 7-17 计算两个矩阵 A、B 的乘积。

$$A=\begin{bmatrix}1 & 2\\ 3 & 4\\ 5 & 6\end{bmatrix}\qquad B=\begin{bmatrix}7 & 8 & 9\\ 10 & 11 & 12\end{bmatrix}$$

$$C=A*B=\begin{bmatrix}27 & 30 & 33\\ 61 & 68 & 75\\ 95 & 106 & 117\end{bmatrix}$$

两个矩阵的乘积仍然是矩阵。若 A 矩阵有 m 行 p 列,B 矩阵有 p 行 n 列,则它们的乘积 C 矩阵有 m 行 n 列。C=A*B 的算法:

$$C_{ij}=\sum_{k=0}^{p-1}a_{ik}b_{kj}\ (i=0,1,\cdots,m-1;j=0,1,\cdots,n-1)$$

设 A、B、C 矩阵用 3 个 2 维数组表示:a 数组有 3 行 2 列,b 数组有 2 行 3 列,则 c 数组有 3 行 3 列。其中:

c[0][0] = a[0][0]*b[0][0]+a[0][1]*b[1][0];

c[1][1] = a[1][0]*b[0][1]+a[1][1]*b[1][1];

从以上算法可以看出,需要 3 重循环(i、j、k)才能计算 C 矩阵的各元素。

```
#define M 3
#define P 2
#define N 3
main( )
{ int i,j,k,t,a[M][P],b[P][N],c[M][N];
  printf("请输入 A 矩阵元素(%d 行%d 列):\n",M,P);
  for(i=0;i<M;i++)
    for(j=0;j<P;j++)
      scanf("%d",&a[i][j]);
  printf("请输入 B 矩阵元素(%d 行%d 列):\n",P,N);
  for(i=0;i<P;i++)
    for(j=0;j<N;j++)
      scanf("%d",&b[i][j]);
```

```
for(i=0;i<M;i++)          /* 生成C矩阵各元素 */
  for(j=0;j<N;j++)
    { t=0;
      for(k=0;k<P;k++)
        t += a[i][k]*b[k][j];
      c[i][j]=t;
    }
for(i=0;i<M;i++)          /* 输出C矩阵各元素 */
{ for(j=0;j<N;j++)
  printf("%5d",c[i][j]);
  printf("\n");
}
}
```

运行程序:

请输入A矩阵元素(3行2列):

```
输入:1 2↙
     3 4↙
     5 6↙
     请输入B矩阵元素(2行3列):
输入:7 8 9↙
     10 11 12↙
输出:27    30    33
     61    68    75
     95    106   117
```

例7-18　在矩阵中查找指定数据,并输出该数据及其在矩阵中的位置。

首先用随机数产生N阶矩阵A,然后输入任意一个整数,并在A矩阵中搜索该数,若在i行j列处找到该数(可能不止一个),则输出该数及其位置下标i和j;否则输出找不到的提示信息。

```
#include "stdio.h"
#include "stdlib.h"
#define N 5
main( )
{ int i,j,k,t=0,a[N][N];
  printf("产生%d*%d个2位随机整数组成数组:\n",N,N);
```

```
    for(i=0;i<N;i++)
    { for(j=0;j<N;j++)
      { a[i][j]=rand()%90+10;
        printf("%4d",a[i][j]);          /* 输出产生的随机数数组 */
      }
      printf("\n");
    }
    printf ("输入要查找的整数:");
    scanf ("%d",&k);
    for (i=0;i<N;i++)
    { for(j=0;j<N;j++)
      if(a[i][j]==k)
      { printf("a[%d][%d]=%d\n",i,j,k);
        t=1;                      /* 标志量,t=1,找到 k;t=0,未找到 k */
      }
    }
    if(t!=1) printf("%d not found! \n",k);
}
```

运行程序,输出是:

```
        产生 5*5 个 2 位随机整数组成数组:
        86  50  12  20  56
        17  55  35  98  86
        14  78  71  29  52
        20  22  91  63  37
        39  41  90  45  84
        输入要查找的整数: 20↙
        a[0][3]=20
        a[3][0]=20
```

若要查找的整数为 21,则结果将是:

```
  21 not found!
```

例 7-19 不使用字符串比较函数 strcmp,自编程序,实现两个字符串 s1、s2 的比较。

```
#include "stdio.h"
main()
{   char s1[80],s2[80]; int i=0,j;
```

```
    gets(s1); gets(s2);
    while(s1[i]&&s2[i])          /* 比较每一对字符,直到出现'\0'退出循环 */
    {  if(s1[i]!=s2[i]) break; /* 若某一对字符不同,则已分出大小,退出循环 */
       i++;
    }
    j= s1[i]-s2[i];             /* j>0→s1>s2; j<0→s1<s2; j==0→s1==s2 */
    if(j>0) printf("%s>%s\n",s1,s2);
        else if(j<0) printf("%s<%s\n",s1,s2);
            else     printf("%s=%s\n",s1,s2);
}
```

运行程序:

输入:china

chi123

输出:china>chi123

程序中先在 while 循环中找到第一对不同字符,然后依据两个字符 ASCII 码的差(j = s1[i] - s2[i])来判断它们的关系。j > 0,则 s1[i] > s2[i],所以 s1 > s2;j < 0,则 s1[i] < s2[i],所以 s1 < s2;j = 0,则 s1[i] ==s2[i],所以 s1 = s2。j 相当于库函数 strcmp(s1,s2)的返回值,返回值大于 0,s1 > s2;返回值小于 0,s1 < s2;返回值等于 0,s1 和 s2 相等。

本例中,两个字符串的前 3 个字符相同,第 4 个字符不相同,因为'n' > '1',所以"china" > "chi123"。若 s2 字符串改为"chinak",则前 5 个字符相同,第 6 个字符分别是'\0'和'k',因为'\0'的 ASCII 码为 0,所以'\0' < 'k',即"china" < "chinak"。仅当两个字符串完全一样时,才能确定它们相等。

例 7-20 判断 s1 字符串中是否包含 s2 字符串。例如"china123"包含"na12",但不包含"abc"。

从 s1 字符串的第一个字符开始,依次与 s2 字符串的各字符比较,若均相同,则 s1 包含 s2。否则再从 s1 的下一个字符(第 2 个字符)开始,依次与 s2 字符串的各字符比较,……。设 k1,k2 分别表示 s1 串和 s2 串的长度,则最后一次应从 s1 的第 k1 - k2 + 1 个字符开始(即 s1[k1 - k2]),依次与 s2 字符串的各字符比较,若存在不同字符,则 s1 肯定不包含 s2。

```
#include "stdio.h"
#include "string.h"
main()
{  char s1[80],s2[80]; int i=0, j, k, k1, k2, f;
   gets(s1);          gets(s2);
   k1=strlen(s1);     k2=strlen(s2);
   f=0;                    /* 标志量 f=1,s2 包含在 s1 中,f=0, s2 不包含在 s1 中 */
```

```
while (i < k1 - k2 + 1&&!f)
                        /* 从 s1 串的 s1[i]字符开始检测 s2 是否包含在 s1 中 */
{   j = 0;
    k = i;
    while(s2[j]&&s1[k] ==s2[j])
                        /* 存在不同字符或 s2 包含在 s1 中时退出循环 */
    { j ++;             k ++;
    }
    if (s2[j] =='\0')  /* 若退出循环时,s2[j] =='\0',则 s2 串包含在 s1 串中 */
    {   f = 1;
        break;          /* 确认 s2 串包含在 s1 串中,f = 1,退出循环 */
    }
    i ++;               /* 从 s1 的下一个字符开始继续检测 */
}
if ( f ==1 ) printf ("%s is in %s\n",s2,s1);
else         printf ("%s is not in %s\n",s2,s1);
}
```

例 7-21 5 个字符串按从小到大排序。

建立二维字符数组 s[5][20],存放输入的 5 个字符串。再建立一个一维数组 a[5],存放各字符串在 s 数组中的行号。排序时,需要进行字符串交换位置时,并不交换它们在 s 数组中位置,而是交换 a 数组中相应的行号。最后输出排序结果时,按照 a 数组元素的顺序,分别输出相应行号的字符串。如图 7-9 所示。排序前,a 数组中存放 s 数组各行字符串的行号,排序后,根据各行字符串的大小,从小到大地重排它们在 a 数组中的行号。例如"CHINA"是最小字符串,所以它的行号 2 存放在 a[0],"SHORT"是最大字符串,故在 a[4]存放它的行号 3。

二维字符数组 S

L	O	N	G	\0	\0
I	N	T	\0	\0	\0
C	H	A	R	\0	\0
S	H	O	R	T	\0
F	L	O	A	T	\0

一维整型数组 a

排序前	排序后
0	2
1	4
2	1
3	0
4	3

图 7-9 字符串排序

```
#include "stdio.h"
#include "string.h"
main( )
{   char s[5][80];
    int i,j,k,m,a[5];
    for(i=0;i<5;i++)        /* 输入各字符串,并记录它们在S数组中的行号 */
    {  gets(s[i]);
       a[i]=i;
    }
    for(i=0;i<4;i++)        /* 选择法从小到大排序 */
    {   k=i;
        for(j=i+1;j<5;j++)
            if(strcmp(s[a[k]],s[a[j]])>0) k=j;
                                            /*记录当前最小串的行号a[k] */
        if(k!=i)
        {   m=a[k];         /*最小串的行号a[k]与a[i]交换位置*/
            a[k]=a[i];
            a[i]=m;
        }
    }
    for(i=0;i<5;i++)        /* 按排序后的行号a[i]输出各字符串 */
       printf("%-s\n",s[a[i]]);
}
```

运行程序:

```
输入: LONG↙
      INT↙
      CHAR↙
      SHORT↙
      FLOAT↙
输出: CHAR
      FLOAT
      INT
      LONG
      SHORT
```

例 7－22 任意输入一个 3 位整数,取其各位数字的和,再取这个和数被 7 除的余数,输出余数对应的星期(英文单词)。例如,输入 123,(1+2+3)%7=6,则输出 saturday。

对 3 位整数 n,拆分其百、十和个位的方法是:

百位: i=n/100;

十位:j=n/10%10;

个位:k=n%10;

其和数被 7 除的余数是:a=(i+j+k)%7,其结果必是 0 到 6 之间的整数。现在的问题是如何根据余数输出对应的星期英文单词。建立一个 7 行 9 列的 2 维字符数组 week,各行分别存放星期英文单词。为了与余数对应,把星期日英文单词存放到 0 行,星期一英文单词存放到 1 行,……。这样,可以根据余数,到相应该余数的行,取出字符串输出。如:输入 123,(1+2+3)%7=6,则输出 week 数组的行号为 6 的字符串 saturday。

```
#include "stdio. h"
main( )
{   char week[7][9] = {  "Sunday","Monday","Tuesday","Wednsday","Thursday",
                         "Friday","Saturday"};
    int i, j, k, a, n;
    do {   printf ("please input a number:\n");
           scanf ("% d",&n);
    } while ( n<100||n>999 );          /* 输入一个 3 位整数 */
    i=n/100;                           /* 分拆各位数字 */
    j=n/10%10;
    k=n%10;
    a=(i+j+k)%7;
    printf("\n %d→%d + %d + %d→week[%d]→%s\n",n,i,j,k,a,week[a]);
}
```

运行程序:

please input a number:

输入: 369↙

输出: 369→3+6+9→week[4]→Thursday

小　　结

数组是同类型数据的集合。同一个数组的数组元素具有相同的数据类型,可以是整型、实型、字符型以及后面将要介绍的指针型、结构型等。引用数组就是引用数组的各元素。通过下标的变化可以引用任意一个数组元素。其实还可以通过指针引用数组元素，这将在第9章介绍。需要注意的是，不要进行下标越界的引用，那样会带来意外的副作用，比如会隐含地修改其他变量的值。

数组类型在数据处理和数值计算中有十分重要的作用，许多算法不用数组这种数据结构就难以实施。例如100个数的排序问题，用一维数组存放这100个数，用气泡法或选择法就能轻而易举地完成排序。数组与循环结合，使很多问题的算法得以简单地表述，高效地实现。

数组以下标的个数而分为一维数组、二维数组、三维数组……等。一般，二维数组以上又称为多维数组。常用的是一维数组和二维数组。对多维数组，也可以把它看做一维数组，而它的数组元素是比它少一维的数组。这样看，有利于理解多维数组及其地址表示。

字符数组用于存放字符串，处理多个字符串时（如求最大（小）字符串、字符串排序等），常用二维数组存放它们。

对数值的运算符并不适用于字符串运算，因此C提供了专门处理字符串的函数，如字符串比较、复制等。

字符串输出是从指定的地址开始输出，直到遇字符串结束符'\0'为止，因此，定义字符数组时，一定要留一个数组元素存放'\0'。输入字符串时，要注意scanf函数不能输入带空格的字符串，应采用gets函数。

本章还介绍了许多有用的基本算法，如求最大（小）值、气泡法排序和选择法排序、用数组元素作为计数器进行统计、在有序数组中插入和删除数组元素的方法、矩阵的乘法、矩阵的行列互换以及在数组中查找指定数据等算法。

习　　题

一、单项选择题

1. 以下程序的输出结果是________。

```
main( )
{ int i,k,a[10],p[3];
  k = 5;
  for(i = 0;i < 10;i + + ) a[i] = i;
  for(i = 0;i < 3;i + + ) p[i] = a[i * (i + 1) ];
  for(i = 0;i < 3;i + + ) k + = p[i] * 2;
  printf("% d\n",k);
}
```

A. 20　　B. 21　　C. 22　　D. 23

2. 以下正确的数组定义语句是________。

A. int y[1][4] = {1,2,3,4,5};

B. float x[3][ ] = {{1},{2},{3}};

C. long s[2][3] = {{1},{1,2},{1,2,3}};

D. double t[ ][3] = {0};

3. 以下程序的输出结果是________。

```
main( )
{ int m[3][3] = {{1},{2},{3}};
  int n[3][3] = {1,2,3}
  printf("%d\n",m[1][0] + n[0][0]);
  printf("%d\n",m[0][1] + n[1][0]);
}
```

A. 0
0　　B. 2
3　　C. 3
0　　D. 1
2

4. 以下程序的输出结果是________。

```
main()
{ int i,x[3][3] = {1,2,3,4,5,6,7,8,9};
  for(i=0;i<3;i++) printf("%d,",x[i][2-i]);
}
```

A. 1,5,9,　　B. 1,4,7,　　C. 3,5,7,　　D. 3,6,9,

5. 对以下程序从第一列开始输入数据:2473↙,程序的输出结果是________。

```
#include "stdio.h"
main( )
{  int  c;
   while((c=getchar())! ='\n')
   {  switch(c-'2')
      {  case 0;
         case 1: putchar(c+4);
         case 2: putchar(c+4); break;
         case 3: putchar(c+3);
         default:  putchar(c+2);
      }
   }
}
```

A. 668977　　B. 668966　　C. 66778777　　D. 6688766

6. 不能正确为字符数组输入数据的是________。

A. char s[5]; scanf("%s",&s);

B. char s[5]; scanf("%s",s);

C. char s[5]; scanf("%s",&s[0]) ;

D. char s[5]; gets(s);

7. 若有 char a[80],b[80];则正确的是__________。

A. puts(a,b);

B. printf("%s,%s",a[ ],b[ ]);

C. putchar(a,b);

D. puts(a);puts(b);

8. 以下程序的输出是________。

```
main( )
{char a [2][5] = {"6937"',"8254"}; int i,j,s =0;
for ( i =0;i <2;i + + )
   for (j =0;a[i][j] >'0'&& a[i][j] < ='9';j + =2)
        s =10 * s + a[i][j] - '0';
printf("s = %d\n",s);
}
```

A. 6385　　B. 69825　　C. 63825　　D. 693825

二、填空题

1. 以下程序的输出结果是________。

```
main( )
{ int arr[10],i,k;
  for(i =0;i <10;i + + ) arr[i] =1;
  for(i =0;i <10;i + + )
     for(k =0;k <i;k + + )
        arr[i] =arr[i] +arr[k];
  for(i =0,i <10;i + + )printf("%d\n",arr[i]);
}
```

2. 以下程序的功能:输入 30 个人的年龄,统计 18 岁、19 岁、……、25 岁各有多少人。填空,使程序正确。

```
main( )
{ int i,n,age,a[30] = {0};
```

```
    for(i=0;i<30;i++)
      { scanf("%d",&age); ______①______; }
    printf("age number\n");
    for(______②______;i++) printf("%5d %6d\n",i,a[i]);
  }
```

3. 以下程序的功能：在给定数组中查找某个数，若找到，则输出该数在数组中的位置，否则输出“can not found!”。填空，使程序正确。

```
main( )
{ int i,n,a[8]={25,21,57,34,12,9,4,44};
  scanf("%d",&n);
  for(i=0;i<8;i++)
    if(n==a[i])
      { printf("The index is %d\n",i);
        ______①______ ;
      }
  if(______②______) printf("can not found! \n");
}
```

4. 以下程序的功能：把两个按升序排列的数组合并成一个按升序排列的数组。填空，使程序正确。

```
main( )
{ int i=0,j=0,k=0,a[3]={5,9,19},b[5]={12,24,26,37,48},c[10];
  while(i<3 && j<5)
    if(______①______)   { c[k]=b[j];k++;j++;}
    else                { c[k]=a[i];k++;i++;}
    while(______②______)   { c[k]=a[i];k++;i++;}
    while(______③______)   { c[k]=b[j];k++;j++;}
    for(i=0;i<k;i++) printf("%3d",c[i]);
}
```

5. 以下程序的功能：输入10个字符串，找出每个字符串的最大字符，并依次存入一维数组中，然后输出该一维数组。填空，使程序正确。

```
#include "stdio.h"
main( )
{   int j,k; char a[10][80],b[10];
    for(j=0;j<10;j++) gets(a[j]);
```

```
for(j=0,j<10;j++)
{ ____①____;
    for(k=1;a[j][k]!='\0';k++)
        if(b[j]<a[j][k]) ____②____;
}
for(j=0,j<10;j++)
printf("%d %c\n",j,b[j]);
}
```

6. 以下程序的功能:删除字符串中所有的'C'字符。填空,使程序正确。

```
main( )
{   int j,k; char a[80];
    gets(a);
    for(j=k=0;a[j]!='\0';j++)
        if(a[j]!='c' && a[j]!='C') ________;
    a[k]='\0';
    printf("%s\n",a);
}
```

三、编程题

1. 编写程序,求 4×4 矩阵两条对角线元素值的和。

2. 编写程序,定义一个数组,分别赋予从 2 开始的 30 个偶数,然后按顺序每 5 个元素求出一个平均值,并放在该数组的末尾。

3. 编写程序,产生 30 个随机数到数组中,删除其中的最大值,输出删除前后的数组。

4. 编写程序,输入任意 10 进制 4 位正整数,将其化成二进制数。

5. 编写程序, 产生 30 个 50 以内的随机整数到 5 行 6 列数组中,输出那些在行和列上均为最小的元素。

6. 编写程序, 产生 30 个[10,100]中的随机整数到 5 行 7 列数组 a 的前 6 列中,求每行元素值的和,并把和值记录在各行的最后一个元素,如:a[2][6]存放的是 2 行的和。然后将和值最大的行与首行对调。

7. 编写程序, 产生 30 个[1,100]中的随机整数到 5 行 6 列数组中,求其中最大值和最小值,并把最大值元素与右上角元素对调,把最小值元素与左下角元素对调。输出重排前后的情况。

8. 编写程序,实现 gets( )函数的功能。

9. 编写程序,判断给定字符串是否回文。回文是指顺读和倒读都一样的字符串。

10. 编写程序,任意输入一个字符串,将其中的最大字符放在字符串的第二个字符位置,将最小字符放在字符串的倒数第二个字符位置。

11. 编写程序,输入一个3位正整数,计算其各位数字的和值,取该和值被13除的余数,若余数为零,则输出 * * * *,否则输出对应的月份英文单词。输出形式如下(以整数539和247为例):

```
539:5 +3 +9 =17,      17%13 =4,      April
247:2 +4 +7 =13,      13%13 =0,       * * * *
```

12. 编写程序,任意输入5个字符串存放到二维数组中,按字符串的长度从短到长顺序输出。

第8章　函　　数

本章着重介绍C语言中函数的定义、调用方法、函数的声明和函数原型的概念；变量的存储属性，变量的生存期和作用域，递归程序的编程方法等。

8.1　函数的定义、声明、调用与返回

8.1.1　概述

一个使用C语言开发的软件往往由许多功能组成，从软件的结构上看，各个功能模块彼此有一定的联系，功能上各自独立；从开发过程上看，不同的模块可能由不同的程序员开发，怎样将不同的功能模块连接在一起成为一个程序，怎样保证不同的开发者的工作既不重复，又能彼此衔接，这就需要对软件进行模块化设计。

所谓模块化设计是将一个大的程序自上向下进行功能分解，分成若干个子模块，每个模块对应了一个功能，完成相对独立的任务。各个模块可以分别由不同的人员编写和调试，最后，将不同的模块组装成一个完整的程序。C语言支持这种模块化软件开发方式，采用函数即可实现各个功能模块，程序的功能可以通过函数之间的调用实现。

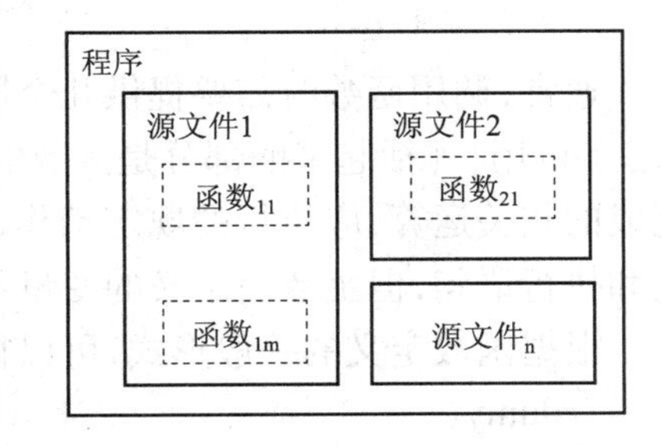

图8－1　C程序的模块化结构

C语言程序的一般结构如图8－1所示，具有以下特点：

（1）C语言允许一个程序由多个源文件组成，每个源文件可以独立编译，一个源文件可以被不同的程序使用。

（2）一个源文件可以由多个函数组成，函数是程序的最基本的功能单位，一个函数可以被不同源文件中的函数调用。

（3）一个C程序有且仅有一个主函数main，主函数可以放在任何一个源文件中，程序总是从主函数开始执行。

（4）通过编译器可以将属于同一程序的不同源文件组装成一个完整的可执行程序。

8.1.2　函数定义

函数定义的一般格式如下：

```
数据类型    函数名(形式参数说明)
  {  说明语句
     执行语句
  }
```

说明：

(1)函数定义中的“数据类型”是指函数返回值的类型。函数返回值不能是数组，也不能是函数，除此之外任何合法的数据类型都可以是函数的类型，如：char、int、long、float、指针或结构等。函数的类型可以省略，当不指明函数类型时，默认为 int 型。

(2)函数名由用户定义，是函数定义中不可省略的部分，用于标识函数。另外，函数名本身代表了该函数对应的可执行代码的入口地址。

(3)形式参数也简称为“形参”。形式参数说明是用逗号分隔的一组变量说明，包括形参的类型和形参变量名。在调用函数时，形式参数要接受来自调用函数的数据。形式参数说明可以有两种形式：

```
int func(int x, int y)      /* 函数定义的头部，进行形式参数说明 */
 {  ......  }
```

或：

```
int func(x, y)              /* 函数定义的头部，给出形式参数列表 */
  int x, y;                 /* 单独进行形式参数说明 */
{ ......  }
```

通常，调用函数时需要提供几个原始数据，就必须定义几个对应的形式参数。

(4)用{ }括起来的部分是函数的主体，称为函数体。函数体是一段程序，确定该函数应完成的相关运算，应执行的规定动作，集中体现了函数的功能。函数内部可有自己的说明语句和执行语句，但函数内定义的变量不可以与形参同名。

根据函数定义的一般形式，可以得到一个 C 语言中最简单的函数：

```
dumy( )
{       }
```

这是 C 语言中一个合法的函数，函数名为 dumy。它没有函数类型说明，也没有形式参数，同时函数体内也没有语句。实际上函数 dumy 不执行任何操作和运算，在程序开发的过程中常用来代替尚未开发完毕的函数。

例 8-1 编写一个计算 n 阶乘的函数 facto。

```
long facto( n )          /* 函数定义。名为 facto，有 1 个形参，返回值为 long 型 */
  int x;                 /* 说明形式参数的数据类型 */
{  long y;               /* 以下为函数体 */
    for ( y=1; x>0; --x )
```

```
    y *= x;
  return (y);          /* 函数返回 */
}
```

例 8-2 编写一个函数,求两个变量的最大值。

```
int max(int x, int y)          /* 函数 max 有 2 个形参,同时进行形参类型说明 */
{   int z;
    z = x > y ? x : y;
    return (z);
}
```

8.1.3 函数声明与函数原型

由于一个C语言程序可以由若干个独立的源文件组成,每一个源文件可以单独编译,因此在编译过程处理函数调用时,如果不知道该函数参数的数量和类型,编译系统就无法检查形式参数和实际参数是否匹配,为了保证函数调用时编译程序能检查出形参和实参是否满足类型相同、数量相等,且由此决定是否进行类型转换,必须为编译程序提供所用函数的返回值类型和参数的类型、个数,以保证函数调用成功。

1. 函数声明

在调用子函数的函数中,必须对被调用的子函数进行声明。函数声明的形式是:

函数类型　函数名(形参类型1　形式参数1,形参类型2　形式参数2,…);

函数声明的目的是告诉编译系统,函数值是什么类型,有多少个形式参数,每一个参数是什么类型的,为编译系统进行类型检查提供依据。这里应当提醒的是,函数声明和函数定义在形式上类似,但两者有本质不同。主要区别如下:

(1) 函数的定义是编写一段程序,有对应的具体的功能语句,即函数体;而函数的声明仅是给编译系统的一个说明,不含具体的执行动作。

(2) 在程序中,函数的定义只能有一次,而函数的声明可以有多次。

例 8-3 用函数求两个整数之和。

```
#include <stdio.h>
void main( )
{   double func( float x, float y );   /* 函数 func 有 2 个 float 型的形参 */
    float a, b, c;
    scanf("%d%d", &a, &b);
    c = fun(a, b);
    printf("%f\n", c);
}
```

```
double func( float x, float y )          /* 函数 func 的定义 */
{   return ( x + y );
}
```

在下列情况下可以省略函数声明：

（1）当函数的返回值为整型或字符型时，如果在同一个文件中既定义函数，又调用该函数，则不论定义函数与调用函数在源程序中的位置关系如何，都可以省去函数说明。

（2）如果被调用函数的返回值不是整型或字符型，而是其他类型，如果函数定义和函数调用在同一个文件中，且在源文件中函数定义的位置在调用该函数之前，则可以省去在调用函数中对被调用函数的函数说明。

在下列情况下必须给出函数声明：

（1）如果在源文件中函数定义的位置在调用该函数之后，则必须在调用该函数的函数中给出被调用函数的说明。

（2）如果函数的定义与调用在两个不同的文件中，则不论函数返回值的类型是什么，在调用该函数时，都必须给出函数声明。

例 8－4　编写一个函数计算 x 的 n 次方。

```
#include <stdio.h>
long power(int x, int n)          /* 定义 power 函数。有两个形式参数 */
{   long p;                       /* 函数体 */
    for ( p=1; n>0; --n )         /* 将 x 乘 n 次,求 x 的 n 次方 */
        p *= x;
    return (p);                   /* 返回计算结果,函数的返回值为 long 型 */
}
void main( )      /* 虽然 power 函数为 long,但由于 power 的定义在调用之 */
{   int x, m;     /* 前,所以 main 中调用 power 函数时不需再进行函数说明 */
    printf("Enter x and m:");
    scanf("%d%d", &x, &m);
    printf("X power M is %ld. \n", power(x,m) );        /* 函数的嵌套调用 */
}
```

2. 函数原型的概念

在进行被调函数声明时，编译系统需要知道被调函数参数的数量，各自是什么类型，而参数名称无关紧要，因此，对被调函数的声明可以简化为：

函数类型标识符　函数名(形参类型 1,形参类型 2,…)；

这种方式称为函数原型。在例 8－3 主函数中，语句可以改为：

```
double fun( float,float ); // 仅声明形参的类型,不必指出形参变量名
```

通常将一个文件中需调用的所有函数原型写在文件的开始。

8.1.4 函数调用

按照函数在调用函数中的作用,函数的调用方式有以下3种形式:

1. 函数语句

被调函数以语句的方式出现。通常只完成一种操作,不带回返回值。

例8-5 阅读下列程序。

```
#include <stdio.h>
func( )
{   printf("This is a programm! \n");      /* 以语句的形式调用库函数 printf */
}
void main( )
{   func( );     /* 以语句的形式调用函数 func */
}
```

2. 函数表达式

将函数的调用结果作运算符的运算分量,这种函数是有返回值的。

例8-6 库函数pow(a,b)的功能是求a^b,在主函数中调用该函数的程序如下。

```
#include <stdio.h>
main( )
{   int a, b, i, j, c;
    c = pow(a,i) + pow(b,j);     /* 以表达式的形式调用库函数 pow */
}
```

将函数pow(a,i)和pow(b,j)作为"+"运算符的运算分量。

3. 函数参数

函数的调用结果进一步作为其他函数的实参,这种函数也是有返回值的。

例如函数max(x,y)是求x和y的最大值,则要求a、b、c三个变量最大值可以使用如下表达式:

```
d = max(c, max(a, b));     /* 在函数 max 中将函数 max 作为实际参数 */
```

8.1.5 函数返回值

函数调用之后的结果称为函数的返回值,通过return语句将返回值带回调用函数。

1. 函数的返回语句

格式:

return 表达式;

功能:将表达式的值返回调用函数。

例 8-7 已知函数关系,编程实现。

$$y=\begin{cases}2x^2-x & x>=0\\ 2x^2 & x<0\end{cases}$$

程序如下:

```
#include <stdio.h>
void main( )
{   int a, b, c;
    scanf("%d%d", &a, &b);
    c = func(a, b);vprintf("%d", c);
}
func( int x, int y )
{   int z;
    if ( x >= 0 )
      z = 2*x*x-x;
    else
      z = 2*x*x;
    return z;
}
```

2. 返回语句说明

(1)函数的返回值只能有一个。

(2)当函数中不需要返回值时,可以写成:

return;

也可以不写 return 语句,函数运行到最外层的右花括号时自然结束。

(3)一个函数体内可以有多个返回语句,不论执行到哪一个,函数都结束,返回到调用函数。如例 8-7 可改写为:

```
if ( x >= 0 )
    return 2*x*x-x;
else
    return 2*x*x;
```

3. 函数返回值的类型

函数定义时的类型就是函数返回值的类型。理论上讲,C 语言要求函数定义的类型应当与返回语句中表达式的类型保持一致。当两者不一致时,系统会自动将函数返回语句中表达式的类型转换为函数定义时的类型。

例 8 -8 分析程序的运行结果。

```
#include <stdio.h>
main( )
{  float a,b;
   int c;
   scanf("%f%f", &a, &b);
   c = max(a, b);
   printf("MAX is %d\n", c);
}
max( float x, float y )
{  float z;
   z = x > y ? x : y;
   return z;
}
```

运行时,若从键盘输入:4.5 6.8,结果为:6。

函数 max 的功能是返回两个数的最大值,在函数体内变量 z 为 float 型,用户输入实参的值,应返回两个实参中的大的,即 6.8,但函数 max 没有定义类型,系统默认为 int 型,与函数返回值的类型不一致,这时,系统在函数返回时自动将返回值的类型转为 int 型,因此,虽然在函数体内 z 的值为 6.8,但返回调用函数的值却为整数 6。

注意:若在函数 main 中,做如下改动:

```
float c;
…;
printf("%f\n",c);
```

由于带回的值为整型,若仍输入 4.5,6.8,这时输出的结果为:6.000000。

8.1.6 函数调用的执行过程

下面我们通过例 8 -9 详细说明一下调用函数时的执行过程。

例 8 -9 用函数 facto 计算 m 阶乘。

```
#include "stdio.h"
void main( )
{  int m; long mm;
   long facto( );              /* 函数声明。说明 facto 的返回值为 long */
   printf("Enter m =");
```

```
    scanf("%d", &m);
    mm = facto(m);          /* 以 m 为实际参数调用函数 facto,返回值送入变量 mm 中 */
    printf("The %d factorial is %ld. \n", m, mm);
}
long facto ( int x )            /* 函数定义。函数 facto 的首部 */
{   long y;                     /* 以下为函数体 */
    for ( y=1; x>0; --x )
          y *= x;
    return y;                   /* 将控制返回到调用函数并带回返回值 */
}
```

程序 8 -9 由两个函数组成:主函数 main 和求阶乘函数 facto。程序的执行过程是:先执行主函数 main,输出提示"Enter m = ?",输入正整数 m(以上过程如图 8 -2 中的第①步所示)。main 函数以 m 为实参调用函数 facto(请参见图 8 -2 中的第②步)。程序进入 facto 函数时,实参 m 的值传给形参 x,进入 facto 函数后,x 以 m 的值参加运算,得到 m 的阶乘,直到执行到语句 return(y)(以上过程如图 8 -2 中的第③步所示)。执行 return 语句后将 y 的值返回到调用函数,并将程序执行返回到 main(请参见图 8 -2 中的第④步)。控制从函数 facto 中返回到 main 中,继续执行赋值操作,将 facto 的返回值存入变量 mm 中(以上过程如图 8 -2 中的第⑤步所示)。main 调用 facto 的执行过程如图 8 -2 所示。

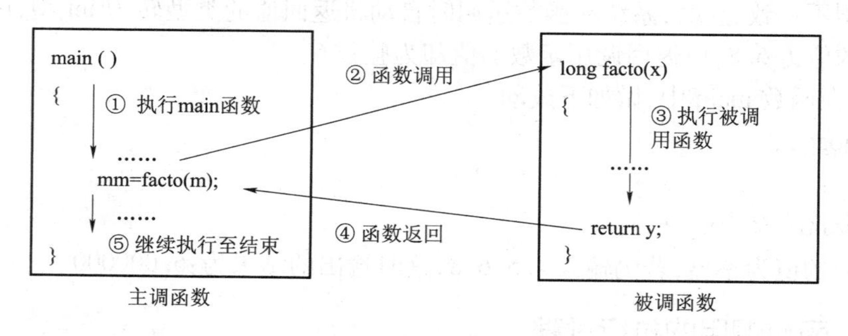

图 8 -2　调用函数的执行过程

从函数调用的一般形式来看,程序 8 -9 中的 printf 和 scanf 都是函数调用,只不过这两个函数不是由用户自己编写的,而是 C 语言函数库中的库函数。

在调用一个函数时,只需知道函数的功能(做什么)、参数(输入)及返回值(输出)的类型和意义,就可以正确地使用它,调用函数无需知晓被调用函数是怎样实现该功能的。

在 C 语言中,函数的定义是平行的,不允许进行函数的嵌套定义,即不允许在一个函数的内部再定义一个新的函数。而函数的调用关系比较自由,允许在一个函数的内部调用其他函数,称为函数的嵌套调用,甚至允许在函数的内部调用函数自身。

在 C 语言中,函数的嵌套调用是很常见的,下面给出一个函数嵌套调用的例子。

例 8-10 分析程序的执行过程。

```
#include <stdio.h>
void func1( ), func2( ), func3( );
void main( )
{   printf("I am in main\n");
    func1( );
    printf("I am finally back in main\n");
}
void func1( )
{   printf("I am in the first function\n");
    func2( );
    printf("I am in back in the first function\n");
}
void   func2( )
{   printf("Now I am in the section function\n");
    func3( );
    printf("Now I am back in the section function\n");
}
void   func3( )
{   printf("Now I am in the third function\n");
}
```

程序的运行结果如下:

```
I am finally back in main
I am in the first function
Now I am in the section function
Now I am in the third function
Now I am back in the section function
I am in back in the first function
I am finally back in main
```

在这个简单的例子中,main 函数首先调用了 func1,函数 func1 中又调用了函数 func3,函数 func2 中又调用了函数 func3。整个程序中函数的嵌套调用过程如图 8-3 所示。

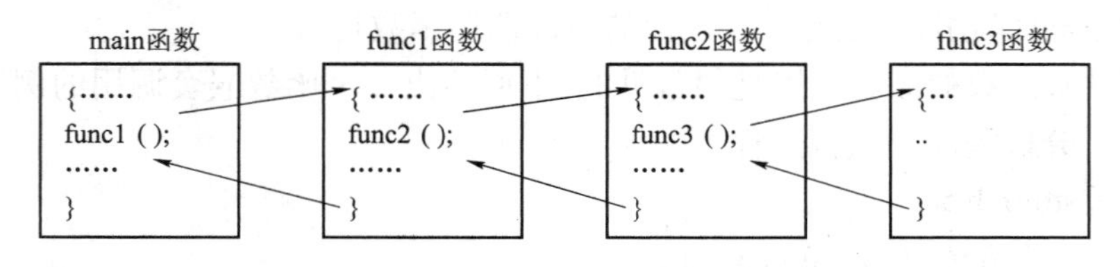

图 8－3　函数的嵌套调用过程

8.1.7　void 型函数

当函数执行不需要返回值时，即函数使用 return 语句或没有返回语句时，函数执行后实际上不是没有返回值，而是返回一个不确定的值，这有可能给程序带来某种意外的影响。因此，为了明确函数不返回任何值，可以定义无类型函数，其形式为：

```
void　函数名(形式参数说明)
{ …… }
```

void 类型又称为无值类型（或空类型）。首先，在概念上必须明确：void 类型的函数不是调用函数之后不再返回，而是调用函数在返回时没有返回值。void 类型在 C 语言中有两个用途：一是表示一个函数没有返回值，二是用以指明一个通用型的指针。

void 类型的函数与有返回值类型的函数在定义过程中没有区别，只是在调用时不同，有返回值的函数可以将函数调用放在表达式的中间，返回值用于后续计算，而 void 类型的函数不能将函数调用放在表达式之中，只能作为语句单独调用。

void 类型的函数一般用于完成一些规定的操作，而调用函数本身不再对被调用函数的执行结果进行处理。

例 8－11　编写程序输出边长为 n 的空心正六边形，其边由'＊'组成。

```
#include "stdio.h"
void main( )
{   int m, n, i;
    void pt( );
    printf("Enter length:");
    scanf("%d", &n);                      /* 输入边长 n */
    for ( i=n-1; i>=-n+1; i-- ) /* 确定要打印2n-1 行,行编号从-n+1 到 n-1 */
    {   m = (i>0) ? i : -i;
        pt(m, ' ');                       /* 输出空格,定位一行中第一个'*'的位置 */
        if ( i == n-1 || i == -n+1 )
        {   pt(n, '*');
```

```
        pt(1, '\n');                    /* 输出第一行和最后一行 */
    }
    else
    {   pt(1, '*');                     /* 输出其余行的第一个'*'*/
        pt(3*n-2*m-4, ' ');             /* 输出其余行的中间的空格 */
        pt(1, '*');                     /* 输出其余行的最后一个'*'*/
        pt(1, '\n');
        }
    } // 结束 for 循环
}
void pt( int n, char ch )               /* 输出 n 个字符 ch */
{   while ( n-- > 0 )
       printf ("%c", ch);
}
```

函数 pt 完成输出 n 个字符 ch 的操作,它为 void 型,没有返回值。

在 C 语言中,对于没有形参的函数,在函数的头部形式参数说明部分的括号中既可以为空,也可以写成 void 形式。形参表明确地写明 void,指明没有形式参数。

8.2 函数之间的数据传递

在程序中,如果函数的作用仅仅是代替一个语句序列,那么函数的作用就太小了。一般情况下,函数都具有相对独立的、特定的功能,可以根据不同的数据进行特定的处理得到需要的结果,这样,在函数之间要相互传递数据和计算结果。C 语言采用参数、返回值和全局变量 3 种方式进行数据传递。调用函数时,通过实际参数向被调行数的形式参数提供数据;调用结束时,被调函数通过返回语句将函数的运行结果(称为返回值)带回调用函数。函数之间还可以通过使用全局变量,在一个函数内使用其他函数中的某些变量的结果。本节仅讨论函数的参数传递和函数的返回值。

8.2.1 函数参数的传递规则

形参是函数定义时由用户定义的形式上的变量,实参是函数调用时,调用函数为被调函数的形参提供的原始数据。在 C 语言中,实参向形参传送数据的方式是“值传递”。

“值传递”的含义是:在调用函数时,将实参变量的值取出来,复制给形参变量,使形参变量在数值上与实参变量相等。在函数内部使用从实参中复制来的值进行处理。C 语言中的实参可以是一个表达式,调用时先计算表达式的值,再将结果(值)复制到形参对应的存储单元中,一旦函数执行完毕,这些存储单元所保存的值不再保留。形式参数是函数的局部变量,仅在函数内部才有意义,不能用它来传递函数的结果。

函数间形参变量与实参变量的值的传递过程类似于日常生活中的"复印"操作:甲方请乙方工作,拿着任务列表的原件为乙方复印了一份复印件,乙方按照任务列表复印件工作,将结果汇报给甲方。在乙方工作过程中可能在复印件上进行涂改、增删、加注释等操作,但乙方对复印件的任何修改都不会影响到甲方的原件。

"值传递"的优点在于被调用的函数不可能改变调用函数中变量的值,而只能改变它的局部的临时副本。这样就可以避免被调用函数的操作对调用函数中变量可能产生的副作用。

C语言中,在"值传递"方式下,我们既可以在函数之间传递"变量的值",也可以在函数之间传递"变量的地址"。

例8-12 编写一个函数求两个的最大值。

```
#include <stdio.h>
void main( )
{   int a,b, c;
    scanf("%d%d", &a, &b);;
    c = max(a, b);          /* 主函数内调用功能函数max,实参为a和b */
    printf("%d,%d,%d\n", a, b, c );
}
int max( int x, int y )     /* x和y为形参,接受来自调用函数的原始数据 */
{   int z;
    z = x>y ? x : y;
    return z;               /* 将函数的结果返回调用函数 */
}
```

我们从以下几点总结函数参数:

(1) 形参在被调函数中定义,实参在调用函数中定义。

(2) 形参是形式上的,定义时编译系统并不为其分配存储空间,也无初值,只有在函数被调用时,才临时分配存储空间接受实参的值,函数调用结束,内存空间释放,值消失。

(3) 实参可以是变量名或表达式,但必须在函数调用之间有确定的值。

(4) 实参与形参之间是单向的值传递,即实参的值传给形参,因此,实参与形参必须类型相同、数量相等,一一对应。

例8-13 分析下列程序的执行过程。

```
#include <stdio.h>
void main( )
{   int x=2, y=3, z=0;
```

```
    printf(" * x=%d, y=%d ,z=%d\n", x, y, z );
    try(x, y, z);                          /* 函数调用 x、y、z 为实参 */
    printf(" * * * * x=%d, y=%d ,z=%d\n", x, y, z );
}
try( int x, int y, int z )
{   printf(" * * x=%d, y=%d ,z=%d\n", x, y, z );
    z = x+y;
    x = x*x;
    y = y*y;
    printf(" * * * x=%d, y=%d ,z=%d\n", x, y, z );
}
```

运行结果：

```
*       x=2,y=3,z=0
* *     x=2,y=3,z=0
* * *   x=4,y=9,z=5
* * * * x=2,y=3,z=0
```

程序中变量的传递过程如图 8-4 所示。

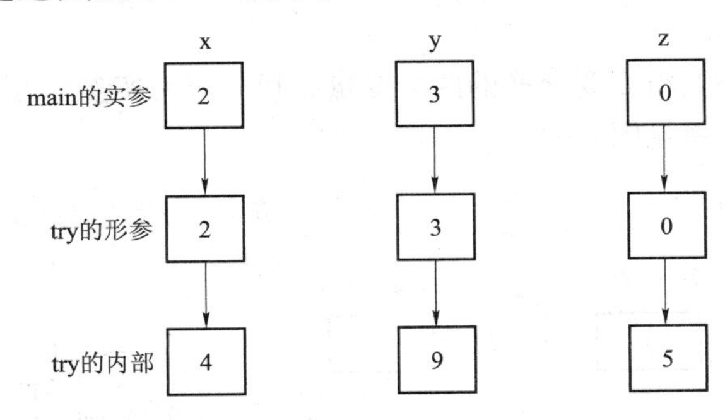

图 8-4　函数参数的传递过程

程序的运行结果表明，当调用函数时，实参的值传给形参，在被调函数内部，形参的变化不会影响实参的值。

（5）当实参之间有联系时，实参的求值顺序在不同的编译系统下是不同的，Turbo C 是从右向左。

例：func(int x, int y)

调用此函数时，若 func(k, ++k)，当 k 的初值为 3，调用时，实参的求值顺序是从右向左，因此调用形式实质上是：func(4, 4)。类似的，对库函数 printf("%d,%d\n",k, ++k);

也是如此，当 k = 3 时，其结果为 4，4，而不是 3，4。

例 8 – 14　若在主函数中变量 a = 5，b = 10，编写一个函数交换主函数中两个变量的值，使变量 a = 10，b = 5。

```
#include  <stdio.h>
void main( )
{   int a, b;
    a=5; b=10;                                 /* 说明两个变量并赋初值 */
    printf("before swap a=%d, b=%d\n", a, b);
    swap(a, b);                       /* 用变量 a 和 b 作为实际参数调用函数 */
    printf("after swap a=%d, b=%d\n", a, b);
}
swap ( int x, int y )
{   int temp;            /* 借助临时变量交换两个形参变量 x 和 y 的值 */
    temp = x;            /* ① */
    x = y;               /* ② */
    y = temp;            /* ③ */
    printf ("in swap x=%d, y=%d\n", x, y);
}
```

程序中调用 swap 时，将需要交换的两个变量 a 和 b 作为实参。在调用函数 swap 之前各个变量的状态和相互关系见图 8 – 5。

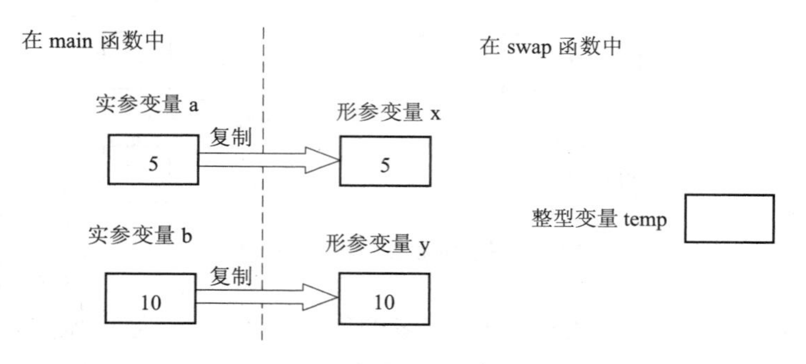

图 8 – 5　进入 swap 函数时各个变量的状态和相互关系

在函数 main 中调用 swap 时，实参变量 a 和 b 的值传给形参变量 x 和 y，且在函数内部完成变量 x 和 y 的值的交换，但是 x 和 y 与 a 和 b 各自使用自己的内存区域，它们之间仅仅在参数传递时进行了数值的传递，所以变量 x 和 y 的变化并不影响变量 a 和 b。在这个过程中各个变量的变化和相互关系如图 8 – 6 所示。

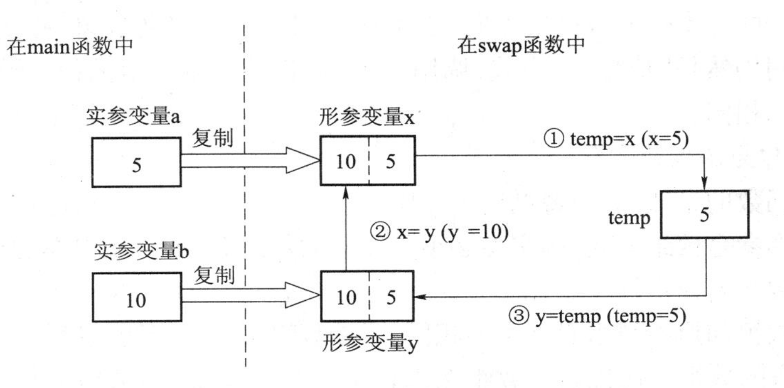

图 8－6　swap 函数的执行过程和各个变量的值的变化过程

程序的实际运行结果为：

before swap a＝5，b＝10
in swap x＝10，y＝5
after swap a＝5，b＝10

这个看似十分“正确”的程序根本无法满足要求，这是由函数间参数的传递方式决定的。以上程序没有完成预期的任务，如何实现题目的要求请参见第 9 章中相关的内容。

8.2.2　数组元素作函数的参数

数组是相同数据类型的有限个数据元素的集合，数组作为函数的参数可以有两种方式，一种是数组中的元素作为函数的参数，另一种是数组名作为函数的参数。

1. 数组元素作为函数的参数

数组定义、赋值之后，数组中的元素可以逐一使用，与普通变量相同。

例 8－15　分析程序的执行过程。

```
#include <stdio.h>
void main( )
{   int a[10], b, i;                    /* 在调用函数中定义数组 */
    for (i=0; i<10; i++ )
        scanf("%d", &a[i] );            /* 为数组元素赋值 */
    b = 0;
    for ( i=0; i<10; i++ )
        b = max(b, a[i]);   /* 循环调用函数,依次用数组中的每一个元素作实参 */
    printf("%d", b);
}
```

当用数组中的元素作函数的实参时，必须在调用函数内定义数组，并使之有初值，这时，实参与形参之间仍然是“值传递”方式，调用函数时，将该数组元素的值，传递给对应的形参，两者的类型应当相同。

2. *数组名作为函数的参数*

数组名作函数的参数，必须遵循以下原则：

（1）如果形参是数组形式，则实参必须是实际的数组名；如果实参是数组名，则形参可以是同样维数的数组名或指针。

（2）实参数组和形参数组必须类型相同，形参数组可以不指明长度。

（3）C 语言的数组名还代表该数组在内存中的起始地址，当数组名作函数参数时，实参与形参之间传递的是“地址”，实参数组名将该数组的起始地址传递给形参，“两个数组”共享一段内存单元，编译系统不再为形参数组分配存储单元。

例 8-16 分析程序的执行过程。

```
#include <stdio.h>
func( char str[ ] )
{   printf("%s", str);
}
void main( )
{   char a[10] = "Turbo C";
    func(a);        /* 数组名作函数的实参 */
}
```

内存空间存储状态如图 8-7 所示。

T	u	r	b	o		C	\0		

图 8-7 字符串占用内存示意

调用时，将实参数组 a 的首地址赋值给形参数组 str，两个数组共同占用同一内存单元，a[0]与 str[0]代表同一个元素，a[1]与 str[1]代表同一个元素。因此，当数组名作函数参数时，形参数组可以不指明长度。

3. *多维数组作为函数的参数*

当多维数组中的元素作函数参数时，与一维数组元素作函数实参是相同的，这里讨论多维数组名作函数的参数。以二维数组为例：

二维数组名作函数参数时，形参的说明形式是：

类型说明符 形参名[][常量表达式]

形参数组可以省略一维的长度。

由于实参代表了数组名，是“地址传递”，二维数组在内存中是按行优先存储，并不真正区分行与列,在形参中,就必须指明列的个数,才能保证实参数组与形参数组中的数据一一对应,因此,形参数组中第二维的长度是不能省略的。

调用函数时,与形参数组相对应的实参数组必须也是一个二维数组,而且它的第二维的长度与形参数组的第二维的长度必须相等。

例 8-17 给定某年某月某日,计算该天是这一年的第几天并输出。

此题的算法并不复杂,若给定的月是 i,则将 1、2、3、…、i-1 月的各月天数累加,再加上指定的日。但对于闰年,二月的天数 29 天,因此还要判定给定的年是否为闰年。为实现这一算法,需设置一张每月天数表,给出每个月的天数,考虑闰年非闰年的情况,此表可设置成一个 2 行 13 列的二维数组,其中 0 行对应的每列(1~12)元素是平年各月的天数,1 行对应的是闰年每月的天数。

```
#include <stdio.h>
void main( )
{ static  int day_tab[2][13] = {
                {0, 31, 28, 31, 30, 31, 30, 31, 31, 30, 31, 30, 31},
                {0, 31, 29, 31, 30, 31, 30, 31, 31, 30, 31, 30, 31} };
  int y, m, d;
  scanf("%d%d%d", &y, &m, &d);
  printf("%d\n", day_of_year(day_tab, y, m, d));
}
int day_of_year(int d_tab[][13], int year, int month, int day )
                                        /* 二维数组形式的天数表作为参数 */
{ int i,j;
  i = ( year%4 ==0 && year%100! =0 ) || year%400 == 0;
                                /* 判定为闰年还是平年,i=0 为平年,i=1 为闰年 */
  for ( j=1; j<month; j++ )
      day += d_tab[i][j];
  return day;
}
```

程序中,无论是函数 main 中作为实参的 day_tab,还是函数 day_of_year 中的作为形参的 d_tab,都是以二维数组的形式进行说明和使用的。

8.3 变量的存储属性

在高级程序设计语言中,变量是对程序中数据所占用内存空间的一种抽象,定义变量时,用户定义变量名称和类型,这是变量的操作属性,在编程过程中通过变量名可访问该变量,运行时系统通过该标识符可确定该变量在内存空间的位置。计算机中,保存变量当前值的位置有两种,一类是内存,另一类是 CPU 中的寄存器,变量的存储属性就是讨论变量的存储位置。C 语言中定义了 4 种存储属性,即自动变量、外部变量、静态变量和寄存器变量,它关系到变量在内存中的存放位置,由此决定了变量的值保留的时间和变量的作用范围,这就是生存期和作用域的概念。

8.3.1 变量的生存期和作用域

1. 变量的生存期

变量的生存期是指变量值保留的期限,可分为两种情况:

(1) 静态变量:变量存储在内存中的静态存储区,在编译时就分配了存储空间,在整个程序运行期间,该变量占有固定的存储单元,变量的值都始终存在,程序结束后,这部分空间才释放。这类变量的生存期为整个程序。

C 语言中具有静态存储性质的是外部变量、内部静态变量和外部静态变量。

(2) 动态变量:变量存储在内存中的动态存储区,在程序运行过程中,只有当变量所在函数被调用时,编译系统才临时为该变量分配一段内存单元,该变量才有值,函数调用结束,变量值立即消失,这部分空间释放。我们说这类变量的生存期仅在函数调用期间。

C 语言中具有动态存储性质的是自动变量和寄存器变量。

2. 变量的作用域

变量的作用域也称为可见性,指变量的有效范围,可分为局部与全局两种情况:

(1) 局部变量:在一个函数或复合语句内定义的变量是局部变量,局部变量仅在定义它的函数或复合语句内有效。例如函数的形参就是局部变量。C 语言中自动变量、寄存器变量和内部静态变量都属于局部变量。

(2) 定义在所有函数之外的变量是全局变量,作用范围是从定义开始,到本文件或程序结束。全局变量一经定义,编译系统为其分配固定的内存单元,在程序运行的自始至终都占用固定单元。C 语言中外部变量是程序级的全局变量,外部静态变量是源文件级的全局变量。

另外,使用全局变量与局部变量,应注意:不同函数内的局部变量可以重名,互不影响;全局变量与局部变量可以同名,在局部变量起作用的范围内,全局变量不起作用;全局变量可在数名的时候进行初始化。

8.3.2 自动变量

加上变量存储类型的变量说明的一般形式是:

变量存储类型　数据类型　变量名;

自动变量是最常见的一类变量，自动变量的一般说明形式是：

auto　数据类型　变量名；

其中 auto 可以省略，因此：

auto int a;　　　　等价于　　　　int a;

auto float b;　　　等价于　　　　float b;

auto char str[100]　等价于　　　　char str[100];

说明自动变量必须在一个函数体内部，函数的形参也是自动变量。自动变量的作用域是在所说明的函数中，或是在所说明的复合语句中。

例 8－18　分析程序的运行结果。

```
#include <stdio.h>
func( )
{   int x =3;              /* 属于函数 func 的自动变量 x  */
    {   int x =2;          /* 第 1 个复合语句中的自动变量 x,作用域是本复合语句 */
        {   int x =1;      /* 第 2 个复合语句中的自动变量 x,作用域是本复合语句 */
            printf("*x = %d\n", x);
        }
      printf("* *x = %d\n", x);
    }
    printf("* * *x = %d\n", x);
}
void main( )
{   int x =10;             /* 属于函数 main 的自动变量 x  */
    printf("1: x = %d\n", x);
    func( );
    printf("2:x = %d\n", x);
}
```

程序的运行结果是：

```
1: x =10       /* 输出主函数内的变量 x           */
*x =1          /* 输出第一个复合语句中的变量 x */
* *x =2        /* 输出第二个复合语句中的变量 x */
* * *x =3      /* 输出函数 func 中的变量 x       */
2: x =10       /* 输出主函数内的变量 x           */
```

由于自动变量具有局部性，所以在两个函数中可以分别使用同名的变量而互不影响。

例 8－19　分析程序运行结果。

```
#include  <stdio. h >
void main( )
{   int x =1;                    /* 函数 main 中的自动变量 x  */
    void f1( ), f2( );
    f1( ); f2(x);                /* 分别调用函数 f1 和 f2  */
    printf("x = %d\n", x);
}
void f1( void )                  /* 函数 f1 没有形式参数,没有返回值  */
{   int x =3;                    /* 函数 f1 中的自动变量 x  */
    printf ("x = %d\t", x);
}
void f2( int x )                 /* 函数 f2 中的形参 x 也是自动变量  */
{   printf ("x = %d\t", ++x);    /* 形参变量 x 加 1  */
}
```

程序中 3 个函数分别说明了 3 个自动变量“x”,所以 3 个 x 分别局部于 3 不同的函数,这 3 个之间在逻辑上没有任何关系。运行结果如下:

x = 3　　x = 2　　x = 1

自动变量本质上是一个函数内部的局部变量,只在该函数被调用时才存在,函数返回时即消失,其值仅限于说明它的函数,其他函数不能存取。自动变量随函数的调用与否而存在和消失,在两次调用之间自动变量不会保持变量值,因此每次调用函数时都必须首先为自动变量赋值后才能使用(参与运算)。如果不置初值,则自动变量的值随机不定。

8.3.3　外部变量

外部变量的说明一般形式是:

extern　类型说明符　变量名;

所谓“外部”是相对于函数“内部”而言的,C 语言的外部变量就是定义在所有函数之外的全局变量。它可以被所有的函数访问,在所有函数体的内部都是有效的,所以函数之间可以通过外部变量直接传递数据。

例 8 -20　分析程序运行结果。

```
#include  <stdio. h >
int x;                           /* 说明外部变量 x  */
void main( )
{   void addone( ), subone( );
    x =1;                        /* 为外部变量 x 赋值  */
```

```
    printf("x begins is %d\n", x);
    addone( );      subone( );      subone( );
    addone( );      addone( );
    printf("x winds up as %d\n", x);
}
void addone( void )
{   x++;                              /* 使用外部变量 x */
    printf("add 1 to make %d\n", x);
}
void subone( void )
{   x--;                              /* 使用外部变量 x */
    printf("substract 1 to make %d\n", x);
}
```

在程序的最前面语句"int x;"说明了外部变量 x,对函数 main、addone 和 subone 来说,外部变量 x 是全局变量,在这些函数的内部均有效。

函数 addone 和 subone 是 void 型函数,没有返回值,没有形参。函数间的数据传递靠外部变量 x 进行。执行程序,main 中将 x 赋值为 1,调用 addone 函数,x++后 x 值为 2;调用 subone 时,x--后 x 值为 1,第二次调用 subone 函数,"x--"后 x 的值为 0,程序执行结果为:

```
x begins is 1
add 1 to make 2
substract 1 to make 1
substract 1 to make 0
add 1 to make 1
add 1 to make 2
x winds up as 2
```

外部变量在编译的时候由系统分配永久的存储空间。如果外部变量的说明与使用在同一个文件中,则在该源文件中的函数在使用外部变量时不需要再进行其他的说明,可直接使用。当外部变量的说明与使用在两个不同的源文件,若要使用其他源文件中说明的外部变量就必须在使用该外部变量之前,使用 extern 存储类型说明符进行变量"外部"说明。

extern 仅仅说明变量是"外部的"及它的数据类型,并不真正分配存储空间。在将若干个源文件连接生成一个完整的可运行程序时,系统会将不同源文件中使用的同一外部变量连在一起,使用系统分配的同一存储单元。

C 语言中不仅有外部变量,而且有外部函数。由于 C 语言不允许进行函数嵌套定义,所以一个函数相对于另一函数本身就是外部的。当需要调用的函数在另一个源文件时,无论被调用函数的类型是什么，都必须用“extern”说明符说明被调用函数是外部函数。

例 8－21　下列程序由两个文件组成，请分析运行结果。

```
/* 文件1 */
int x = 10;                        /* 定义外部变量x和y */
int y = 10;
void add ( void )
{   y=10+x; x*=2;
}
void main( )
{   extern void sub( );            /* 在调用函数中说明函数sub是void型的外 */
    部函数
    x += 5; add( ); sub( );        /* 分别调用函数 */
    printf("x=%d; y=%d\n", x, y);
}
/* 文件2 */
void sub(void)                     /* 函数sub定义在另一个文件中 */
{   extern int x;                  /* 说明定义在另一个文件中的外部变量x */
    x -= 5;
}
```

程序由两个文件组成。文件1中说明两个外部变量x和y，main函数中调用了两个函数add和sub。其中函数sub不在文件1中，所以函数main中要使用“extern void sub( )”语句说明函数sub是外部函数且无返回值；而函数add是在文件1中定义的，所以不必再进行说明。在文件2的函数sub中，要使用文件1中的外部变量x，所以函数sub中要用“extern int x”语句说明变量x是一个外部整型变量。程序编译后进行连接，文件1和文件2中的外部变量x会连接在一起，使用同一系统分配的存储单元。

运行程序，在main中执行语句“x+=5”，即x=10+5=15；然后调用add函数执行“y=10+x”，y=10+15=25，执行“x*=2”，x=15*2=30；返回main函数后再调用sub函数，执行“x-=5”，x=30-5=25。程序运行结果为：

```
x=25;   y=25
```

例 8－22　分析运行结果。

```
/* 文件1 */
#include <stdio.h>
int x = 10;             /* 说明外部变量x和y */
int y = 10;
```

```
extern void sub( );        /* 在所有函数之外说明外部函数 sub,则在每个调用外 */
                           /* 部函数 sub 的函数中,不再需要进行外部函数说明 */
void add( void )
{  int y = 5;                       /* 说明自动变量 y */
   y = 10 + x; x *= 2;
   printf("add:y = %d; ", y);
}
void main( )
{  x += 5;
   add( ); sub( );                  /* 分别调用函数 add 和 sub */
   printf ("main:x = %d; main:y = %d\n", x, y );
}
/* 文件2 */
extern int x;                       /* 说明另一文件中的外部变量 x */
void sub( void )
{  int y =5;                        /* 说明自动变量 y */
   x -= y;
   printf("sub:y = %d; ", y);
}
```

本程序在 add 函数内使用"int y = 5"语句说明了变量 y。add 函数内的变量 y 与外部变量 y 不是同一变量。外部变量 y 是全局变量,在所有函数均有效,而函数 add 中定义的变量 y 是自动变量,它局部于函数 add 本身。两个变量根本不同。由于函数 add 内已说明了同名的自动变量 y,所以外部变量 y 在函数 add 内是不可见的,函数 add 不能再对外部变量 y 进行数据存取。所以在 add 内部"y = 10 + x"仅仅是修改了自动变量 y 的值,而对外部变量 y 的值无丝毫影响,同样在函数 sub 内也定义了一个自动变量 y。调用 sub 函数,执行"y = 5",这时的 y 是 sub 内部定义的自动变量,它的值为 5,与外部变量 y 没任何关系。在函数 sub 中执行语句"x -= y"时的取值是自动变量 y 的值。运行结果为:

add:y = 25;   sub:y = 5;   main:x = 25;   main:y = 10

外部变量的特点决定了它可以在函数之间传递数据。在程序设计中,函数与函数之间传递数据是通过函数的参数及函数的返回值实现,由于函数只能返回一个值,有明显的局限性,而外部变量不受数据数量的限制,外部变量不宜过多。

8.3.4 静态变量

静态变量是存放在内存中的静态存储区。编译系统为其分配固定的存储空间,重复使用时,会保留变量中的值。

静态变量定义的形式是:

static　类型标识符　变量名;

静态变量有两种:外部静态变量和内部静态变量。外部静态变量与外部变量有相似的地方,它是一种全局变量,但作用域仅仅在定义它的那个源文件中,出了该源文件不管是否用 extern 说明都是不可见的。简单而言,外部静态变量仅仅作用于定义它的一个源文件,而外部变量作用于整个程序。

例 8-23　分析下列程序的运行结果。

```
/* 文件 1 */
#include <stdio.h>
static int x = 2;              /* 说明外部静态变量 x */
int y = 3;                     /* 说明外部变量 y */
extern void add2( );           /* 说明外部函数 add2 */
void add1( );                  /* 说明函数 add2,则在同一文件所有调用 add1 的函数中,
                                          可以不再进行函数返回类型的说明 */
void main( )
{  add1( );  add2( );  add1( );  add2( );
   printf("x = %d; y = %d\n", x, y);
}
void add1( void )              /* 定义函数 add1 */
{  x += 2; y += 3;
   printf("in add1 x = %d\n", x);
}
/* 文件 2 */
static int x = 10;             /* 说明外部静态变量 x */
void add2( void )              /* 定义函数 add2 */
{  extern int y;               /* 说明另一个文件中的外部变量 y */
   x += 10; y += 2;
   printf("in add2 x = %d\n", x);
}
```

程序的文件 1 中定义了外部静态变量 x,它的作用域仅是文件 1。外部变量 y 的作用域是整个程序。而在文件 2 中,定义了另一个外部静态变量 x,它的作用域仅在文件 2,它与文件 1 中的外部静态变量 x 毫无关系。

执行程序调用 add1 函数,x = x + 2 = 2 + 2 = 4,y = y + 3 = 3 + 3 = 6。调用 add2 函数,执行

x + =10,此时 add2 中的 x 是文件 2 中的外部静态变量,所以 x 取值为 10,x = x + 10 = 10 + 10 = 20,而 y 为外部变量,y = y + 2 = 6 + 2 = 8。再次调用 add1 函数,此时 x = x + 2 应当是文件 1 的外部静态变量,x 取值为 4,x = x + 2 = 4 + 2 = 6;执行 y = y + 3 = 8 + 3 = 11,再次调用 add2 执行语句 x = x + 10 = 20 + 10 = 30;执行语句 y = y + 2 = 11 + 2 = 13;所以结果为:

```
in add1 x =4
in add2 x =20
in add1 x =6
in add2 x =30
x =6; y =13
```

内部静态变量与自动变量有相似之处。内部静态变量也是局限于一个特定的函数,出了定义它的函数,即使对于同一文件中的其他函数也是不可见的。但它也不像自动变量那样,仅当定义自动变量的函数被调用时才存在,退出函数调用就消失。内部静态变量是始终存在的,当函数被调用退出后,内部静态变量会保存数值,再次调用该函数时,以前调用时的数值仍然保留着。编译系统为函数的内部静态变量分配专用的永久性的存储单元。

例 8 -24 分析下列程序的运行结果。

```
#include <stdio.h>
void main( )
{   void inc1( ), inc2( );
    inc1( ); inc1( ); inc1( );
    inc2( ); inc2( ); inc2( );
}
void inc1( )
{   int x =0;              /* 说明自动变量 x 并赋初值 */
    x + +;
    printf("in inc1 x = %d\n", x);
}
void inc2( )
{   static int x =0;       /* 说明内部静态变量 x 并初始化 */
    x + +;
    printf("in inc2 x = %d\n", x);
}
```

函数 main 分别 3 次调用函数 inc1 和 inc2,在函数 inc1 中定义了自动变量 x,在 inc2 中定义了内部静态变量 x。连续 3 次调用 inc1 时,结果一定为:

```
in inc1 x =1;
```

而3次调用inc2的结果就不一样。第1次调用inc2，内部静态变量x=1；由于x为内部静态变量，故第2次调用inc2时，x仍保留第1次退出inc2时的值不变。所以第2次调用inc2，在inc2内部x=2，同理第3次调用inc2，在其内部x=3。运行结果为：

```
in inc1 x=1
in inc1 x=1
in inc1 x=1
in inc2 x=1
in inc2 x=2
in inc2 x=3
```

请注意变量赋初值与初始化的区别。虽然inc2中第一个语句是"static int x=0"，但与语句"int x=0;"的含义是不一样的。对于自动变量来说，"int x=0;"的含义是对变量赋初值，该语句实际上等价于下列两条语句：

```
int x;        /* 说明变量 */
x=0;          /* 执行赋值操作为变量赋初值 */
```

为变量赋初值操作要在函数被调用时才能进行。

对于内部静态变量，"static int x=0"的含义是说明一个静态变量并进行初始化。初始化与赋初值不同，是在程序运行之前由编译程序一次性为变量赋初值"x=0"，运行时不再执行赋值操作。

一般情况下，函数都是外部的，函数名在整个程序都是可见的。但也可以将函数说明为静态的，使之仅在定义它的文件内部有效。说明静态函数时，可在函数类型前加static进行限制。使用静态函数同外部静态变量一样，都可以保证其正确的作用域。

8.3.5 寄存器变量

程序运行时一般类型的变量是保存在内存中的，占用相应的存储单元，如果一个变量在程序中频繁使用，如循环控制变量，那么，大量访问内存就会影响程序的执行效率。因此，C语言还有另一类将值直接保存在CPU寄存器中的变量，称为寄存器变量。

寄存器变量的说明形式是：

register　类型标识符　变量名；

寄存器与机器硬件密切相关，不同类型计算机的寄存器数目不一样，通常为2到3个，若在一个函数中说明多于2到3个寄存器变量，C编译程序会自动将寄存器变量转为自动变量。同样，由于受硬件寄存器长度的限制，所以寄存器变量只能是char、int或指针型。

寄存器说明符只能用于说明函数中的变量或函数的形参，因此不允许将外部变量或静态变量说明为"register"。

register型变量常用于作为循环控制变量，这是使用它的高速特点的最佳场合。

例 8－25　比较下面两个程序的运算速度。

```
/* 程序1 */
#include <stdio.h>
void main( )
{   register int temp, i;
    for ( i =0; i< =30000; i+ + )
        for (  temp =0; temp< =100; temp+ + ) ;
    printf("ok\n");
}
/* 程序2 */
#include <stdio.h>
void main( )
{   int temp, i;
    for ( i =0; i< =30000; i+ + )
        for ( temp =0; temp< =100; temp+ + ) ;
    printf("ok\n");
}
```

这两个程序中，前者使用了两个寄存器变量，后者使用了两个自动变量程序，除此之外完全一样。但运行时感觉的执行速度是不同的，前者要比后者快。（如果在 Tubro C 的环境下运行程序 2，则应将编译器优化选项“use register variable”开关关上（OFF），否则，编译器自动优化程序使用寄存器，两个程序会得到相同的结果。）

由于 register 变量使用的是 CPU 中的寄存器，寄存器变量无地址，所以不能使用取地址运算符“&”求寄存器变量的地址。

8.3.6　变量存储类型的总结

对上述 4 种不同存储类型的变量，可以用表 8－1 总结。

表 8－1　4 种存储变量的特性

性　　能	自动变量	外部变量	静态变量		寄存器变量
			外部	内部	
记忆能力	无	有	有	有	无
多个函数共享	否	可	可	否	否
整个程序的不同文件共享性	否	可	否	否	否

续表

性　　能	自动变量	外部变量	静态变量		寄存器变量
			外部	内部	
初始化时未显示赋值的取值	不定	0	0	0	不定
变量初始化	由程序控制	编译器	编译器	编译器	由程序控制
数组与结构初始化	ANSI C 可以	可	可	可	否
作用域	当前函数	整个程序	文件	函数	当前函数

8.4　函数的递归调用

8.4.1　递归的基本概念

在数学中递归定义的数学函数是非常常见的。例如，当 n 为自然数时：

$$n! = f(n) = \begin{cases} 1 & \text{当 } n=0 \text{ 时} \\ n * f(n-1) & \text{当 } n>0 \text{ 时} \end{cases}$$

$$x^n = f(x,n)\begin{cases} 1 & \text{当 } n=0 \text{ 时} \\ x * f(x,n-1) & \text{当 } n>0 \text{ 时} \end{cases}$$

从数学角度来说，如果要计算出 f(n)的值。就必须先算出 f(n-1)，而要求 f(n-1)就必须先求出 f(n-2)。这样递归下去直到计算 f(0)时为止。由于已知 f(0)，就可以向回推，计算出 f(n)。

在程序设计中，递归是一种常用的程序设计方法。递归是在连续执行某一处理过程时，某一步要用到它自身的上一步(或上几步)的结果。一个程序中，若存在程序自己调用自己的现象就构成了递归。如果函数 funA 在执行过程又调用函数 funA 自己，则称函数 funA 为直接递归。如果函数 funA 在执行过程中先调用函数 funB，函数 funB 在执行过程中又调用函数 funA，则称函数 funA 为间接递归。

8.4.2　递归程序的执行过程

我们首先从一个简单的递归程序开始分析递归程序的执行过程。

例 8-26　用递归函数求 n!。

```
#include <stdio.h>
void main( )
{   int n, p;
```

```
    printf("N = ?");
    scanf("%d", &n);
    p  =  facto(n);
    printf("%d!  =%d\n", n, p);
}
int facto( int n )
{   int r;
    if ( n = =0 ) r  =  1;
    else              r  =  n * facto(n - 1);
    return r;
}
```

程序中使用 facto 函数求 n 的阶乘,facto 函数中有语句"r = n * facto(n - 1)",调用了 facto 函数,这是函数自己调用自己,是典型的直接递归调用,facto 是递归函数。

在递归调用过程中,每次递归调用系统都会保存旧的参数和变量,使用新的参数和变量,每次调用返回时,再恢复旧的参数和变量,并从函数中上次调用的地方继续执行。

下面以求 4! 为例,分析递归函数的执行过程,如图 8 - 8 所示。

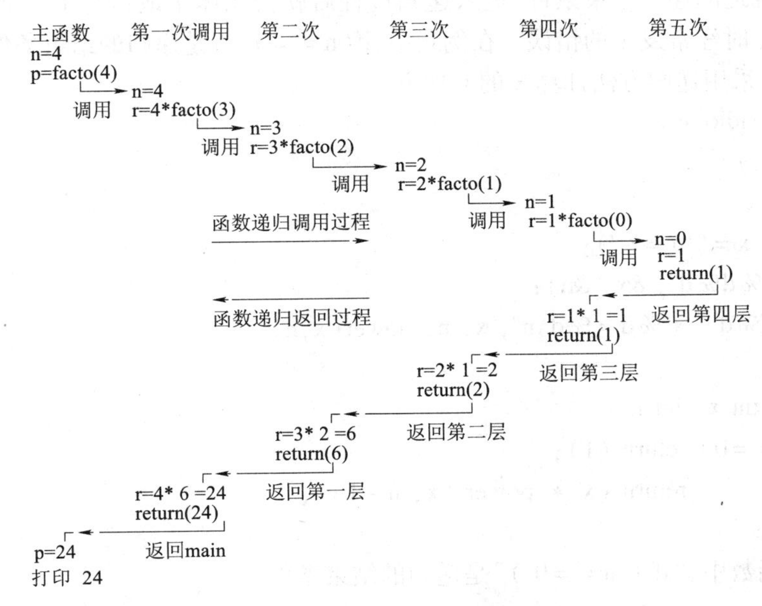

图 8 - 8　递归函数 facto 的执行过程

在主函数中输入 n = 4,执行语句"p = facto(n);",以 facto(4) 进入函数 facto 中。

第 1 次调用函数 facto 时,n = 4,由于不满足条件"(n = = 0)",所以执行 else 子句下面的"r = n * facto(n - 1)",此时"r = 4 * facto(3)"。这里需要以 facto(3)第 2 次调用 facto,开始第 2 次调用该函数的过程。

第 2 次进入 facto 时,仍不满足条件"(n = = 0)",所以执行"r = 3 * facto(2)"。

第 3 次进入 facto 函数。第 3 次时 n = 2,仍然执行"r = 2 * facto(1)"。

第 4 次调用 facto 函数,第 4 次时,n = 1 仍不满足"(n = = 0)"的条件。

第 5 次调用 facto 函数,此时"n = 0",满足"n = = 0",执行"r = 1",再执行"return(r)"操作,以返回值"1"退出第 5 次调用过程,返回到第 4 次调用过程中。

在第 4 次调用过程中以第 5 次的调用的返回值带入"r = 2 * facto(1)"中,计算出 r = 2 * 1 = 2,执行 return(r)语句,以返回值"2"退出第 4 次调用过程,返回到第 3 次调用过程中。

这样,函数调用逐步返回,不断用返回值乘以 n 的当前值,并将结果作为本次调用的返回值返回到上次调用。最后返回到第 1 次调用,计算出 facto(4)的返回值为 24。

函数 facto 的递归调用过程可参见图 8 - 8。从上述递归函数的执行过程中可以看到:作为函数形参的变量 n 和函数内的自动变量 r,在每次调用时值都不相同,随着调用的深入,n 和 r 的值也随之变化,随着调用的返回,n 和 r 的值又层层恢复。

在编写递归函数时,必须有递归结束条件,使程序能在满足一定条件时结束递归,逐层返回。如果没有合适的递归结束条件,进入递归过程后就会无休止地执行下去而不会返回,这是编写递归程序时经常发生的错误。在例题中,if(n = = 0)就是递归的结束条件。

例 8 - 27 采用递归方法计算 x 的 n 次方。

```
#include <stdio.h>
void main( )
{   int x, n;
    printf(" x = ? n = ? ");
    scanf("%d%d", &x, &n);
    printf("%d * * %d = %d\n", x, n, power(x,n) );
}
int power( int x, int n )
{   if ( n = =0) return (1);
    else        return (x * power (x, n-1));
}
```

在 power 函数中,"if (n = =0)"是递归的结束条件。

8.4.3 数值型递归问题的求解方法

在掌握递归的基本概念和递归程序的执行过程之后,还应掌握编写递归程序的基本方法。编写递归程序一要找出正确的递归算法,这是编写递归程序的基础;二要确定算法的递归结束条件,这是决定递归程序能否正常结束的关键。

可以将计算机所求解的问题分为两大类:数值型问题和非数值型问题。两类问题具有不同的性质,所以解决问题的方法也是不同的。

数值问题应首先建立递归数学模型,确立递归终止条件,再将递归数学模型转换为递归程序。数值型问题要从数学公式入手,推出问题的递归定义,然后确定问题的边界条件,这样就可以很容易地确定递归的算法和递归结束条件。

例 8-28 请用递归的方法计算下列函数的值:

$$px(x,n) = x - x^2 + x^3 - x^4 + \cdots\cdots (-1)^{n-1}x^n \quad (n>0)$$

这是一个数值型问题。由于函数定义不是递归形式,对原定义进行数学变换:

$$\begin{aligned} px(x,n) &= x - x^2 + x^3 - x^4 + \cdots\cdots (-1)^{n-1}x^n \\ &= x * (1 - x + x^2 - x^3 + x^4 - \cdots\cdots (-1)^{n-1}x^{n-1}) \\ &= x * (1 - (x - x^2 + x^3 - \cdots\cdots (-1)^{n-2}x^{n-1})) \\ &= x * (1 - px(x,n-1)) \end{aligned}$$

经变换后,可以将原来的非递归定义形式转化为等价的递归定义:

$$px(x,n) = \begin{cases} x & \text{当 } n=1 \text{ 时} \\ x * (1 - px(x,n-1)) & \text{当 } n>1 \text{ 时} \end{cases}$$

由此递归定义,可以确定递归算法和递归结束条件。递归程序如下:

```
#include <stdio.h>
double px( double x, int n )
{   if ( n = =1 ) return ( x );                    /* 当 n=1 时,结束递归 */
    else return ( x * ( 1 - px(x,n-1)) );          /* 否则按函数的定义继续计算 */
}
void main( )
{   double x; int n;
    printf("Enter X and N:");
    scanf("%lf%d", &x, &n);
    printf("px = %lf\n", px(x, n) );               /* 调用函数 px */
}
```

8.4.4 非数值型递归问题的求解方法

对于非数值问题编写递归程序的一般方法是:分解原来的非数值问题建立递归模型,确定递归模型的终止条件,将递归模型转换为递归程序。

非数值型问题一般难于用数学公式表达,求解非数值问题的一般方法是要设计一种算法，找到解决问题的一系列操作步骤。如果能够找到解决问题的一系列递归的操作步骤，同样可以用递归的方法解决非数值问题。寻找非数值问题的递归算法可从分析问题本身的规律入手。可以按照下列步骤进行分析：

（1）从化简问题开始。将原来的问题进行简化，确定问题的最小规模，并针对最小规模的问题设计简单的非递归算法直接解决。

（2）对于一个一般规模的问题，可将该问题分解为两个（或若干个）规模较小的问题，使原问题变成两个（或若干个）小问题的组合，但要求每个小问题与原来的问题具有相同的性质，只是在问题的规模上有所缩小。

（3）将分解后的每个小问题作为一个整体，描述用这些较小规模问题来解决一个一般规模问题的算法。

由（3）得到的算法就是一个解决原来问题的递归算法。（1）中将问题的规模缩到最小时的条件就是该递归算法的递归结束条件。

例 8－29　输入一个正整数，要求以相反的顺序输出该数。用递归方法实现。

（1）先将问题简化。假设正整数只有 1 位，则该问题简化为“反向”输出 1 位正整数。对 1 位整数实际上无所谓“正”与“反”，问题简化后变成了“直接输出 1 位整数”。

（2）对于一个大于 10 的正整数，在逻辑上可以分为两部分：个位数字和个位以前的全部数字。

（3）将个位以前的全部数字看成一个整体，则为了反向输出大于 10 的正整数，可以按如下步骤进行操作：

① 输出个位上的数字；

② 反向输出个位以前的全部数字。

这就是将原来的问题分解后，用较小规模的问题来解决原来大问题的算法。其中操作②中的问题“反向输出个位以前的全部数字”只是对原问题在规模上进行了缩小。上述操作步骤就是一个递归的操作步骤。

整理上述分析结果，将（1）中最小问题的条件作为递归结束条件，将（3）分析得到的算法作为递归算法，可以写出如下递归算法描述。

```
若　要输出的整数只有 1 位
  则　　输出该整数；
  否则　输出整数的个位数字，反向输出除个位以外的全部数字；
结束
```

按照以上算法可编出如下程序：

```
#include <stdio.h>
void main( )
{   int num;
```

```
    void printn( int );
    printf("Enter number:");
    scanf("%d", &num);
    printn( num );
    printf("\n");
}
void printn( int n )              /* 反向输出整数 n */
{   if ( 0 <= n && n <= 9 )       /* 若 n 为 1 位整数 */
        printf("%d", n);          /* 则　输出整数 n */
    else {                        /* 否则 */
        printf("%d", n%10);       /* 输出 n 的个位数字 */
        printn(n/10);             /* 递归反向输出除个位以外的全部数字 */
    }
}
```

例 8-30　汉诺塔(Hanoi)问题是一个著名的问题。十九世纪末,欧洲的商店中出售一种智力玩具,在一块铜板上有 3 根杆,最左边的杆上自上而下、由小到大顺序串着由 64 个圆盘构成的塔,游戏的目的是将最左边 A 杆上的圆盘,借助最右边的 C 杆,全部移到中间的 B 杆上,条件是一次仅能移动一个盘,且不允许大盘放在小盘的上面(图 8-9)。相传古印度布拉玛神庙中有一个僧人,他每天不分白天黑夜,不停地移动那些圆盘,据说,按照以上规则,当所有 64 个圆盘全部从一根杆上移到另一根杆上的那一天就是世界的末日。故汉诺塔问题又被称为“世界末日问题”。

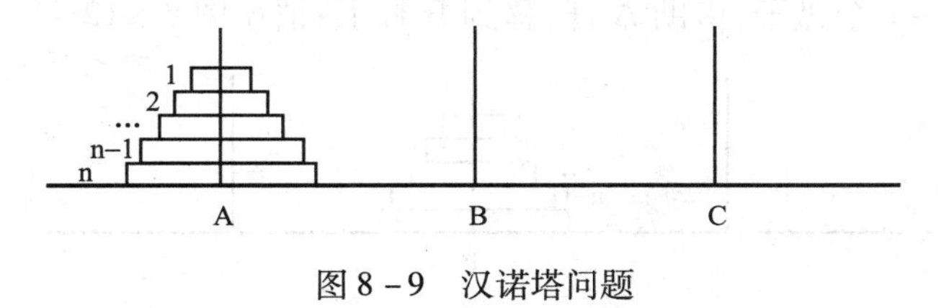

图 8-9　汉诺塔问题

由于问题中给出的圆盘移动条件是:一次仅能移动一个盘,且不允许大盘放在小盘的上面,这样 64 个盘子的移动次数是:18,446,744,073,709,551,615。这是一个天文数字,若每一微秒可能计算(并不输出)一次移动,那么也需要几乎一百万年。现在能找出问题的解决方法并解决较小 N 值的汉诺塔,但由于计算机的速度还不够“快”,尚不可能用计算机解决 64 层的汉诺塔。

按照上面给出的方法分析问题,找出移动圆盘的递归算法。

设要解决的汉诺塔共有 N 个圆盘,对 A 杆上的全部 N 个圆盘从小到大顺序编号,最小的圆盘为 1 号，次之为 2 号，依次类推，则最下面最大的圆盘的编号为 N。

（1）将问题简化。假设 A 杆上只有一个圆盘，即汉诺塔只有一层 N = 1，则只要将 1 号盘从 A 杆上移到 B 杆上即可。

（2）对于一个有 N（N > 1）个圆盘的汉诺塔，将 N 个圆盘分为两部分：上面的 N - 1 个圆盘和最下面的 N 号圆盘。

（3）将“上面的 N - 1 个圆盘”看成一个整体，为了解决 N 个圆盘的汉诺塔，可以按如下方式进行操作：

① A 杆上面的 N - 1 个盘子，借助 B 杆，移到 C 杆上；请参见图 8 - 10。

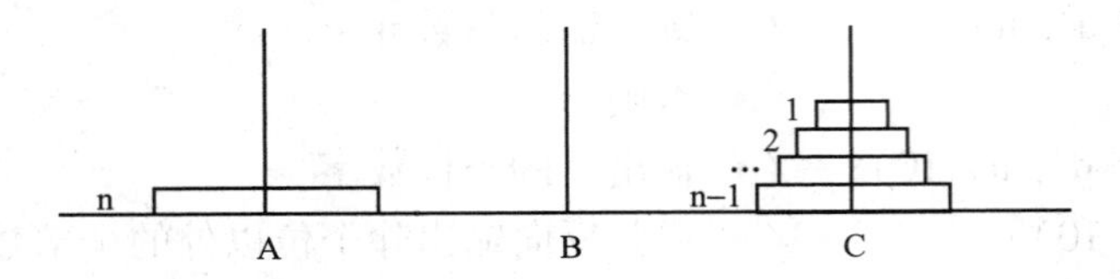

图 8 - 10　汉诺塔问题求解算法图示 1

② A 杆上剩下的 N 号盘子移到 B 杆上；请见图 8 - 11。

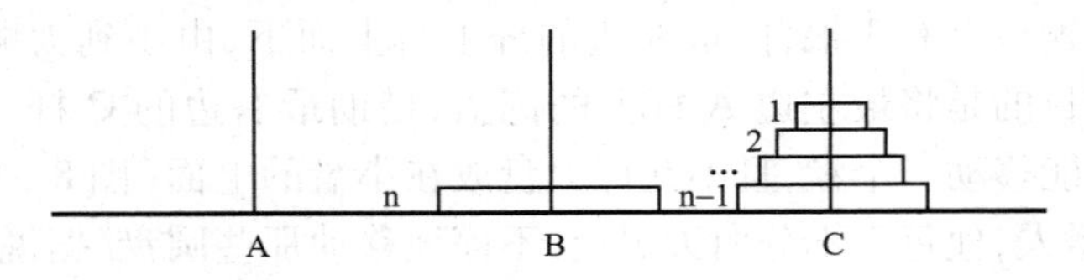

图 8 - 11　汉诺塔问题求解算法图示 2

③ C 杆上的 N - 1 个盘子，借助 A 杆，移到 B 杆上；请见图 8 - 12。

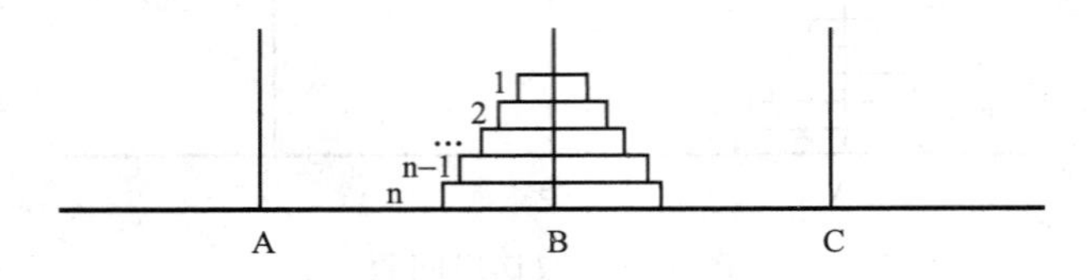

图 8 - 12　汉诺塔问题求解算法图示 3

整理上述分析结果，把第（1）步中化简问题的条件作为递归结束条件，将第（3）步分析得到的算法作为递归算法，可以写出如下完整的递归算法描述。

定义一个函数 movedisc（n, fromneedle, toneedle, usingneedle）。该函数的功能是：将 fromneedle 杆上的 N 个圆盘，借助 usingneedle 杆，移动到 toneedle 杆上。这样移动 N 个圆盘的递归算法描述如下：

movedisc（n, fromneedle, toneedle, usingneedle）

```
{   if ( n = =1 ) 将 n 号圆盘从 fromneedle 上移到 toneedle;
    else {
        ① movedisc(n-1,fromneedle,usingneedle,toneedle)
        ② 将 n 号圆盘从 fromneedle 上移到 toneedle;
        ③ movedisc(n-1,usingneedle,toneedle,fromneedle)
        }
}
```

按照上述算法可以编出如下程序。

```
#include <stdio.h>
int i=0;                                        /* 移动圆盘数量计数器 */
void main( )
{   unsigned n;
    printf("Please enter the number of discs:");
    scanf("%d", &n);
    movedisc(n, 'a', 'b', 'c');       /* 将 A 上的 N 个圆盘借助 C 移动到 B 上 */
    printf("\t Total: %d\n", i);
}
movedisc( unsigned n, char fromneedle, char toneedle, char usingneedle )
        /* movedisc 函数完成的功能是:将 fromneedle 杆上的 n 个圆盘借助 */
        /* usingneedle 杆移动到 toneedle 杆上 */
{   if ( n = =1 )
      printf("%2d-(%2d): %c = = > %c\n", + +i, n, fromneedle, toneedle);
                                /* 将 fromneedle 上的一个圆盘移到 toneedle 上 */
    else {
        movedisc (n-1, fromneedle, usingneedle, toneedle);
              /* 将 fromneedle 上的 N-1 个圆盘借助 toneedle 移到 usingneedle 上 */
        printf("%2d-(%2d): %c = = > %c\n", + +i, n, fromneedle, toneedle);
                                /* 将 fromneedle 上的一个圆盘移到 toneedle 上 */
        movedisc(n-1, usingneedle, toneedle, fromneedle);
            /* 将 usingneedle 上的 N-1 个圆盘借助 fromneedle 移到 toneedle 上 */
    }
}
```

输入 N=3,程序的运行结果为:

```
Please enter the number of discs: 3
1-( 1): a = = > b
```

2 - (2) : a = = > c
3 - (1) : b = = > c
4 - (3) : a = = > b
5 - (1) : c = = > a
6 - (2) : c = = > b
7 - (1) : a = = > b
Total : 7

当 n = 3 时,程序递归调用的完整执行过程(递归调用的层次、实参值的变化、递归调用的关系、返回关系、输出结果),请参见图 8 - 13。

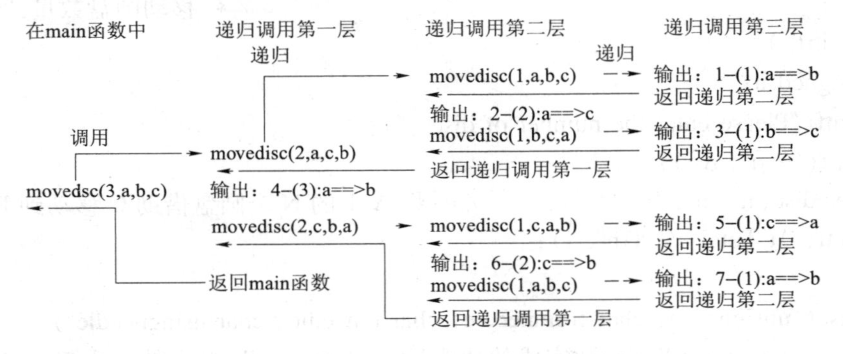

图 8 - 13　n = 3 时汉诺塔程序的执行过程

当一个问题蕴含了递归关系且结构比较复杂时,采用递归程序设计可以使程序变得简洁,增加程序的可读性。但递归调用本身是以牺牲存储空间为基础的,因为每一次递归调用都要保存相关的参数和变量。同样,递归本身也不会加快执行速度;相反,由于反复递归调用函数,还会增加系统的时间开销。递归调用能使代码紧凑,并能够很容易地解决一些用非递归算法很难解决的问题。

请注意,所有的递归问题都一定可以用非递归的算法实现,并且已经有了固定的算法。对同一问题而言,递归算法与非递归算法是求解一个问题的两种不同方法,是从两个不同的角度看待相同的问题。在学习递归程序设计的过程中,应当将递归算法与同一问题的非递归算法进行比较(问题的数学模型、程序实现、程序运行结果、程序难度与代码长度等),从中找出递归算法与非递归算法之间的联系与区别,体会同一问题使用不同算法求解的难度与思路。如何将递归程序转化为非递归程序的算法已经超出了本书的范围,感兴趣的读者可以参看有关数据结构课程的内容。

8.5　库函数简介

C语言的语句十分简单，如果要使用C语言的语句直接计算sin或cos函数，就需要编写颇为复杂的程序。因为C语言的语句中没有提供直接计算sin或cos函数的语句。又如为了显示一段文字，我们在C语言中也找不到显示语句，只能使用库函数printf。

C语言的库函数并不是C语言本身的一部分，它是由编译程序根据一般用户的需要编制并提供用户使用的一组程序。C的库函数极大地方便了用户，同时也补充了C语言本身的不足。事实上，在编写C语言程序时，应当尽可能多地使用库函数，这样既可以提高程序的运行效率，又可以提高编程的质量。相关的基本概念如下：

函数库：函数库是由系统建立的具有一定功能的函数的集合。库中存放函数的名称和对应的目标代码，以及连接过程中所需的重定位信息。用户也可以根据自己的需要建立自己的用户函数库。

库函数：存放在函数库中的函数。库函数具有明确的功能、入口调用参数和返回值。

连接程序：将编译程序生成的目标文件连接在一起生成一个可执行文件。

头文件：有时也称为包含文件。C语言库函数与用户程序之间进行信息通信时要使用的数据和变量，在使用某一库函数时，都要在程序中嵌入（用#include）该函数对应的头文件。

由于C语言编译系统应提供的函数库目前尚无国际标准。不同版本的C语言具有不同的库函数，用户使用时应查阅有关版本的C的库函数参考手册。附录中给出了常见的库函数。主要分类如下：

（1）I/O函数。包括各种控制台I/O、缓冲型文件I/O和UNIX式非缓冲型文件I/O操作。

需要的包含文件：stdio. h

例如：getchar，putchar，printf，scanf，fopen，fclose，fgetc，fgets，fprintf，fsacnf，fputc，fputs，fseek，fread，fwrite等。

（2）字符串、内存和字符函数。包括对字符串进行各种操作和对字符进行操作的函数。

需要的包含文件：string. h、mem. h、ctype. h或string. h

例如：用于检查字符的函数：isalnum，isalpha，isdigit，islower，isspace等。用于字符串操作函数：strcat，strchr，strcmp，strcpy，strlen，strstr等。

（3）数学函数。包括各种常用的三角函数、双曲线函数、指数和对数函数等。

需要的包含文件：math. h

例如：sin，cos，exp（e的x次方），log，sqrt（开平方），pow（x的y次方）等。

（4）动态存储分配。包括“申请分配”和“释放”内存空间的函数。

需要的包含文件：alloc. h或stdlib. h

例如:calloc,free,malloc,realloc 等。

在使用库函数时应清楚的了解以下 4 个方面的内容:

① 函数的功能及所能完成的操作;

② 参数的数目和顺序,以及每个参数的意义及类型;

③ 返回值的意义及类型;

④ 需要使用的包含文件。

这是能正确使用库函数的必要条件。

小　　结

本章的内容重点包括 C 语言的函数与程序结构,函数的一般定义方法、函数说明规定、函数返回、函数的返回值和函数的调用。

函数间参数传递的规定。在函数调用时形式参数与实际参数的对应关系,参数传递的方式(值传递),以及 void 型函数。

变量的存储类型:4 种存储类型变量的说明方式、特点和适用的范围,不同存储类型变量在使用时的区别,变量的初始化方法,在函数之间使用外部变量传递数据的规定。

递归作为一种常用的程序设计方法:递归的基本概念,函数的递归定义与递归调用的概念、递归程序与非递归程序之间的关系、递归程序与算法效率之间的关系等基本结论。

递归函数的动态执行过程:函数的递归调用、C 语言中递归程序的完整执行过程(递归函数的调用,递归层次,递归过程中各层次的变量值的变化过程,递归终止条件,递归返回的过程)。

递归程序的编写方法:对于数值问题编写递归程序的一般方法(建立递归数学模型,确立递归终止条件,将递归数学模型转换为递归程序)、对于非数值问题编写递归程序的一般方法(确定问题的最小模型并使用非递归算法解决,分解原来的非数值问题建立递归模型,确定递归模型的终止条件,将递归模型转换为递归程序)。

习　　题

一、单项选择题

1. C 语言程序由函数组成。它的________。

   A. 主函数必须在其他函数之前,函数内可以嵌套定义函数

   B. 主函数可以在其他函数之后,函数内不可以嵌套定义函数

   C. 主函数必须在其他函数之前,函数内不可以嵌套定义函数

   D. 主函数必须在其他函数之后,函数内可以嵌套定义函数

2. 一个 C 语言程序的基本组成单位是________。

A. 主程序　　B. 子程序　　C. 函数　　D. 过程

3. 以下说法中正确的是________。

A. C 语言程序总是从第一个定义的函数开始执行

B. 在 C 语言程序中,要调用的函数必须在 main( )函数中定义

C. C 语言程序总是从 main( )函数开始执行

D. C 语言程序中的 main( )函数必须放在程序的开始部分

4. 已知函数 abc 的定义为:

```
void abc( )
{   .......   }
```

则函数定义中 void 的含义是________。

A. 执行函数 abc 后,函数没有返回值　　B. 执行函数 abc 后,函数不再返回

C. 执行函数 abc 后,可以返回任意类型　　D. 以上三个答案全是错误的

5. 在以下对 C 语言的描述中,正确的是________。

A. 在 C 语言中调用函数时,只能将实参的值传递给形参,形参的值不能传递给实参

B. C 语言函数既可以嵌套定义又可以递归调用

C. 函数必须有返回值,否则不能使用函数

D. C 语言程序中有调用关系的所有函数都必须放在同一源程序文件中

6. 以下叙述中错误的是 ________。

A. 在 C 语言中,函数中的自动变量可以赋初值,每调用一次赋一次初值

B. 在 C 语言中,在调用函数时,实参和对应形参在类型上只需赋值兼容

C. 在 C 语言中,外部变量的隐含类别是自动存储类别

D. 在 C 语言中,函数形参的存储类型是自动(auto)类型的变量

7. 说明语句“static int i = 10;”中“i = 10”的含义是________。

A. 只说明了一个静态变量　　B. 与“auto i = 10;”在功能上等价

C. 将变量 i 初始化为 10　　D. 将变量 i 赋值为 10

8. C 语言中的函数 ________。

A. 可以嵌套定义　　B. 不可以嵌套调用

C. 可以嵌套调用,但不能递归调用　　D. 嵌套调用和递归调用均可

9. 决定函数返回值的类型的关键因素是 ________。

A. return 语句中的表达式类型　　B. 调用该函数的数据函数类型

C. 调用函数时系统指定　　D. 定义函数时所指定的函数类型

10. C 语言规定,调用一个函数时,实参变量和形参变量之间的数据传递方式是 ________。

A. 地址传递　　B. 值传递

C. 由实参传给形参,并由形参传回给实参　D. 由用户指定传递方式

11. 下列的结论中,正确的是 ________。
    A. 所有的递归程序均可以采用非递归算法实现
    B. 只有部分递归程序可以用非递归算法实现
    C. 所有的递归程序均不可以采用非递归算法实现
    D. 以上三种说法都不对

12. 在下列结论中,错误的是 ________。
    A. C语言允许函数的递归调用
    B. C语言中的 continue 语句,可以通过改变程序的结构而省略
    C. 有些递归程序是不能用非递归算法实现的
    D. C语言中不允许在函数中再定义函数

13. 在下列结论中,正确的是 ________。
    A. 递归函数中的形式参数是自动变量
    B. 递归函数中的形式参数是外部变量
    C. 递归函数中的形式参数是静态变量
    D. 递归函数中的形式参数可以根据需要自己定义存储类型

14. 下列结论中,正确的是 ________。
    A. 在递归函数中使用自动变量要十分小心,因为在递归过程中,不同层次的同名变量在赋值的时候一定会产生相互影响
    B. 在递归函数中使用自动变量要十分小心,因为在递归过程中,不同层次的同名变量在赋值的时候可能会产生相互影响
    C. 在递归函数中使用自动变量不必担心,因为在递归过程中,不同层次的同名变量在赋值的时候肯定不会产生相互影响
    D. 在C语言中无法得出上述三个结论之一

15. 在C语言的函数调用过程中,如果函数 funA 调用了函数 funB,函数 funB 又调用了函数 funA,则 ________。
    A. 称为函数的直接递归　　B. 称为函数的间接递归
    C. 称为函数的递归定义　　D. C语言中不允许这样的调用形式

二、填空题

1. 下面的函数 sum(int n)完成计算 1 ~ n 的累加和。

```
int sum( int n )
{ if ( n < = 0 ) return -1;
  else if ( n = = 1 ) ___①___;
     else ___②___;
}
```

2. 下面的函数是一个求阶乘的递归调用函数。

```
int facto( int n )
{   if ( n = = 1 )   ___①___;
    else return     (___②___);
}
```

三、编程题

1. 编写一个判断一个整数是否是素数的函数,使用该函数编写验证 1000 以内的哥德巴赫猜想成立。

2. 编写一个程序,调用函数已知一个圆筒的半径、外径和高,计算该圆筒的体积。

3. 编写一个求水仙花数的函数,求 100 到 999 之间的全部水仙花数。所谓水仙花数是指一个三位数,其各位数字立方的和等于该数。例如:153 就是一个水仙花数:

153 = 1 * 1 * 1 + 5 * 5 * 5 + 3 * 3 * 3

4. 请编写一个函数,输出整数 m 的全部素数因子。例如:m = 120 时,因子为:

2,2,2,3,5

5. 已知某数列前两项为 2 和 3,其后继项根据当前的前两项的乘积按下列规则生成:① 若乘积为一位数,则该乘积就是数列的后继项;② 若乘积为二位数,则乘积的十位和个位数字依次作为数列的后继项。当 N = 10,求出该数列的前十项为:

2 3 6 1 8 8 6 4 2 4

6. 求组合数。编程计算:

$$c(m,n) = \frac{m!}{n!\ (m-n)!}$$

7. 已知 ackermann 函数,对于 m > = 0 和 n > = 0 有如下定义:

ack(0,n) = n + 1
ack(m,0) = ack(m - 1,1)
ack(m,n) = ack(m - 1,ack(m,n - 1))

请编程输入 m 和 n,求出 ack(m,n)之值。

8. 用递归的方法打印杨辉三角形。

```
                    1
                 1     1
              1     2     1
           1     3     3     1
        1     4     6     4     1
     1     5     10    10    5     1
   ……   ……   ……   ……   ……   ……   ……
```

9. 编写一递归程序实现任意正整数向八进制数的转换。

10. 验证卡布列克运算。任意一个四位数,只要它们各个位上的数字是不全相同的,就有这样的规律:

① 将组成这个四位数的 4 个数字由大到小排列,形成由这 4 个数字构成的最大的四位数;

② 将组成这个四位数的 4 个数字由小到大排列,形成由这 4 个数字构成的最小的四位数(如果 4 个数字中含有 0,则得到的数不足四位);

③ 求两个数的差,得到一个新的四位数。

重复以上过程,最后得到的结果总是 6174。

第 9 章　指　　针

指针是一种数据类型，它是 C 语言的重要内容之一。掌握指针型数据的使用，是深入理解 C 语言特性和掌握 C 语言编程技巧的重要环节，正确而灵活地使用指针，可以有效地描述各种复杂的数据结构，能够动态地分配内存空间，能够方便地操作字符串，还可以自由地在函数之间传递各种类型的数据，使程序简洁、紧凑，执行效率高。

9.1　指针及其引用

9.1.1　指针的基本概念

简单地说，指针就是内存的一个地址，因为这个地址也可以被存放在内存中，也可以运算，所以它以一种数据类型的形式呈现，例如图 9－1 中的 2000 本来是一个地址，是变量 c 的地址编号，它被存放在变量 pc 中，称其为字符变量 c 的指针。而 pc 就是存放这个指针的变量，称其为指针变量。

可见，指针变量是存储另一个变量地址的变量，也就是存放变量地址的变量。那么，将通过变量名访问数据的方式称为对数据的“直接访问”。

例如：

```
int i;
scanf("%d", &i);    /* 将从键盘输入的整数送到内存变量 i 的地址中 */
printf("%d", i);    /* 通过访问变量 i 输出该整数 */
```

图 9－1 中通过字符变量 c 访问字符'B'的方式就是对数据的“直接访问”方式。

如果将变量 i 的地址存放在另一个变量 p 中，通过访问变量 p 间接达到访问变量 i 的目的，这种方式称为对变量的“间接访问”。

例如：

```
int i=3, *p;          /* 定义指针变量 p */
p=&i;                 /* 将变量 i 的地址赋值给指针变量 p */
printf("%d", *p);     /* 通过访问指针变量 p 输出整数 3 */
```

图 9－1 中通过指针变量 pc 访问字符变量 c 的方式就是对数据的“间接访问”方式。

指针用于存放其他数据的地址，那么指针可以引用哪些数据呢？当指针指向变量时，利用指针可以引用该变量；当指针指向数组时，利用指针可以访问数组中的所有元素；指针还可以指向函数,此时指针变量中存放函数的入口地址,我们可以通过指针调用该函数;指针可以指向结构(请参见第 10 章),可以用指针引用结构变量的成员。

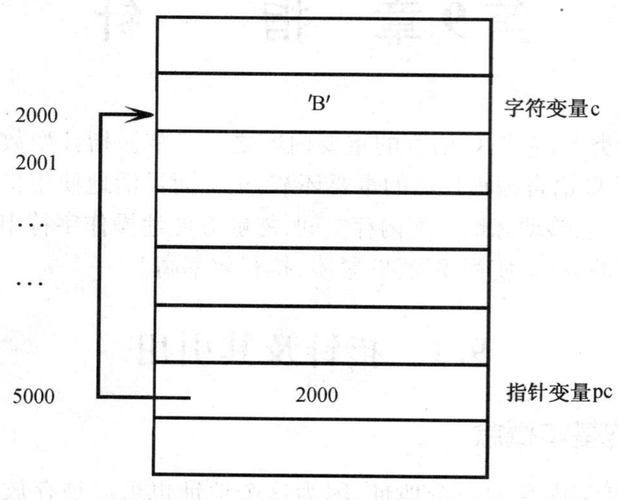

图 9-1　变量 c 与指针 pc 的关系

9.1.2 指针变量的说明

指针变量与一般变量一样,必须先说明后使用。指针变量说明的一般形式为:

类型说明符　＊ 变量名;

其中变量名前面的"＊"说明该变量为指针类型的变量,称为指针变量。

指针变量也具有类型,其类型是指针变量所指对象的类型,指针变量用于存放地址。

C 语言中允许指针指向任何类型的对象,包括指向变量、数组、函数、结构或指向另外的指针变量。

例如:

```
float    *p;          /* 说明 p 为指向实型变量的指针变量,而 p 自身为指针型 */
int      x, *px;      /* 说明了整型变量 x 和指向整型变量的指针变量 px */
double   *pc;         /* 说明了指向双精度实型变量的指针变量 pc */
```

9.1.3 指针的引用和运算

对指针的引用需要用到一个运算符"＊",其功能是取指针指向的内容。例如:＊p;表示按照指针变量 p 中的地址号取内容。所以 C 语言提供了两个与指针有关的运算符:& 取地址运算符,＊指针内容运算符(又称为间接存取运算符)。

"＊"是指针运算符,其功能是访问指针所指向的内容。"＊"与"&"的形式很像,一般形式为:＊指针变量……取内容;& 内存变量……取地址。

例如：

int x =10，＊p；

p = &x　　/＊ &x 表示取 x 的地址，将变量 x 的地址赋给指针变量 p ＊/

注意，取地址运算符"&"是取操作对象的地址而不是它的值。

例如：

int x =10，＊p，y；

p = &x；　　/＊ 取变量 x 的地址赋给指针变量 p ＊/

y = ＊p；　　/＊ ＊p 表示取指针变量 p 所指单元的内容，即变量 x 的值，则 y = 10 ＊/

此例中第 1 个语句和第 3 个语句都出现了"＊p"，但意义是不同的。这是因为"＊"在类型说明和在取值运算中的含义是不同的。在第一个语句中的"＊p"表示将变量 p 说明为指针变量，用"＊"以区别于一般变量，这里是说明指针变量 p。而在第 3 个语句中的"＊p"是使用指针变量 p，此时"＊"是运算符，表示取指针所指向的内容，即对 p 进行间接存取运算，取变量 x 的值。请参见图 9－2。

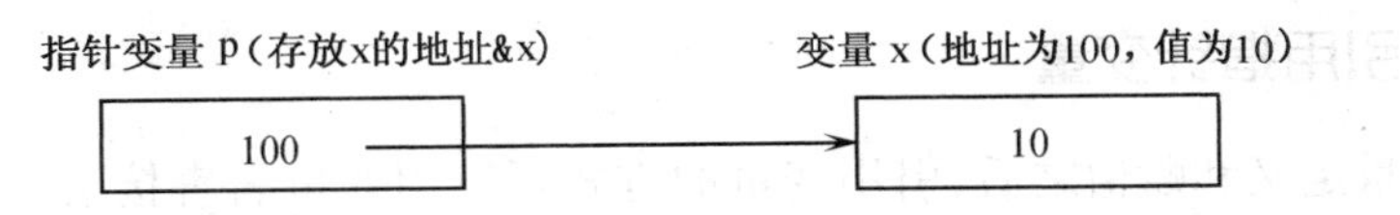

图 9－2　指针变量 p 与整型变量 x 的关系

在 C 语言中，如果：int x = 10，y，＊px；且有 px = &x；则变量 x 与指向变量 x 的指针 px 之间有以下等价关系：

```
y = x;       等价于    y = *px;         /* y = 指针变量 px 所指单元的内容 */
x ++;        等价于    (*px) ++;        /* 对指针变量 px 所指单元的内容加 1 */
                                        /* 这里的括号是不能省略的 */
y = x + 5    等价于    y = (*px) + 5;
y = x;       等价于    y = *(&x);       /* y = 变量 x 地址的内容 */
```

C 语言中用 NULL 表示空指针。若有语句：

p = NULL；

则表示将指针 p 赋值为空，指针 p 不指向任何对象。

若有语句：

```
if (p ==NULL)
{ …… }
```

它的含义是：判断指针 p 是否为空，若指针 p 为空，则表达式成立。

9.1.4 为指针变量赋初值

在使用指针变量时,要首先对指针变量赋初值,使指针变量指向一个具体的变量。为指针变量赋初值的方式有两种:

(1) 使用赋值语句为指针赋初值。

```
int a, *pa;              /* 说明指针变量 pa 和变量 a */
pa = &a;                 /* 将变量 a 的地址赋给指针 pa */
```

(2) 在说明指针变量的时候同时进行初始化。

```
int a, *pa = &a;
```

第2种方法中,在说明指针变量pa的同时将变量a的地址赋给指针。不要将其与一般的赋值语句混淆,也不要表示成:

```
int *pa; *pa = &a;
```

这是初学者常犯的错误。

9.1.5 引用指针变量

当指针变量定义和赋值之后,引用变量的方式可以用变量名直接引用,也可以通过指向变量的指针间接引用。

例9-1 分析程序的执行过程和变量引用方式。

```
main( )
{  int a,b;
   scanf("%d%d", &a, &b);            /* 在 scanf 函数中直接使用变量 a 和 b 的地址 */
   printf("a = %d,b = %d\n",a,b);    /* 直接输出变量 a 和 b 的值 */
}
```

间接引用方式:

```
main( )
{  int a,b ,*pa,*pb;
   pa = &a, pb = &b;                 /* 指针 pa 和 pb 分别指向变量 a 和 b */
   scanf("%d%d", pa, pb);
                     /* 将从键盘输入的数据分别送到指针 pa 和 pb 指向的变量中 */
   printf("a = %d,b = %d\n", *pa, *pb);   /* 通过*运算符实现间接访问 */
}
```

9.2　指针与函数

我们知道在函数之间可以传递变量的值,在函数之间同样可以传递地址(指针)。函数与指针之间有着密切的关系,它包含三种含义:指针作为函数的参数,函数的返回值为指针以及指向函数的指针。

9.2.1　指针作函数的参数

变量的地址属性是变量的一个重要特性,知道了变量的地址,就可以通过地址间接访问变量的值,变量的地址在C语言中就是指针,通过地址间接访问变量的值就是通过指针间接访问指针所指的内容。指针作函数的参数就是在函数间传递变量的地址。

在函数间传递变量地址时,函数间传递的不再是变量中的数据,而是变量的地址。此时,变量的地址在调用函数时作为实参,被调用函数使用指针变量作为形参接收传递的地址。这里实参的数据类型要与作为形参的指针所指的对象的数据类型一致。

例9-2　使用函数plus求两个数的和。

```
#include <stdio.h>
main ( )
{   int a, b, c;
    printf ("Enter A and B ");
    scanf ("%d%d", &a, &b);
    c = plus(&a, &b);              /* 调用plus函数的实参为变量a和b的地址 */
    printf ("A + B = %d", c);
}
plus (px, py)
  int *px, *py;                    /* 形式参数px和py为指向整型的指针 */
{   return ( *px + *py );          /* 返回两个整数的和 */
}
```

函数plus的两个形参变量px和py是指针型变量,它们所指的内容为整型(也可以称变量px和py是指向整型的指针型变量)。在调用plus时,实参一定要是整型变量的地址。在main调用plus时的实参是“&a”和“&b”,其中的“&”运算符为取变量的地址。在plus函数中,采用“*px + *py”计算两个数的和,“*”运算符为取指针的内容,“*px + *py”的含义就是“指针px所指的内容加指针py所指的内容”,即计算两个整数a和b的和。

在第8章中我们知道,函数调用结束时返回一个结果,称为函数的返回值,然而函数的返回值只能有一个,通过例8-15我们知道,如果试图用一个函数交换主函数main中两个变量值，并将交换的结果返回主函数，使用普通变量做函数参数无法实现所要求的功能，现在我们可用传递地址的方式完成，即使用指针作函数的参数。

例 9 – 3 用函数交换 main 函数中两个变量的值。

```
#include <stdio.h>
main ( )
{   int a, b;
    a=5; b=10;
    printf ("before swap a = %d, b = %d\n", a, b);
    swap (&a, &b);              /* 调用 swap 时实参为变量 a 和 b 的地址 */
    printf ("after swap a = %d, b = %d\n", a, b);
}
swap ( px, py)                  /* 交换两个指针所指的内容 */
  int *px, *py;                 /* 形参 px 和 py 为指向整型的指针 */
{   int temp;                   /* 说明函数内部使用的临时变量 */
    temp = *px;                 /* 将指针变量 px 的内容赋给变量 temp */
    *px = *py;                  /* 将指针变量 py 的内容赋给指针变量 px 的内容 */
    *py = temp;                 /* 将变量 temp 的值赋给指针变量 py 的内容 */
    printf ("in swap x = %d, y = %d\n", *px, *py);
}
```

程序中，swap 函数的形参为指向整型的指针，调用 swap 函数的实参为整型变量的地址。调用 swap 函数后，指针变量 px 中存入变量 a 的地址，指针变量 py 中存入变量 b 的地址，指针变量 px 指向变量 a，指针变量 py 指向变量 b，其各个变量的状态和相互关系可用图 9 – 3 描述。

调用 swap 函数，首先执行语句“temp = *px”，将指针 px 所指的内容存入临时变量 temp 中；然后执行语句“*px = *py”，将指针 py 所指的内容存入指针 px 所指的变量中；最后执行语句“*py = temp”，将临时变量 temp 暂存的数据送入指针 py 所指的变量中；从而完成交换两个变量值的操作。swap 函数的整个执行过程和各个变量值的变化过程可用图 9 – 4 描述。

运行程序结果如下：

```
before swap a =5, b =10
in swap x =10, y =5
after swap a =10, b =5
```

在程序中要注意语句“*px = *py”，它的含义是“取指针变量 py 的内容赋给指针变量 px 所指的变量中”，即该语句实现对指针变量所指内容之间的相互赋值。而语句“px = py”的含义与上面是根本不同的，它的含义是“将指针变量 py 的值赋给指针变量 px”，即实现的是

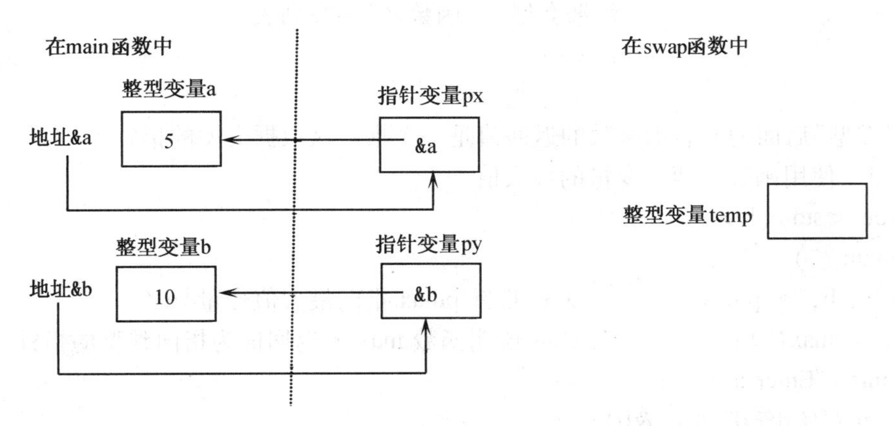

图 9－3　进入 swap 函数时各个变量的状态和相互关系

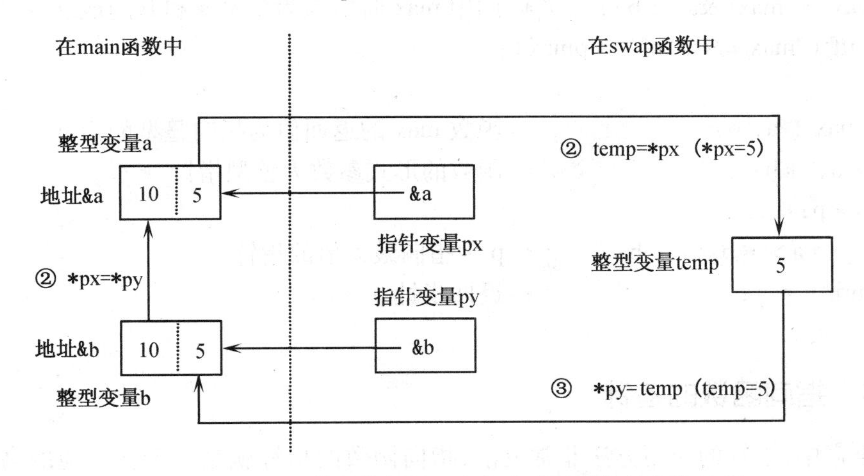

图 9－4　swap 函数的执行过程和各个变量的值的变化过程

指针变量之间的相互赋值。

“指针变量所指单元的内容”(简称指针的内容)与“指针变量的值”(简称指针的值)是根本不同的。前者是通过指针取指针所指向单元的变量的值,后者是指针变量本身的值(即指针变量中存的地址)。初学者要特别注意区别,并请将例 8－15 与例 9－3 进行对照,以加深对于函数间参数传递规则的认识。

程序中的变量 temp 不能说明为指针“int ＊temp”,原因请读者自己分析。

9.2.2　函数返回指针

函数的返回值可以是指针,返回指针的函数一般说明形式应该是:

```
数据类型 * 函数名(参数列表)
{ ……
}
```

“数据类型”后面的*表示函数的返回值是一个指向该数据类型的指针。

例9-4 使用函数求两个变量的最大值。

```
#include <stdio.h>
void main ( )
{ int a, b, * pmax;          /* 指针pmax指向最大值变量 */
  int * max( );              /* 说明函数max的返回值为指向整型的指针 */
  printf ("Enter a b:");
  scanf ("%d%d",&a, &b);
  pmax = max(&a, &b);        /* 调用max时实参为变量a和b的地址 */
  printf ("max = %d\n", * pmax);
}
int * max ( a, b)            /* 函数max的返回值为指向整型的指针 */
  int *a, *b;                /* 函数的形式参数为整型指针 */
{ int *p;
  p = *a > *b ? a : b;       /* p为指向最大值的指针 */
  return ( p );              /* 返回指针p */
}
```

9.2.3 指向函数的指针

在C语言中,指针的使用方法非常灵活,指向函数的指针就是一个在其他的高级语言中非常罕见的功能。在定义一个函数之后,编译系统为每个函数确定一个入口地址,当调用该函数的时候,系统会从这个“入口地址”开始执行该函数。存放函数入口地址的变量就是一个指向函数的指针,简称为函数指针。

函数指针的一般定义方式是:

```
类型标识符 ( * 指针变量名)( );
```

类型标识符为函数返回值的类型。特别值得注意的是,由于C语言中,( )的优先级比*高,因此,“* 指针变量名”外部必须用括号,否则指针变量名首先与后面的( )结合,就是前面介绍的“返回指针的函数”。试比较下面两个说明语句:

```
int ( *pf)( );   /* 定义一个指向函数的指针,该函数的返回值为整型数据 */
int *f( )        /* 定义一个返回值为指针的函数,该指针指向一个整型数据 */
```

和变量的指针一样,函数的指针也必须赋初值,才能指向具体的函数。由于函数名代表了该函数的入口地址，因此，一个简单的方法是：直接用函数名为函数指针变量赋值，即：

函数指针变量名 = 函数名；

例如：

```
double fun( );          /* 函数说明 */
double ( *f)( );        /* 函数指针说明 */
f = fun;                /* f 指向 fun 函数 */
```

函数型指针经定义和赋初值之后，在程序中可以引用该指针，目的是调用被指针所指的函数，由此可见，使用函数型指针，增加了函数调用的方式。

例 9-5 用指针调用函数，实现从两个数中输出较大者。

```
#include <stdio.h>
void main( )
{   int max ( int,int );            /* 函数声明 */
    int ( *pf)( );                  /* 函数指针定义 */
    int a,b,c;
    pf = max;                       /* 将函数的入口地址赋给指针 */
    scanf("%d,%d", &a, &b);
    c = ( *pf)(a,b);                /* 用指针调用函数,c 为 a 和 b 中的最大值 */
    printf("a = %d,b = %d,max = %d", a, b, c);
}
max ( int x, int y )
{   return ( x > y ) ? x : y;
}
```

在例 9-5 中，语句 c =(*pf)(a,b) 等价于 c = max(a,b)，因此当一个指针指向一个函数时，通过访问指针，就可以访问它指向的函数。

需要注意的是，一个函数指针变量可以先后指向不同的函数，将哪个函数的地址赋给它，它就指向哪个函数，使用该指针，就可以调用哪个函数，但是，必须用函数的地址为函数指针变量赋值。另外，如果有函数指针(*pf)( )，则 pf + n、pf ++、pf --等运算是无意义的。

引用函数指针，除了增加函数的调用方式之外，还可以将其作为函数的参数，在函数中间传递函数的地址，这是 C 语言中一个比较深入的问题，本书不再介绍。

9.3　数组与指针

9.3.1　通过指针引用一维数组中的元素

在C语言中,指针和数组有着紧密的联系,其原因在于凡是由数组下标完成的操作皆可用指针来实现。在第7章中我们已经知道,可以通过数组的下标唯一确定某个数组元素在数组中的顺序和存储地址,这种访问方式也称为“下标方式”。例如:

```
int a[5] = {1, 2, 3, 4, 5}, x, y;
x=a[2];        /* 通过下标将数组a下标为2的第3个元素的值赋给x,x=3 */
y=a[4];        /* 通过下标将数组a下标为4的第5个元素的值赋给y,y=5 */
```

由于每个数组元素相当于一个变量,因此指针变量既可以指向一般的变量,也可以指向数组中的元素,也就是说可以用“指针方式”访问数组中的元素。

例9-6　分析程序的运行过程和结果。

```
#include <stdio.h>
main ( )
{  int a[ ] = {1, 2, 3, 4, 5} ;
   int x, y, *p;          /* 指针变量p */
   p = &a[0];             /* 指针p指向数组a的元素a[0],等价于p=a */
   x = *(p+2);            /* 取指针p+2所指的内容,等价于x=a[2] */
   y = *(p+4);            /* 取指针p+4所指的内容,等价于y=a[4] */
   printf ("*p=%d, x=%d, y=%d\n", *p, x, y);
}
```

语句“p=&a[0]”表示将数组a中元素a[0]的地址赋给指针变量p,则p就是指向数组首元素a[0]的指针变量,“&a[0]”是取数组首元素的地址。

C语言中规定,数组第1个(下标为0)元素的地址就是数组的首地址,同时C中还规定,数组名代表的就是数组的首地址,所以,该语句等价于“p=a;”。注意,数组名代表的是一个地址常量,是数组的首地址,它不同于指针变量。

对于指向数组首地址的指针p,p+i(或a+i)是数组元素a[i]的地址,*(p+i)(或*(a+i))就是a[i]的值,其关系如图9-5所示。

对数组元素的访问,下标方式和指针方式是等价的,但从C语言系统内部处理机制上讲,指针方式效率高。需要注意的是:指针方式不如下标方式直观。下标方式可以直截了当地看出要访问的是数组中的哪个元素;而对于指向数组的指针变量,进行运算以后,指针变量的值改变了,其当前指向的是哪一个数组元素不再一目了然。

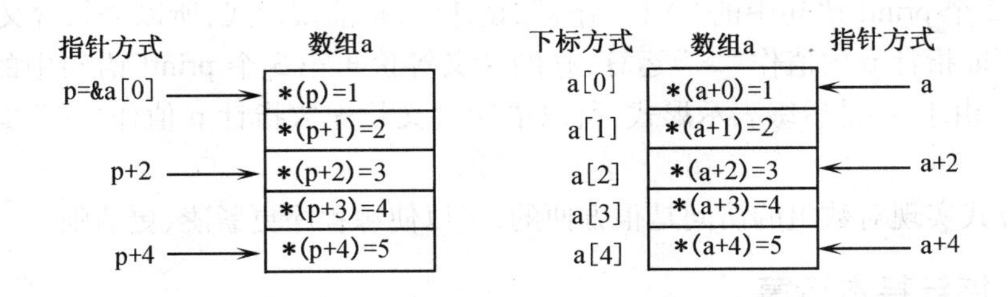

图 9-5　指针操作与数组元素的关系

例 9-7　分析程序。

```
main( )
{   int a[ ] = {1, 2, 3, 4, 5, 6};
    int *p;
    p = a;                              /* 指针 p 为数组的首地址 */
    printf("%d", *p);
    printf(" %d\n", *( ++p));           /* 以下两个语句含义等价 */
    printf("%d", * ++p);
    printf(" %d\n", *(p --));           /*  *(p --)等价于 *p -- */
    p += 3;
    printf("%d %d\n", *p, *(a+3));
}
```

运行结果：

```
1  2
3  3
5  4
```

此例中指向数组 a 与指针变量 p 的指向变化情况见图 9-6。

语句执行		指针p当前指向	下标表示	地址表示
指针初始化	p=a	1	a[0]	a
第1个输出	取p所指的内容	2	a[1]	a+1
第2、3个输出	p先加1再取内容	3	a[2]	a+2
第4个输出	先取p的内容，p再减1	4	a[3]	a+3
p+=3	指针向后移动	5	a[4]	a+4
第5个输出	取p所指的内容			

图 9-6　指针操作与数组元素之间的关系

注意,第 2 个 printf 语句中的“ *(++p)”,由于 ++是前缀形式,所以语句含义是先使指针 p 自增加 1,再取指针 p 的值作“ * ”运算,它的含义等价于第 3 个 printf 语句中的“ * ++p”。而“ *(p --)”由于 --是后缀表示形式,所以语句含义是先取指针 p 值作“ * ” 运算,再使指针 p 自减减 1。

用指针方式实现对数组的访问是很方便的,可以使源程序更紧凑、更清晰。

9.3.2 指针基本运算

对于指针的基本运算可以有三种:指针与正整数的加减运算、两个指针之间的关系运算,以及两个指针的减法运算。

1. 指针与正整数的加减运算

当指针 p 指向数组中的某个元素时,n 为一个正整数,则表达式:

$$p + n$$

表示:指针 p 指向当前元素之后的第 n 个元素。而表达式:

$$p - n$$

表示:指针 p 指向当前元素之前的第 n 个元素。

最常见的指针加减运算 p ++的含义是:指针加 1,指向数组中的下一个元素;p --的含义是:指针减 1,指向数组中的前一个元素。

指针与整数进行加减运算后,它们的相对关系如图 9 – 7 所示。

由于指针 p 所指的具体对象不同,所以对指针与整数进行加减运算时,C 语言在内部会自动根据所指的不同对象计算出不同的放大因子,以保证正确操作实际的运算对象。对于字符型,放大因子为 1;对于整型,放大因子为 2;对于长整型,放大因子为 4;对于双精度浮点型,放大因子为 8。不同数据类型的放大因子等于一个该数据类型的变量所占用的内存单元数。因此,我们在进行指针 +1 或 –1 操作时没有必要考虑所指对象占用多少内存单元,只需要按逻辑要求进行操作即可。

图 9 – 7　指针与整数的加减关系

例 9 – 8　编程将 str1 复制到 str2 中。

```
#include < stdio. h >
#include < string. h >
main( )
{  char str1[80], str2[80], * p1, * p2;
   printf("Enter string 1:");
   gets(str1);
```

```
    p1 =str1 ;
    p2 = str2 ;
    while ( ( *p2 = *p1 ) != '\0' )        /* 指针 p1 的内容送到指针 p2 */
    {   p1 ++; p2 ++; }                    /* 指针 p1 和 p2 分别向后移动 1 个字符 */
    printf("String 2:");
    puts(str2);
}
```

程序中的关键是 while 语句,“(*p2 = *p1) !='\0'”的含义是:先将指针 p1 的内容送到指针 p2 的内容中,即进行两个指针内容的赋值,然后再判断所赋值的字符是否是串结束标记'\0',如果不是串结束标记,则执行循环继续进行字符复制;如果是串结束标记,则退出循环,完成串复制。

对于上面程序中的 while 循环还可以进行优化。优化后的循环如下:

优化一:

```
    while ( *p2 = *p1 )
    { p1 ++; p2 ++; }
```

优化二:

```
    while ( *p2 ++ = *p1 ++ ) ; /* 循环体为空 */
```

2. 两个指针的关系运算

只有当两个指针指向同一个数组中的元素时,才能进行关系运算。

当指针 p 和指针 q 指向同一数组中的元素时,则:

p < q　　当 p 所指的元素在 q 所指的元素之前时,表达式的值为 1;反之为 0。

p > q　　当 p 所指的元素在 q 所指的元素之后时,表达式的值为 1;反之为 0。

p ==q　　当 p 和 q 指向同一元素时,表达式的值为 1;反之为 0。

p!= q　　当 p 和 q 不指向同一元素时,表达式的值为 1;反之为 0。

任何指针 p 与 NULL 进行“p ==NULL”或“p!=NULL”运算均有意义,“p ==NULL”的含义是当指针 p 为空时成立,“p!=NULL”的含义是当 p 不为空时成立。

不允许两个指向不同数组的指针进行比较,因为这样的判断没有任何实际意义。

例 9-9　编写程序将一个字符串反向。

```
#include <stdio.h>
main( )
{   char str[50], *p, *s, c;
    printf("Enter string:");
    gets(str);
    p = s = str;                /* 指针 p 和 s 指向 str */
```

```
    while ( *p )
        p ++;                /* 找到串结束标记'\0' */
    p --;                    /* 指针回退一个字符,保证反向后的字符串有串结束
                                标记'\0',指针p指向字符串中的最后一个字符 */
    while ( s<p )   /* 当串前面的指针s<(小于)串后面的指针p时,进行循环 */
    {   c = *s;              /* 交换两个指针所指向的字符 */
        *s ++ = *p;          /* 串前面的指针s在赋值操作之后向后(+1)移动 */
        *p -- = c;           /* 串后面的指针p在赋值操作之后向前(-1)移动 */
    }
    puts(str);
}
```

3. 两个指针的减法运算

只有当两个指针指向同一数组中的元素时,才能进行两个指针的减法运算,否则,没有意义。

当两个指针指向同一数组中的元素时,若p指向数组后面的元素,q指向数组前面的元素,则p-q表示指针p和q所指对象之间的元素数量。利用这一意义,可以求出一个字符串的长度。

例9-10 编写程序求字符串的长度。

```
#include <stdio.h>
main( )
{   char str[50],*p=str;
    printf("Enter string:");
    gets(str);
    while ( *p )
        p ++;           /* 找到串结束标记'\0'。退出循环时p指向'\0' */
    printf("String length=%s\n", p-str );
                        /* 指向同一字符数组的两个指针进行减法运算,求出串长 */
}
```

9.3.3 通过指针引用二维数组中的元素

在C语言中,二维数组是按行优先的规律转换为一维线性存放在内存中的,因此,可以通过指针访问二维数组中的元素。

如果有:int a[M][N];则将二维数组中的元素a[i][j]转换为一维线性地址的一般公式是:

$$线性地址 = a + i \times N + j$$

其中:a 为数组的首地址, M 和 N 分别为二维数组行和列的元素个数。

若有:int a[4][3], *p;

p = &a[0][0];

则二维数组 a 的数据元素在内存中存储顺序及地址关系如图 9-8 所示。

数组名称含义	一维下标的指针含义	二维数组下标表示	元素在内存中的存储顺序	通过指针访问元素	通过指针按下标访问元素
a →	a[0] →	a[0][0]		p	p[0]
		a[0][1]		p+1	p[1]
		a[0][2]		p+2	p[2]
	a[1] →	a[1][0]		p+3	p[3]
		a[1][1]		p+4	p[4]
		a[1][2]		p+5	p[5]
	a[2] →	a[2][0]		p+6	p[6]
		a[2][1]		p+7	p[7]
		a[2][2]		p+8	p[8]
	a[3] →	a[3][0]		p+9	p[9]
		a[3][1]		p+10	p[10]
		a[3][2]		p+11	p[11]

图 9-8　二维数组的数据元素在内存中的存储顺序及地址关系

进一步参照图 9-8 我们可以知道,a 表示二维数组的首地址;a[0]表示 0 行元素的起始地址,a[1]表示 1 行元素的起始地址,a[2]和 a[3]分别表示 2 行和 3 行元素的起始地址。

数组元素 a[i][j]的存储地址是:&a[0][0] + i * N + j。

我们可以说:a 和 a[0]是数组元素 a[0][0]的地址,也是 0 行的首地址。a + 1 和 a[1]是数组元素 a[1][0]的地址,也是 1 行的首地址。

由于 a 是二维数组,经过两次下标运算[ ]之后才能访问到数组元素。所以根据 C 语言的地址计算方法,a 要经过两次 * 操作后才能访问到数组元素。这样就有: * a 是 a[0]的内容,即数组元素 a[0][0]的地址。 * * a 是数组元素 a[0][0]。a[0]是数组元素 a[0][0]的地址, * a[0]是数组元素 a[0][0]。

例 9-11　给定某年某月某日,将其转换成这一年的第几天并输出。修改例 8-18,用指针方式作为形式参数。

```
#include <stdio.h>
main( )
{   static int day_tab[ ][13] = {
                {0,31,28,31,30,31,30,31,31,30,31,30,31},
```

```
                {0,31,29,31,30,31,30,31,31,30,31,30,31} };
    int y, m, d;
    scanf("%d%d%d", &y, &m, &d);
    printf("%d\n", day_of_year(day_tab,y,m,d) );        /* 实参为二维数组名 */
}
day_of_year(day_tab,year,month,day)
  int *day_tab;                                          /* 形式参数为指针 */
  int year, month, day;
{   int i, j;
    i = (year%4 ==0&& year%100!=0) || year%400 == 0;
    for ( j=1; j<month; j++ )
         day += *( day_tab+i*13+j );
                          /* day_tab+i*13+j:对二维数组中元素进行地址变换 */
    return(day);
}
```

程序中使用指针作为函数 day_of_year 的形式参数。由于 C 语言对于二维数组中的元素在内存中是按行存放的,所以在函数 day_of_year 中要使用公式“day_tab+i*13+j”计算 main 函数的数组 day_tab 中元素对应的地址。

9.4 指针与字符串

9.4.1 字符数组与字符指针

在第 7 章中我们已经详细讨论了字符数组与字符串,字符指针也可以指向一个字符串。

可以用字符串常量对字符指针进行初始化。例如,有说明语句:

```
char *str = "This is a string.";
```

是对字符指针进行初始化。此时,字符指针指向的是一个字符串常量的首地址,即指向字符串的首地址。

这里要注意字符指针与字符数组之间的区别。例如,有说明语句:

```
char string[ ] ="This is a string.";
```

此时,string 是字符数组,它存放了一个字符串。

字符指针 str 与字符数组 string 的区别是:str 是一个变量,可以改变 str 使它指向不同的字符串,但不能改变 str 所指的字符串常量。string 是一个数组,可以改变数组中保存的内容。

例如有:

```
    char *str, *str1="This is another string.";
    char string[100]="This is a string.";
```
则在程序中,可以使用如下语句:
```
    str++;                                   /* 指针 str 加 1 */
    str = "This is a NEW string.";           /* 使指针指向新的字符串常量 */
    str = str1;                              /* 改变指针 str 的指向 */
    strcpy( string, "This is a NEW string.") /* 改变数组 string 的内容 */
    strcat( string, str)                     /* 将串 str 连接到 string 的后面 */
    str = string;                            /* 指针 str 指向数组 string */
```
在程序中,不能进行如下操作:
```
    string++;                                /* 不能对数组名进行++运算 */
    string = "This is a NEW string.";        /* 错误的串赋值操作 */
    string = str1;                           /* 对数组名不能进行赋值 */
    strcat(str, "This is a NEW string.")     /* 不能在 str 的后面进行串连接 */
    strcpy(str, string)                      /* 不能对 str 进行串复制 */
```
字符指针与字符数组的区别在使用中要特别注意。

9.4.2 常见的字符串操作

由于使用指针编写的字符串处理程序比使用数组方式处理字符串的程序更简洁、更方便,所以在C语言中,大量使用指针对字符串进行各种处理。

在处理字符串的函数中,一般都使用字符指针作为形参。由于数组名代表着数组的首地址,因此在函数之间可以采用指针传递整个数组,这样在被调用函数的内部,就可以用指针方式访问数组中的元素。下面我们来看几个使用指针处理字符串的程序。

例9-12 用指针作为函数的形式参数,编写字符串复制函数。
```
#include <stdio.h>
main( )
{   char a[30], b[30];
    printf("Enter string:");
    scanf ("%s", a);
    strcopy (a, b);                     /* 调用函数的实际参数为一维数组名 */
    printf("a = %s\nb = %s\n", a, b);
}
strcopy (str1, str2)                    /* 将串 str1 拷贝到串 str2 中 */
  char *str1, *str2;                    /* 函数的形式参数为指向字符的指针 */
```

```
{ while ( *str2 ++ = *str1 ++ );      /* 通过指针操作实参变量(数组) */
}
```

本程序中使用一维数组名作为实际参数,使用数组名作为实际参数也就是将数组的首地址传递给被调用函数。程序中用指针比用数组要有更多的优点,它使程序更紧凑、简练。

此时要注意指针操作的含义。"*str1 ++"的含义是:取出指针 str1 指向的字符之后,再将指针 str1 的值加 1。同样,"*str2 ++"的含义是:先将取出的字符存入 str2 所指的存储单元中,再将指针 str2 的值加 1。程序的结束条件是:当将 str1 所指的字符串结束标志'\0'赋给 str2 时,结束循环。

例 9-13 编写函数,求字符串的长度。

```
#include <stdio.h>
strlen ( char * str )                /* 求串 str 的长度 */
{  char *p = str;
   while ( *p )
       p ++;          /* 找到串结束标记'\0'。退出循环时 p 指向'\0' */
   return ( p - str );/* 指向同一字符数组的两个指针进行减法运算,求出串长 */
}
main( )
{  char a[50];
   printf("Enter string:");
   scanf("%s", a);
   printf("String length = %d\n", strlen(a));     /* 调用函数 strlen 求出串长 */
}
```

例 9-14 编写串连接函数,将 str2 连接到 str1 的后面。

```
#include <stdio.h>
char *strcat ( str1, str2 )             /* 函数返回指向 str1 的指针 */
  char *str1, *str2;                    /* 函数的形参为两个指向字符串的指针 */
{  char *p = str1;
   while ( *p!= '\0' )
       p ++;                            /* 找到串 str1 的串结束标记 */
   while ( *p ++ = *str2 ++ );          /* 将 str2 连接到 str1 的后面 */
   return (str1);                       /* 返回指向 str1 的指针 */
}
main( )
{  char a[50], b[30];
```

```
    printf("Enter string 1:");
    scanf("%s", a);
    printf("Enter string 2:");
    scanf("%s", b);
    printf("a+b=%s\n", strcat(a, b) );                /* 调用串连接函数 strcat */
}
```

例 9－15 输入两个已经按从小到大顺序排列好的字符串,编写一个合并两个字符串的函数,使合并后的字符串,仍然是从小到大排列。

```
#include <stdio.h>
main ( )
{   char str1[80], str2[80], str[80];
    char *p, *q, *r, *s;
    int i, j, n;
    printf ("Enter string1:");
    gets ( str1 );
    printf ("Enter string2:");
    gets ( str2 );
    for ( p=str1, q=str2, r=str; *p!='\0' && *q!='\0'; )     /* 完成串合并 */
       if ( *p < *q )                /* 比较 str1 和 str2 中的字符 */
         *r++ = *p++;                /* 若 str1 中的字符较小,则将它复制到 str 中 */
      else
         *r++ = *q++;                /* 若 str2 中的字符较小,则将它复制到 str 中 */
    s = ( *p!='\0' ) ? p : q;        /* 判断哪个字符串还没有处理完毕 */
    while ( *s != '\0' )             /* 继续处理(复制)尚未处理完毕的字符串 */
       *r++ = *s++;
    *r = '\0';                       /* 向 str 中存入串结束标记 */
    printf ("Result:");
    puts ( str );
}
```

9.5 指针数组

9.5.1 指针数组与数组指针

数组中每个元素都具有相同的数据类型，数组元素的类型就是数组的基类型。如果一个数组中的每个元素均为指针类型，即为由指针变量构成的数组，这种数组称为指针数组。

指针数组说明的一般形式为：

类型 * 数组名[常量表达式]；

数组指针是指向数组的指针。数组指针说明的一般形式为：

类型（*指针变量名）[常量表达式]；

例如：int * pa[5]；

表示定义一个由5个指针变量构成的指针数组，数组中的每个数组元素都是指针，都指向一个整数，其结构如图9-9所示。

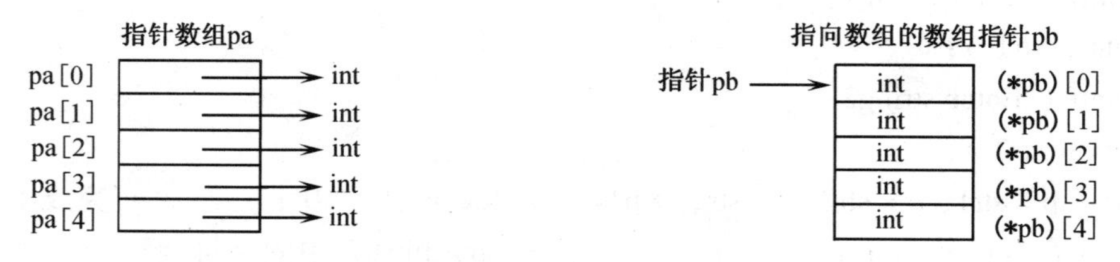

图9-9　指针数组 pa　　　图9-10　数组指针 pb

注意“int *pa[5]”与“int（*pb）[5]”的区别。

说明语句：int（* pb）[5]；

表示定义了一个指向数组的指针 pb，pb 指向的数组是一维的长度为5的整型数组，其结构如图9-10所示。我们称 pb 为指向数组的指针，简称为数组指针。

说明语句：char * line[5]；

表示 line 是一个5个元素的数组，每个元素是一个指向字符型数据的一个指针。若设指向的字符型数据（字符串）分别是“ONE”“TWO”…“FIVE”，则数组 line 的结构如图9-11所示。

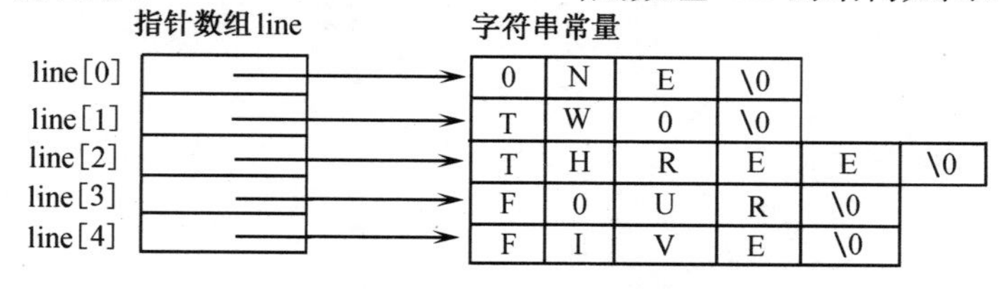

图9-11　指向字符串常量的字符指针数组

而:char (* line1)[5];表示 line1 是指向一个长度为 5 的字符数组的数组指针。

指针数组常适用于指向若干个字符串,这样可使字符串处理更加灵活方便。

例 9-16 输入字符串,判断该字符串是否是英文的星期几。使用指针数组实现。

```
#include <stdio.h>
char * week_day[8] = {"sunday", "monday", "tuesday", "wednesday",
                      "thursday", "friday", "saturday", NULL
                     }; /* 说明指针数组。数组中的每个元素指向一个字符串 */
main( )
{   int m;
    char string[20];
    printf("Enter a string: ");
    scanf("%s", string);
    m = lookup(string);
    printf("l = %d\n", m);
}
lookup (ch)
     char ch[   ];                         /* 传递字符串(字符数组) */
{   int i, j;
    char * pc;
    for (i = 0; week_day[i]!=NULL; i ++)/* 完成查找工作 */
    {   for( pc = week_day[i],j = 0; * pc ==ch[j] && * pc!= '\0'; j ++,pc ++ );
        if ( * pc =='\0' )
           return(i);                      /* 若找到则返回对应的序号 */
    }
    return( -1);                           /* 若没有找到,则返回 -1 */
}
```

程序中没有使用二维的字符数组,而是采用指针数组 week_day。可以看到指针数组比二维字符数组有明显的优点,一是指针数组中每个元素所指的字符串不必限制必须具有相同的字符串长度,二是访问指针数组中的一个元素是用指针间接进行的,效率比下标方式要高。

例 9-17 输入星期几,输出对应星期的英文名称。用指针数组实现。

```
#include <stdio.h>
char * week_day[8] = {"sunday", "monday", "tuesday", "wednesday",
                      "thursday", "friday", "saturday", NULL
                     }; /* 说明指针数组。数组中的每个元素指向一个字符串 */
```

```
main( )
{   int day;
    char *p, *lookstr( );
    printf("Enter day: ");
    scanf("%d", &day);
    p = lookstr (week_day, day);
    printf("%s\n", p);
}
char * lookstr ( table, day )                /* 函数的返回值为指向字符的指针 */
    char *table[ ];                          /* 传递指向字符串的指针数组 */
    int day;
{   int i;
    for (i=0; i<day && table[i]!=NULL; i++) ;
    if (i==day && table[i]!=NULL)
        return ( table[day] );
    else return(NULL);
}
```

例 9-18 修改程序例 9-11,用数组指针作为形参实现函数 day_of_year。

```
#include <stdio.h>
main( )
{   static int day_tab[2][13] = {  0,31,28,31,30,31,30,31,31,30,31,30,31,
                                   0,31,29,31,30,31,30,31,31,30,31,30,31
                                };
    int y, m, d;
    scanf ("%d%d%d", &y, &m, &d);
    printf("days = %d\n", day_of_year( day_tab, y, m, d ) );
}
day_of_year (day_tab, year, month, day)
    int ( *day_tab)[13], year, month, day;/* day_tab 为数组指针 */
{   int i, j;
    i = year%4 ==0 && year%100!=0 || year%400 ==0;
    for (j=1; j<month; j++)
        day += ( *(day_tab+i))[j];         /* 引用数组指针指向的数组中的元素 */
    return (day);
```

}

请将例8－18、例9－11和例9－18的函数day_of_year进行比较,体会不同类型的形式参数在函数中的使用方法。

事实上,在程序中可以用指针灵活地处理多维数组,使程序优化。例如:对于一个三维数组

long a[100][100][100];

要将所有的元素都清0,可采用下面两种方法:

方法一:采用常规的多维数组处理方式

```
long a[100][100][100], i , j, k;
for (i=0; i<100; i++)
    for (j =0; j<100; j++)
        for (k=0; k<100; k++)
            a[i][j][k]=0;
```

方法二:采用指针处理方式

```
long a[100][100][100], i, *pa;
pa = a;
for (i=0; i<100*100*100; i++)
    *pa++ = 0;
```

方法一直接使用三维数组中的数组元素,访问其中的任一数组元素a[i][j][k]时,在C语言内部每次都要调用数组元素地址的计算公式。而方法二则利用三维数组在内存中是按行线性顺序存放的这一特性,通过一个指针顺序加1的方法实现对数组a中所有元素的赋0操作。两种处理方法相比较,方法二处理速度比方法一快得多。

9.5.2 main函数的参数

指针数组的一个重要应用是作为main函数的形参。在前面讲述的程序中,main函数的第一行全部写成了以下形式:

main( )

圆括号中为空,表示没有参数。实际上main函数是可以带参数的,其一般形式为:

```
main (argc, argv)
  int argc;          /* argc 表示命令行参数个数 */
  char *argv[ ];     /* argv 指向命令行参数的指针数组 */
```

argc和argv是main函数的形式参数。

在操作系统下运行C程序时,可以以命令行参数形式,向main函数传递参数。命令行参数的一般形式是:

运行文件名　参数1　参数2 …… 参数n

运行文件名和参数之间、各个参数之间要用一个空格分隔。

argc表示命令行参数个数(包括运行文件名),argv是指向命令行参数的指针数组。指针argv[0]指向的字符串是运行文件名,argv[1]指向的字符串是命令行参数1,argv[2]指向的字符串是命令行参数2,等等。

例 9－19 下列程序运行文件的文件名为 TEST1,请按数组方式引用命令行的参数。

```
#include <stdio.h>
main (argc, argv)
    int argc;
    char *argv[ ];
{   int i;
    printf ("argc = %d\n", argc);          /* 输出参数 argc 的值 */
    for (i = 0; i < argc; i ++)
        printf ("%s\n", argv[i]);          /* 按数组方式引用命令行的参数 */
}
```

运行程序,假设在操作系统提示符下,为了运行程序,输入的命令行参数为:

```
TEST1 IBM-PC COMPUTER
```

则执行程序后,输出结果为:

```
argc = 3
TEST1.EXE
IBM-PC
COMPUTER
```

这样利用指针数组作为主函数 main 的形式参数,可以很方便地实现 main 函数与操作系统的通信。

例 9－20 按指针方式引用命令行的参数。

```
#include <stdio.h>
main (argc, argv)
    int argc;
    char *argv[ ];
{   int i;
    for (i = 0; i < argc; i ++)
      printf ("%s\n", *argv ++);              /* 按指针方式引用命令行的参数 */
}
```

9.6 多级指针

一个指针可以指向任何一种数据类型,包括指向一个指针。当指针变量 p 中存放另一个指针 q 的地址时,则称 p 为指针型指针,也称多级指针。本节介绍二级指针的定义及应用。

指针型指针的一般定义形式为:

类型标识符 * * 指针变量名;

由于指针变量的类型是被指针所指变量的类型,因此,上述定义中的类型标识符应为:被指针型指针所指的指针变量所指的那个变量的类型。

为指针型指针初始化的方式是用指针变量的地址为其赋值,例如:

```
int x ;          /* 定义整型变量 x                    */
int *p;          /* 定义指向整型变量的指针 p,整型指针  */
int **q;         /* 定义多级指针 q                    */
```

若有:

```
p = &x;          /* 指针 p 指向变量 x                  */
```

则在程序中,使用 *p 等价于使用 x,成为对 x 的间接访问。

对二级指针若有:

```
q = &p /* 指针型指针 q 指向指针 p */
```

则:使用 *q,即间接访问二级指针 q 等价于使用 p。再次间接访问二级指针 * *q,则有如下关系: * *q 等价于 *p,等价于 x。

由此看来,对一个变量 x,在 C 语言中,可以通过变量名对其进行直接访问,也可以通过变量的指针对其进行间接访问(一级间接),还可以通过指针型指针对其进行多级间接访问。图 9-12 表示变量 x,指针 p 和二级指针 q 之间的关系。

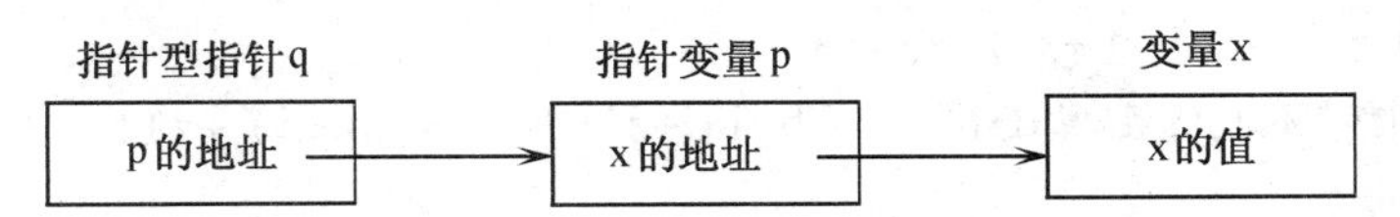

图 9-12 指针型指针、指针变量和变量相互关系

例 9-21 使用二级指针引用字符串。

```
#include <stdio.h>
#define SIZE 5
main( )
{   char *pc[ ] = {" Beijing", "Shanghai", "Tianjing", "Guangzhou", "Chongqing" };
    char **p;
    int i;
    for ( i =0; i < SIZE; i ++ )
    {   p = pc + i;
        printf ("% s\n", *p);
    }
}
```

在程序 9-21 中，p 是指针型指针，在循环开始时，i 的初值为 0，语句 p = pc + i；用指针数组 pc 中的元素 pc[0] 为其初始化，*p 是 pc[0] 的值，即字符串"Beijing"的首地址，调用函数 printf，以 %s 形式就可以输出 pc[0] 所指字符串。pc + i 即将指针向后移动，依次输出其余各字符串。程序运行结果为：

```
Beijing
Shanghai
Tianjin
Guangzhou
Chongqing
```

类似，用指针数组、多级指针还可以将上述 5 个字符串排序输出。请读者自己考虑。

例 9-22 用多级指针引用整型二维数组，请分析程序的运行结果。

```
int a[3][3] = {1, 2, 3, 4, 5, 6, 7, 8, 9};
int *b[ ] = {a[0],a[1],a[2]};
int **p = b;
main( )
{  int i,j;
   for ( i=0; i<3; i++ )
      for ( j=0; j<3; j++ )
         printf("%d,%d,%d\n", *(b[i]+j), *(*(p+i)+j), *(*(a+i)+j));
}
```

运行结果：

```
1,1,1
2,2,2
3,3,3
4,4,4
5,5,5
6,6,6
7,7,7
8,8,8
9,9,9
```

例 9-22 中，多级指针 p、指针数组 b 和二维数组 a 之间的关系见图 9-13。

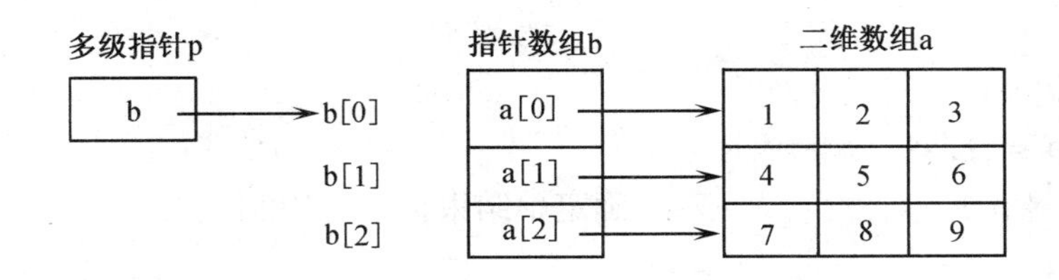

图 9－13　多级指针、指针数组与二维数组

9.7　应用实例

下面我们将通过一些比较复杂的例题，向大家展示指针应用的实例。

例 9－23　使用指针，编写一个求串长的递归函数。

首先设计递归算法。假设函数 strlen 的参数为指向字符串首地址的指针 s，则：

① 若指针 s 的当前字符为'\0'，则 s 的串长为 0；

② 将串 s 分为两部分：第 1 个字符和除第 1 个字符之外的其他部分；

③ 则有：

串长 ＝ 1 ＋ 除第 1 个字符之外的其余部分的长度

函数 strlen 的返回值为字符串长度。可以写出程序如下。

```
strlen ( char * s )                    /* s 为指向字符串的指针 */
{   if ( *s == '\0' )          return (0);
    else                       return ( 1 + strlen( s + 1 ) );
}
```

例 9－24　使用指针，编写一个完成串反向的递归函数。

首先设计递归算法。

(1) 将给定的字符串分为两个部分：第 1 部分：第 1 个字符和最后一个字符（'\0'之前的那一个字符）；第 2 部分：从第 2 个字符到倒数第 2 个（即中间的字符）。其中第 2 部分与原问题性质一样，只是缩小了规模。

(2) 基本算法。

① 交换第 1 部分的两个字符；

② 将第 2 部分构成一个字符串，递归：完成第 2 部分串反向。

这样算法可以描述如下：

① 定义两个字符指针分别指向字符串的首字符和除'\0'以外的最后一个字符；

② 将所指的两个字符进行交换；

③ 使中间部分构成“新的”字符串，并对其进行串反向操作。

程序如下。

```
revstr ( char * s )
{  char *p = s, c;
   while ( *p )                    /* 确定串结束标记'\0'的位置 */
      p ++;
   p --;                           /* p指向'\0'之前的最后一个字符 */
   if ( s < p )
   {  c = *s;
      *s = *p;                     /* 将串最后面的字符存到串的最前面 */
      *p = '\0';                   /* 形成一个"新"的待反向的字符串 */
      revstr(s + 1);               /* 以"新串"的起始地址 s + 1 进行递归调用 */
      *p = c;                      /* 将串最前面的字符存到串的最后面 */
   }
}
```

例 9－25 从键盘上输入两个字符串,对两个字符串分别从小到大排序;然后将它们合并,合并后的字符串仍然按 ASCII 码值从小到大升序排序并删去了其中相同的字符。

```
strmerge ( a,b,c )                /* 将已排好序的字符串 a 和串 b 合并后存入串 c */
   char *a, *b, *c;
{  char t, *w;
   w = c;                                         /* w是指向目标串的指针 */
   while ( *a!='\0' && *b!='\0') /* 当串 a 和串 b 都没有结束的时候执行循环 */
   {  t = *a < *b ? *a ++ : *b < *a ? *b ++ : ( *a ++, *b ++);
                      /* 将*a 和*b(两个串第 1 个字符)较小的存入临时变量 t 中 */
      if ( *w =='\0' )        /* 判断字符 t 是否是第 1 个存入目标串 w 中的字符 */
         *w = t;              /* 若是第 1 个存入的字符,则将 t 直接存入目标串 */
      else                    /* 否则                                        */
        if ( t!=*w )          /* 将目标串 w 的首字符*w 与字符 t 进行比较      */
           * ++w = t;         /* 若不相同,则指针 w 后移将 t 存入目标串中      */
   }
   /* 退出循环时,a 或 b 中还有剩余的没有处理的字符,将其余字符存入串 w 中 */
   if ( *a != '\0' )          /* 如果串 a 中还有剩余字符,则处理串 a           */
      while ( *a != '\0' )
        if ( *a != *w )         /* 比较串 a 与目标串 w 的首字符 */
           * ++w = *a ++;/* 若不相同,则指针 w 后移将*a 存入目标串 */
```

```
            else a ++;
    if ( * b != '\0' )              /* 如果串b中还有剩余字符,则处理串b */
        while ( * b != '\0')
            if ( * b != * w )       /* 比较串b与目标串w的首字符 */
                * ++w = * b ++;/* 若不相同,则指针w后移将*b存入目标串 */
            else b ++;
    * ++w = '\0';                   /* 完成目标串的串结束标记 */
}
strsort ( char * s )                /* 将字符串s中的字符排序 */
{   int i,j,n;
    char t, * w;
    w = s;
    for ( n = 0; * w != '\0';n ++ )
        w ++;
    for ( i = 0;i < n - 1;i ++ )
        for ( j = i + 1;j < n;j ++ )
            if ( s[i] > s[j] )
            {   t = s[i]; s[i] = s[j]; s[j] = t;
            }
}
main( )
{   static char s1[100],s2[100],s3[200];
    printf ("\nPlease Input First String:");
    scanf ("%s",s1);
    printf ("\nPlease Input Second String:");
    scanf ("%s",s2);
    strsort (s1);                /* 将字符串s1排序          */
    strsort (s2);                /* 将字符串s2排序          */
    strmerge (s1,s2,s3);         /* 合并s1和s2生成s3        */
    printf ("\nResult:%s",s3);
}
```

例9-26 对一批程序设计语言名从小到大进行排序并输出。

```
#include <string.h>
#include <stdio.h>
```

```
sort ( char *book[  ], int num )                    /* 形参 book 是指针数组 */
{  int i,j;
   char *temp;
   for ( j =1; j <=num -1; j ++ )
       for ( i =0; i < num -1 -j; i ++ )
          if ( strcmp(book[i], book[i +1]) >0 )  /* 调用库函数进行串比较 */
          {  temp = book[i];                      /* 交换指向字符串的指针 */
             book[i] = book[i +1];
             book[i +1] = temp;
          }
}
main ( )
{  int i;
   static char *book[ ] = { "FORTRAN", "PASCAL", "BASIC", "COBOL",
                            "C", "Smalltalk"
                          };                       /* 使用指针数组保存字符串 */
   sort ( book, 6 );
   for ( i =0; i <6; i ++ )                        /* 输出 */
       printf ("% s\n", book[i]);
}
```

请注意,程序在排序的时候并没有交换字符串,而是通过交换指向字符串的指针完成排序工作的。

小　　结

本章中所涉及的指针是C语言最重要的内容之一,也是学习C语言的重点和难点。在C语言中,使用指针进行数据处理十分方便,而且在实际的编程过程中也大量使用指针。指针与变量、函数、数组、结构、文件等都有着密切的联系,因此,要学好指针必须从基本概念入手。

本章中涉及的主要内容有:

指针的基本概念。包括:变量的地址和变量的值、指针变量说明、指针变量初始化、指针的内容、指针基本运算(取变量地址,取指针的内容,对指针进行加减操作,指针比较,指针相减)、变量与指针的关系等。

指针与函数之间的关系。包括:将指针作为参数在函数之间传递、通过指针改变调用函数中变量的值、函数返回值为指针类型。

指针与数组之间的关系。包括:数组名与地址的关系、使用指针操作数组元素、二维数组下标与指针之间的关系、在函数之间传递数组使用指针进行操作、数组指针与指针数组的概念及两者之间的区别、main 函数参数等。

使用指针处理字符串。使用指针操作字符串的基本算法(求串长,串复制,串连接,串查找,串反向等)。

请读者分析本章中有关指针的定义形式:

```
int *p;            /* 指针变量 */
int (*p)[长度];    /* 数组指针 */
int *p[长度];      /* 指针数组 */
int (*p)();        /* 函数的指针 */
int **p;           /* 指针的指针 */
```

习　　题

一、单项选择题

1. 已知:int *p, a;则语句“p = &a;”中的运算符“&”的含义是________。
   A. 位与运算　　B. 逻辑与运算　　C. 取指针内容　　D. 取变量地址
2. 已知:int a,x;则正确的赋值语句是________。
   A. a = (a[1] + a[2])/2;　　B. a* = *a + 1;
   C. a = (x = 1, x ++, x + 2);　　D. a = "good";
3. 已知:int a, *p = &a;则下列函数调用中错误的是________。
   A. scanf("%d", &a);　　B. scanf("%d", p);
   C. printf("%d", a);　　D. printf("%d", p);
4. main(argc, argv)中形式参数 argv 的正确说明形式应当为________。
   A. char *argv[ ]　　B. char argv[ ][ ]　　C. char argv[ ]　　D. char *argv
5. 说明语句“int (*p)();”的含义是________。
   A. p 是一个指向一维数组的指针变量
   B. p 是指针变量,指向一个整型数据
   C. p 是一个指向函数的指针,该函数的返回值是一个整型
   D. p 是一个指针函数,该函数的返回值是一个指向整型数据的指针
6. 设有说明 int (* ptr)[M];其中的标识符 ptr 是________。
   A. M 个指向整型变量的指针
   B. 指向 M 个整型变量的函数指针
   C. 一个指向具有 M 个整型元素的一维数组的指针

D. 具有 M 个指针元素的一维指针数组,每个元素都只能指向整型变量

7. 已知:double *p[6];它的含义是________。

A. p 是指向 double 型变量的指针　　B. p 是 double 型数组

C. p 是指针数组　　D. p 是数组指针

8. 已知函数说明语句:void *f( );则它的含义是________。

A. 函数 f 的返回值是一个通用型的指针

B. 函数 f 的返回值可以是任意的数据类型

C. 函数 f 无返回值

D. 指针 f 指向一个函数,该函数无返回值

9. 已知:char s[10], *p=s,则在下列语句中,错误的语句是________。

A. p=s+5;　　B. s=p+s;　　C. s[2]=p[4];　　D. *p=s[0];

10. 已知:char b[5], *p=b;则正确的赋值语句是________。

A. b="abcd";　　B. *b="abcd";　　C. p="abcd";　　D. *p="abcd";

11. 下列对字符串的定义中,错误的是________。

A. char str[7]="FORTRAN";

B. char str[ ]=" FORTRAN";

C. char *str = "FORTRAN";

D. char str[ ]={'F','O','R','T','R','A','N',0};

12. 已知:char s[20]="programming", *ps=s;则不能引用字母 o 的表达式是______。

A. ps+2　　B. s[2]　　C. ps[2]　　D. ps+=2, *ps

13. 已知:int a[10]={1,2,3,4,5,6,7,8,9,10}, *p=a;则不能表示数组 a 中元素的表达式是________。

A. *p　　B. a[10]　　C. *a　　D. a[p-a]

14. 已知:char **s; 正确的语句是________。

A. s="computer";　　B. *s="computer";

C. **s="computer';　　D. *s='A';

15. 已知:char c[8]="beijing", *s=c;int i;则下面的输出语句中,错误的是______。

A. printf ("%s\n", s);　　B. printf ("%s\n", *s);

C. for (i=0; i<7; i++)
   printf("%c", c[i]);

D. for (i=0; i<7; i++)
   printf("%c", s[i]);

16. 已知:int i=0,j=1, *p=&i, *q=&j;错误的语句是________。

A. i= *&j;　　B. p=&*&i;　　C. j= *p++;　　D. i= *&q;

17. 已知:char *p, *q;选择正确的语句________。

A. p* =3;　　B. p/ =q;　　C. p+ =3;　　D. p+ =q;

18. 已知:int a, ＊p = &a;则为了得到变量 a 的值,下列错误的表达式为________。

A. ＊&p　　B. ＊p　　C. p[0]　　D. ＊&a

19. C 语言主函数 main 最多允许有________个参数。

A. 1　　B. 2　　C. 0　　D. 3

20. 已知:int a[4][3] = {1,2,3,4,5,6,7,8,9,10,11,12}; int (＊ptr)[3] = a, ＊p = a[0]; 则以下能够正确表示数组元素 a[1][2]的表达式是________。

A. ＊((ptr+1)[2])　　B. ＊(＊(p+5).)　　C. (＊ptr+1)+2　　D. ＊(＊(a+1)+2)

二、填空题

1. 下面的函数是求两个整数之和,并通过形参传回结果。

```
int add ( int x, int y, __①__ z)
{ __②__ = x + y; }
```

2. 下面程序通过指向整型的指针将数组 a[3][4] 的内容按 3 行 ×4 列的格式输出,请给 printf( )填入适当的参数,使之通过指针 p 将数组元素按要求输出。

```
#include <stdio.h>
int a[3][4] = {{1,2,3,4},{5,6,7,8},{9,10,11,12}}, *p = a;
main ( )
{   int i,j;
    for ( i =0; i<3; i++ )
    {   for ( j =0; j<4; j++ )
            printf ("%4d ", __①__ );
    }
}
```

3. 下面程序的功能是:从键盘上输入一行字符,存入一个字符数组中,然后输出该字符串。

```
#include <stdio.h>
main ( )
{   char str[81], *sptr;
    int i;
    for ( i =0; i<80; i++ )
    {   str[i] = getchar ( );
        if ( str[i] =='\n' ) break;
    }
    str[i] = __①__ ;
    sptr = str;
```

```
    while ( *sptr )
        putchar ( *sptr __②__ );
}
```

4. 下面的程序实现从 10 个数中找出最大值和最小值。

```
#include <stdio.h>
int max, min;
find_max_min (int *p, int n)
{   int *q;
    max = min = *p;
    for (q = __①__; __②__ ; q ++)
        if ( __③__ ) max = *q;
        else if ( __④__ ) min = *q;
}
main ( )
{   int i, num[10];
    printf ("input 10 numbers:\n");
    for ( i =0; i<10; i ++ )
        scanf("%d", &num[i]);
    find_max_min ( num, 10 );
    printf ("max = %d; min = %d\n", max, min);
}
```

三、编程题

1. 编写一函数,其功能是交换两个变量 x、y 的值。编程序实现对数组 a[100],b[100]调用此函数,交换 a、b 中具有相同下标的数组元素的值,且输出交换后的 a,b 数组。

2. 用数组方案和指针方案分别编写函数 insert(s1,s2,f),其功能是在字符串 s1 中的指定位置 f 处插入字符串 s2。

3. 用指针编写比较两个字符串 s 和 t 的函数 strcmp(s,t)。要求 s<t 时返回 -1,s=t 时返回 0,s>t 时返回 1。

4. 编写一程序,其中包括一个函数,此函数的功能是:对一个长度为 N 的字符串从其第 K 个字符起,删去 M 个字符,组成长度为 N-M 的新字符串(其中 N、M <=80,K <=N)。要求输入字符串"We are poor students.",利用此函数是进行删除"poor"的处理,并输出处理的字符串。

5. 输入一行字符,将其中的字符从小到大排列后输出。

6. 输入若干行字符串,求出每行的串长。当串中包含"stop"时,停止输入,并打印最长一行的内容。

7. 将空格分开的字符串称为单词。输入多行字符串,直到输入"stop"单词时才停止。最后输出单词的数量。

8. 将输入的两行字符串连接后,将串中全部空格移到串首后输出。

9. 输入字符串,请分别统计字符串中所包含的各个不同的字符及其各个字符的数量。如:

输入字符串： abcedabcdcd

则输出： a = 2 b = 2 c = 3 d = 3 e = 1

10. 自己设计一个程序,尽可能多地使用C语言提供的与字符串处理有关的库函数。在调试自己的程序时,应事先预计输出结果,然后与程序输出比较。在此过程中,对每一个错误都要进行认真的分析,找出原因并纠正。

11. 有一个以符号'.'结束的英文句子,其长度小于80字节。请编程读入该句子,并检查其是否为回文(即正读和反读都是一样的,不考虑空格和标点符号)。例如:

读入:MADAM I'M ADAM. 输出:YES

读入:ABCDBA. 输出:NO

12. 将一个数的数码倒过来所得到的新数叫原数的反序数。如果一个数等于它的反序数,则称它为对称数。求不超过1993的最大的二进制的对称数。

第10章　结构、联合与枚举类型

在实际生活中，有着大量由不同性质的数据构成的实体，如日期就是由年、月、日组成的，通信录就是由姓名、地址、电话、邮政编码等组成的，对于如日期或通信录这样的实体，用数组或一般变量是难于描述的。因此，需要提供一种新的有效的数据类型。结构是一组相关的不同类型的数据的集合。结构类型为处理复杂数据提供了便利。本章详细讨论结构的定义、说明和使用，并介绍联合类型和枚举类型的基本概念，以及怎样用 typedef 定义新的数据类型标识。

10.1　结构类型

10.1.1　结构类型的概念与定义

结构与数组类似，都是由若干分量组成的。数组是由相同类型的数组元素组成，但结构的分量可以是不同类型的，结构中的分量称为结构的成员。访问数组中的分量（元素）是通过数组的下标，而访问结构中的成员是通过成员的名字。

在使用结构之前，首先要对结构的组成进行描述，称为结构定义。结构定义要说明该结构的组成成员，以及每个成员的数据类型。结构定义的一般形式如下：

```
struct 结构类型名称
{   数据类型   成员名1;
    数据类型   成员名2;
       ……
    数据类型   成员名n;
};
```

其中：struct 为关键字，是结构的标识符；结构类型名称是所定义的结构的类型标识，由用户自己定义；{　} 中包括组成该结构的成员项；每个成员的数据类型既可以是简单的数据类型，也可以是复杂的数据类型。

结构类型名称是可以省略的，此时定义的结构称为无名结构。

结构中所有的成员在逻辑上都应该是彼此紧密相关的，将毫无任何逻辑关系的一组成员放入同一结构中没有任何实际意义。

为了描述日期可以定义如下结构：

struct date

```
{   int year;              /* 年,int 型作为结构中的成员 */
    int month;             /* 月 */
    int day;               /* 日 */
};
```

在这个结构定义中,结构类型名称为 date,可以称这个结构类型为 date。在 date 结构中,有三个整型的成员 year、month 和 day。

为了处理通讯录,可以定义如下结构:

```
struct address
{   char name[30];             /* 姓名。字符数组作为结构中的成员 */
    char street[40];           /* 街道名称 */
    char city[20];             /* 城市 */
    char state[2];             /* 省市代码 */
    unsigned long zip;         /* 邮政编码。无符号长整型作为结构中的成员 */
};
```

结构定义明确给出了一种 C 语言中原来没有、而用户实际需要的新的数据类型。在程序编译的时候,结构的定义并不会使系统为该结构分配内存空间,只有在说明结构变量时才分配内存空间。

在程序中,结构的定义可以在一个函数的内部,也可以在所有函数的外部,在函数内部定义的结构,仅在该函数内部有效,而定义在函数外面的结构类型,在所有函数中都可以使用。

10.1.2 结构变量的说明

结构定义说明了它的组成,要使用该结构就必须说明结构类型的变量。结构变量说明的一般形式如下:

struct 结构类型名称 结构变量名;

定义结构是定义了一种由成员组成的复合类型,而用这种类型说明一个变量,才会产生具体的实体。说明结构变量的作用类似于说明一个 int 型的变量一样,系统为所说明的结构变量按照结构定义时的组成,分配存储数据的实际内存单元。结构变量的成员在内存中占用连续存储区域,所占内存大小为结构中每个成员的长度之和。

我们可以将变量 today 说明为 date 型的结构变量:

```
    struct date today;
```

也可以说明多个 address 型的结构变量:

```
    struct address wang, li, zhang;
```

结构变量 today 在内存的配置如图 10-1 所示。结构变量 wang 在内存的配置如图 10-2 所示。

结构变量同其他类型的变量一样，同样具有存储类型，在函数内部可以定义 auto 或 static，在函数外部可以定义 extern 或 static，但结构变量不能定义为 register 型的变量。

在程序中，结构定义要先于结构变量的说明。不能用尚未定义的结构类型对变量进行说明。结构的定义和说明可以同时进行，被说明的结构变量可直接在结构定义的"}"后给出。例如说明结构变量 today 可以使用下面的语句：

```
struct date
{    int year, month, day; /* 说明结构中有三个成员全部都是 int 型 */
} today;                   /* 定义结构的同时说明结构变量 today */
```

这与前面分别给出的结构类型定义和结构变量说明，在功能上完全等价。

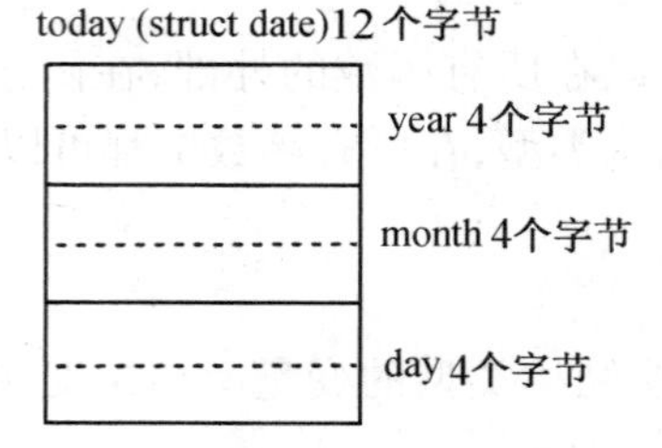

图 10－1　结构变量 today 在内存中的配置

wang(struct address) 96 个字节
name 30个字节
street 40 个字节
city 20 个字节
state 2 个字节
zip 4 个字节

图 10－2　结构变量 wang 在内存中的配置

一个结构变量占用内存的大小可以使用 sizeof 运算求出。sizeof 是单目运算，其功能是求出运算对象所占的内存空间的字节数。sizeof 运算符的优先级为 14，使用的一般形式为：

sizeof(变量或类型说明符)

例 10－1　sizeof 运算的意义。

```
#include "stdio. h"
void main ( )
{   char str[20];
    struct date                              /* 定义结构类型 date */
```

```
    {  int year, month, day;
    } today;                                        /* 说明结构变量 today */
    struct address                                  /* 定义结构类型 address */
    {  char name[30], street[40], city[20], state[2];
       unsigned long int zip;
    } wang;                                         /* 说明结构变量 wang */
    printf("char: %d\t", sizeof(char));             /* char 型的长度 */
    printf("int: %d\t", sizeof(int));               /* int 型的长度 */
    printf("long: %d\t", sizeof(long));             /* long 型的长度 */
    printf("float: %d\n", sizeof(float));           /* float 型的长度 */
    printf("double: %d\t", sizeof(double));         /* double 型的长度 */
    printf("str: %d\t", sizeof(str));               /* 数组 str 的长度 */
    printf("date: %d\t", sizeof(struct date));      /* 结构 date 的长度 */
    printf("today: %d\n", sizeof(today));           /* 结构变量 today 的长度 */
    printf("wang: %d\n", sizeof(wang));             /* 结构变量 wang 的长度 */
}
```

使用 sizeof 运算可以很方便地得到程序中不同数据类型或变量的字节长度。程序运行结果为：

```
char:    1     int:    4     long:    4     float:    4
double:  8     str:    20    date:    12    today:    12
wang:    96
```

10.1.3 引用结构中的成员

结构作为若干成员的集合是一个整体,但在使用结构时,不仅要对结构整体进行操作,而且更频繁的是要访问结构中的每个成员。对成员的访问要用到两个运算符,"."和"->"的作用是引用构造数据类型的结构和联合中的分量,即表示结构或联合中的成员。其形式为:

结构变量名.结构成员名 或 结构指针变量名->结构成员名

例如:stu.num　　　　　　pstu->num

"."运算符是用于用结构变量的形式来访问结构中的成员,而"->"运算符则是用于用结构指针的形式访问结构中的成员。

在 C 语言的所有运算符中,"."和"->"的优先级最高,其结合性是自左向右结合。

这里先讨论用结构变量名来访问结构成员,其形式为:

结构变量名.成员名称

如我们要将日期"2011.10.01"存入 today 结构变量,只能对其各个成员分别赋值:

```
today. year = 2011;     today. month = 10;     today. day = 1;
```

在C语言中,指明结构成员的运算符是"."，它的含义是访问结构中的成员。"today. year"的含义是访问结构变量today中的名为year的成员。"."操作的优先级在C语言中是最高的15级。其结合性为从左到右。明确这些基本概念对分析和掌握访问成员的复杂操作及运算的先后次序是很有帮助的。

例如,我们要用结构来描述一个人的基本情况,可以定义如下结构:

```
struct person                /* 定义 person 结构类型 */
{   char name [30];          /* 姓名 */
    char sex;                /* 性别 */
    struct date birthday;    /* 结构的成员又是结构,即结构的嵌套定义 */
} man;
```

这里定义结构类型为person,man为结构变量。在person结构中成员name是字符数组,sex为字符型,birthday为前面定义的日期date类型的结构。birthday这个成员就是一个嵌套的结构类型定义。如果要在变量man中存入一个1980年3月28日出生的zhang先生,可以采用如下赋值语句:

```
strcpy(man. name,"zhang"); /* 为结构中的字符串成员赋值 */
                           /* 注意:不能写成 man. name ="zhang"; */
man. sex ='M';             /* 为结构中的字符成员赋值 */
man. birthday. year =1980; /* 为嵌套定义的结构中的成员分别赋值 */
man. birthday. month =3;
man. birthday. day =28;
```

由于结构person中的成员birthday是一个date型的结构,在给birthday赋值时,不能将birthday作为一个整体,要用"."运算再深入一层访问到最基本的成员year、month或day。

如果要将"zhang"先生改为"zhong"先生,只要将结构变量man中的数组成员name下标为2的元素'a'改为'o'即可。可以使用下列语句:

```
man. name[2] = 'o';     /* 为结构变量中的数组成员的一个元素赋值 */
```

在C语言中,结构的成员可以像一般变量一样参与各种操作和运算,而作为代表结构整体的结构变量,要进行整体操作就有很多限制,由于结构中各个成员的逻辑意义不同,类型不同,对结构变量整体操作的物理意义不是十分明显。C语言中能够对结构进行整体操作的运算不多,只有赋值"="和取地址"&"操作。

例如:

```
struct date sunday, today;
    sunday = today;
```

进行结构变量整体赋值,即完成对应分量的赋值,就是将结构变量today的值按照各个分量的对应关系赋给结构变量sunday。这里"="两侧的结构变量类型必须是相同的结构类型。

例 10-2 输入今天的日期,然后输出该日期。

```
#include <stdio.h>
void main ( )
{  struct date {                          /* 在函数中定义结构类型 date */
      int year, month, day;
   };
   struct date today;                     /* 说明结构变量 today */
   printf ("Enter today date:");
   scanf("%d%d%d",&today.year,&today.month,&today.day);  /* 输入日期 */
   printf("Today:%d.%d.%d\n", today.year, today.month, today.day);
}
```

10.1.4 结构变量的初始化

在说明结构变量的同时,可以对每个成员置初值,称为结构变量的初始化。结构变量初始化的一般形式如下:

struct 结构类型名称 结构变量 ={ 初始化数据 };

其中"{ }"包括的初始化数据用逗号分隔。初始化数据的个数与结构成员的个数应相同,按成员的先后顺序一一对应赋值。此外,每个初始化数据必须符合与其对应的成员的数据类型。例如:在前面给出的 date 类型的变量,可以用如下形式进行初始化。

```
struct date today = { 2011, 10, 1};
```

又如对变量 man 的初始化可以用如下形式:

```
struct person man = { "zhao",'M',{1980,3,28} };
```

与数组的初始化相同,结构变量的初始化仅限于对外部的和静态的结构变量,对于存储类型为 auto 型的结构变量,不能在函数内部进行初始化,只能使用赋值语句进行赋值。

例 10-3 用结构描述个人基本情况,输出个人情况。

```
#include <stdio.h>
struct date                    /* 在所有函数的外部定义结构 date */
{  int year, month, day;
};
struct person                  /* 在所有函数的外部定义结构 person */
{  char name [30], sex;
   struct date birthday;
};
```

```
struct person xu = {  "Xu lihui",'M',{1962,10,4} };
                           /* 说明外部结构变量xu,并初始化结构变量 */
void main ( )
{   static struct person fang = {  "Fang jin",'M',{1963,9,13} };
    static struct person yuan = {  "Yuan zhiping",'M',{1963,10,5} };
                        /* 说明内部静态结构变量fang、yuan,并初始化结构变量 */
    printf ("name          sex   birthday\n");
    printf ("------------------------------------------\n");
    printf ("% -14s % -4c%4d. %2d. %2d\n", xu. name, xu. sex,
                  xu. birthday. year, xu. birthday. month, xu. birthday. day);
    printf ("% -14s % -4c%4d. %2d. %2d\n", fang. name, fang. sex,
                  fang. birthday. year, fang. birthday. month, fang. birthday. day);
    printf ("% -14s % -4c%4d. %2d. %2d\n", yuan. name, yuan. sex,
                  yuan. birthday. year, yuan. birthday. month, yuan. birthday. day);
}
```

程序运行结果为:

```
name           sex    birthday
---------------------------------------------
Xu lihui        M    1962. 10.  4
Fang jin        M    1963.  9. 13
Yuan zhiping    M    1963. 10.  5
```

10.2 结构数组

结构与数组的关系有两种:其一是在结构中使用数组作为结构的一个成员;其二是用结构作为数组元素的基类型构成结构数组。前者在前面的例题中已多次见到;后者是本节要讨论的内容。

结构数组是一个数组,其数组中的每一个元素都是结构类型。说明结构数组的方法是:先定义一个结构,然后用结构类型说明一个数组。

例如:为记录100个人的基本情况。可以说明一个有100个元素的数组,每个元素的基类型为一个结构,在说明数组时可以写成:

```
struct person man[100];
```

man是有100个元素的结构数组,数组的每个元素为person型结构。

要访问结构数组中的具体结构,必须遵守数组使用的规定,按数组名及其下标进行访问,要访问结构数组中某个具体结构中的成员,又要遵守有关访问结构成员的规定,使用“.”访问运算符和成员名。访问结构数组成员的一般格式是：

结构数组名[下标].成员名

同一般的数组一样，结构数组中元素的起始下标从 0 开始，数组名表示该结构数组的存储首地址。结构数组存放在一连续的内存区域中，它所占内存数量为结构类型的大小乘以数组元素的个数。结构数组 man 在内存中的存储如图 10－3 所示。

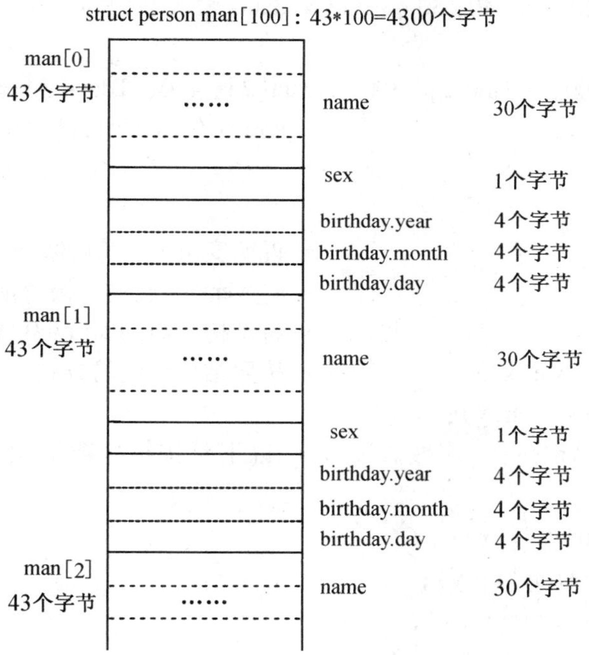

struct person man[100]：43*100=4300个字节

man[0] 43个字节
name 30个字节
sex 1个字节
birthday.year 4个字节
birthday.month 4个字节
birthday.day 4个字节
man[1] 43个字节
name 30个字节
sex 1个字节
birthday.year 4个字节
birthday.month 4个字节
birthday.day 4个字节
man[2] 43个字节
name 30个字节

图 10－3　结构数组 man 在内存中的存储

例如，我们要将数组 man 中的下标为 3 的元素赋值为："Fangjin"，'M'，1963，9，13，可以使用下列语句：

```
strcpy(man[3].name, "Fangjin");
man[3].sex = 'M';
man[3].birthday.year = 1963;
man[3].birthday.month = 9;
man[3].birthday.day = 13;        /* 为结构数组中一个元素的各个成员赋值 */
```

为了将"Fangjin"改为"Fangjun"，修改其中的字母'i'，可以使用下列语句，为结构数组中一个元素的数组成员中的一个字符赋值。

```
man[3].name[5] = 'u';
```

利用有 3 个元素的结构数组，可以很方便地改写例 10－3，请读者自己编写。

例 10-4 分析运行结果。

```
struct s
{   int x;
    int * y;                          /* y: 结构中的成员是指向整型的指针 */
} ;
int data[5] = {  10, 20, 30, 40, 50 };  /* data: 整型数组 */
struct s array[5] =
{  100, &data[0], 200, &data[1], 300, &data[2], 400, &data[3], 500, &data[4]
};                                    /* array: 结构数组,初始化 */
#include <stdio.h>
void main ( )
{   int i =0;                         /* 说明变量 i 并赋初值 */
    struct s s_var;                   /* s_ver: 一般的结构变量 */
    s_var = array[0];                 /* 将结构数组的 array[0]整体赋给 s_var */
    printf ("%d\n", s_var.x);         /* 按照结构变量的方式引用结构的成员 */
    printf ("%d\n", *s_var.y);
    printf ("For array:\n");           /* 以下是按结构数组元素方式引用结构成员
    */
    printf ("%d\n", array[i].x);
    printf ("%d\n", *array[i].y);
    printf ("%d\n", ++array[i].x);
    printf ("%d\n", ++ *array[i].y);
    printf ("%d\n", array[ ++i].x);
    printf ("%d\n", * ++array[i].y);
    printf ("%d\n", ( *array[i].y) ++);
    printf ("%d\n", *(array[i].y ++));
    printf ("%d\n", *array[i].y ++);
    printf ("%d\n", * array[i].y);
}
```

程序中说明了一个结构数组 array,结构数组 array 的每个元素有两个成员,其一为整型 x,其二为指向整型的指针 y。结构数组 array 的初始化后的状态如图 10-4 所示。

程序各个 printf 语句中对数组操作的含义如下:

```
s_var.x          /* 取 s_var 的成员 x 的值,输出 100 */
*s_var.y         /* 取 s_var 的成员指针 y 所指的内容,输出 10 */
```

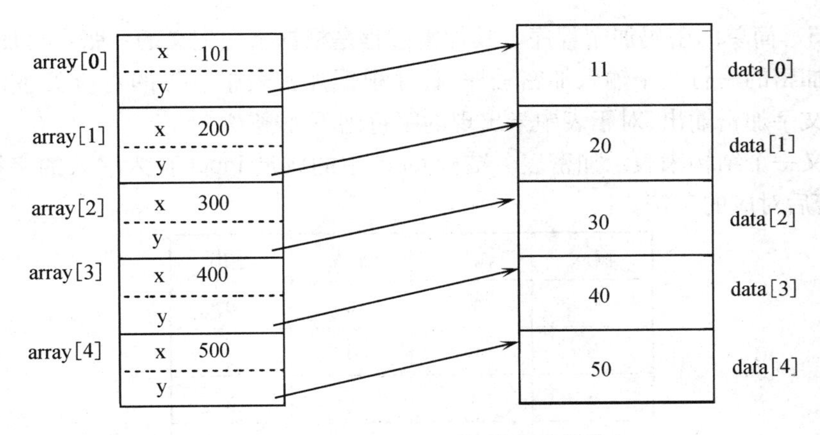

图 10－4　结构数组 array 初始化后的状态

```
array[i].x            /* i 的初值为 0,取 array[i]的 x 的值,输出 100 */
*array[i].y           /* 取 array[i]的指针 y 所指的内容,输出 10 */
++array[i].x          /* 取 array[i]的 x 的值,x 加 1 后输出 101 */
++*array[i].y         /* 取 array[i]的指针 y 所指的内容,y 的内容加 1 后输出 11 */
array[++i].x          /* i 先加 1 后取 array[i]的 x 的值,输出 200 */
* ++array[i].y        /* 将 array[i]的指针 y 先加 1 后再取 y 所指的内容,输出 30 */
(*array[i].y)++       /* 取 array[i]的指针 y 的内容,输出 30 后,y 的内容再加 1 */
*(array[i].y++)       /* 取 array[i]的指针 y 的内容,输出 31 后,指针 y 再加 1 */
*array[i].y++         /* 同上,由于运算的结合性隐含了括号,输出 40 */
*array[i].y           /* 输出 50 */
```

程序运行结束时,结构数组 array 的状态如图 10－5 所示。

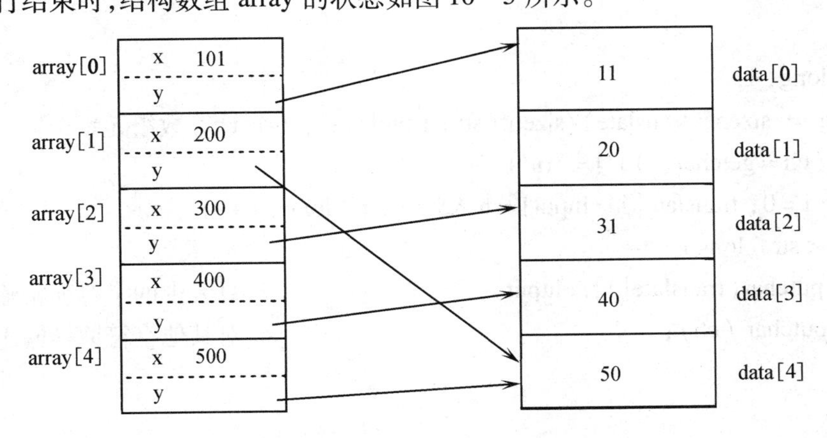

图 10－5　运行结束结构数组 array 的状态

例 10－5 简单的密码加密程序。其加密过程是根据事先定义的一张字母加密对照表。将需要加密的一行文字输入加密程序，程序根据加密表中字母的对应关系，可以很简单地将输入的文字加密输出，对于表中未出现的字符则不加密。

可以定义一个结构来表示加密表。结构 table 中的成员 input 存入输入的字符，成员 output 保存加密后对应的字符。

输入	输出	输入	输出
c	k	a	d
b	w	d	;
e	i	i	a
k	b	;	c
w	e		

```
#include  <stdio.h>
struct table              /* 定义结构 table */
{   char input;           /* 成员 input 存输入的字符 */
    char output;          /* 成员 output 存输出的字符 */
};
struct table translate[ ] =            /* 说明外部的结构数组 translate 并初始化 */
{   'a', 'd', 'b', 'w', 'c', 'k', 'd', ';', 'e', 'i',
    'i', 'a', 'k', 'b', ';', 'c', 'w', 'e'
};                                                        /* 建立加密对照表 */
void main( )
{   char ch;
    int str_long, i;
    str_long = sizeof(translate)/sizeof(struct table);   /* 计算数组元素个数 */
    while ( (ch = getchar( )) != '\n')
    {   for ( i =0; translate[i].input!=ch && i < str_long; i ++) ;
        if (i < str_long)
             putchar(translate[i].output);                /* 对表中的字符加密输出 */
        else putchar (ch);                                /* 对其他字符原样输出 */
    }
}
```

语句"struct table translate[ ] = {…}"有三个作用，一是说明了一个外部的结构数组 translate;二是表示数组的大小由后面给出的初始化数据决定,三是对结构数组进行初始化。在程序中给出了数组初始化数据,所以结构数组 translate 有 9 个元素。

程序中语句"str_long = sizeof(translate)/sizeof(struct table);"是用 sizeof 运算计算结构数组 translate 中元素的数目。其中 sizeof(translate)求出数组 translate 所占用的字节总数,sizeof(struct table)求出数组中每个元素所占用的字节数。

运行程序时,从键盘逐个读取输入的字符存入变量 ch 中,将 ch 的值与结构 translate 中的 input 比较,如果是要加密的字符,则输入加密后的字符 output,否则 ch 原样输出。

例 10-6 有 N 个小孩围成一圈并依次编号,教师指定从第 M 个小孩开始报数,当报到第 S 个小孩时,即令其出列,然后再从下一个孩子起从 1 开始继续报数,数到第 S 个小孩又令其出列,这样直到所有的孩子都依次出列。求小孩出列的顺序。这就是约瑟夫问题。

由于问题中的小孩围成一个圈,因而启发我们用一个环形链来表示。我们用结构数组构成一个环形链。结构名为 child,数组名为 link,nextp 是排在当前这个孩子后面的下一个孩子的序号。由 nextp 可构成一个环型链,no 是孩子的序号。这样就可以从第 m 个小孩开始沿着 nextp 连成的闭合链不断计数 s 次,输出对应的 no 表示让他出列。

```
#include <stdio.h>
struct child                                /* 定义结构 child */
{   int nextp;                              /* 排在后面下一个位置上的孩子的序号 */
    int no;                                 /* 孩子的序号 */
} link [100];                               /* 说明结构数组 link */
void main( )
{   int i, n, s, y, k, m, count =0;         /* count 为输出计数器 */
    printf ("\nTell me how many children are there ?");
    scanf ("%3d", &n);
    printf ("\nFrom which to count ?");
    scanf ("%3d", &m);
    printf ("\nHow many shall I count ?");
    scanf ("%3d", &s);
    for ( i=1; i<=n; i++ )                  /* 根据孩子总数 n 建立一个环 */
    {   if ( i == n )
            link[i].nextp =1;               /* 若是最后一个,则他的下一个是第1个人 */
        else link[i].nextp =i+1;            /* 否则,第 i 个人的下一个为第 i+1 个人 */
        link[i].no =i;                      /* 为第 i 个孩子建立序号 */
    }
```

```
    printf ("\nStand out :\n");
    if ( m >=i ) k=n;
    else         k=m-1;                    /* k定位在应开始计数的孩子的前一个人上 */
    while (count != n)
    {  for (i=0; i!=s; )                   /* 第s个孩子报数 */
       {  k = link[k].nextp;               /* 取下一个孩子 */
          if ( link[k].no != 0 ) ++i;      /* 若序号不为0表示没出列,则计数 */
       }
       printf ("%7d", link[k].no);         /* 输出出列的孩子序号 */
       link[k].no = 0;                     /* 将出列孩子的序号清为0 */
       if ( ++count % 10 ==0) printf ("\n");
    }
}
```

程序中首先输入小孩总数 n,报数起始位置 m 和需要出列的计数步长 s,然后由总数 n 初始化结构数组 link。为了程序中处理的方便,link 数组从下标 1 开始使用,下标为 0 的元素不用,由于数组说明长度为 100,所以输入的 n 值不能大于 99。

变量 k 记录下一次需要计数的数组下标,初始化时,变量 k 的值在要开始报数的小孩的前一个位置。在 while 循环中,使用 count 作为出列小孩计数器,对于已出列的小孩,将 no 清为 0,变量 i 是报数计数器,当 link[k].no 不为 0 时,才操作 ++i。语句"k = link[k].nextp;"的含义是将下一个孩子所在数组中的下标位置送入变量 k 中。

运行程序,输入 n = 35、m = 5、s = 3,可得到如下结果:

```
      7     10     13     16     19     22     25     28     31     34
      2      5      9     14     18     23     27     32      1      6
     29     12     20     26     33      4     15     24     35     11
      8     30     21      3     17
```

本例完全可以用一维数组实现,请读者自己编写程序。

10.3 结构指针

结构与指针的关系有两种:其一是指针作为结构中的一个成员;其二是指向结构的指针(称为结构指针)。前者同一般的结构成员一样可直接进行访问,后者是本节讨论的重点。

结构指针说明的一般形式是:

struct 结构类型名称 * 结构指针变量名;

例如:struct date * pdate, today;
说明了两个变量,一个是指向结构 date 的结构指针 pdate,today 是一个 date 类型的结构变量。
语句:

pdate = &today;

其含义如图 10 -6 所示。

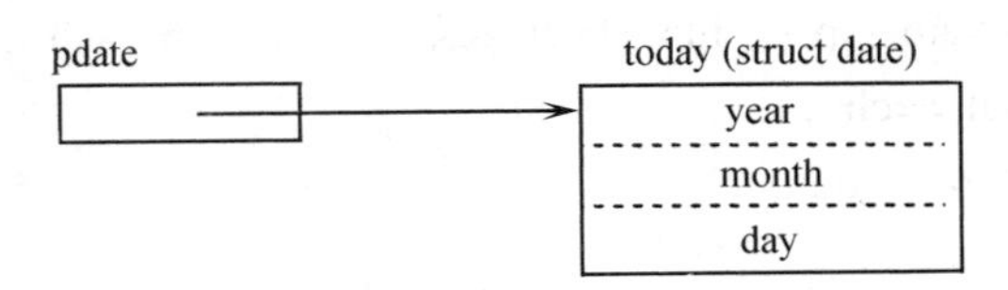

图 10 -6　结构指针指向结构

通过结构变量 today 访问其成员的操作,也可以用等价的指针形式表示:

today. year = 2012;　　等价于　　(* pdate). year = 2012;

由于运算符" * "的优先级比运算符"."的优先级低,所以必须有"( )"将 * pdate 括起来。若省去括号,则含义就变成了" * (pdate. year)"。

为了与结构变量名访问结构成员有所区别,在 C 语言中,通过结构指针访问成员采用 10.1.3 节介绍的运算符"->"进行操作,对于指向结构的指针,为了访问其成员可以采用下列语句形式:

结构指针 -> 成员名

这样,上面通过结构指针 pdate 访问成员 year 的操作就可以写成:

pdate -> year = 2012;

如果结构指针 p 指向一个结构数组,那么对指针 p 的操作就等价于对数组下标的操作。

结构指针是一种指向结构类型的指针变量,它是结构在内存中的首地址,结构指针具有一般指针的特性,如在一定条件下两个指针可以进行比较,也可以与整数进行加减运算。

例 10 -7　用结构指针改写例 10 -5 加密程序。

```
#include <stdio. h>
struct table
{   char input, output;
} ;
struct table translate[ ] =
{   'a', 'd', 'b', 'w', 'c', 'k', 'd', ';' , 'e', 'i',
    'i', 'a', 'k', 'b', ';', 'c', 'w', 'e'
                                    /* 建立加密对照表 */
};
```

```
void main( )
{   char ch;
    struct table *p, *pend;        /* p 和 pend 为指向结构 table 的指针 */
    pend = &translate[ sizeof(translate)/sizeof(struct table) - 1 ];
                                   /* pend 指向结构数组 translate 的最后一个元素 */
    while ( (ch = getchar( )) != '\n')
    {   for ( p = translate ; p -> input!=ch && p!=pend; p ++ ) ;
        if ( p -> input ==ch )
            putchar( p -> output);
        else
            putchar (ch);
    }
}
```

读者可以将两个程序对照阅读,体会结构指针特点。

由于结构指针和在结构中将指针作为成员,使得对于结构变量的运算和对成员的操作变得较为复杂。由于取内容的“ * ”与“. ”和“ -> ”运算符的优先级与结合性不同,使得对成员的访问和操作又增加了一层难度,再因为“ ++”和“ --”运算所具有的“先操作”与“后操作”的特性,以及“ ++”和“ --”运算的结合性,使得“ ++”和“ --”运算与结构操作混合在一起时,实际操作会更为复杂。

例 10-8 请分析程序的运算结果。

```
#include <stdio.h>
struct s
{   int x, *y;                     /* y:结构中的成员是指向整型的指针 */
} *p;                              /* p:指向结构的指针 */
int data[5] = {10, 20, 30, 40, 50,}; /* data:整型数组 */
struct s array[5] =
{   100, &data[0], 200, &data[1], 300, &data[2], 400, &data[3], 500, &data[4]
};                                 /* array:结构数组 */
void main ( )
{   p = array;                     /* 指针 p 指向结构数组的首地址 */
    printf ("For printer:\n");
    printf ("%d\n", p -> x);
    printf ("%d\n", (*p).x);
    printf ("%d\n", *p -> y);
```

```
    printf ("%d\n", *(*p).y);
    printf ("%d\n", ++p->x);
    printf ("%d\n", (++p)->x);
    printf ("%d\n", p->x++);
    printf ("%d\n", p->x);
    printf ("%d\n", ++(*p->y));
    printf ("%d\n", ++ * p->y);
    printf ("%d\n", *  ++p->y);
    printf ("%d\n", p->x);
    printf ("%d\n", * (++p)->y);
    printf ("%d\n", p->x);
    printf ("%d\n", * p->y ++);
    printf ("%d\n", * (p->y) ++);
    printf ("%d\n", * p ++ ->y);
    printf ("%d\n", p->x);
}
```

结构数组 array 的初始化后的状态如图 10.4 所示。程序中指针操作的含义如下：

```
p->x            /* 取结构指针 p 指向的结构的成员 x 的值,输出 100 */
(*p).x          /* 取结构指针 p 的内容的成员 x 的值,功能同上,输出 100 */
*p->y           /* 取结构指针 p 的指针成员 y 的内容,输出 10 */
*(*p).y         /* 取结构指针 p 的内容的指针成员 y 的内容,功能同上,输出 10 */
++p->x          /* p 所指的 x 加 1,x 先加 1 后再输出 101。注意,指针 p 并不加 1 */
(++p)->x        /* p 先加 1 后再取 x 的值,x 不加 1,输出 200。p 指向 array[1] */
p->x++          /* 先取 x 的值后 x 再加 1,输出 200,x 变为 201 */
p->x            /* 输出 201 */
++(*p->y)       /* p 所指的 y 的内容先加 1,输出 21。p 不加 1,y 也不加 1 */
++ *p->y        /* 同上,由运算的结合性隐含了括号,输出 22 */
*  ++p->y       /* y 先加 1 后再取 y 的内容,输出 30。p 不加 1,y 的内容不加 1 */
p->x            /* 输出 201 */
*(++p)->y       /* p 先加 1 后取所指 y 的内容,输出 30。p 指向 array[2] */
p->x            /* 输出 300 */
*p->y ++        /* 取 p 所指的 y 的内容,输出 30,然后 p 所指的 y 加 1 */
*(p->y) ++      /* 取 p 所指的 y 的内容,输出 40,然后 p 所指的 y 加 1 */
*p ++->y        /* 取 p 所指的 y 的内容,输出 50,然后 p 加 1 指向 array[3] */
```

p -> x   /* 输出 400 */

程序运行结束时,指针与结构数组 array 的状态如图 10-7 所示。

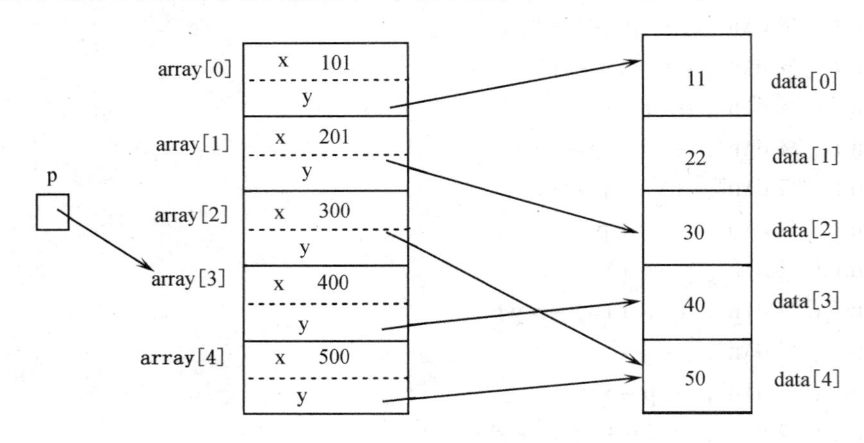

图 10-7 程序结束时指针与结构数组 array 的状态

通过例 10-8 可以总结出来,由运算符的优先级和结合性决定了"++"操作的对象,由"++"操作是前缀还是后缀,决定了进行操作的时机。请比较"++p->x"与"p->x++"的区别,比较"++*p->x""*++p->x"和"*(++p)->x"的区别,比较"*p->y++""*(p->y)++"和"*p++->y"的区别。

例 10-9 用一个结构表示学生的学号和成绩,编写程序,对班中 30 名学生按成绩进行排序,并输出排序后的学号、成绩和全班平均分。

```
#include <stdio.h>
#define STNUM 30                          /* 全班学生人数 */
struct stuinf
{   int stid;                             /* 学生学号 */
    int score;                            /* 学生成绩 */
} stu[STNUM];                             /* stu: 结构数组 */
void main ( )
{   struct stuinf *ptemp, *p[STNUM];      /* ptemp:指向结构的指针, 临时变量 */
                                          /* p:指向结构的指针构成的指针数组 */
    int i, j, k, sum =0;                  /* i,j,k:临时变量;sum:分数累计 */
    for (i =0; i <=STNUM -1; i ++)        /* 输入学生的学号和成绩 */
    {   scanf ("%d%d", &stu[i].stid, &stu[i].score);
        p[i] = &stu[i];
```

```
                /* 指针数组 p[i]的第 i 个指针(元素)指向结构数组的第 i 个元素 */
        sum  += stu[i].score;                  /* 累计学生的分数 */
    }
    for ( i = 0; i <= STNUM - 2; i ++ )        /* 排序操作 */
    {   k = i;    /* k:在第 i 次循环中,指向当前最高分的指针在指针数组 p 中的下标 */
        for (j = i; j <= STNUM - 1; j ++)
            if (p[k] -> score  < p[j] -> score)    k = j;
                /* 查找当前最大值, k 中存放最大值对应的指针在指针数组 p 中的下标 */
        if ( k != i )                          /* 当 k 不等于 i 时,交换两个指向结构的指针 */
        {   ptemp = p[i];
            p[i] = p[k];
            p[k] = ptemp;
        }
    }
    for (i = 0; i <= STNUM - 1; i ++)          /* 按排序顺序输出学号和成绩 */
        printf("%d,%d\n", ( *p[i]).stid, p[i] -> score);
    printf ("average score = %d\n", sum/STNUM); /* 输出平均分 */
}
```

程序中使用了较为复杂的数据结构,包括:结构数组 stu,指向结构的指针 ptemp,由指向结构的指针构成的指针数组 p。

程序在结构数组 stu 和指针数组 p 之间建立了对应的指针关系,从而为简化后续处理打下了良好的基础。在排序过程中,程序使用选择排序的思想,先查找确定当前的最大值,再进行一次有实效的数据交换。进行数据交换时,也没有交换结构数据本身,而是交换了指向结构数据的指针。在输出时,按照排序后指针的顺序,输出排序后的数据。

10.4 在函数之间传递结构

调用函数时,可以将结构作为参数进行传递。在函数间传递结构的方式有三种:向函数传递结构的成员、向函数传递整个结构和向函数传递结构的地址。

10.4.1 向函数传递结构的成员

在函数之间传递结构的成员实际上与在函数之间传递一个简单变量是相同的,在函数间既可以传递结构成员的值。也可以传递结构中成员的地址。

例 10-10 输入个人信息,打印输入结果。

```
#include "stdio.h"
struct date
{   int year, month, day;
};
struct person
{   char name[30], sex;
    struct date birthday;
} man;
void main ( )
{   scanf ("%s", man.name);                    /* 传递字符串 name 的地址 */
                 /* 字符串数组 name 已经表示了地址,没有必要再用"&"操作符 */
    sacnf("%c", &man.sex);                     /* 传递成员 sex 的地址 */
    scanf("%d", &man.birthday.year);           /* 传递成员 birthday 结构中 year 的地址 */
    scanf ("%d", &man.birthday.month);         /* 传递成员 birthday 中 month 的地址 */
    scanf ("%d", &man.birthday.day);           /* 传递成员 birthday 中 day 的地址 */
    printf("%s\n", man.name);                  /* 传递成员字符串 name 的地址 */
    printf("%c\n", man.sex);                   /* 传递成员 sex 的值 */
    printf("%d\n", man.birthday.year);         /* 传递成员 year 的值 */
    printf("%c\n", man.name[2]);               /* 传递字符串 name 中的下标为 2 的字符 */
}
```

程序中若要向 man. name[2]中输入一个字符,可用如下语句:

```
scanf ("%c", &man.name[2]);
```

该语句是向 scanf 函数传递结构变量 man 中字符数组成员 name 中的第 2 号元素 name[2]的地址。取地址运算符"&"要放在结构变量的前面,而不是成员名的前面。下列语句均是错误的。

错误:man. &name[2];　　man. &birthday. year;　　man. birthday. &day;

10.4.2 在函数之间传递整个结构

在函数之间传递整个结构有两种方式:一是将结构变量作为参数向被调用函数传递:二是被调用函数的返回值是结构,将计算结果返回调用函数。

将结构变量作为形式参数,通过函数间形参与实参结合的方式将整个结构传递给函数。这种传递方式,实际就是值传递。在被调用函数中,对结构形参变量的值进行的任何修改,都不会影响到调用函数中的结构变量。将结构作为函数参数时,结构的类型必须完全匹配。

例 10-11 中国有句俗语叫"三天打鱼两天晒网",某人从 1990 年 1 月 1 日起开始"三天打鱼两天晒网″。问这个人在以后的某一天中是在″打鱼″,还是在″晒网″。

为了判断这个人在那一天是在″打鱼″,还是在″晒网″,首先要求出从 1990 年 1 月 1 日起到指定的日期共有多少天,将总天数被 5 取余后,就可从余数中判断。

```
#include < stdio. h >
struct date
{   int year, month, day;
};
void main ( )
{   struct date today, term;
    int yeardays =0, day;
    printf ("Enter year month day: ");     /* 输入年、月、日 */
    scanf ("% d% d% d", &today. year, &today. month, &today. day);
    term. month =12;
    term. day =31;
    for ( term. year =1990; term. year < today. year; term. year ++)
    yeardays += days(term);               /* 以结构变量 term 调用函数累计整年的天数 */
         yeardays += days(today);         /* 以结构变量 today 调用函数累计当年的天数 */
    day = yeardays % 5;
    if ( day >0 && day <4)
         printf ("He is fashing. \n");
    else
         printf ("He is sleeping. \n");
}
days (day)                                /* 计算从年初到 day 时的天数 */
   struct date day;                       /* 形式参数为结构型 */
{   static int day _ tab[2][13] =
         {  { 0,31,28,31,30,31,30,31,31,30,31,30,31},     /* 平年每月天数 */
            { 0,31,29,31,30,31,30,31,31,30,31,30,31}      /* 闰年每月天数 */
         };
    int i, lp;                            /* lp:判断是否为闰年的标记 */
    lp = day. year%4 ==0 && day. year%100!=0 || day. year%400 ==0;
    for ( i =1; i < day. month; i ++ )
         day. day += day _ tab[lp][i];
    return (day. day);                    /* 返回累计天数 */
```

```
}
```

main 函数中调用函数 days 时,使用 date 型结构变量 term 作为实参,与之对应的函数 days 的形参 day 也是 date 型的结构变量,在调用 days 时将实参变量 term 中的成员分别传递给形参变量 day 对应的成员。由于程序中函数间传递结构是值传递,所以 days 函数中修改 day. day 的值不会影响到 main 函数中 term. day 的值。

运行程序:输入 year = 1991, month = 10, day = 25,输出:He is fashing.

输入 year = 1992, month = 10, day = 25, 输出:He is sleeping.

函数的返回值也可以是结构类型。此时在函数定义时必须说明函数的返回值类型,同时返回值应赋给一个结构变量。

例 10 – 12 利用结构变量求解两个复数之积。

① (3 +4i) × (5 +6i)

② (10 +20i) × (30 +40i)

```
#include < stdio. h >
struct complx
{   int real;                      /* real 为复数的实部 */
    int im;                        /* im 为复数的虚部 */
};
void main ( )
{   static struct complx za = {3,4};              /* 说明静态结构变量并初始化 */
    static struct copmlx zb = {5,6};
    struct complx z, x, y;
    struct complx cmult( );        /* 说明函数 cmult 的返回值类型是结构 complx 型 */
    void cpr( );
    z = cmult(za, zb);             /* 以结构变量调用 cmult 函数,返回值赋给结构变量 z */
    cpr (za, zb, z);               /* 以结构变量调用 cpr 函数,输出计算结果 */
    x. real = 10; x. im = 20; y. real = 30; y. im = 40;        /* 下一组数据 */
    z = cmult (x, y);
    cpr (x, y, z);
}
struct complx cmult (za, zb)       /* 计算复数 za×zb,函数的返回值为结构类型 */
  struct complx za, zb;            /* 形式参数为结构类型 */
{   struct complx w;
    w. real = za. real * zb. real - za. im * zb. im;
    w. im = za. real * zb. im + za. im * zb. real;
```

```
    return (w);                    /* 返回计算结果,返回值的类型为结构 */
}
void cpr (za,zb,z)                 /* 输出复数 z = za × zb */
   struct complx za, zb, z;        /* 形式参数为结构类型 */
{   printf ("(%d + %di) * (%d + %di) =", za.real, za.im, zb.real, zb.im);
    printf ("(%d + %di)\n", z.real, z.im);
}
```

程序中函数 cmult 的形式参数是结构类型,函数 cmult 的返回值也是结构类型。在运行时,实参 za 和 zb 为两个结构变量,实参与形参结合时,将实参结构的值传递给形参结构,在函数计算完毕之后,结果也存在一个结构变量 w 中,main 函数中将 cmult 返回的结构变量 w 的值存入到结构变量 z 中。这样通过在函数间传递结构变量和函数返回结构型的计算结果,完成计算两个复数相乘的操作。

运行程序,输出结果是:

```
(3 +4i) * (5 +6i)  = ( -9 +38i)
(10 +20i) * (30 +40i)  = ( -500 +1000i)
```

10.4.3 向函数传递结构的地址

向函数中传递结构的地址要将函数的形式参数定义为指向结构的指针,在调用时要用结构的地址作为实际参数。

例 10-13 用结构指针修改例 10-11“三天打鱼两天晒网”的程序。

```
#include <stdio.h>
struct date
{   int year, month, day;
};
void main ( )
{   struct date today, term;
    int yeardays =0, year, day;
    printf ("Enter year month day: ");
    scanf ("%d%d%d", &today.year, &today.month, &today.day);
    term.month =12;
    term.day =31;
    for ( term.year =1990; term.year < today.year; term.year ++)
        yeardays += days(&term);            /* 以结构变量 term 的地址调用函数 */
    yeardays += days(&today);
```

```
    day  =  yeardays % 5;
    if (  day >0 && day <4  )
         printf ("He is fashing. \n");
    else
         printf ("He is sleeping. \n");
}
days (pday)
   struct date  * pday;                              /* 形参为指向结构的指针 */
{  static int day_tab[2][13]  =
         {  {    0,31,28,31,30,31,30,31,31,30,31,30,31},
            {    0,31,29,31,30,31,30,31,31,30,31,30,31}
         };
   int i, lp, yeardays;
   lp  =  pday -> year%4 ==0  && pday -> year%100!=0  ||  pday -> year%400 ==0;
   for (  yeardays = pday -> day  ,  i = 1;  i < pday -> month;  i ++)
         yeardays  += day _ tab[lp][i];
   return (yeardays);
}
```

请将两程序相互对照。此处函数 days 的形式参数是指向结构的指针,调用函数时的实际参数是结构变量的地址(&term)。

函数 days 中使用 yeardays 作为存放一年中的第几天的变量,而不是像前面的程序使用结构中的成员 day。这里因为在函数间传递地址后,在 days 函数中使用 pdays -> day 就会使两个函数操作同一结构变量,在函数 days 中对 pday 所指结构变量的成员的任何修改,都会影响到 main 中结构变量 term 的值。

例 10 - 14　输入 10 本书的名称和单价,按照单价的升序进行排序后输出。

我们采用函数 sortbook 完成排序工作,函数 printbook 输出书名和单价。在函数 sortbook 中,使用插入排序算法。插入排序的基本思想是:在数组中,有 n 个已经从小到大排好序的元素,要加入一个新的元素时,可以从数组的第一个元素开始,依次与新元素进行比较。当数组中首次出现第 i 个元素的值大于新元素时,则新的元素就应当插在原来数组中的第 i - 1 个元素与第 i 个元素之间。此时可以将数组中第 i 个元素之后(包括第 i 个元素)的所有元素向后移动一个位置,将新元素插入,使它成为第 i 个元素。这样就可以得到已经排好序的 n + 1 个元素。

```
#include  < stdio. h >
#define NUM 10
struct book                                          /* 定义结构 book */
```

```
{   char name[20];                                    /* 书名 */
    float price;                                      /* 单价 */
};
void main ( )
{   struct book term, books[NUM];                     /* books:结构数组 */
    int count;                                        /* count 数组 books 的元素计数器 */
    void sortbook( ), printbook( );
    for ( count =0; count < NUM; )
    {   printf("Please enter book name and price: book % d =", count +1);
        scanf ("% s% f", term. name, &term. price);   /* 输入书名和单价 */
        sortbook (term, books, count ++);
                                        /* 输入一个新的书名和单价后马上排序 */
        /* 调用排序程序。传递结构变量 term 和结构数组 book(数组的首地址) */
    }
    printf("------------- BOOK LIST -------------\n");
    for ( count =0; count < NUM; count ++ )       /* 输出书名和单价 */
        void printbook ( &books[count] );
                                        /* 调用函数。传递数组中的一个元素的地址 */
}
void sortbook (term, pbook, count)       /* 用插入排序算法将元素从小到大排序 */
        /* 选择数组的适当位置,将 term 插入已有 count 个有序元素的数组中 */
  struct book term;        /* 形参:结构变量 term */
  struct book *pbook;  /* 指向结构数组首元素的指针 pbook */
  int count;               /* 数组中已存入 count 个有序元素 */
{   int i;
    struct book *q, *pend = pbook;                    /* pend:数组元素的尾指针 */
    for (i =0; i < count; i ++, pend ++) ;
                                        /* 指针 pend 指向数组最后一个元素的下一个 */
    for ( ; pbook < pend; pbook ++ )                  /* 选择适当的插入位置 */
        if ( pbook -> price > term. price )
            break;                /* 退出循环时,pbook 指向新元素应当插入的位置 */
    for (q = pend - 1; q >=pbook; q --)
        *(q +1) = *q;     /* 将 pbook 之后的元素向后移动,空出位置 pbook */
    *pbook = term;                                /* 在 pbook 处插入新元素 term */
```

```
}
void printbook (pbook)              /* 输出指针 pbook 所指向的结构数组元素的值 */
    struct book *pbook;
{   printf ("% -20s %6.2f\n", pbook->name, pbook->price);
}
```

运行程序，输入如下数据：

Please enter book name and price. book 1 =Ada 7.5
Please enter book name and price. book 2 = C 10
Please enter book name and price. book 3 = C ++ 18.2
Please enter book name and price. book 4 = Pascal 12.5
Please enter book name and price. book 5 = Windows 38.2
Please enter book name and price. book 6 = BASIC 5.5
Please enter book name and price. book 7 = FORTRAN 9.5
Please enter book name and price. book 8 = DOS6.2 18.50
Please enter book name and price. book 9 = FORTRAN77 15.5
Please enter book name and price. book 10 = COBOL 9.2

程序输出结果为：

```
------------ BOOK LIST ------------
BASIC                5.50
Ada                  7.50
COCOL                9.20
FORTRAN              9.50
C                   10.00
Pascal              12.50
FORTRAN77           15.50
C ++                18.20
DOS6.2              18.50
Windows             38.20
```

例 10－15　编写一个模拟人工洗牌的程序，将洗好的牌分别发给四个人。

使用结构 card 来描述一张牌，用随机函数来模拟人工洗牌的过程，最后将洗好的 52 张牌顺序分别发给四个人。

```
#include <stdio.h>
#include <stdlib.h>
struct card
```

```
{
    int pips        /* 从1到13。1:A,11:J,12:Q,13:K */
    char suit;      /* 牌的花色。C:梅花 D:方块 H:红心 S:黑桃 */
};
struct card deck[ ] =
{   {1, 'C'},{2,'C'},{3, 'C'},{4, 'C'},{5, 'C'},{6, 'C'},{7, 'C'},
    {8, 'C'},{9, 'C'},{10,'C'},{11,'C'},{12,'C'},{13,'C'},
    {1, 'D'},{2, 'D'},{3, 'D'},{4, 'D'},{5, 'D'},{6,'D'},{7, 'D'},
    {8, 'D'},{9, 'D'},{10,'D'},{11,'D'},{12,'D'},{13,'D'},
    {1, 'H'},{2, 'H'},{3, 'H'},{4, 'H'},{5, 'H'},{6, 'H'},{7, 'H'},
    {8, 'H'},{9, 'H'},{10,'H'},{11,'H'},{12,'H'},{13,'H'},
    {1, 'S'},{2, 'S'},{3,'S'},{4, 'S'},{5, 'S'},{6, 'S'},{7,'S'},
    {8, 'S'},{9, 'S'},{10,'S'},{11,'S'},{12,'S'},{13,'S'}
};                              /* 初始化一副牌 */
void shuffle (deck)             /* 模拟人工洗牌的过程 */
   struct card deck[   ];       /* 形式参数为结构数组 */
{  int i,j;
   randomize( );                /* 调用函数对随机函数初始化 */
   for (i=0; i<52; i++)
   {  j=rand( )%52;             /* 从52张牌中随机选择一张牌与第i张牌进行交换 */
      swapcard( &deck[i], &deck[j] );
                                /* 以结构数组中元素的地址为实参调用函数 */
   }
}
void swapcard ( p, q )                          /* 交换两张牌 */
   struct card *p, *q;                          /* 形式参数为指向结构的指针 */
{  struct card temp;
   temp = *p; *p = *q; *q = temp;               /* 交换两个结构变量的值 */
}
void main( )
{  int i;
   shuffle(deck);                               /* 以结构数组名为实际参数调用函数 */
   for ( i=0; i<52; i++)
       if (i%13 ==0) printf("\nNo. %d:", i/13 +1);
```

```
    else   printf(" %c%2d,", deck[i].suit, deck[i].pips);
}
```

运行程序,可能的输出结果为:

No.1: D12, C12, C 3, D 3, H10, C 4, H 1, S13, S12, D 9, D13, D 2,
No.2: H 5, D11, H11, D 6, H13, C 5, H 3, D 5, S 1, C 9, C13, H 6,
No.3: S 3, H 9, H 2, H 7, D 7, D 4, S 4, H12, C 6, D10, H 8, D 1,
No.4: S 2, C 8, H 4, S 9, S 7, C 7, D 8, S 8, S11, C11, S 5, S10,

10.5 联合类型

C 语言中,允许不同的数据类型使用同一存储区域,即同一存储区域由不同类型的变量共享,这种数据类型就是联合(也称为共同体)。联合在定义、说明和使用形式上与结构十分相似。联合定义的一般形式为:

```
union   联合类型名
{  数据类型     成员名 1;
   数据类型     成员名 2;
      ……
   数据类型     成员名 n;
};
```

其中 union 为关键字。

例如可以定义如下的联合:

```
union u_type                          /* u_type: 联合类型名 */
{  int i;
   char ch;
   long li;
};
```

与结构定义相同,联合定义也仅是说明了联合的组成,用户可以使用单独的变量说明语句,或将变量名放在该定义的尾部来说明一个联合类型的变量。可以使用以下说明语句说明一个联合类型的变量 cnvt 和一个指向联合类型的指针变量 pcnvt:

```
union u_type cnvt, *pcnvt;
```

联合与结构的本质区别就在于内存使用方式的不同。对结构而言,结构中不同的成员分别使用不同的内存空间,一个结构所占内存空间的大小是结构中每个成员所占内存大小的总和,结构中每个成员相互独立,是不能占用同一存储单元的。

对于我们定义的联合类型的变量 cnvt,其内存占用情况如图 10-8 所示。

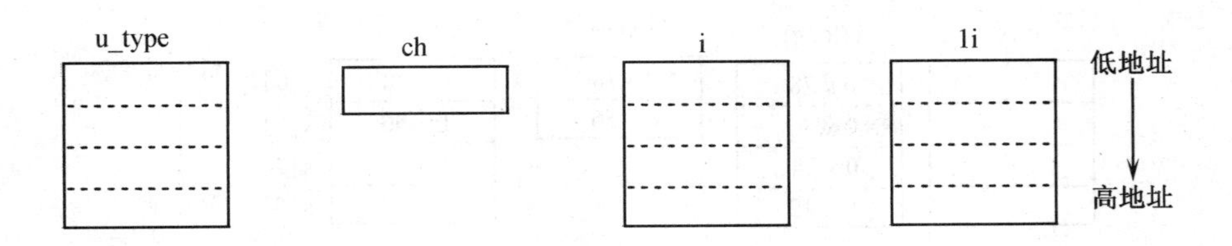

图 10－8　联合 cnvt 内存占用情况

联合变量 cnvt 中，成员 ch、i 和 li 共享同一片连续的内存单元，字符型成员 ch 使用第 1 个字节，整型成员 i 占 4 个字节，长整型成员 li 使用全部 4 个字节。联合 cnvt 所占用的内存空间为最长的成员 li 所占用的空间，是 4 个字节，各个成员分量全都是从低地址方向开始使用内存单元。

由于联合中的各个成员使用共同的存储区域，所以联合中的空间在某一时刻只能保持某一成员的数据，即向其中一个成员进行赋值的时候，联合中其他成员的值也会随之发生改变。

对联合中成员的访问同结构完全一样，如果要访问联合变量中的成员，可使用“.”运算，如果使用指针访问联合中的成员，可以使用“->”。例如已知 pcnvt = &cnvt;则要将整数 10 存入联合 cnvt 中，可以写：

```
cnvt.i = 10;   或   (*pcnvt).i = 10;   或   pcnvt->i = 10;
```

例 10－16　分析以下程序的运行结果。

```
#include <stdio.h>
void main ( )
{   union                  /* 定义联合并说明联合变量 mix */
      {  long i;       /* 定义 long 型成员 */
         char ii;      /* 定义 char 型成员 */
         char s[4];  /* 定义 char 型数组成员 */
      } mix;
  mix.i = 0x12345678;          /* 通过联合中的 long 型成员 i 为联合赋初值 */
  printf ("mix.i = %lx\n", mix.i);    /* 分别输出联合中各个成员的值 */
  printf ("mix.ii = %x\n", mix.ii);
  printf ("mix.s[0] = %x\t mix.s[1] = %x\n", mix.s[0], mix.s[1]);
  printf ("mix.s[2] = %x\t mix.s[3] = %x\n", mix.s[2], mix.s[3]);
}
```

在联合变量 mix 中，成员 i(long)、ii(char)和数组 s[4](char)共享同一内存。变量 mix 的长度为 4，由最长的成员 i 所占用的内存长度决定。成员在内存中的相互关系如图 10－9 所示。图中每个单元的值是执行语句"mix.i = 0x12345678;"后的内存情况。

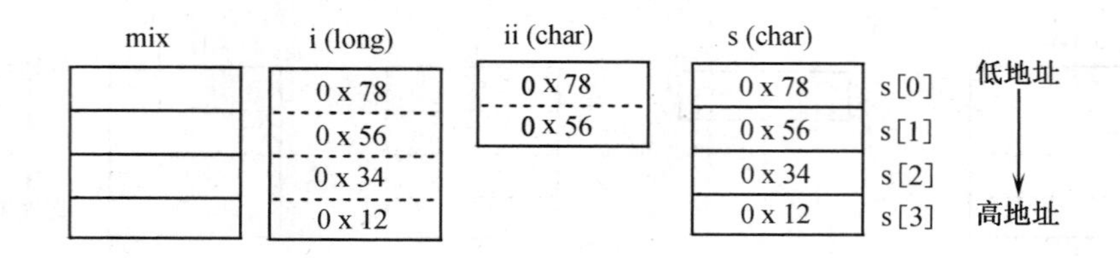

图 10－9　联合 mix 内存占用情况

由联合变量在内存中各个成员的关系，运行程序后可以输出如下结果：

mix. i = 12345678

mix. ii = 78

mix. s[0] = 78　　mix. s[1] = 56

mix. s[2] = 34　　mix. s[3] = 12

10.6　枚举类型

10.6.1　枚举的概念

在 C 语言中，当一个变量只能取给定的几个值时，将这些值一一列举出来，就形成了枚举类型。枚举类型的定义形式是：

enum 类型标识符 {枚举值表}；

例如：

enum weekday {Sun, Mon, Tue, Wed, Thu, Fir, Sat}；

这里 enum 是关键字，说明定义的是枚举类型；weekday 是枚举类型名，花括号中是枚举类型的具体内容，也称为枚举值表或枚举元素。通过上述定义，定义了一个枚举类型 weekday，该类型中元素的取值是 Sun, Mon, Tue, Wed, Thu, Fir 和 Sat。

与结构体相似，定义了枚举类型之后，编译系统并不为其分配相应的内存空间，必须定义枚举变量，枚举类型变量的定义方式有两种，一种是在定义枚举类型的同时定义变量，另一种是通过已定义的枚举类型名来定义枚举变量。

例如：

```
enum weekday { Sun, Mon, Tue, Wed, Thu, Fir, Sat } day1, day2;
                                        /* 定义枚举类型同时定义变量 */
```

或：

```
enum enum weekday { Sun, Mon, Tue, Wed, Thu, Fir, Sat }; /* 定义枚举类型 */
enum weekday day1, day2;                                 /* 定义该类型的变量 */
```

值得注意的是，枚举元素如 Sun、Mon 等的实际意义是由用户定义的标识符，或称为枚举常量，枚举元素有自己的值，是整型常量，可以在定义中通过初始化的方式指定它们的值。

例如：enum weekday {Sun = 7, Mon = 1, Tue = 2, Wed = 3, Thu, Fri, Sat};

/* 为部分枚举元素指定值 */

按照上述定义，Sun 的值为整数 7，Mon 的值为整数 1，对于未赋值的元素，系统按照 0、1、2、3 的顺序，自动为它们赋值，如果某一个元素已有值，其后的元素以该元素的值为基础，顺序加 1，上例中，Thu 的值为 4，Fri 的值为 5，Sat 的值为 6。

10.6.2 枚举运算

枚举变量可以实现的运算有赋值和比较运算。

1. 枚举变量的赋值

枚举变量可以用枚举元素表中的值为其赋值，虽然枚举元素的值为整型常量，但在程序中，不允许用整数为枚举变量直接赋值，需要时可用强制类型转换的方法进行。如：

```
day1 =5;        /* 错误 */
day1 =(enum weekday) 5;
                /* 正确。相当于将枚举元素中序号为 5 的值赋给枚举变量 day1 */
```

2. 枚举变量的比较

在枚举变量之间以及枚举变量与元素之间可以进行比较。

例如：

```
enum weedday = {Sun, Mon, Tue, Wed, Thu, Fri, Sat} day1, day2;
if ( day1 ==day2 )        /* 枚举变量之间的比较 */
   { …… }
if ( day1 > Mon )         /* 枚举变量与枚举元素之间的比较 */
   { …… }
```

3. 枚举元素与整型数据的比较

枚举元素是一个整型常量，它可以和整型数进行比较。

例如：

```
int i;
for ( i = Sun; i <=Sat; i ++ )
   { …… }
```

需要注意的是，枚举元素仅是一个标识符，不是字符串，不能直接以字符串的方式输入和输出。下面用法是错误的：

```
day1 =Mon;
printf("%s\n", Mon);          /* 错误的输出格式，不能用%s */
```

下面通过程序举例说明枚举类型的应用。

例 10－17 写一个函数,计算明天的日期。

```
enum day { Sun,Mon,Tue ,Wed,Thu,Fri,Sat};
enum day day_tomorrow( enum day d )
{   enum day nd;
    switch(d)
    {   case Sun: nd = Mon; break;
        case Mon: nd = Tue; break;
        case Tue: nd = Wed; break;
        case Wed: nd = Thu; break;
        case Thu: nd = Fri; break;
        case Fri: nd = Sat; break;
        case Sat: nd = Sun; break;
    }
    return(nd);
}
```

由于枚举类型将变量可能的取值一一列出,用户可以"见名知意",因此使用枚举变量比较直观,而且变量限制在有限的几个枚举元素之间,如果赋予了一个其他的值,系统会出现出错提示信息,便于编程人员进行错误排查。

10.7 用 typedef 定义类型

C 语言中除了系统定义的标准类型(如 int、char、long、double 等)和用户自己定义的结构和联合、枚举等类型之外,还可以用类型说明语句 typedef 定义新的类型来代替已有的类型。typedef 语句的一般形式是:

typedef　已定义的类型　新的类型;

例如:

```
typedef int INTEGER;
typedef float REAL;
```

指定用 INTEGER 代表 int 类型,用 REAL 代表 float,这里可以将 INTEGER 看做与 int 具有同样意义的类型说明符,将 REAL 看做与 float 具有同样意义的类型说明符。在具有上述 typedef 语句的程序中,下列语句就是等价的:

int i,j; float pai　等价于　INTEGER i, j; REAL pai;

例 10－18 改写例 10－12"利用结构变量求解两个复数之积"的程序。

```
#include <stdio.h>
typedef int INTEGER;                /* 定义新的类型 INTEGER(整型) */
typedef struct complx               /* 定义新的类型 COMP(结构) */
{  INTEGER real, im;                /* real 为复数的实部,im 为复数的虚部 */
} COMP;
void main ( )
{  static COMP za = {3,4};          /* 说明静态 COMP 型变量并初始化 */
   static COMP zb = {5,6};
   COMP z, cmult( );          /* 说明 COMP 型的变量 z 和函数 cmult */
   void cpr( );
   z = cmult(za, zb);         /* 以结构变量调用 cmult 函数,返回值赋给结构变量 z */
   cpr (za, zb, z);           /* 以结构变量调用 cpr 函数,输出计算结果 */
}
COMP cmult (za, zb)           /* 计算复数 za × zb,函数的返回值为 COMP 类型 */
  COMP za, zb;                /* 形式参数为 COMP 类型 */
{  COMP w;
   w.real = za.real * zb.real - za.im * zb.im;
   w.im = za.real * zb.im + za.im * zb.real;
   return (w);                /* 返回结果 */
}
void cpr (za,zb,z)            /* 输出复数 za × zb = z */
  COMP za, zb, z;             /* 形式参数为 COMP 类型 */
{  printf ("(%d+%di)*(%d+%di)=", za.real, za.im, zb.real, zb.im);
   printf ("(%d+%di)\n", z.real, z.im);
}
```

10.8 链表基础

结构类型的重要应用之一就是链表。现实生活中存在大量需要动态存储和表示的数据,例如排队、排序等,这些问题都可以用链表的方式表示和处理。

10.8.1 链表的基本概念

链表是一种动态存储结构。所谓“动态存储结构”是指在程序运行过程中,存储的规模可以根据实际的需要动态变化。

通常,对于大批的数据可以采用数组的方式保存,但使用数组保存数据时存在明显的问题。首先,在C语言中,数组的大小在使用之前必须是确定的,一旦数据量超过了数组的容量,就会发生数组溢出。为了保证不会发生数组溢出,当使用之前不能确定数组规模时,往往需要开设一个很大的数组,从而造成空间严重浪费。如果在程序中采用动态数组的方式,即在数据增长的时候重新分配内存,然后将原始数据复制到新的数组中,这虽然是一种可行的办法,但效率太低。第二,如果要在数组中删除数据,就要将数组中删除点之后的数据元素向前移动;如果要在数组中插入数据,则必须将插入点之后的元素向后移动。这种数据移动方式的效率同样是比较低的。链表正是针对数组的这些缺点而设计的一种动态存储数据的数据结构。

在链表中,所有数据元素都分别保存在一个具有相同数据结构的结点中,结点是链表的基本存储单位,一个结点与一个数据元素对应。每个结点在内存中使用一块连续的存储空间,结点之间通过指针链在一起,连接结点的指针也称为链。

结点通常分为两部分:信息数据部分(也称为数据域)和连接结点的指针(也称为指针域或链)。结点定义采用结构类型,一般形式是:

```
struct  node
{  datatype        data;          //信息数据。根据实际数据定义
   struct node   *   link;        //指向结点 node 的指针
};                                //递归定义结点 node
```

在这里,结点的数据类型名称是 struct node,data 是实际需要的结构成员分量,datatype 是实际分量所需要的数据类型,link 是一个指向 struct node 类型的结构指针,即 link 指向的数据对象是一个同样类型的数据结点,它是一个动态的指针,用来存放下一个结点的地址,通过 link 指针,一个个结点被依次连接起来,形成了链表。

例如,如果要保存一组学生的信息,包括学生学号、姓名、住址和电话。我们可以定义如下的结点:

```
struct  node
{  char  no[8];              //信息数据:学号
   char  name[20];           //信息数据:学生姓名
   char  address[20];        //信息数据:住址
   int  age;                 //信息数据:年龄
   struct  node  *  link;    //指向结点 node 的指针
};                    //定义结点 node
```

由于只定义了一个指向下一个结点的指针 link,所以构成的链表是一个单向链表。

一个链表一般由三部分组成:

(1) 指向链表表头结点的指针:表头指针,也称为头指针,是一个链表的标志,通过头指针可以很方便地找到链表中的每一个数据元素。

(2) 表头结点:也称为头结点。链表的第一个结点,一般不保存数据信息。表头结点不是链表中必不可少的组成部分,它是为了程序操作方便而引入的结点。我们将没有表头结点的链表称为无头结点的链表,我们将带有表头结点的链表称为有头结点的链表。我们在本节的各种操作,如果不做特殊说明均是针对有表头结点的链表进行的。

(3) 数据结点:也称为结点,是实际保存数据信息的结点。

为了便于直观表示链表并讨论链表上的各种基本操作,通常采用图示的方法表示链接关系,图 10－10 是一个典型的具有 3 个数据结点的链表示意图。其中,head 是头指针,指向链表的表头结点。其后的 a_1、a_2 和 a_3 是 3 个数据结点。a_1 是第一个数据结点,它通过结点的指针部分将 a_1 与 a_2 相链接,同样 a_2 通过结点的指针部分将 a_2 与 a_3 相链接,链表的最后一个数据结点的指针部分为空 NULL,表示链表到此结束。在这种情况下,不同结点的数据通过各结点指针相连,可以实现对数据的动态存储和访问。

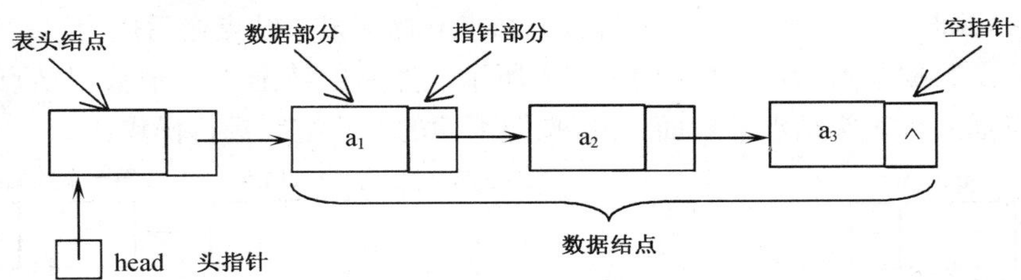

图 10－10 具有 3 个数据结点的链表

10.8.2 链表的基本操作

对于链表的基本操作包括:建立链表,遍历链表,求链表长度,向链表中插入结点,删除链表结点等。本节介绍最基本的操作原理和相关的程序。

1. 建立链表

建立链表首先要定义一个包含数据域和指针域的结构类型,然后建立指向表头结点的头指针 head,最后通过 malloc 函数动态申请一块空间作为表头结点。

例如:定义一个描述学生信息(姓名、住址和电话)的结点,建立头指针 head 和表头结点。

```
typedef   struct   node
{   char   name[20],address[20],phone[15];      //信息
    struct   node   * link;                     //指针
} NODE;                        //定义结点
NODE * head;                   //说明头指针 head
```

为了进行后续的相关操作,使用语句:

```
NODE   *   p;                        //说明一个指向结点的指针变量 p
```

定义指针变量 p,该指针将在后续操作中发挥重要作用。

要建立不包含数据的表头结点,可以按下列语句进行操作:

```
p = (NODE * )malloc( sizeof( NODE) ) ;     //申请表头结点
p -> link = NULL;                          //将表头结点的 link 置为 NULL
head = p;                                  //head 指向表头结点 p
```

此时链表的状态如图 10 - 11 所示。由于此时链表中只有一个表头结点,没有数据结点,所以称为空链表,也称为空表。

为了在链表中保存数据,可以从表头位置将数据结点插入到链表中,例如,插入第一个数据结点的操作如下:

```
p = (NODE * )malloc( sizeof( NODE) ) ;     //申请一个数据结点
gets( p -> name) ;                         //按照访问结构的方法将数据存入 p 所指向的结点中
p -> link = head -> link;                  //建立链接关系。将表头结点的 link 存入 p 的 link 中
head -> link = p;                          //将数据结点 p 插在表头结点之后成为第一个数据结点
```

插入第一个数据结点后链表如图 10 - 12 所示。然后继续插下一个数据结点,如果要将新的数据结点插入到表头结点的后面,可以按照下面的方式继续进行操作:

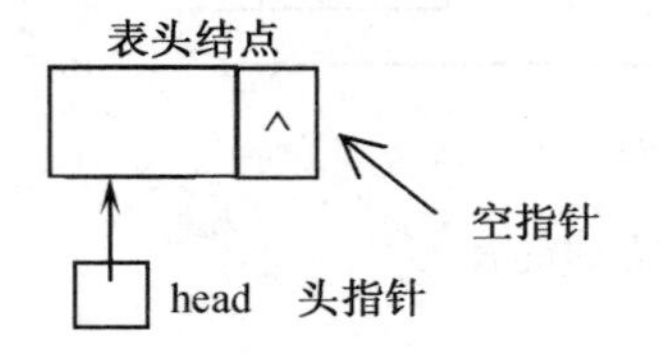

图 10 - 11　不含数据结点的空链表

图 10 - 12　插入第一个数据结点后的链表

```
p = (NODE * )malloc( sizeof( NODE) ) ;     //申请新的数据结点
gets( p -> name) ;                         //按照访问结构的方法,输入新的数据
p -> link = head -> link;                  //建立链接关系。将表头结点的 link 存入 p 的 link 中
head -> link = p;                          //将数据结点 p 插在表头结点之后
```

在表头结点的后面插入第 2 个数据结点的过程如图 10 - 13 所示。插入结果如图 10 - 14 所示。

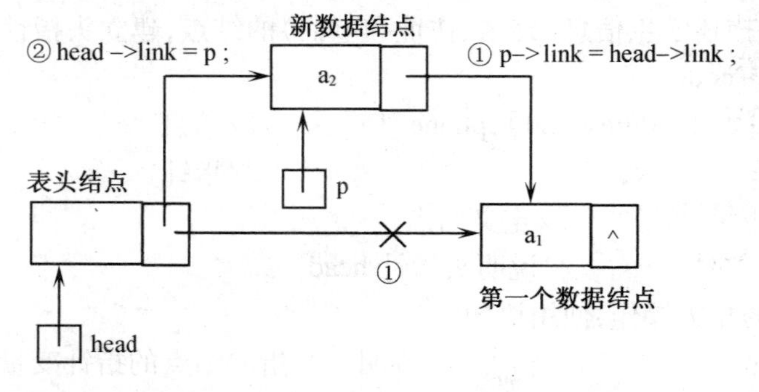

图 10 - 13　在表头结点的后面插入数据结点的过程

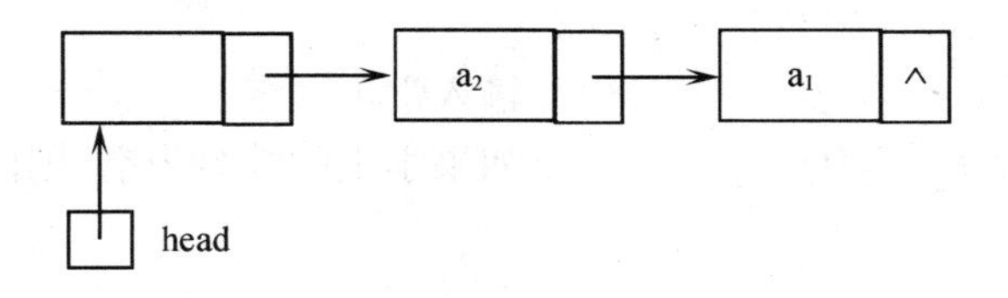

图 10－14　在表头结点之后插入新数据结点的链表

根据上面的思想，可以总结出将新数据结点插入到链表链头的过程，写出函数 create 建立有 n 个数据结点的链表。在调用 create 函数时，已经建立好表头结点。

```
create(NODE * head,int n)        //建立具有 n 个结点的链表
{  NODE * p;
   for( ;  n>0;  n--)
   {  p=(NODE * )malloc(sizeof(NODE));
      if (p==NULL)
           exit(0)              //如果申请内存失败则停止程序
      gets (p->name);
      p->link=head->link;
      head->link=p;
   }
}
```

2. 访问链表中的结点

要访问链表中的某一个结点必须从链表的第一个结点开始依次进行查找，这样才能找到所需要的数据。

例 10－19　任意输入各个学生的姓名，当输入学生的姓名长度为 0 时停止输入，然后按照输入的反向顺序输出学生的姓名。

```
#include  <stdio.h>
struct   node
{  char name[20];
   struct node  * link;
};                                   //定义结点
typedef struct node NODE;            //定义 NODE
void create(NODE * head)             //按照输入的反向顺序建立链表函数
{  NODE * p;
   char   name[20];
   int   flag=1;                     //标志变量，flag=0 停止输入
```

```
    do
    {   gets(name);                         //输入学生姓名
        if  (strlen(name)==0)               //如果学生的姓名为空,则停止输入
            flag=0;
        else
        {
            p=(NODE *)malloc(sizeof(NODE));          //申请新的数据结点
            strcpy(p->name,name);                    //向结点中保存姓名
            p->link=head->link;                      //从表头插入新结点
            head->link=p;
        }
    }  while(flag);
}
void output(NODE * head)                         //顺序输出链表中的各个结点
{   NODE * p;
    p=head->link;                                //p 指向第一个数据结点
    while(p!=NULL)                               //当指针 p 不为空时输出结点数据
    {   puts(p->name);
        p=p->link;                               //让 p 指向下一个数据结点
    }
}
#include"stdio.h"
void main()
{   NODE * head;
    head=(NODE *)malloc(sizeof(NODE));             //申请表头结点
    head->link=NULL;                             //表头结点的 link 置空使链表为空表
    printf("Input \n");
    create(head);                                //建立链表
    printf("Output \n");
    output(head);                                //顺序输出链表
}
```

访问链表中全部结点的一个重要应用就是求链表的长度,所谓链表长度就是链表中包含的数据结点的数量。

例 10-20 编写求链表长度的函数 linklength,函数的返回值为链表的长度。

```
linklength(NODE * head)                    //求链表长度
{   int count = 0;                         //数据结点计数器
    NODE * p;
    p = head -> link;                      //p 指向第一个数据结点
    while(p! = NULL)
    {    + + count;                        //计数器加 1
         p = p -> link                     //p 指向下一个数据结点
    }
    return(count);
}
```

讨论程序中函数 linklength 的一种极限情况,对于一个空表如何求长度。空表如图 10 - 11 所示。头指针 head 指向表头结点,表头结点的 link 为 NULL。这样进入函数 linklength 之后,计数器变量 count = 0,执行语句;p = head - > link;使指针 p 指向 NULL,不会执行循环,程序直接执行 return 语句,返回 0 值。

3. 在链表中插入结点

在链表中的任意位置插入一个新的数据结点是链表的基本操作之一。在链表的第 i 个结点的后面插入一个新结点的基本算法如下:

① 定位第 i 个接点。让指针 q 指向第 i 个结点,指针 p 指向需要插入的结点。

② 链接后面指针。p - > link = q - > link;

③ 链接前面指针。q - > link = p;

对于一个一般的链表,在指针 q 定位第 i 个结点之后的操作过程如图 10 - 15 所示。插入结束后,链表状态如图 10 - 16 所示。

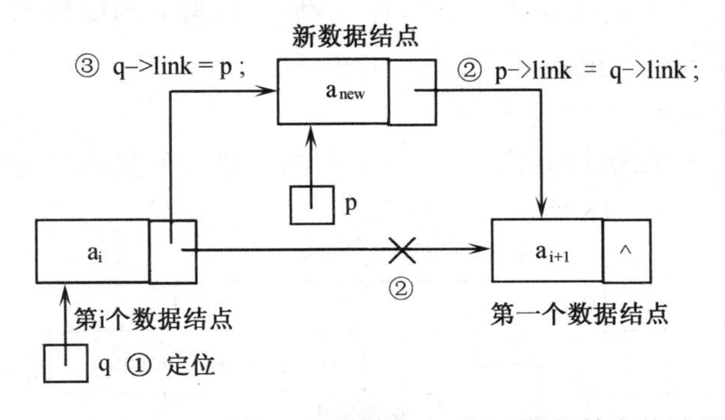

图 10 - 15　在第 i 个结点的后面插入数据结点的过程

根据上述基本思想,可以总结出在链表第 i 个结点之后插入一个新数据结点 p 的程序如下:

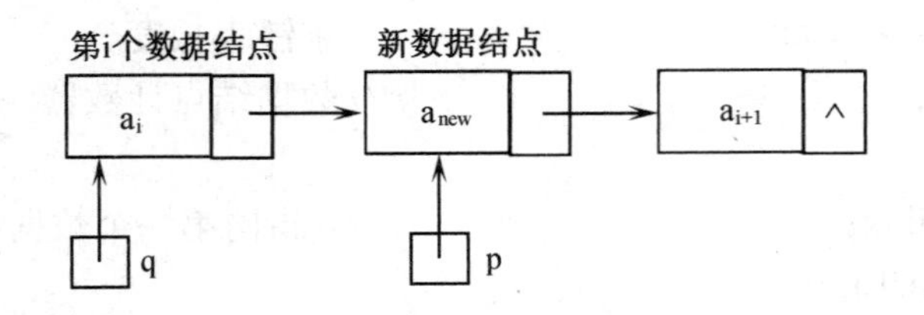

图 10-16　在第 i 个结点之后插入新数据结点后链表状态

```
insertnode(NODE * head,NODE * p,int i)
{   NODE    * q;
    int n =0;
    for   ( q = head;   n < i  && q -> link != NULL; ++n)
            q = q -> link;          //①定位第 i 个结点
    p -> link = q -> link;          //②链接后面指针
    q -> link = p;                  //③链接前面指针
}
```

函数 insertnode 可以处理两种特殊情况;其一是向空表中插入新结点,或在第 1 个结点的前面插入一个新结点,此时令 i = 0,表示要在表头结点的后面插入一个新结点。其二是在链表最后一个元素的后面插入一个新结点,此时可以令 i 等于表的长度,这样就可以使新结点成为链表的最后一个结点。

4. *在链表中删除结点*

在链表中的任意位置删除一个数据结点是链表的基本操作之一。要删除链表中的第 i 个结点基本算法如下:

① 定位第 i - 1 个结点。指针 q 指向第 i - 1 个结点,指针 p 指向被删除的结点。

② 摘链。q -> link = p -> link;

③ 释放 p 结点。free(p);

对于一个一般的链表,在指针 q 定位第 i - 1 个结点之后的操作过程如图 10 - 17 所示。删除结束后链表状态如图 10 - 18 所示。

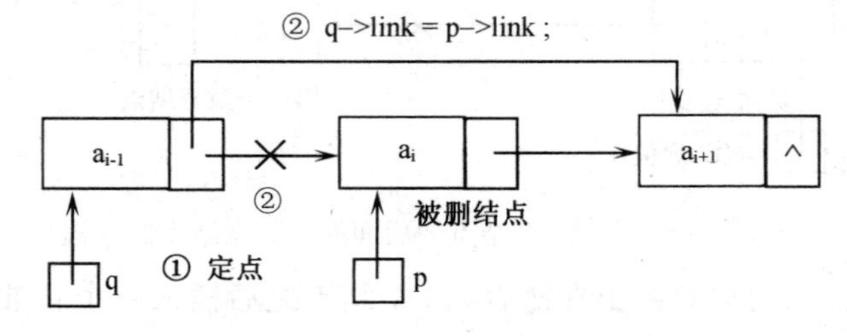

图 10-17　删除第 i 个结点的过程

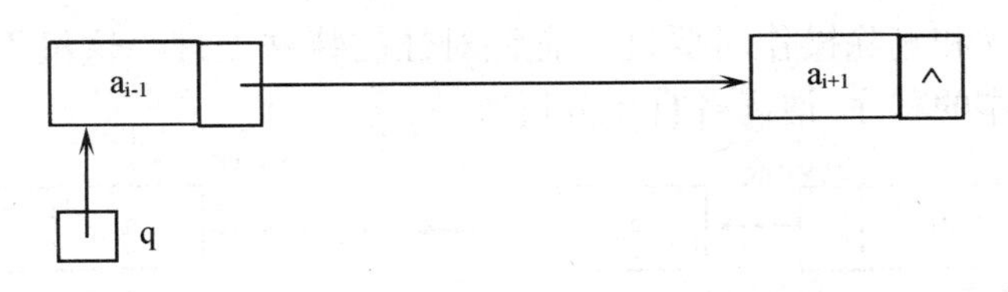

图 10－18　删除第 i 个结点之后链表的状态

根据上述算法的基本思想，可以总结出删除链表中第 i 个结点的程序如下：

```
deletenode(NODE * head,   int   i)
{  NODE    * q,    * p;
   int n;
   for (n = 0, q = head; n < i - 1  && q -> link! = NULL; ++n)
        q = q -> link;                        //①定位第 i - 1 个结点
   if(i > 0  && q -> link! = NULL)
   {   p = q -> link;                         //p 指向被删除第 i 个结点
       q -> link = p -> link;                 //②摘链
       free(p);                               //③释放 p 结点
   }
}
```

函数 deletenode 可以处理一种特殊情况：如果原来的链表只有一个数据结点，则在删除链表中的最后一个数据结点之后，可以使链表成为空表。

10.8.3　链表的常见形式

链表作为一种常见的动态数据存储结构可以根据实际的应用需要变化出多种形式。常见的链表形式包括：有表头结点的单向链表、无表头结点的单向链表、有表头结点的单向循环表和无表头结点的单向循环表。请参见图 10－19、图 10－20、图 10－21 和图 10－22。

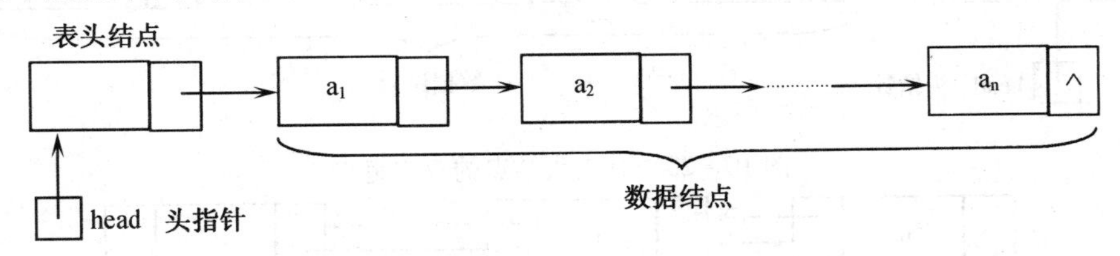

图 10－19　有表头结点的单向链表

有表头结点的单向链表与有表头结点的单向循环链表的区别仅在于单向链表的最后一个数据结点的指针是 NULL，而循环链表的最后一个结点的指针指向了表头结点。

无表头结点的链表与有表头结点的链表没有本质的差别，只是由于没有表头结点，使得在进行数据结点插入和删除操作时要进行有针对性的特殊处理。这里不再给出对于无表头结点的链表进行操作的程序,请读者自行分析。

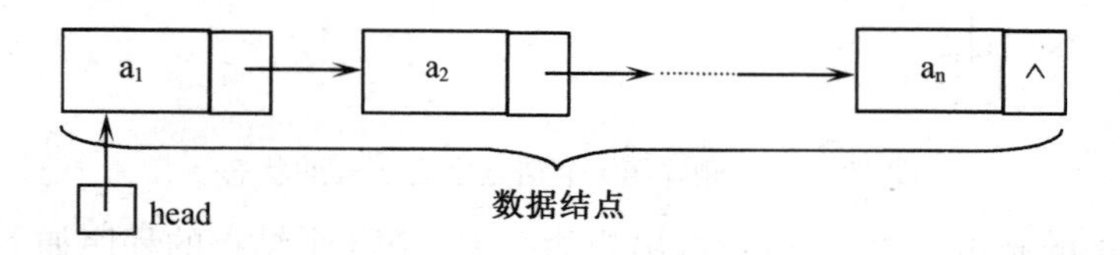

图 10-20　无表头结点的单向链表

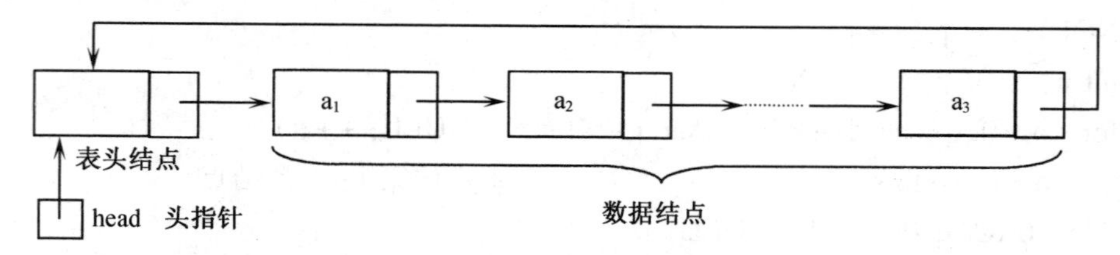

图 10-21　有表头结点的单向循环链表

除了单向链表之外,还有双向链表。如果在链表的结点中设置两个指针域,一个指针指向下一个结点,另一个指针指向它的前一个结点,则构成了双向链表。有表头结点的双向链表如图 10-23 所示,无表头结点的双向链表如图 10-24 所示。

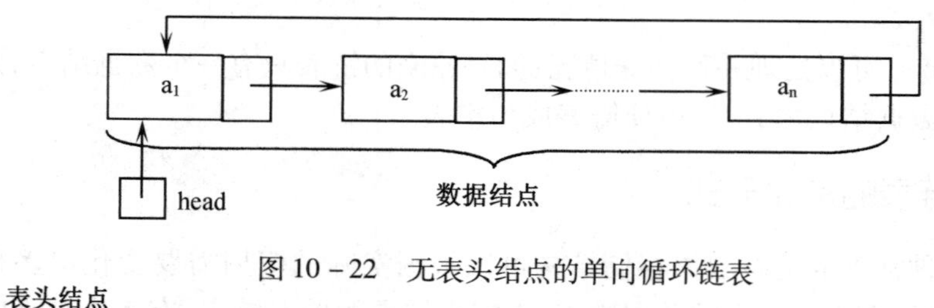

图 10-22　无表头结点的单向循环链表

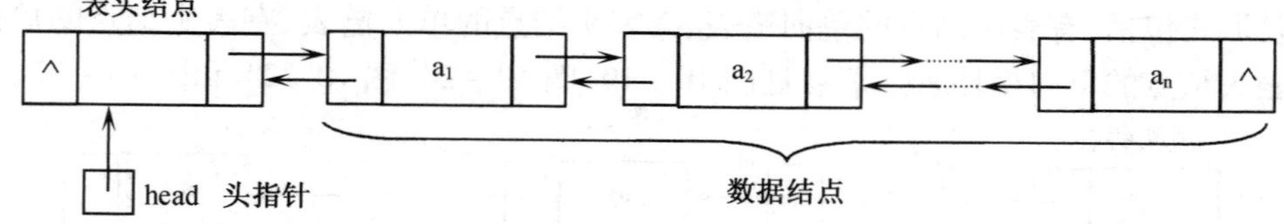

图 10-23　有表头结点的双向链表

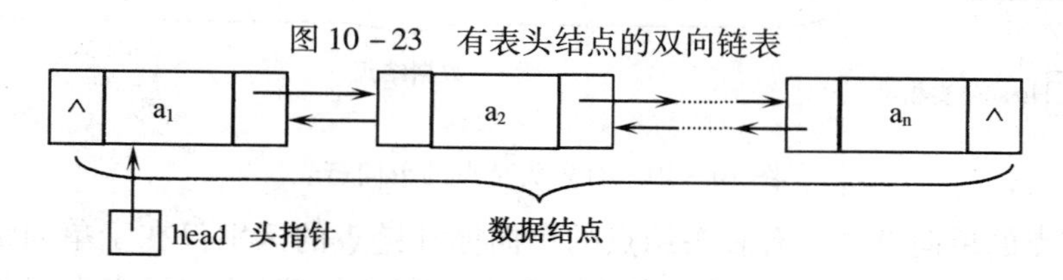

图 10-24　无表头结点的双向链表

本书对双向链表将不再进行更深入的介绍,感兴趣的读者可以参考数据结构课程中相关的内容。

10.8.4 链表简单应用

例 10－21 从键盘任意输入学生的姓名,当输入学生的姓名长度为 0 时停止输入,对输入的姓名按照从大到小的顺序排列后输出。

```
#include <stdio.h>
#include <string.h>
struct node
{   char name[20];
    struct node * link;
};
typedef struct node NODE;
void output  (NODE * head)                    //按顺序输出链表中的各个结点
{   NODE * p, * q;
    int i =0;
    p = head -> link;
    while(p! = NULL)                          //顺序输出链表中的各个结点
    {   printf("%2d:% s/n", ++i,p -> name);
        q = p;                                //q 指向当前输出的结点
        p = p -> link;                        //p 指向下一个要输出的结点
        free(q);                              //释放结点 q
    }
}
void main()
{   int i =0,flag =1;
    char name[20]
    NODE    * head,        /* head:头指针,指向有表头接点的链表 */
            * p,           /* p:指向要插入的结点 */
            * q;           /* q:定位插入点,新结点将插入在 q 所指结点的后面 */
    head = (NODE * )malloc(sizeof(NODE);
    strcpy(head -> name,NULL);                          /* 表头结点的 name 为空 */
    head -> link = NULL;                                        /* 建立表头结点 */
    printf("Input Studnts:/n");
```

```
    do
    {   printf("No. %2d:", ++i);
        gets(name);                                          /* 输入学生姓名 */
        if (strlen(name) ==0)                                /* 长度为 0 控制退出循环 */
          flag =0;
        else                                                 /* 将学生姓名按照升序插入链表 */
        {   p = (NODE * )mdlloc(sizeof(NODE));
            strcpy(p - > name,name);                         /* 建立要插入的新结点 */
            q = head;                                        /* q 指向表头结点 */
            while(q - > link! = NULL)        /* 当 q 的下一个结点不是 NULL 时进行循环 */
              if(strcmp(p - > name,q - > link - > name) >0)
                break;
                  /* 若要插入结点的 name 比 q 指向的下一个结点的 name 大则退出循环 */
              else   q =q - > link;              /* 否则,继续寻找 p 结点合适的插入位置 */
              /* 退出循环时,指针 q 指向要进行插入操作的结点,结点 p 将插在 q 的后面 */
            p - > link =q - > link;              /* 修改 p 指针的 link,将 p 插在 q 的后面 */
            q - > link =p;                                   /* 修改 q 指针的 link,完成链表 */
        }
    } while(flag);
    printf("Output; \n");
    output(head);
}
```

运行程序,输入 5 个学生的姓名,输出结果如下:

```
Input Studnts:
No. 1:wang ming
No. 2:zhang hua
No. 3:li liang
No. 4:chen    xin
No. 5: x u hui
No. 6:
Output:
  1:zhang hua
  2:xu hui
  3:wang ming
```

4:li liang

5:chen xin

例 10－22 对于例 10－6 中的约瑟夫问题,采用链表方式实现程序。

由于问题中的小孩围成一个圈,可用一个单向循环链表来进行处理。

```
#include <stdio.h>
struct node
{   int no;                      //编号
    struct node * next;          //指针
};
void main()
{   int i,k;
    struct node * head, * p, * q;
    head = (struct node * )malloc(sizeof(struct node));
    head -> no = -1;                         /* 建立表头结点,标记 no 为 -1 */
    head -> next = head;                     /* 形成环型的空表 */
    for(i = 30;i > 0;i --)                   /* 生成包含 30 个结点的循环链表 */
    {   p = (struct node * )malloc(sizeof(struct node);
        p -> next = head -> next;            /* 在表头结点的后面插入新结点 */
        p -> no  = i;
        head -> next = p;
    }
    while(p -> next! = head)                 /* 查找循环链表的最后一个结点 */
        p = p -> next;
    p -> next = head -> next;
                       /* p 指向编号为 30 的结点,让 p -> next 指向编号为 1 的结点 */
    printf(" \nThe original circle is:");
    for  (i = 0;i < 15;i ++)                 /* 控制找出 15 个出列的人(编号) */
    {   for  (k = 1;k < 9;k ++)              /* 报数,找到第 9 个人 */
            p = p -> next;
        q = p -> next;                       /* p 的下一个结点是要出列的结点 */
        p -> next = q -> next;               /* 循环链表跳过要出列的结点 */
        printf(" %3d" ,q -> no);             /* 输出 q 结点的编号 */
        free(q);                             /* 释放 q 结点 */
    }
```

}

程序完成初始化(第一个 for 循环)之后,形成了一个有表头结点的单向循环链表,如图 10－25 所示。

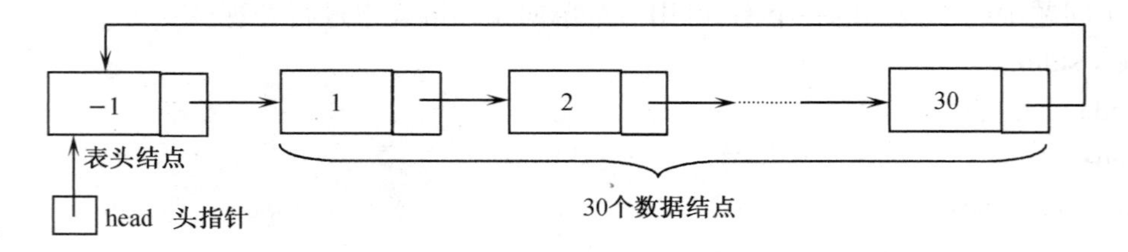

图 10－25　初始化之后构成的有表头结点的单向循环链表

程序在计算出列顺序之前,为了方便后续操作使用 while 语句对链表进行了一个小的调整,调整之后的链表和指针的状态如图 10－26 所示。

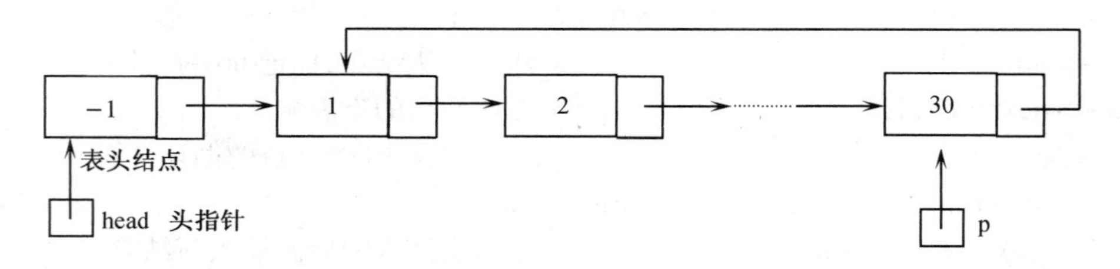

图 10－26　调整之后的有表头结点的单向循环链表的状态

小　　结

结构是 C 语言中最重要的构造类型之一,它是编写复杂程序时常用的数据类型,也是学习 C 语言的重点和难点。本章中涉及的主要内容包括:

结构的基本概念。包括:结构与成员的基本概念、结构与数组的区别、结构类型的定义、结构变量的说明、结构中成员占用存储空间的情况,与结构有关的运算符(.)、引用结构中的成员、结构变量的初始化、对结构和结构成员的一般操作规定等。

结构与函数的关系。包括:通过参数在函数之间传递结构的成员、通过参数在函数之间传递整个结构、函数的返回值为结构类型等。

结构与数组的关系。包括:将数组作为结构的成员、由结构构成结构数组、在函数之间传递结构数组等。

结构与指针的关系。包括:将指针作为结构中的成员、指向结构的指针、与结构指针相关的运算符(->)、通过指针引用结构成员、结构的地址与结构成员的地址、运算符 -> 与其他相关运算符(++、--、&、* 和.)的关系、在函数之间传递结构指针等。

联合与枚举的基本概念。包括:联合与结构的区别、联合类型的定义、联合变量的说明、联合中成员占用存储空间的情况,与联合有关的运算符(.)、引用联合中的成员、联合变量的初始化等。枚举的概念、枚举元素、枚举变量的赋值与枚举变量允许的运算。

链表的概念、基本操作和简单应用。

习　　题

一、单项选择题

1. 下面的四个运算符中,优先级最低的是________。

   A. ( )　　B. .　　C. ->　　D. ++

2. 已知:

```
struct
{   int i;
    char c;
    float a;
} test;
```

   则 sizeof(test)的值是________。

   A. 4　　B. 5　　C. 6　　D. 7

3. 选择出错误的函数定义 。

   A.
```
struct tree funa(s)
    struct tree s[   ];
{   …
}
```
   B.
```
int *funb(s)
    char s[   ];
{   …
}
```
   C.
```
struct tree *func(s)
    char **s;
{   …
}
```
   D.
```
int *fund(s)
    char *s[10][   ];
{   …
}
```

4. 以下对 C 语言中联合类型数据的正确叙述是________。

   A. 一旦定义了一个联合变量后,即可引用该变量或该变量中的任意成员

   B. 一个联合变量中可以同时存放其所有成员

   C. 一个联合变量中不能同时存放其所有成员

   D. 联合类型数据可以出现在结构体类型定义中,但结构体类型数据不能出现在联合类型定义中

5. 已知函数原型为:

struct tree ＊f (int x1, int ＊x2, struct tree x3, struct tree ＊x4)

其中 tree 为已定义过的结构,且有下列变量定义:

struct tree pt, ＊p; int i;

请选择正确的函数调用语句________。

A. &pt = f(10,&i,pt,p);　　B. p = f(i ++, (int ＊)p, pt, &pt);

C. p = f(i + 1, &(i + 2), ＊p, p);　　D. f(i + 1, &i, p, p);

6. 当说明一个结构变量时系统分配给它的内存是________。

A. 各成员所需内存量的总和

B. 结构中第一个成员所需内存量

C. 成员中占内存量最大者所需的容量

D. 结构中最后一个成员所需内存量

7. C 语言结构类型变量在程序执行期间________。

A. 所有成员一直驻留在内存中　　B. 只有一个成员驻留在内存中

C. 部分成员驻留在内存中　　D. 没有成员驻留在内存中

8. 已知:

```
struct sk
{ int a; float b;
} data, *p;
```

若有 p = &data,则对 data 中的成员 a 的正确引用是________。

A. (＊p). data. a　　B. (＊p). a　　C. p -> data. a　　D. p. data. a

9. 若有以下定义和语句:

```
struct student
{ int num, age;
};
struct student stu[3] = { {1001,20}, {1002,19}, {1003,21} };
struct student *p = stu;
```

则以下错误的引用是________。

A. (p ++) -> num　　B. p ++　　C. (＊p). num　　D. p = &stu. age

10. 以下对 C 语言中联合类型数据的叙述正确的是________。

A. 可以对联合变量名直接赋值

B. 使用联合变量的目的是为了节省内存

C. 对一个联合变量,可以同时引用联合中的不同成员

D. 联合类型定义中不能出现结构类型的成员

11. 已知函数定义的形式如下:

```
struct data * f ( void )
{ …… }
```

则函数 f ________。

A. 没有参数,返回值是一个结构　　B. 有一个参数 void,返回值是一个结构

C. 没有参数,返回值是一个结构指针　D. 有一个参数 void,返回值是一个结构指针

12. 在对 typedef 的叙述中错误的是________。

A. 用 typedef 可以定义各种类型名,但不能用来定义变量

B. 用 typedef 可以增加新类型

C. 用 typedef 只是将已存在的类型用一个新的标识符来代表

D. 使用 typedef 有利于程序的通用性和移植

13. 设有以下语句:

```
struct st
{   int n;
    struct st *next;
};
static struct st a[3] = {5,&a[1],7,&a[2],9,NULL}, *p;
p = &a[0]
```

则以下表达式的值为 6 的是________。

A. p++ ->n　　B. p->n++　　C. (*p).n++　　D. ++p->n

14. 若已建立下面的链表结构,指针 p、q 分别指向图中所示结点,则不能将 q 所指的结点插入到链表末尾的一组语句是________。

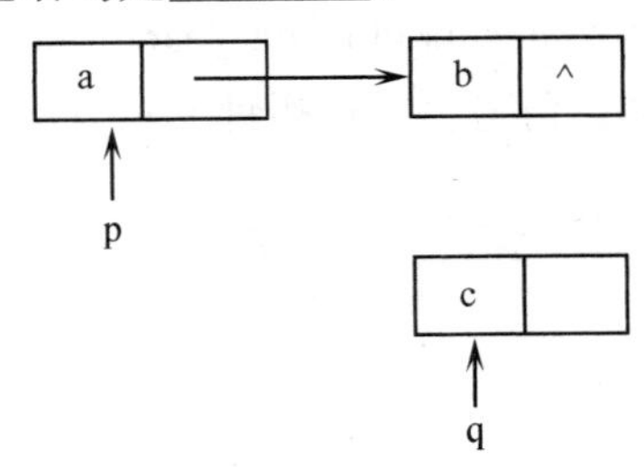

A. q->next = NULL;p = p->next;　　p->next = q;

B. p = p->next;　q->next = p->next;　p->next = q;

C. p = p->next;　q->next = p;　p->next = q;

D. p = (*p).next;　(*q).next = (*p).next;　(*p).next = q;

二、填空题

1. 已知:

```
union {   int x;
          struct
          {   char c1, c2;
          } b;
       } a;
```

执行语句:a. x = 0x1234 之后,a. b. c1 的值为(用 16 进制表示)________,a. b. c2 的值为(用 16 进制表示)________。

2. 用 typedef 定义整型:

```
typedef int ARRAY;
```

则整型数组 a[10]、b[10]、c[10]可以定义为________。

3. 已知:

```
struct
{   int x, y;
} s[2] = {  {1,2}, {3,4} }, *p = s;
```

则:表达式 ++p -> x 的值为________。表达式(++p) -> x 的值为________。

4. 已知:

```
struct
{   int x;
    char *y;
} tab[2] = { {1,"ab"}, {2,"cd"} }, *p = tab;
```

则:表达式 *p -> y 的结果为________。表达式 *(++p) -> y 的结果为________。

5. 已知:

```
struct { int day; char mouth; int year; } a, *b; b = &a;
```

可用 a. day 引用结构中的成员 day,请写出通过指针变量 b 引用成员 a. day 的其他两种形式,它们是________和________。

6. 分析下列程序执行结果。

```
#include <stdio.h>
main ( )
{   static struct s1
    {   char c[4], *s;
    } s1={"abc", "def "};
    static struct s2
    {   char *cp; struct s1 ss1;
    } s2 = {"ghi", {"jkl", "mno"}};
```

```
    printf ("%c%c\n", s1.c[0], *s1.s);
    printf ("%s%s\n", s1.c, s1.s);
    printf ("%s%s\n", s2.cp, s2.ss1.s);
    printf ("%s%s\n", ++s2.cp, ++s2.ss1.s);
}
```

7. 以下程序的功能是:读入一行字符(如:a,...,y,z),按输入时的逆序建立一个链接式的结点序列,即先输入的位于链表尾(如下图),然后再按输入的相反顺序输出,并释放全部结点。

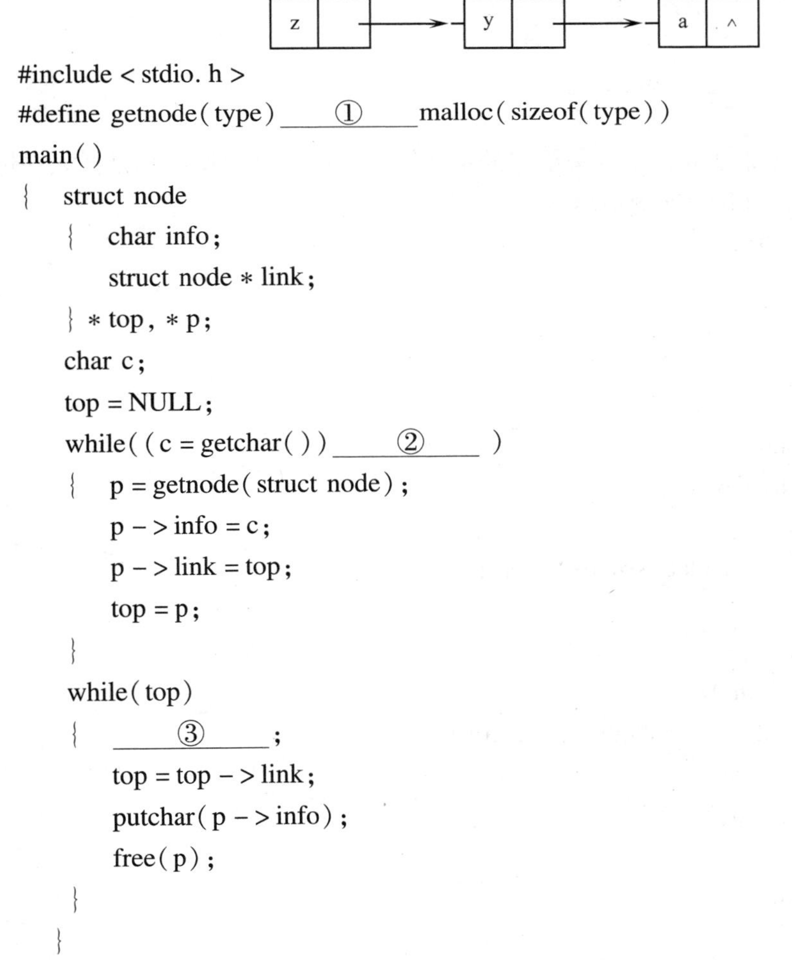


```
#include <stdio.h>
#define getnode(type) ____①____ malloc(sizeof(type))
main()
{  struct node
   {  char info;
      struct node * link;
   } * top, * p;
   char c;
   top = NULL;
   while((c = getchar()) ____②____ )
   {  p = getnode(struct node);
      p -> info = c;
      p -> link = top;
      top = p;
   }
   while(top)
   {  ____③____ ;
      top = top -> link;
      putchar(p -> info);
      free(p);
   }
}
```

8. 下面函数将指针 p2 所指向的线性链表,链接到 p1 所指向的链表的末端。假定 p1 所指向的链表非空。

```
#define    NULL    0
struct link
{   float a;
    struct link * next;
};
concatenate(p1,p2)
  struct list * p1, * p2;
{   if(p1 - > next == NULL)
        p1 - < next = p2;
    else
       concatenate(________,p2);
}
```

9. 以下函数 create 用来建立一个带头结点的单向链表。新产生的结点总是插入在链表的末尾。单向链表的头指针作为函数值返回。

```
#include < stdio. h >
struct list
{   char data;
    struct list * next;
};
struct list * create( )
{   struct list * h, * p, * q;
    char ch;
    h = ____①____malloc( sizeof( struct list ) );
    p = q = h;
    ch = getchar( );
    while( ch! = '\n')
    {   p = ____②____ malloc( sizeof( struct list) );
        p - > data = ch;
        q - > next = p;
        q = p;
        ch = getchar( );
    }
    p - > next = '0';
    ____③____
```

}

三、编程题

1. 成绩排序。按学生的序号输入学生的成绩，按照分数由高到低的顺序输出学生的名次、该名次的分数、相同名次的人数和学号；同名次的学号输出在同一行中，一行最多输出 10 个学号。

2. 现在有教师（姓名、单位、住址、职称）和学生（姓名、班级、住址、入学成绩）的信息。请输入 10 名教师和学生的信息后，按姓名进行排序，最后按排序后的顺序进行输出，对于教师要输出姓名、单位、住址和职称，对于学生要输出姓名、班级、住址和入学成绩。请编程实现。

3. 输入学生姓名和成绩，建立链表，当输入学生姓名长度为 0 时停止。对输入的学生按成绩的升序进行排序之后输出。

第 11 章　文　　件

本章在简述文件概念的基础上,介绍文件的基本操作和应用,讲解文件操作的基本过程,使读者熟悉 C 语言中有关文件处理的库函数。

11.1　文件概述

11.1.1　文件基本概念

文件是存储在外部介质上(如磁盘和磁带等外存储器)的数据或信息的集合。例如:程序文件中保存着源程序,数据文件中保存着数据,声音文件中保存着声音数据等。

文件是一个有序的数据序列。文件中保存的所有数据都有着严格的排列次序,访问文件中的数据可按照数据在文件中的排列顺序依次进行。文件的这一性质决定了对文件进行操作的基本特性。

可以从文件的数据组织形式来对文件进行分类。数据的组织形式是指数据在磁盘上的存储形式。C 语言的文件可分为两类:ASCII 文件(或称文本文件,即 TEXT 文件)和二进制文件。

在 ASCII 文件中,数据采用 ASCII 码的形式进行存储,内存中的数据在存入文件时要先转换为相应的 ASCII 字符。在 ASCII 文件中,每个字符占用 1 个字节,每个字节中存放相应字符的 ASCII 码。文本文件在文本编辑器中可以直接进行处理。

二进制文件与 ASCII 文件不同,内存中的数据存入磁盘时不需要进行编码转换,磁盘上的数据采用 C 语言规定的与内存数据一致的表示形式进行存储。

例如:int 型的十进制数 1024 用 ASCII 形式输出占用 4 个字节;若按二进制形式输出虽然也占 4 个字节,但编码形式完全不同。如图 11－1 所示。

ASCII文件中1024的存储格式

00110001	00110000	00110010	00110100
'1'	'0'	'2'	'4'

int型的1024在内存中的格式

0000000	00000000	00000100	00000000

二进制文件中1024的存储格式

0000000	00000000	00000100	00000000

图 11－1　整数 1024 的 ASCII 和二进制存储方式

由此可以看出:ASCII 文件中采用 ASCII 码形式保存数据,数据以 ASCII 码形式存储,便于对字符的逐个处理,在文本编辑器中也可直接识别,但占用的磁盘存储空间较多,同时还要付出由二进制形式向 ASCII 码转换的时间开销。用二进制形式存储可以节省磁盘空间和转换时间,但输出的形式由于是内存中的表示形式,一般不能直接识别。

11.1.2 文件的一般处理过程

系统对文件进行输入、输出操作的一般过程如图 11-2 所示。

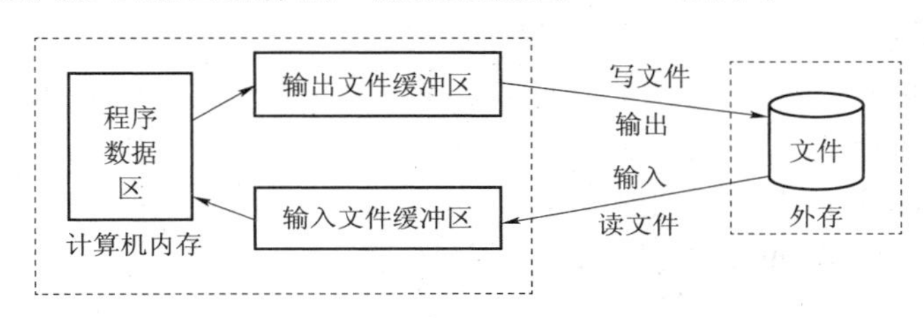

图 11-2 文件的写入和读出过程示意

在程序的运行过程中,程序要将保存在内存中的数据写入磁盘,首先要建立一个“输出文件缓冲区”,这个缓冲区是一个连接计算机内存数据与外存文件的桥梁,通过该缓冲区可将内存中的数据存入磁盘,以文件的形式保存。这一过程称为“写文件”,也称为“文件输出”。

与“写文件”过程相对的是要将保存在文件中的数据装入内存。首先要建立一个“输入文件缓冲区”,将文件中的数据装入缓冲区,然后再由缓冲区存入程序可以操作的内存数据区。这一过程称为“读文件”,也称为“文件输入”。

C 语言对文件的操作是通过调用库函数进行的。在 ANSI C 标准中,文本文件和二进制文件的操作均采用缓冲文件系统进行处理。

11.2 文件处理

使用文件关键是要了解 C 语言提供的与文件有关的操作和规定。例如,文件的定义,文件的状态,访问文件的基本操作等。C 语言中文件的操作主要是由 C 语言库函数实现,本节介绍使用缓冲式文件时涉及的基本文件操作及有关问题。

与前面介绍的输入输出函数一样,与文件操作相关的函数也是 stdio 中的函数。因此,为了使用其中的函数,应在程序的前面写上:

```
#include <stdio.h>
```

11.2.1 文件类型指针

文件系统中涉及的关键概念是“文件指针”。对于每个正在使用的文件都要说明一个

FILE 类型的结构变量,该结构变量存放系统中与文件相关的重要信息,如文件名、文件状态等。FILE 类型不需要用户自己定义,它是由系统事先定义的,包含在头文件 stdio. h 中。典型的 FILE 类型的定义如下:

```
struct _iobuf {
    char *_ptr;
    int  _cnt;
    char *_base;
    int  _flag;
    int  _file;
    int  _charbuf;
    int  _bufsiz;
    char *_tmpfname;
};
typedef struct _iobuf FILE;
```

这里,FILE 是结构的类型名,标识结构类型。在 C 程序中,凡是要对已打开的文件进行操作,都要通过指向该文件结构的指针。为此,需要在程序中说明指向文件结构的指针,即定义 FILE 型(文件型)的指针变量。

文件型指针变量说明的形式为:

FILE * 变量名;

例如,说明语句:"FILE *p;"说明 p 是一指针变量,指向文件结构。

如果在程序中需要同时处理多个文件,则要说明多个指向 FILE 型结构的指针变量,使它们分别指向多个不同的文件。

C 语言中的标准设备文件由系统自动打开和关闭,标准设备文件的指针变量由系统命名,用户在程序中可以直接使用。C 语言中提供了 3 个标准设备文件,分别是:stdin 标准输入文件(键盘)、stdout 标准输出文件(显示器)和 stderr 标准错误输出文件(显示器)。

11.2.2 文件的一般操作过程

使用文件要遵循一定的规则,在使用文件之前应先打开文件,使用结束后应关闭文件。使用文件的一般步骤是:打开文件—操作文件—关闭文件。

打开文件:建立用户程序与文件的联系,系统为文件建立文件缓冲区。

操作文件:是指对文件的读、写、追加和定位操作。读操作是从文件中读出数据,即将文件中的数据读入计算机内存。写操作是向文件中写入数据,即将计算机内存中的数据向文件输出数据。追加操作是将新的数据写到原有数据的后面。定位操作是移动文件读写位置指针。

关闭文件：切断文件与程序的联接，将文件缓冲区的内容写入磁盘，并释放文件缓冲区。

11.2.3 打开文件函数 fopen

C 语言用函数 fopen 实现打开文件操作。fopen 函数的函数原型如下：

FILE * fopen(char * filename, char * mode);

其中，fliename 为需要打开的文件名（可以含文件路径）；mode 为文件使用方式，用具有特定含义的符号表示，见表 11-1 所示。

表 11-1 文件使用方式标识符

文件使用方式		含义
"r"	（只读）	打开一个文本文件用于输入操作
"w"	（只写）	打开一个文本文件用于输出操作
"a"	（追加）	将数据存放到文本文件的尾部
"rb"	（只读）	打开一个二进制文件用于输入操作
"wb"	（只写）	打开一个二进制文件用于输出操作
"ab"	（追加）	将数据存放到二进制文件的尾部
"r+"	（读写）	打开一个文本文件用于读/写操作
"w+"	（读写）	建立一个新的文本文件用于读/写
"a+"	（读追加）	打开一个文本文件用于读/追加操作
"rb+"	（读写）	打开一个二进制文件用于读/写操作
"wb+"	（读写）	建立一个新的二进制文件用于读/写操作
"ab+"	（读追加）	打开一个二进制文件用于读/追加操作

函数的功能是：以指定的方式打开指定的文件，如果成功，返回文件指针，否则，返回 NULL。

（1）用"r"方式打开文件时，只能从文件向内存输入（读）数据，而不能从内存向该文件输出（写）数据。以"r"方式打开的文件应该已经存在，否则出错。

（2）用"w"方式打开文件时，只能从内存向该文件输出（写）数据，而不能从文件向内存输入数据。如果该文件原来不存在，则打开时建立一个以指定文件名命名的空文件。如果原来的文件已经存在，则打开后该文件的原有内容将被删空。

（3）如果希望向一个已经存在的文件的尾部添加新数据（保留原文件中已有的数据），则应用"a"方式打开，此时该文件必须已经存在，否则会返回出错信息。打开文件时。

（4）用"r+"、"w+"、"a+"方式打开的文件可以输入输出数据。用"r+"方式打开文件时，该文件应该已经存在，这样才能对文件进行读/写操作。用"w+"方式时先建立一个空文件，再向文件中写入数据后，才能读取该文件中的数据。用"a+"方式打开的文件，会保留文件中原有的数据，可以进行追加或读操作。

（5）如果文件打开操作失败，函数 fopen 返回空指针值 NULL。失败的可能原因是：用"r" 方式打开一个不存在的文件；磁盘故障；磁盘已满无法建立新文件等。

（6）在读入文本文件时，系统会自动将回车符和换行符转换为一个换行符；在写文本文件时会将换行符换成回车和换行两个字符。在读写二进制文件时不会进行转换，内存中的数据形式与输出到外部文件的数据形式完全一致。

在打开文件时，通常需要立即判断打开过程是否正确。例如，以只读方式打开 D 盘 chen 子目录下名为 datafile.txt 的文件，则正确的程序如下：

```
if ( ( fp = fopen ( "D:\\chen\\datafile.txt" , "r" ) ) == NULL )
{ printf ( "Cannot open file. \n" );              //如果文件出错显示提示信息
  exit(0);                                        //调用 exit 函数终止程序运行
}
```

stdin、stdout 和 stderr 是有系统自动打开的，程序中不需要再调用 fopen 函数，可以直接使用它们进行相关操作。

初学者应注意，当打开文件时设定的文件使用方式与程序中对该文件的实际使用情况不一致时，会使系统产生错误。例如：以"r"方式打开已存在的文件，要进行写操作是不行的，而应当将"r"改为"r+"。

11.2.4 关闭文件函数 fclose

文件使用结束应当关闭。关闭文件可避免丢失文件中数据。使用 fclose 函数关闭文件，函数原型如下：

```
int fclose( FILE * fp );
```

fclose 函数关闭使用 fopen 打开的文件，它是 fopen 的逆过程。该函数的功能是：关闭 fp 指定的文件，切断缓冲区与该文件的联系，并释放文件指针 fp。

函数 fclose 正常关闭文件，返回值为 0；否则，关闭文件发生错误，返回非 0 值。

11.3 文件的顺序读写

C 语言提供的最基本的文件处理函数包括：字符输入输出函数 fgetc 和 fputc，字符串输入输出函数 fgets 和 fputs，格式化输入输出函数 fscanf 和 fprintf，数据块输入输出函数 fread 和 fwrite，文件定位函数 feek、rewind 和 ftell，其他函数 feof、ferror 和 clearerr。

11.3.1 文件的字符输入/输出函数

1. 字符输入函数 fgetc

fgetc 函数的原型为:

```
int fgetc( FILE * fp );
```

其中 fp 为文件型指针变量。

fgetc 函数的功能是:从 fp 指向的文件(该文件必须是以读或读写方式打开的)中读取一个字符作为返回值。若读取字符时文件已经结束或出错,返回文件结束标记 EOF。

例如,要从磁盘文件中顺序读入字符并在屏幕上显示,可通过调用 fgetc 函数实现:

```
while ( ( c = fgetc(fp) ) ! = EOF )
    putchar( c );
```

注意:文件结束标记 EOF 是系统定义的符号常量,其值为 -1。

例 11-1 在屏幕上显示文本文件的内容。

```
#include <stdio.h>
void main( )
{  FILE *fp;
   char filename[20], ch;
   printf("Enter filename:");
   scanf("%s", filename);                          // 输入文件名
   if ( (fp = fopen (filename, "r")) = =NULL)      // 打开文件
   {  printf("file open error.\n");                // 出错处理
      exit(0);
   }
   while ( ( ch = fgetc(fp) )! =EOF )              // 从文件中读字符
      putchar(ch);                                 // 显示从文件读入的字符
   fclose(fp);                                     // 关闭文件
}
```

例 11-2 使用标准输出文件形式显示文本文件的内容。

```
#include <stdio.h>
void main(  )
{  FILE *fp;
   char filename[20], ch;
   printf("Enter filename:");
   scanf("%s", filename);                          //输入文件名
```

```
    if ( (fp = fopen (filename, "r")) = =NULL )     //打开文件
    {   printf("file open error. \n");              //出错处理
        exit(0);
    }
    while ( ( ch =fgetc(fp) ) ! = EOF )             //从文件中读取字符
    fputc(ch, stdout);                              //向标准输出文件中输出(显示)
        fclose( fp );                               //关闭文件
}
```

2. 字符输出函数 fputc

fputc 函数的原型为:

int fputc(char ch, FILE *fp);

其中:ch 是要输出的字符(可为字符常数或字符变量),fp 为文件型指针变量。

fputc 函数的功能是:将字符变量 ch 中的字符输出到 fp 所指向的文件。若输出成功,函数返回输出的字符;否则,返回 EOF。

例 11-3 从键盘输入一个字符串,逐个将字符串的每个字符保存到磁盘文件 file 中,当输入的字符为"#"时停止输入。

```
#include <stdio.h>
void main( )
{   FILE *fp;                                       //指向磁盘文件 file 的指针
    char ch;                                        //暂存读入字符的字符变量
    char filename[15];                              //存放磁盘文件名的字符数组
    scanf("%s", filename);                          //从键盘输入磁盘文件名
    if ( (fp =fopen(filename, "w")) = = NULL )      //以写方式打开文本文件
    {   printf("Cannot open file. \n");             //不能正常打开磁盘文件的处理
        exit(0);                                    //调用函数 exit 终止程序运行
    }
    while ( (ch =getchar( )) ! ='#')                //判断输入的是否为字符#
        fputc(ch, fp);                              //读入的字符写入磁盘文件
    fclose(fp);                                     //操作结束关闭磁盘文件
}
```

例 11-4 请编程复制指定的文本文件。

```
#include <stdio.h>
void main( )
{   FILE *fp1, *fp2;
```

```
    char file1[20], file2[20], ch;
    printf("Enter filename1:");
    scanf("%s", file1);
    printf("Enter filename2:");
    scanf("%s", file2);
    if ((fp1 = fopen(file1, "r")) == NULL)    //以只读方式打开文件 1
    {   printf("file1 open error.\n");
        exit(0);
    }
    if ((fp2 = fopen(file2, "w")) == NULL)  //以只写方式打开文件 2
    {   printf("file2 open error.\n");
        exit(0);
    }
    while ((ch = fgetc(fp1)) != EOF)       //从文件 fp1 中读字符
        fputc(ch, fp2);                     //写入文件 fp2 中
    fclose(fp1);                            //关闭两个文件
    fclose(fp2);
}
```

11.3.2 文件的字符串输入/输出函数

对文件的输入输出,除了以字符为单位进行处理之外,还允许以字符串为单位进行处理,又称为"行处理"。函数 fgets 和 fputs 实现文件的按字符串的读写。

1. 字符串输入函数 fgets

fgets 函数的原型是:

```
char * fgets( char *buf, int n, FILE * fp );
```

其中,buf 可以是一个数组名,也可以是指向字符串的指针,n 为要读取的最多的字符个数;fp 是指向该文件的文件型指针。

fgets 函数的功能是:从 fp 所指向的文件中读取长度不超过 n-1 个字符的字符串,并将该字符串放到字符数组 buf 中。如果操作正确,函数的返回值为字符数组 buf 的首地址;如果文件结束或出错,则函数的返回值为 NULL。

情况 1:从文件中已经读入了 n-1 个连续的字符,还没有遇到文件结束标志或行结束标志'\n',则:buf 中存入 n-1 个字符,串尾以串结束标记'\0'结束。

情况 2:从文件中读入字符遇到了行结束标志'\n',则:buf 中存入实际读入的字符,串尾为'\n'和'\0'。

情况 3:在读文件的过程中遇到文件尾(文件结束标志 EOF),则:buf 中存入实际读入的字符,串尾为'\0'。文件结束标志 EOF 不会存入数组。

图 11-3 文件的初始内容

情况 4:当文件已经结束仍然继续读文件,或读取文件内容发生错误,则:函数的返回值为 NULL,表示文件结束。

例如:现有一个有两行字符的 ASCII 文件,文件打开后,文件的读写位置指针如图 11-3 所示。

若有:char s[5];FILE *fp;fp 为指向该文件的指针。则多次执行语句"fgets (s, 5, fp);",每次的执行结果如下:

第 1 次执行语句 fgets(s, 5, fp):文件刚打开时,文件的读写位置指针指向了文件的第 1 个字符,执行语句:fgets(s, 5, fp)后,从文件中读取的字符串是"abcd\n",文件的读写位置指针向前移动 4 个字符,字符串在 s 中的存储形式和文件读写位置指针如图 11-4 所示。

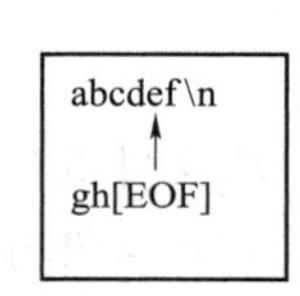

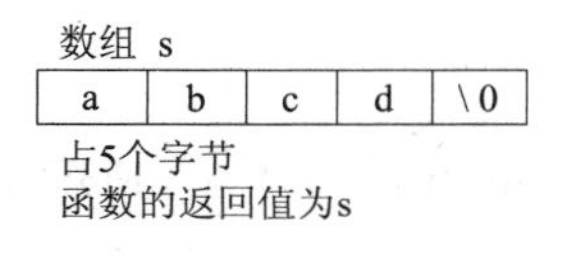

图 11-4 第 1 次执行语句 fgets(s, 5, fp)之后文件的读写位置指针和数组状态

第 2 次执行语句 fgets(s, 5, fp):从文件的读写位置指针开始,顺序读入字符,遇到'\n'字符后,函数执行完毕。字符串在 s 中的存储形式和文件读写位置指针如图 11-5 所示。

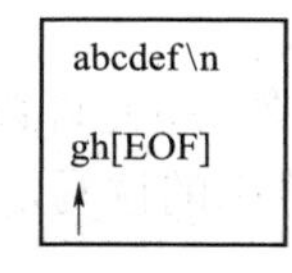

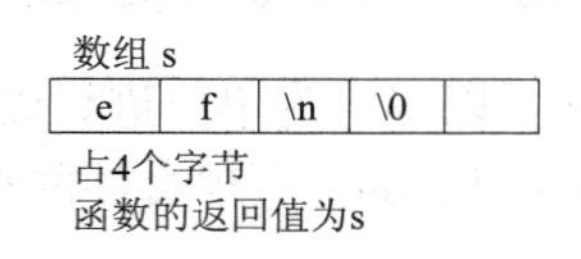

图 11-5 第 2 次执行语句 fgets(s, 5, fp)之后文件的读写位置指针和数组状态

第 3 次执行语句 fgets(s, 5, fp):从文件的读写位置指针开始,顺序读入字符,遇到文件结束标记 EOF,函数执行完毕,此时,文件的读写位置指针指向了文件最后一个字符的后面。字符串在 s 中的存储形式和文件读写位置指针如图 11-6 所示。

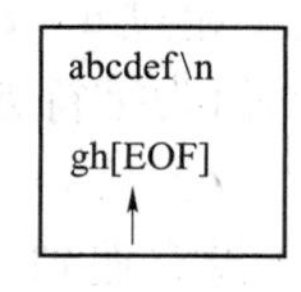

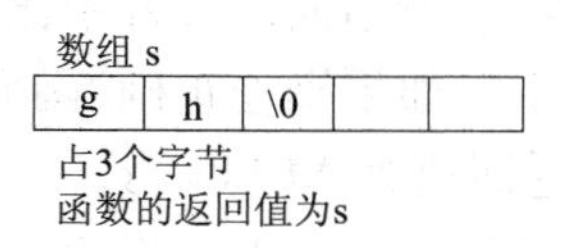

图 11-6 第 3 次执行语句 fgets(s, 5, fp)之后文件的读写位置指针和数组状态

第 4 次执行语句 fgets (s, 5, fp):由于文件的读写位置指针已经指向了文件结束标记

EOF,所以函数的返回值为 NULL,表示文件已经结束,文件的读写位置指针没有变化。文件读写位置指针如图 11 -7 所示。

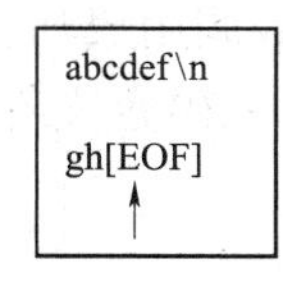

图 11 -7　第 4 次执行语句 fgets(s, 5, fp)之后文件的读写位置指针

例 11 -5　显示文件内容并加上行号。

```
#include <stdio.h>
void main( )
{   FILE * fp;
    char file[20], str[10];
    int flag =1, i =0;                              // flag 标志变量,为 1:开始新行。i
                                                    //为行号
    printf("Enter filename:");
    scanf("%s", file);
    if ( ( fp = fopen (file, "r")) == NULL )        // 打开文件
    {   printf("file open error. \n");
        exit(0);
    }
    while ( fgets( str,10,fp )! =NULL )             // 从文件中读出字符串
    {   if ( flag ) printf ("%3d:%s", ++i, str);   // 显示行号
        else        printf ("%s", str);
        if ( str [strlen(str) -1] == '\n' ) flag = 1;
        else                                 flag = 0;
    }
    fclose(fp);
}
```

本程序使用一个长度仅为 10 的小数组来处理文件,程序中充分利用了 fgets 的返回值。

2. 字符串输出函数 fputs

fputs 函数的调用形式:

int fputs(char * str, FILE * fp);

其中:str 为指向字符串的指针或字符数组名,也可以是字符串常量;fp 是指向将要被写入的文

件的文件型指针。

fputs 函数的功能是：将 str 指向的字符串或字符串常量写入 fp 指向的文件。输出的字符串写入文件时，字符'\0'被自动舍去。函数调用成功，则返回值为 0；否则返回 EOF。

例 11-6 从键盘输入若干行字符存入磁盘文件 file.txt 中。

```
#include <stdio.h>
#include <string.h>
void main( )
{   FILE *fp;
    char str[81];
    if ( (fp=fopen("file.txt", "w")) == NULL )
                                        // 以写方式打开磁盘文本文件 file.txt 并判断打开
                                        // 操作正常与否
    {   printf("Cannot open file.\n");// 不能正常打开磁盘文件的处理
        exit(0);
    }
    while ( strlen( gets(str) ) > 0 )
    {   fputs(str, fp);                 //若该字符串非空则送入磁盘文件 file.txt 中去
        fputs("\n", fp);
    }
    fclose(fp);                         // 操作结束关闭磁盘文件
}
```

例 11-7 复制文本文件。

```
#include <stdio.h>
void main( )
{   FILE *fp1, *fp2;
    char file1[20], file2[20], s[10];
    printf("Enter filename1:");
    scanf("%s", file1);
    printf("Enter filename2:");
    scanf("%s", file2);
    if ( ( fp1 = fopen (file1, "r")) == NULL )     //打开文本文件 1
    {   printf("file1 open error.\n");
        exit(0);
    }
```

```
    if ( ( fp2 = fopen(file2, "w")) == NULL )       //打开文本文件2
    {   printf("file2 open error. \n");
        exit(0);
    }
    while ( fgets( s,10,fp1 ) != NULL )                //从文件 fp1 中读出字符串
        fputs( s, fp2 );                               //将字符串写入文件 fp2 中
    fclose(fp1);
    fclose(fp2);
}
```

11.3.3 文件的格式化输入输出函数

fscanf 和 fprintf 是用于磁盘文件的格式化输入输出函数。

1. 格式化输入函数 fscanf

fscanf 函数原型是:

```
int fscanf( FILE * fp, char * format, ... );
```

其中:fp 指向将要读取文件的文件型指针;format 为格式控制串和输入列表,内容、含义及对应关系与第 2 章中介绍的 scanf 函数相同。

fscanf 函数的功能是:从 fp 指向的文件中,按 format 中给定的格式控制符读取相应数据赋给输入列表中的对应变量地址中。

例如,语句:

```
fscanf( fp, "%d,%f", &i, &t );
```

完成从指定的磁盘文件上读取 ASCII 字符,并按"%d"和"%f"型格式转换成二进制形式的数据送给变量 i 和 t。

2. 格式化输出函数 fprintf

fprintf 函数原型是:

```
int fprintf( FILE * fp, char * format, ... );
```

其中,fp 指向将要写入文件的文件指针;format 为格式控制串和输出列表,内容及对应关系与前面章节中介绍的 printf 函数相同。

fprintf 函数的功能是:将输出列表中的各个变量或常量,依次按 format 格式控制符说明的格式写入 fp 指向的文件。该函数调用的返回值是实际输出的字符数。

例 11-8 从键盘输入一个字符串和一个十进制整数,将它们写入 test 文件中,然后再从 test 文件中读出并显示在屏幕上。

```
#include <stdio.h>
void main( )
```

```
{   char s[80];
    int  a;
    FILE  * fp;
    if ((fp=fopen("test", "w")) == NULL) {   //以只写方式打开文本文件
        printf("Cannot open file. \n");
        exit(0);
    }
    fscanf(stdin, "%s%d", s, &a);            // 从标准输入设备(键盘)上读取
                                              // 数据
    fprintf(fp, "%s %d", s, a);               // 以格式输出方式写入文件
    fclose(fp);                               // 写文件结束关闭文件
    if ((fp=fopen("test", "r")) == NULL) {   // 以读方式打开文本文件
        printf("Cannot open file. \n");
        exit(0);
    }
    fscanf(fp, "%s%d", s, &a);                //以格式输入方式从文件读取数据
    fprintf(stdout, "%s %d\n", s, a);         //将数据显示到标准输出设备(屏
                                              // 幕)上
    fclose(fp);                               //结束关闭文件
}
```

11.3.4 文件的数据块输入/输出函数

这类函数可实现一次读写一组文件数据。例如采用这种方式可以方便地进行数组和结构的输入输出。

1. 文件数据块读函数 fread

fread 函数原型为:

```
int fread( char * buffer, unsigned size, unsigned count, FILE * fp );
```

其中,buffer 为指针,指向输入数据存放在内存中的起始地址;size 是要输入的字节数;count 是要输入大小为 size 个字节的数据块的个数;fp 是文件指针。

fread 函数的功能是:从 fp 所指向的文件读取 count 个数据块,每个数据块的大小为 size 个字节,读取的数据块存到 buffer 指向的内存中。函数的返回值是实际读取的块数。

2. 文件数据块写函数 fwrite

fwrite 函数原型为:

```
int fwrite( char * buffer, unsigned size, unsigned count, FILE * fp );
```

fwrite 函数的参数与 fread 函数类似。功能是将 buffer 所指的 size * count 个字节输出到文件 fp 中，返回值为实际写入文件的数据项的个数。

例 11－9 从键盘输入 3 个学生的数据，将它们存入文件 student；然后再从文件中读出数据，显示在屏幕上。

```
#include <stdio.h>
#define SIZE 3
struct student                                  //定义结构
{   long num;
    char name[10];
    int  age;
    char address[10];
}   stu[SIZE], out;
void fsave( )
{   FILE *fp;
    int i;
    if (( fp =fopen("student","wb")) == NULL ){  //以二进制写方式打开文件
        printf("Cannot open file.\n");          //打开文件的出错处理
        exit(0);                                //出错后返回,停止运行
    }
    for ( i =0; i <SIZE; i++ )                  //将学生的信息(结构)以数据块
                                                // 形式写入文件
        if ( fwrite(&stu[i], sizeof(struct student), 1, fp) != 1 )
          printf("File write error.\n");        //写过程中的出错处理
        fclose(fp);                             //关闭文件
}
void main( )
{ FILE *fp;
    int  i;
    for ( i =0; i <SIZE; i++ ) {                //从键盘读入学生的信息(结构)
        printf("Input student %d:", i+1);
        scanf("%ld%s%d%s", &stu[i].num, stu[i].name, &stu[i].age, stu[i].address );
    }
    fsave( );                                   //调用函数保存学生信息
```

```
    fp = fopen ("student", "rb");                    //以二进制读方式打开数据文件
    printf("   No.    Name   Age   Address\n");
        while ( fread(&out, sizeof(out), 1, fp) )    //以读数据块方式读入信息
            printf("%8ld %-10s %4d    %-10s\n", out.num, out.name, out.age,
out.address );
        fclose(fp);   // 关闭文件
    }
```

11.4 文件的随机读写

前面介绍的对文件的操作都是顺序读写，即从文件的起始数据开始，依次进行读写，文件的读写位置指针由系统进行移动。但在文件实际应用中，往往需要对文件中某个特定位置的数据进行处理，就要在文件的特定位置进行读写，即要将文件的读写位置指针指向用户所希望的读写位置。这种在文件特定位置进行读写的方式称为随机读写。C 语言有 3 个与文件的读写位置指针相关的函数。

11.4.1 改变文件位置指针函数 fseek

fseek 函数原型是：

```
int fseek( FILE * fp, long offset, int position );
```

其中：fp 为文件型指针；position 为起始点，指出以文件的什么位置为基准进行移动。position 的值用整常数表示。可以是下列 3 个值之一：0（文件头）、1（文件当前位置）和 2（文件尾）。

offset 为位移量，从起始点 position 到要确定的新位置的字节数。也就是以起点为基准要移动的字节数。

fseek 函数的功能是：将文件 fp 的读写位置指针移到距 position 起始位置 offset 个字节的位置；如果读写指针移动失败，返回值为 -1。

下面是几个 fseek 函数调用的实例：

```
fseek(fp,50L,0);      //将位置指针移到文件头起始第 50 个字节处
fseek(fp,100L,1);     //将位置指针从当前位置向前(文件尾方向)移动 100 个字节
fseek(fp,-20L,2);     //将位置指针从文件末尾向后(文件头方向)移动 20 个字节
```

例 11-10 反向显示一个文本文件内容。

```
#include <stdio.h>
void main( )
{   char c;
    FILE *fp;
```

```
    if ( (fp=fopen("test", "r")) == NULL )              //以读方式打开文本文件
    {   printf("Cannot open file. \n");
        exit(0);
    }
    fseek( fp, 0L, 2 );                        //定位文件尾。注意此时并不是定位到
                                               //文件的最后一 个字符,而是在定位文
                                               //件最后 1 个字符之后的位置
    while ((fseek(fp, -1L, 1))! = -1)          //从当前位置退后 1 个字节
    {   c=fgetc(fp);   putchar (c);            //如果定位成功,读取当前字符并显示
                                               // 读取字符成功,文件指针会自动移到
                                               //下一字符位置
        if (c == '\n')                         //若读入是\n 字符
          fseek(fp, -2L,1);                    //由于文本文件中保存回车 0x0d 和换
                                               //行 0x0a 两个字符,故要向前移动两个
                                               //字节
        else   fseek(fp, -1L, 1);              //文件指针向前移动一个字节,使文
    }                                          //件指针定位在刚刚读出的那个字符
        fclose(fp);
}
```

11.4.2 位置指针重返文件头函数 rewind

rewind 函数原型是:

void rewind(FILE * fp);

rewind 函数的功能是:使 fp 指定的文件的位置指针重新定位到文件的开始位置。

例 11-11 在屏幕上显示文件 file1. c 的内容,并将文件 file1. c 复制到文件 file2. c。

```
#include   <stdio.h>
void main(   )
{   FILE *fp1, *fp2;
    fp1 = fopen("file1.c", "r");
    fp2 = fopen("file2.c", "w");
    while ( ! feof(fp1) )                //完成在屏幕上显示文件 file1. c 的内容
      putchar( fgetc(fp1) );             //函数 feof 判断文件是否结束
    rewind(fp1);                         /* 显示完成后,文件 file1. c 的指针已指到文
                                            件的末尾,为完成复制操作,将 file1. c 的位
```

```
                                        置指针重返回文件头 */
    while( ! feof(fp1) )
        fputc( fgetc(fp1), fp2 );         //文件 file1.c 的内容复制到 file2.c 中
    fclose(fp1);
    fclose(fp2);
}
```

11.4.3 位置指针当前值函数 ftell

ftell 函数的原型为:

long ftell(FILE * fp);

ftell 函数的功能是:得到 fp 所指向文件的当前读写位置,即位置指针的当前值。位置指针从文件开始处到当前位置的位移量的字节数。如果函数的返回值为 -1L,则表示出错。

例 11-12 首先建立文件 data.txt,检查文件指针位置;将字符串"Sample data"存入文件中,再检查文件指针的位置。

```
#include <stdio.h>
void main( )
{   FILE *fp;
    long position;
    fp = fopen("data.txt", "w");              // 打开文件
    position = ftell(fp);                     // 取文件位置指针
    printf("position = %ld\n", position);
    fprintf(fp, "Sample data\n");             // 写入长度为 12 的字符串
    position = ftell(fp);                     // 取文件位置指针
    printf("position = %ld\n", position);
    fclose(fp);
}
```

运行程序,结果如下:

```
position = 0        //打开文件时读写位置指针在文件第一个字符之前
position = 13       //写入字符串后读写位置指针在文件最后一个字符之后
```

11.5 文件操作的状态和出错检测

由于 C 语言中对文件的操作都是通过调用有关的函数来实现的,所以用户必须掌握函数

的执行情况，特别是掌握函数执行是否成功。为此，C 语言提供了两种方法来反映函数的执行情况和文件的状态，其一是通过函数的返回值可以知道文件调用是否成功。例如：调用 fgets、fputs、fgetc 和 fputc 等函数时，若文件结束或出错，将返回 EOF；在调用 fread、fopen 和 fclose 等函数时，若出错，则返回 NULL。其二是使用文件操作状态和操作出错的检测函数。常见的检测函数包括：feof、ferror 和 clearerr。

11.5.1 文件状态检测函数 feof

feof 函数的原型为：

```
int feof( FILE * fp );
```

函数 feof 的功能是：测试 fp 所指的文件的位置指针是否已到达文件尾（文件是否结束），如果已到达文件尾，则函数返回非 0 值；否则返回 0，表示文件尚未结束。

11.5.2 报告文件操作错误状态函数 ferror

ferror 函数的原型是：

```
int ferror( FILE * fp );
```

函数 ferror 的功能是：测试 fp 所指的文件是否有错误，如果没有错误，返回值为 0；否则，返回一个非 0 值，表示出错。

11.5.3 清除错误标志函数 clearer

clearerr 函数的原型是：

```
void clearerr( FILE * fp );
```

其中：fp 为文件指针。

函数 clearerr 的功能是：清除 fp 所指的文件的错误标志。即将文件错误标志和文件结束标记置为 0。

在用 feof 和 ferror 函数检测文件结束和出错情况时，若遇到文件结束或出错，两个函数的返回值均为非 0。对于出错或已结束的文件，在程序中可以有两种方法清除出错标记：调用 clearerr 函数清除出错标记，或者对出错文件调用一个正确的文件 I/O 操作函数。

例 11－13 从键盘上输入一个长度小于 20 的字符串，将该字符串写入文件“file. dat”中，并测试是否有错。若有错，则输出错误信息，然后清除文件出错标记，关闭文件；否则，输出输入的字符串。

```
#include "stdio.h"
#include "string.h"
#define LEN 20
void main( )
```

```
{ int err;
  FILE *fp;
  char s1[LEN];
  if ( (fp = fopen("file.dat", "w") ) == NULL ) { //以写方式打开文件
      printf ("Can't open file1.dat\n");
      exit(0);
  }
  printf("Enter a string:");
  gets(s1);                                    //接收从键盘输入的字符串
  fputs(s1, fp) ;                              //将输入的字符串写入文件
  err = ferror(fp);                            //调用函数 ferror
  if ( err )  {                                //若出错则进行出错处理
     printf("file.dat error:%d\n", err);
     clearerr(fp);                             //清除出错标记
     fclose(fp);
  }
  fclose (fp);
  fp = fopen("file.dat", "r");                 //以读方式打开文件
  if ( err = ferror(fp) )
  {   printf("Open file.dat error %d\n", err);
      fclose(fp);
  }
  else
  {   fgets(s1, LEN, fp);                      //读入字符串
      if ( feof(fp) && strlen(s1) ==0 )        //若文件结束且读入的串长为0
         printf("file.dat is NULL.\n");        //则文件为空,输出提示
      else
         printf("Output:%s\n", s1);            //输出读入的字符串
      fclose(fp);
  }
}
```

11.6 应用实例

通过文件应用实例加深对文件的认识,使读者在实践中更好地掌握文件的使用。

例 11-14 阅读下列程序,并分析该程序执行结果。

```
#include <stdio.h>
#define LEN 20
void main( )
{   FILE *fp;
    char s1[LEN], s0[LEN];
    if ( (fp=fopen("try.txt", "w")) == NULL) {
          printf ("Cannot open file.\n");
          exit(0);
    }
    printf("fputs string:");
    gets(s1);
    fputs(s1, fp);
    if ( ferror(fp) )
        printf("\n errors processing file try.txt\n");
    fclose(fp);
    fp = fopen("try.txt", "r");
    fgets (s0, LEN, fp);
    printf("fgets string:%s\n", s0);
    fclose(fp);
}
```

程序运行时,将从键盘上输入到数组 s1 中的字符串输出到 fp 所指定的文件 try.txt 中,然后再从该文件中读取数据送到数组 s0 中,最后显示数组 s0 中的内容。

例 11-15 从键盘输入一行字符串,将其中的小字母全部转换成大写字母,然后输出到磁盘文件“test”中保存。

```
#include <stdio.h>
void main( )
{   FILE *fp;
    char str[100];
    int  i;
```

```
    if ( (fp=fopen("test", "w")) == NULL ) {
        printf("Cannot open the file. \n");
        exit(0);
    }
    printf("Input a string:");
    gets(str);                                   //读入一行字符串
    for (i=0; str[i]&&i<100; i++) {              //处理该行中的每一个字符
        if (str[i] >= 'a' && str[i] <= 'z')      //若是小写字母
          str[i] -= 'a' - 'A';                   //将小写字母转换为大写字母
        fputc(str[i], fp);                       //将转换后的字符写入文件
    }
    fclose(fp);                                  //结束文件输入操作关闭文件
    fp = fopen( "test", "r");                    //以读方式打开文本文件
    fgets( str, 100, fp);                        //从文件中读入一行字符串
    printf("%s\n", str);
    fclose(fp);
}
```

例 11－16 编写程序,实现将命令行中指定文本文件的内容追加到另一个文本文件的原内容之后。

```
#include <stdio.h>
void main (int argc, char *argv[ ])
{   FILE *fp1, *fp2;
    int c;
    if ( argc != 3) {                        //若运行程序时指定的参数数目不对
        printf ("USAGE:filename1 filename2\n");
        exit(0);
    }                                        //以只读方式打开第1个文本文件
    if ( (fp1=fopen(argv[1],"r")) ==NULL )   //位置指针定位于文件开始处
    {   printf ("Cannot open %s\n", argv[1]);
        exit(0);
    }
    if ((fp2=fopen(argv[2],"a")) ==NULL) {   //以追加方式打开第2个文本文件
        printf("Cannot open %s\n", argv[2]);
        exit(0);
```

```
    }
    c = fseek(fp2, 0L, 2);                    //定位第2个文件的文件尾
    /* 由于第2个文件是以追加方式打开,故在输入时系统会自动将新数据加在
       文件的尾部,不论读写位置指针原来在何处。此语句实际是可以省略的 */
    while ((c = fgetc(fp1)) != EOF )          //读入第1个文件的数据,直到文件
                                              //结束
        fputc( c, fp2 );                      //将读入的数据写入第2个文件
    fclose(fp1);
    fclose(fp2);
}
```

例 11-17 磁盘上有一个成绩文本文件,包含的内容包括:学号、姓名、数学成绩、物理成绩和政治成绩(成绩均为整数),数据之间采用空格进行分隔。程序要求:

(1) 从磁盘中读出全部学生的信息;

(2) 计算每名学生的个人总成绩;

(3) 按照总成绩从高到低进行排序,并给出名次。总成绩相同时,按照读入的先后次序排序;

(4) 将排序后的数据按照名次顺序保存到一个新的文本文件中,文件中要增加总成绩和名次信息;

(5) 按原文件中数据顺序显示学生的全部信息。

本题目的难点在于:

(1) 将磁盘中的数据读入内存后如何保存?

按数据读入的顺序保存在带头结点的链表中。成绩结点应该包括的基本信息:学号、姓名、数学成绩、物理成绩、政治成绩、总成绩和名次。

(2) 如何保存数据的原始顺序?

方法很多。这里采用结构指针数组保存数据的原始顺序。结构指针数组中的每个元素按照数据的原始顺序,依次指向一个数据结点。

(3) 如何对链表进行排序?

按照总成绩从高到低进行选择排序。先在整个链表的数据结点中找出最高分作为链表的第一个数据结点,然后在其余数据结点中找出最高分,放在剩余数据结点的最前面,依此类推。

完整程序如下:

```
#include <stdio.h>
#include <stdlib.h>
#include <string.h>
```

```
typedef struct node
{   char no[10];                              // 学号
    char name[20];                            // 姓名
    int  math, phy, plo;                      // 数学/物理/政治成绩
    int  sum;                                 // 总成绩
    int  rank;                                // 名次
    struct node * next;                       // 结点的链
} NODE;                                       // 定义数据类型 NODE
typedef NODE * PNODE;                         // 定义指针类型 PNODE
void insertnode( PNODE head, PNODE p )        // 将结点 p 插入 head 的链尾
{   PNODE q = head;
    while ( q->next != NULL )                 // 定位最后一个结点
        q = q->next;
    p->next = q->next;                        // 将结点 p 插入到链尾
    q->next = p;
}
void freelist( PNODE head )                   // 释放包括表头结点的全部结点
{   PNODE p = head;
    while ( p != NULL )
    {   p = p->next;
        free( head );
        head = p;
    }
}
void sort( PNODE head )
{   PNODE p, q;
    int i =0;
    while ( head->next != NULL )
    {   p = head->next;
        q = p;                                // 当前最大值结点应在 head 之后
        while ( p != NULL )                   // q 指向最大值结点
        {   if ( p->sum > q->sum )
                q = p;
            p = p->next;
```

```
    }
    q->rank = ++i;                        // 设置名次
    while ( head->next != q )             // 前移 q 指向的结点
    {   p = head;
        while ( p->next != q )            // p:指向 q 的前一个结点
            p = p->next;
        p->next = q->next;
        q->next = head->next;
        head->next = q;                   // 调整顺序:q 移到 head 的后面
    }
    head = head->next;                    // 移动头指针,跳过有序结点
    }
}
void main( )
{  FILE * sfp, * tfp;
   char sfilename[20] = "chengji.txt", tfilename[20] = "cjres2011.txt";
   PNODE head, p, * sp, * q;                 // sp 和 q 为指向 PNODE 的指针
   int count = 0, i;
   if ( ( sfp = fopen( sfilename, "r") ) == NULL )    // 打开数据文件
   {   printf( "Cannot open. \n" );
       exit(0);
   }
   head = ( PNODE ) malloc( sizeof( NODE ) );
   strcpy( head->no, "" );                   // 初始化表头结点
   strcpy( head->name, "" );
   head->next = NULL;
   head->math = head->phy = head->plo = head->sum = head->rank = 0;
   while ( ! feof( sfp ) )                   // 当文件没有结束时从文件中读入数据
   {   p = ( PNODE ) malloc( sizeof( NODE ) );
       if ( fscanf(sfp, "%s%s%d%d%d",p->no,p->name,&p->math,&p->
phy,&p->plo) == 5 )
       {   count ++;
           p->sum = p->math + p->phy + p->plo;       // 计算总分
           insertnode( head, p );                    // 建立链表
```

```
        }
        else
          free(p);
    }
    /* sp 为指向结构指针的指针。申请结构指针数组 */
    sp = ( PNODE * ) malloc( (count + 1) * sizeof(PNODE) );
    *(sp + count) = NULL; /* 将数组最后一个元素置为 NULL */
    p = head -> next;
    i = 0;
    /* 建立结构指针数组与结点的关系 */
    while ( p! =NULL )
    {   *( sp + i++ ) = p;
        p = p -> next;
    }
    sort( head );                               // 对链表进行排序
    if ((tfp = fopen(tfilename,"w")) == NULL)   // 打开输出文件
    {   printf("Cannot open. \n");
        exit(0);
    }
    p = head -> next;                       // p 指向第一个数据结点
    while ( p ! = NULL )                    // 通过链表按照名次顺序写文件
    {   fprintf(tfp,"%d, %s, %s, %d, %d, %d, %d\n", p -> rank, p -> no, p ->
name, p -> math, p -> phy, p -> plo, p -> sum );
          p = p -> next;                    // p 指向下一个数据结点
    }
    q = sp;
    while ( *q ! = NULL )                   // 按照原有顺序显示排序数据
    {   p = *q;
        printf("%s, %s, %d, %d, %d, %d, %d\n", p -> no, p -> name, p ->
rank, p -> math, p -> phy, p -> plo, p -> sum );
        q ++;
    }
    freelist( head );                       // 释放链表全部结点
    free( sp );
```

```
    fclose( sfp );
    fclose( tfp );
}
```

如果成绩文件 chengji. txt 的信息如下。

```
20110101 WangYi 80 90 100
20110102 ZhangSan 100 89 89
20110103 WangSi 90 70 80
20110104 ChenLiu 100 60 80
20110105 ZangQi 100 100 100
20110106 LiS1 90 90 90
20110107 LiuLin 100 78 89
```

执行上述程序,屏幕显示结果如下:

```
20110101, WangYi, 4, 80, 90, 100, 270
20110102, ZhangSan, 3, 100, 89, 89, 278
20110103, WangSi, 8, 90, 70, 80, 240
20110104, ChenLiu, 9, 100, 60, 80, 240
20110105, ZangQi, 1, 100, 100, 100, 300
20110106, LiS1, 5, 90, 90, 90, 270
20110107, LiuLin, 6, 100, 78, 89, 267
```

文件 cjres2011. txt 中保存的内容如下。

```
1, 20110105, ZangQi, 100, 100, 100, 300
2, 20110102, ZhangSan, 100, 89, 89, 278
3, 20110101, WangYi, 80, 90, 100, 270
4, 20110106, LiS1, 90, 90, 90, 270
5, 20110107, LiuLin, 100, 78, 89, 267
6, 20110103, WangSi, 90, 70, 80, 240
7, 20110104, ChenLiu, 100, 60, 80, 240
```

小　　结

文件是程序设计语言的重要内容,在很多语言中都有关于文件操作的专门语句,在文件操作方面,C 语言与其他程序设计语言的不同之处在于:C 语言没有单独的文件操作语句,有关文件的操作均是通过库函数进行的。学习者要学习和掌握的如何使用与文件操作有关的库函数。

本章涉及的主要内容包括:

文件基本概念。包括:文件与文件输入/输出的基本概念、C语言中文件的两种组织形式(文本文件和二进制文件)、标准输入/输出文件、文件操作的一般步骤、文件的基本操作(读文件、写文件和追加文件)及特点、FILE类型、文件结束标记EOF等。

常用文件操作函数的使用。常用的函数包括:fopen、fclose、fgetc、fputc、fgets、fputs、fprintf、fscanf、fread、fwrite、feof和ferror等。

文件的读写方式。包括:顺序读写文件和随机读写文件的概念、文件的读写位置指针、文件操作与文件指针之间的关系、常用的与文件位置指针有关的函数fseek、rewind和ftell等。

习　题

一、单项选择题

1. 在进行文件操作时,写文件的一般含义是________。

A. 将计算机内存中的信息存入磁盘　　B. 将磁盘中的信息存入计算机内存

C. 将计算机CPU中的信息存入磁盘　　D. 将磁盘中的信息存入计算机CPU

2. C语言中标准输入文件stdin是指________。

A. 键盘　　B. 显示器　　C. 鼠标　　D. 硬盘

3. 系统的标准输出文件stdout是指________。

A. 键盘　　B. 显示器　　C. 软盘　　D. 硬盘

4. 在高级语言中对文件操作的一般步骤是________。

A. 打开文件—操作文件—关闭文件　　B. 操作文件—修改文件—关闭文件

C. 读写文件—打开文件—关闭文件　　D. 读文件—写文件—关闭文件

5. 要打开一个已存在的非空文件"file"用于修改,正确的语句是________。

A. fp = fopen("file", "r");　　B. fp = fopen("file", "a+");

C. fp = fopen("file", "w");　　D. fp = fopen(file", "r+");

6. 以下可作为函数fopen中第一个参数的正确格式是________。

A. c:user\text.txt　　B. c:\user\text.txt

C. "c:\user\text.txt"　　D. "c:\\user\\text.txt"

7. 若执行fopen函数时发生错误,则函数的返回值是________。

A. 地址值　　B. 0　　C. 1　　D. EOF

8. 为了显示一个文本文件的内容,在打开文件时,文件的打开方式应当为________。

A. "r+"　　B. "w+"　　C. "wb+"　　D. "ab+"

9. 若要用fopen函数打开一个新的二进制文件,该文件要既能读也能写,则文件方式字符串应该是________。

A. "ab+"　　B. "wb+"　　C. "rb+"　　D. "ab"

10. 在 C 语言中,从计算机内存中将数据写入文件中,称为________。

A. 输入　　B. 输出　　C. 修改　　D. 删除

11. C 语言可以处理的文件类型是________。

A. 文本文件和数据文件　　B. 文本文件和二进制文件

C. 数据文件和二进制文件　　D. 以上答案都不完全

12. 下列关于文件的结论中正确的是________。

A. 对文件操作必须先关闭文件　　B. 对文件操作必须先打开文件

C. 对文件的操作顺序没有统一规定　　D. 以上三种答案全是错误的

13. 当顺利执行了文件关闭操作时,fclose 函数的返回值是________。

A. -1　　B. TRUE　　C. 0　　D. 1

14. 使用 fgetc 函数,则打开文件的方式必须是________。

A. 只写　　B. 追加　　C. 读或读/写　　D. 答案 B 和 C 都正确

15. 若调用 fputc 函数输出字符成功,则其返回值是________。

A. EOF　　B. 1　　C. 0　　D. 输出的字符

16. 利用 fseek 函数可以________。

A. 改变文件的位置指针　　B. 实现文件的顺序读写

C. 实现文件的随机读写　　D. 以上答案均正确

17. 执行 fopen 函数时,ferror 函数的初值是________。

A. TRUE　　B. -1　　C. 1　　D. 0

二、填空题

1. 在 C 程序中,数据可以以________和________两种形式的代码存放。

2. 若已定义 pf 是一个 FILE 类型的文件指针,已知待输出的文本文件的路径和文件名是 A:\zk04\data\txfile. dat, 则要使 pf 指向上述文件的打开语句是________。

3. 若 fp 已经正确指向一指定的文件,则将字符变量 ch 中的字符输出到该文件中,可用的语句有________、________、________和________。

4. feof 函数可以用于________和________文件,它用来判断即将读入的是否为________,若是,函数返回值为________。

三、编程题

1. 某班有 N 个学生,每个学生有 5 门课的成绩。从键盘输入每个学生的学号、姓名和各门课的成绩,然后计算出每门课全班的平均成绩及每个学生 5 门课的平均成绩,并将所有这些数据存放在磁盘文件"ABC"中。文件的结构由编程者自己设计。

2. 从键盘输入一文本文件,将该文本写入磁盘文件 disk. txt 中,并统计磁盘中文件字母、数字、空白和其他字符的个数,要求:

① 将统计结果显示到屏幕上；

② 将输入的文件输出到打印机上；

③ 将统计结果写入磁盘文件 total. txt 中。

3. 已有一个存放数千种仓库物资信息的文件 CK，每个信息元素含两个内容：物资编号 KNO 和库存量 KNOM。请编程通过检查全库物资的库存量，建立一个新的文件 XK，它包括所有库存量大于 100 的物资编号和库存量。

4. 已知一个学生的数据库包含如下信息：学号（6 位整数）、姓名（3 个字符）、年龄（2 位整数）和住址（10 个字符），请编程由键盘输入 10 个学生的数据，将其输出到磁盘文件中；然后再从该文件中读取这些数据并显示在屏幕上。

5. 已知有两个有序的整数文件 F 和 G，请编一程序，将它们合并为一个新的有序文件。

6. 读入指定的 C 源程序文件，从文件中的单词中检索出 6 种 C 语言的关键字：if、char、int、else、while 和 return。统计并输出每种关键字在文件中出现的次数。规定：C 源程序文件中的单词是以一个空格、'\t'或'\n'结束的字符串。

附录 A　编译预处理

编译预处理也是 C 语言区别其他高级语言的一个特点，预处理是指在系统对源程序进行编译之前，对程序中某些特殊的命令行的处理，预处理程序将根据源代码中的预处理命令修改程序。使用预处理功能，可以改善程序的设计环境，提高程序的通用性、可读性、可修改性、可调试性、可移植性和方便性，易于模块化。预处理过程如图 A. 1 所示。

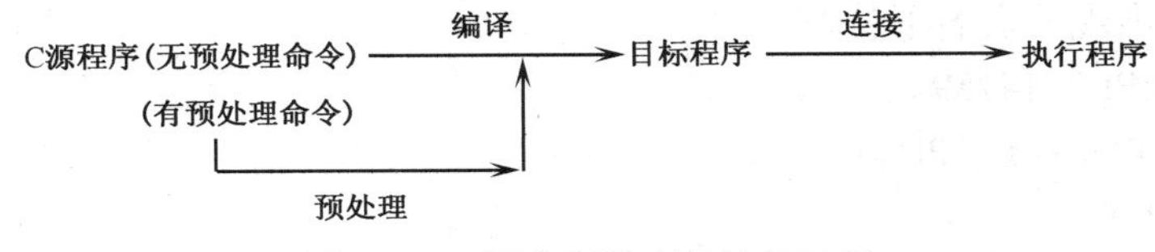

图 A. 1　C 语言预处理的执行过程

预处理命令有以下几个特点：

(1)预处理命令是一种特殊的命令，为了区别一般的语句，必须以#开头，结尾不加分号。

(2)预处理命令可以放在程序中的任何位置，其有效范围是从定义处开始到文件结束。

C 语言中的预处理命令有宏定义、文件包含和条件编译三类。

一、宏定义

宏提供了一种机制，可以用来替换源程序中的字符串。从本质上说，就是替换，用一串字符串替换程序中指定的标识符。因此宏定义也叫宏替换，宏替换有两类：简单的字符替换和带参数的宏替换。

1. 字符替换

(1) 格式：

#define　标识符　字符串

其中，标识符称为宏名，字符串称为宏替换体。

(2) 功能：编译之前，预处理程序将程序中该宏定义之后出现的所有标识符(宏名)用指定的字符串进行替换。在源程序通过编译之前，C 的编译程序先调用 C 预处理程序对宏定义进行检查，每发现一个标识符，就用相应的字符串替换，只有在完成了这个过程之后才将源程序交给编译系统。

例 1　预处理实例。

```
#define  N  10
main( )
{  int  a[N],k;
   for (k =0;k < N;k ++ )
```

```
        scanf("%d",&s[k]);
    ……
}
```

编译该程序之前,预处理程序首先将所有出现的N用10替换。这个过程叫做宏展开。

(3) 使用宏应当注意的是:

① 宏定义仅仅是符号替换,不是赋值语句,因此不做语法检查。

② 为了区别程序中其他的标识符,宏名的定义通常用大写字母。

③ 双引号中出现的宏名不替换。

例如:

```
#define PI 3.14159
    printf("PI = %f","PI");
```

结果为:PI =3.14159

双引号中的PI不进行替换。

④ 如果要提前结束宏名的使用,程序中可以使用#undefine。

⑤ 使用宏定义可以嵌套,即后定义的宏中可以使用先定义的宏。

使用宏可以有以下好处:

(1) 输入源程序时可以节省许多操作。

(2) 宏经定义之后,可以使用多次,因此使用宏可以增强程序的易读性和可靠性。

(3) 使用宏系统不需额外的开销,因为宏所代表的代码只在宏出现的地方展开,因此并不会引起程序的跳转。

2. 带参数的宏

进行宏替换时,可以像使用函数一样,通过实参与形参传递数据,增加程序的灵活性。

(1) 格式:

#define 标识符(形参表)　形参表达式

例:

```
#define  S(a,b)     (a>b)?(a):(b)
```

(2) 功能:预处理程序将程序中出现的所有带实参的宏名,展开成由实参组成的表达式。

例2 带参数的宏替换。

```
#define  S(a,b)  (a>b)?(a):(b)      /*定义带参数的宏名S*/
main()
{   int x,y;
    scanf("%d%d",&x,&y);
    printf("%d",S(x,y));              /*将S(x,y)替换成(x>y)?(x):(y)*/
}
```

(3) 说明:

① 宏名与括号之间不可以有空格。

② 有些参数表达式必须加括号,否则,在实参表达式替换时,会出现错误。

例如,#define S(x) x * x

在程序中,a 的值为 5,b 的值为 8,c = s(a + b),替换后的结果为:

c = a + b * a + b

代入 a 和 b 的值之后,c = 5 + 8 * 5 + 8,值是 53,并不是希望的:

c = (a + b) * (a + b)

带参数的宏与函数类似,都有形参与实参,有时两者从效果上看是相同的,但两者的本质是不同的。其主要区别有:

① 函数的形参与实参要求类型一 致,而宏替换不要求类型。

② 函数只有一个返回值,宏替换有可能有多个结果。

③ 函数影响运行时间,宏替换影响编译时间。

④ 使用宏有可能给程序带来意想不到的副作用。

例 3 求 1 到 10 平方之和。

方法一:使用函数

```
main()
{   int i =1;
      while (i< =10)
          printf("%d,",FUN(i++));
}
FUN ( int k)
{ retun(k * k);
}
```

结果:1,4,9,……,100

方法二:使用宏

```
#define FUN(a)   a * a
main()
{    int k =1;
     while (k< =10)
       printf ("%d",FUN(k++));
}
```

分析:预处理程序将程序中带实参的 FUN 替换成 k++ * k++,由于 C 语言中,实参的求值顺序是从右向左,因此程序运行结果为:

第一次循环:　　(k++) * (k++)　为 2 * 1

第二次循环:　　(k++) * (k++)　为 4 * 3

第三次循环：　(k ++) * (k ++)　为 6 * 5

第四次循环：　(k ++) * (k ++)　8 * 7

第五次循环：　(k ++) * (k ++)　10 * 9

程序运行过程共循环 5 次。

应当尽量避免用自增变量做宏替换的实参。类似的还有：

```
#define SUM(x) x * x * x
```

程序中：y = SUM(++ x)；替换的结果为：

```
y = (( ++ x) * ( ++ x) * ( ++ x))
```

二、文件包含

文件包含是将一个指定文件的内容完全包含到当前文件中，用#include 实现。

格式 1：#include〈文件名〉

格式 2：#include"文件名"

功能：用指定的文件名的内容代替预处理命令。

例如，调用系统库函数中的字符串处理函数，需在程序的开始，使用：

#include <string.h>，表明将 string.h 的内容，嵌入当前程序中。

对文件包含的几点说明：

（1）两种格式的区别：

按格式 1 定义时，预处理程序在 C 语言编译系统定义的标准目录下查找指定的文件。

按格式 2 定义时，预处理程序首先在引用被包含文件的源文件所在的目录中寻找指定的文件，如没找到，再按系统指定的标准目录查找。

为了提高预处理程序的搜索效率，通常对用户自定义的非标准文件使用格式 2，对使用系统库函数等标准文件使用格式 1。

（2）一个#include 命令只能包含一个文件。

（3）被包含的文件一定是文本文件，不可以是执行程序或目标程序。

（4）文件包含也可以嵌套，即 prog.c 中包含文件 filel.c，在 file.c 中需包含文件 file2.c 时，可以在 prog.c 中使用两次 #include 命令，分别包含 filel.c 和 file2.c 而且 file2.c 应当写在 filel.c 的前面。即：

```
#include <file2.c>
#include <file1.c>
```

文件包含在程序设计中非常重要，当用户定义了一些外部变量或宏，可以将这些定义放在一个文件中，例如 head.h，凡是需要使用这些定义的程序，只要用文件包含将 head.h 包含到该程序中，就可以避免再一次对外部变量进行说明，以节省设计人员的重复劳动，既能减少工作量，又可避免出错。

附录 B　C 语言运算符的优先级与结合性

<table>
<tr><th>优先级</th><th>运算符</th><th>功能</th><th>适用范围</th><th>结合性</th></tr>
<tr><td>15</td><td>( )
[ ]
.
-></td><td>整体表达式
参数表
下标
存取成员
通过指针存取的成员</td><td>表达式
参数表
数组
结构/联合
结构/联合</td><td>→</td></tr>
<tr><td>14</td><td>!
~
++
--
-
&
*
(type)
sizeof( )</td><td>逻辑非
按位求反
加 1
减 1
取负
取地址
取内容
强制类型
计算占用内存长度</td><td>逻辑运算
位运算
自增
自减
算术运算
指针
指针
类型转换
变量/数据类型</td><td>←</td></tr>
<tr><td>13</td><td>*
/
%</td><td>乘
除
整数取模</td><td rowspan="2">算术运算</td><td rowspan="2">→</td></tr>
<tr><td>12</td><td>+
-</td><td>加
减</td></tr>
<tr><td>11</td><td><<
>></td><td>位左移
位右移</td><td>位运算</td><td>→</td></tr>
<tr><td>10</td><td><
<=
>
>=</td><td>小于
小于等于
大于
大于等于</td><td rowspan="2">关系运算</td><td rowspan="2">→</td></tr>
<tr><td>9</td><td>==
!=</td><td>恒等于
不等于</td></tr>
<tr><td>8</td><td>&</td><td>按位与</td><td rowspan="3">位运算</td><td rowspan="3">→</td></tr>
<tr><td>7</td><td>^</td><td>按位异或</td></tr>
<tr><td>6</td><td>|</td><td>按位或</td></tr>
</table>

续表

<table>
<tr><th>优先级</th><th>运算符</th><th>功能</th><th>适用范围</th><th>结合性</th></tr>
<tr><td>5</td><td>&&</td><td>逻辑与</td><td rowspan="2">逻辑运算</td><td rowspan="2">→</td></tr>
<tr><td>4</td><td>||</td><td>逻辑或</td></tr>
<tr><td>3</td><td>? :</td><td>条件运算</td><td>条件</td><td>→</td></tr>
<tr><td>2</td><td>=
op =</td><td colspan="2">运算且赋值
op 可为下列运算符之一：* 、/ 、% 、+ 、- 、<<、>>、&、^、|</td><td>←</td></tr>
<tr><td>1</td><td>,</td><td>顺序求值</td><td>表达式</td><td>→</td></tr>
<tr><td colspan="5">说明：
1. 表中运算符优先级的序号越大，表示优先级别越高。
2. 结合性表示相同优先级的运算符在运算过程中应当遵循的次序。其中符号“→”表示同优先级运算符的运算次序要自左向右进行；符号“←”表示同优先级运算符的运算次序要自右向左进行。</td></tr>
</table>

附录 C　C 语言中的关键字

auto	break	case	char	const	continue
default	do	double	else	enum	extern
float	for	goto	if	int	long
register	return	short	signed	sizeof	static
struct	switch	typedef	unionunsigned	void	volatile
while					

附录 D　常用 C 语言处理系统简介

一、Visual C ++ 6.0 简介

Visual C ++ 6.0 是运行于 Windows 操作系统下的 C/C ++ 语言编译系统，它集编辑、编译、连接和运行于一体，为用户提供了一个良好的操作和程序调试环境，所以称为 Visual C ++ 6.0 集成开发环境。该环境具有直观、简单、方便的用户界面和丰富的库函数，是运行于微机上经久不衰的 C/C ++ 语言编译系统。

（一）Visual C ++ 6.0 集成环境简介

首先按照安装提示安装 Visual C ++ 6.0 系统，安装结束后双击 Visual C ++ 6.0 图标即

可进入 Visual C ++ 6.0 集成开发环境,主窗口如图 D.1 所示。

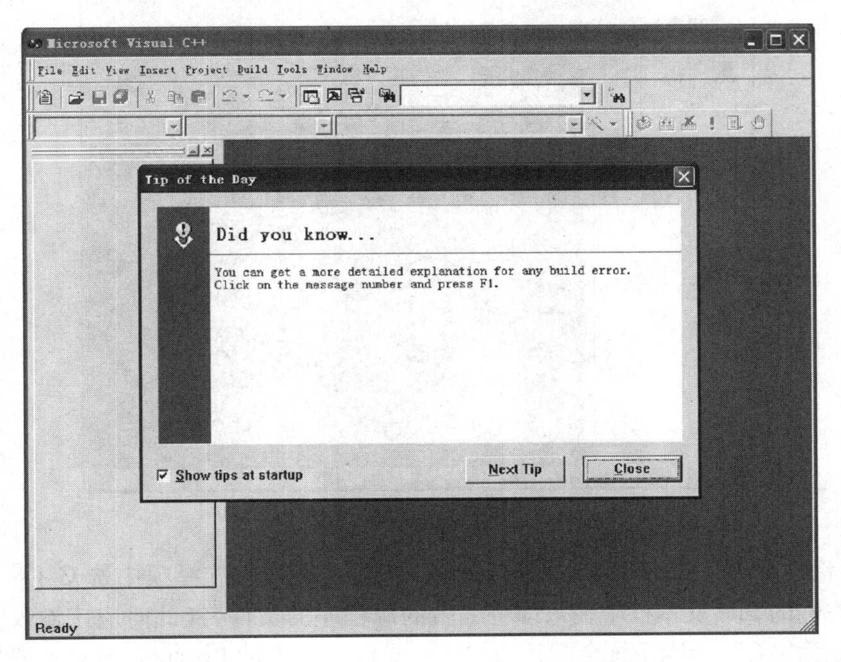

图 D.1

第一次打开 Visual C ++ 6.0 时,会弹出标题为 Tip of the Day 的对话框,提示一些编程常见的错误及快捷键等开发技巧,勾选了 Show tips at startup 选项后,每次打开 Visual C ++ 6.0 都会先跳出这个对话框,如果不想每次见到这个对话框,可以取消勾选即可。

Visual C ++ 6.0 的菜单栏包括 9 个菜单项,从左到右依次为:

File(文件)、Edit(编辑)、View(查看)、Insert(插入)、Project(项目)、Build(构建)、Tools(工具)、Windows(窗口)和 Help(帮助)。

主窗口的左侧是项目工作区窗口,右侧是程序编辑窗口。其中前者是用来显示所设定的工作区的信息,后者是用来输入和编辑源程序。

(二)编辑源程序

1. 新建一个源程序

新建一个源程序的步骤可参考如下:

在 Visual C ++ 6.0 的主菜单栏中选择 File,进入子菜单中选择 New,如图 D.2。

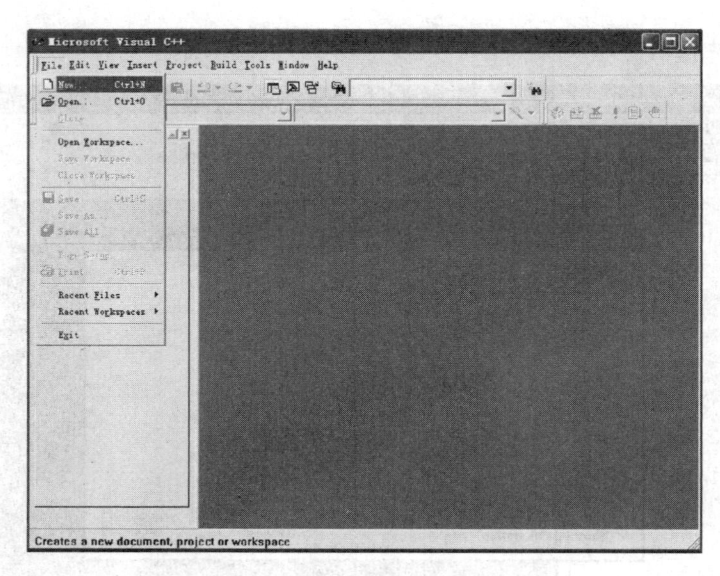

图 D.2

弹出对话框如图 D.3 所示。选择 File 选项卡,在下面的选择项中选 C ++ Source File 项,然后在右侧的 File 文本框中输入即将编辑的源程序的文件名(此时应该输入完整的文件名,后缀应该为“.C”,否则系统会默认为 C + + 文件),下面的 Location 中输入即将编辑的源程序文件的存储路径。

New
Files | Projects | Workspaces | Other Documents
Active Server Page
Binary File
Bitmap File
C/C++ Header File
C++ Source File
Cursor File
HTML Page
Icon File
Macro File
Resource Script
Resource Template
SQL Script File
Text File
Add to project:
File
helloWorld.c
Location:
C:\DOCUMENTS AND SETTINGS\
OK
Cancel

图 D.3

点击 OK 键,则生成了制定存放路径的制定文件名的文件,此时程序编辑窗口又灰色变成白色,光标变为闪烁状态,可以开始在其中输入和编辑源程序,如图 D.4 所示。

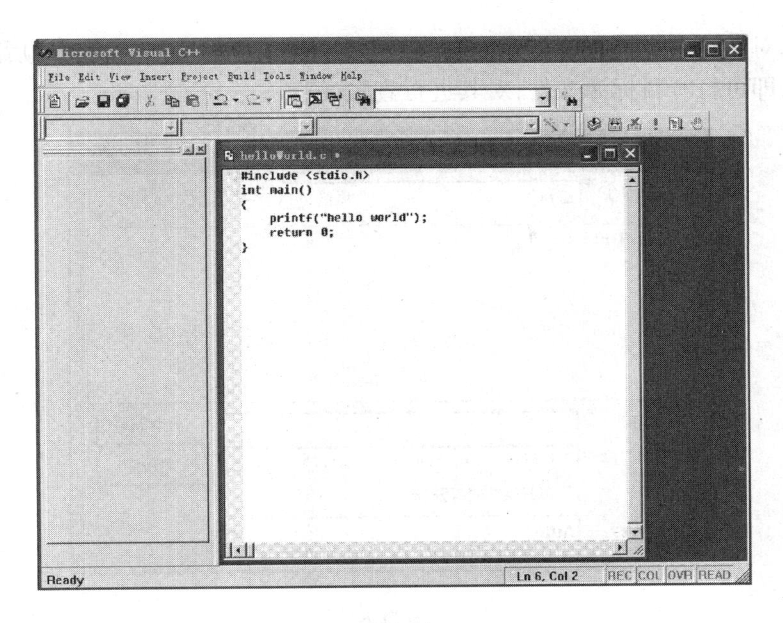

图 D.4

2. 打开一个已有的程序

如果想打开一个已经存在的源程序文件,对其进行编辑,步骤可参考如下:

在 Visual C ++ 6.0 的主菜单栏中选择 File,进入子菜单中选择 Open,如图 D.5 所示。

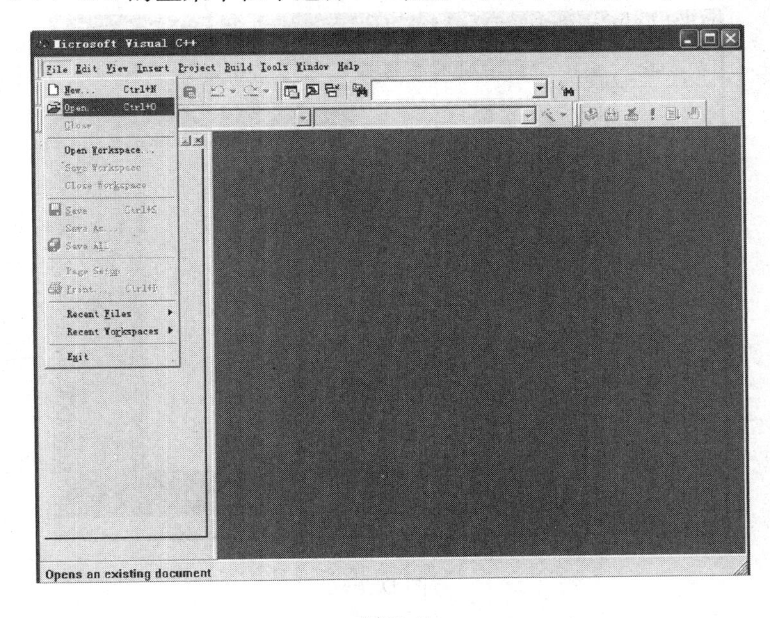

图 D.5

在弹出的对话框中选择想要打开的文件的存储路径,如图 D.6 所示。然后点击目标源文件,选择打开,即可打开目标源文件,对其进行查看、编辑。

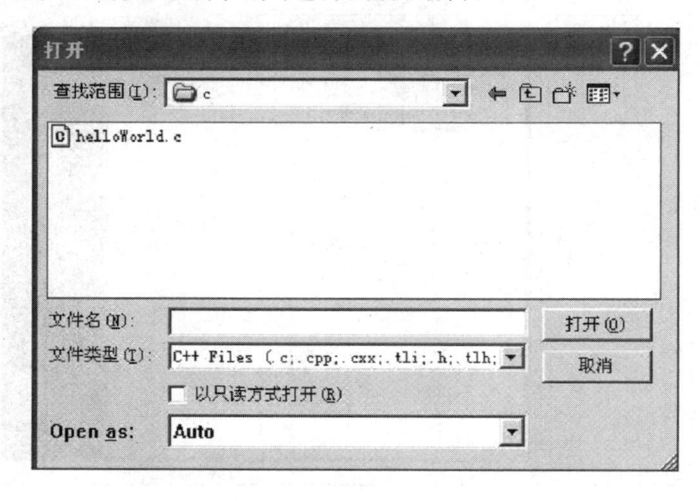

图 D.6

(三)编译源程序

编辑好源程序后,需要对源程序进行编译。单击主菜单中的 Build 项,在其下拉菜单中选择 Compile helloWorld.c,如图 D.7 所示。

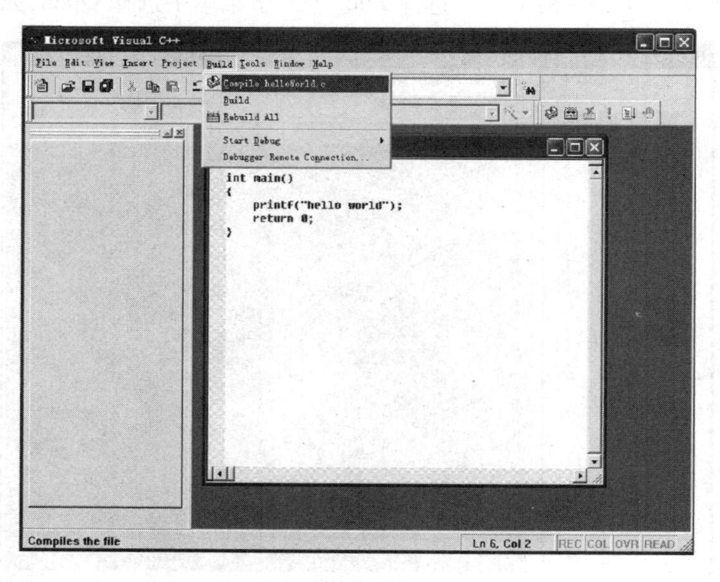

图 D.7

在编译过程中,编译系统检查源程序中有无语法错误,然后在主窗口下部的调试信息窗口输出编译信息,如图 D.8 所示。如果没有错误,则生成目标文件 helloWorld. obj,如果有错误,则会指出错误的位置和错误原因,用户可以据此进行修改,并再次编译,直到没有错误了为止。

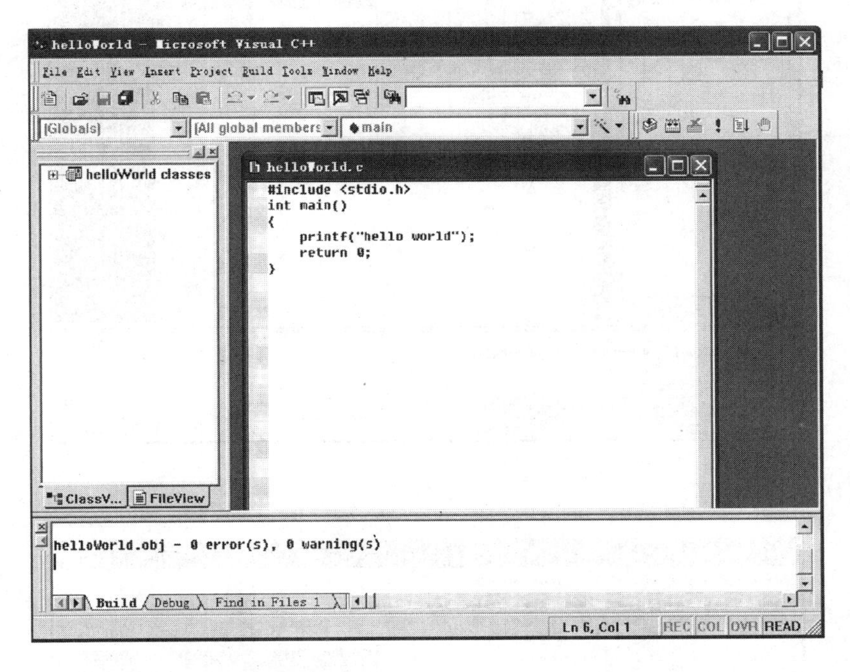

图 D.8

(四) 链接源程序

编译得到的. obj 文件为目标程序,不能直接运行,需要把程序和系统提供的资源建立连接。具体步骤可以参考如下:

单击主菜单中的 Build 项,在其下拉菜单中选择 Build helloWorld. exe,如图 D.9 所示。在链接完毕后,将生成可执行文件 helloWorld. exe。

(五) 执行源文件

执行源文件的步骤可以参考如下:

单击主菜单中的 Build 项,在其下拉菜单中选择"! Execute helloWorld. exe",如图 D.10 所示。

程序执行后,屏幕将切换到输出结果的窗口,显示运行结果,如果 D.11。

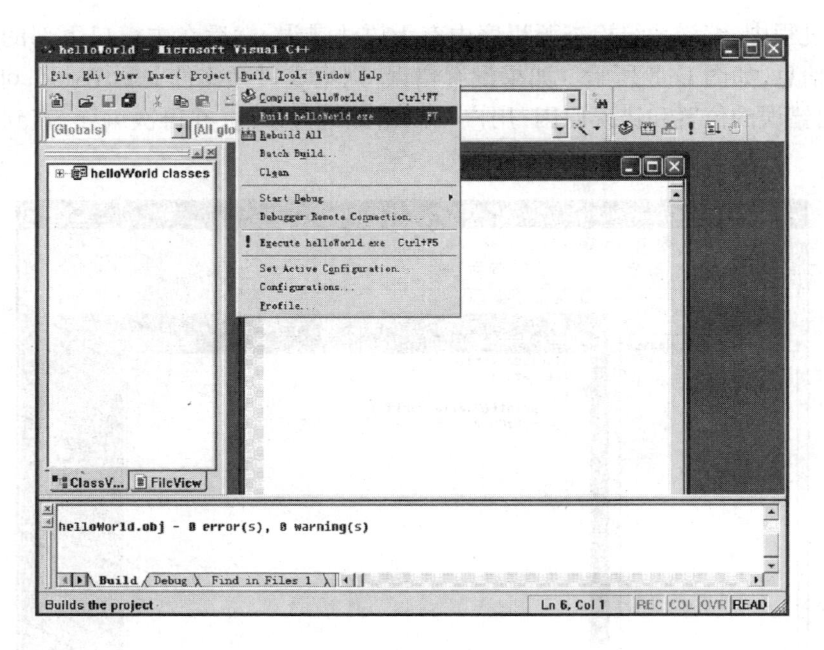
helloWorld - Microsoft Visual C++
File Edit View Insert Project Build Tools Window Help
Compile helloWorld.c Ctrl+F7
Build helloWorld.exe F7
Rebuild All
Batch Build...
Clean
Start Debug
Debugger Remote Connection...
Execute helloWorld.exe Ctrl+F5
Set Active Configuration...
Configurations...
Profile...
(Globals)
helloWorld classes
ClassV...
FileView
helloWorld.obj - 0 error(s), 0 warning(s)
Build
Debug
Find in Files 1
Builds the project
Ln 6, Col 1
REC COL OVR READ

图 D.9

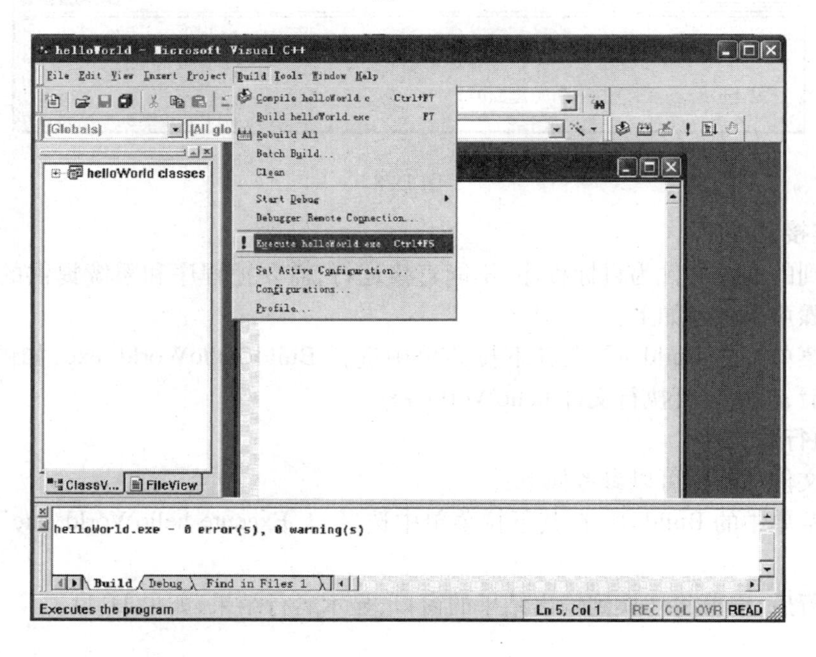
helloWorld - Microsoft Visual C++
File Edit View Insert Project Build Tools Window Help
Compile helloWorld.c Ctrl+F7
Build helloWorld.exe F7
Rebuild All
Batch Build...
Clean
Start Debug
Debugger Remote Connection...
Execute helloWorld.exe Ctrl+F5
Set Active Configuration...
Configurations...
Profile...
(Globals)
helloWorld classes
ClassV...
FileView
helloWorld.exe - 0 error(s), 0 warning(s)
Build
Debug
Find in Files 1
Executes the program
Ln 5, Col 1
REC COL OVR READ

图 D.10

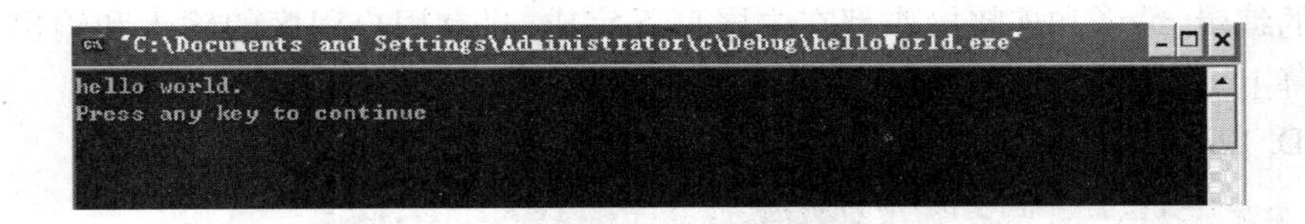

按任意键后,输出窗口关闭,返回 Visual C ++ 6.0 主窗口。

当已经完成对一个源程序的操作时,可以选择 File - > Close Workspace,关闭工作区,结束整个操作。

二、Turbo C 2.0 简介

Turbo C 2.0 是运行于 DOS 操作系统下的 C 语言编译系统,它集编辑、编译、连接和运行于一体,为用户提供了一个良好的操作和程序调试环境,所以称为 Turbo C 集成开发环境。

(一) TC 基本操作

1. Turbo C 2.0 的安装

Turbo C 2.0 集成开发环境一般是存放在两张软盘或一张光盘上,必须先将其装入硬盘的某一子目录下才可使用。通常是安装在 C 盘的一级子目录 TC 下。安装时运行系统盘上的 install 安装程序,Turbo C 2.0 将按系统默认的路径安装到硬盘上,安装完成后创建的目录结构如下:

```
            ┌INCLUDE
      ┌TC──┤
C:\──┤      └LIB
      └……
```

其中:C:\TC 是 Turbo C 系统主目录

C:\TC\INCLUDE 是 Turbo C 系统头文件所在目录

C:\TC\LIB 是 Turbo C 系统库文件所在目录

2. Turbo C 2.0 的启动

如果系统安装在 C 盘的一级子目录 TC 下,则 TC 目录下一定有 Turbo C 2.0 系统的主运行文件 TC. EXE,在 DOS 操作系统下启动 Turbo C 2.0 的方法是:直接在 TC 目录下键入主运行文件名 TC 并回车即可。命令形式如下:

C:\TC > tc ↵

如果在 Windows 操作系统下启动 Turbo C 2.0,则可直接点击 TC 文件夹下的执行文件 TC. EXE。无论用哪一种方式启动,屏幕都将显示如图 D. 12 所示的界面,这就是 Turbo C 2.0 的主屏幕,表示启动成功。

3. Turbo C 2.0 集成环境的组成

Turbo C 2.0 定义了两种屏幕状态:一个是程序开发状态,称为开发环境;另一个是程序运行时由程序控制的屏幕状态,称为用户屏幕。开发环境和用户屏幕是相互独立的,通常 Turbo C 处于开发环境下,只有运行用户程序时才可进入用户屏幕,所以开发环境也称为主屏幕。程序的编辑、编译和连接操作都在主屏幕下完成,只有用户程序的输入和输出操作显示在用户屏幕上。

由图 D.12 可见,Turbo C 2.0 的主屏幕分为 4 部分:

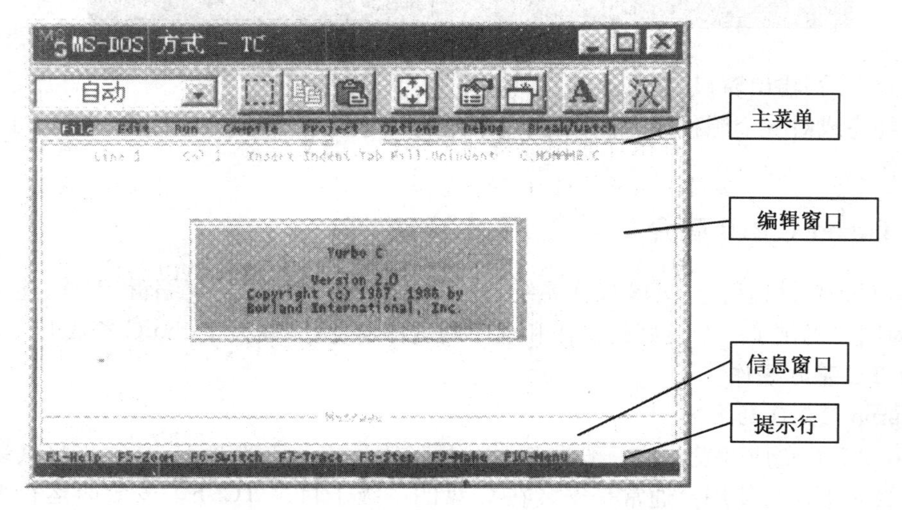

图 D.12　Turbo C 2.0 主屏幕

主菜单:屏幕顶行是主菜单,主菜单共有 8 项,分别表示文件操作、编辑、运行、编译、项目文件、选项、调试、中断/观察等功能。其中,除了 Edit 之外,其他每个主菜单项都有一个下拉式子菜单,Turbo C 2.0 提供的全部功能均可通过菜单选择完成操作。

编辑窗口:屏幕中间部分是编辑窗口,对源程序的所有编辑工作都在这个区域进行。编辑窗口的顶行是编辑状态提示行,指明了当前程序的编辑状态。编辑状态行内容及表示的意义如图 D.13 所示。

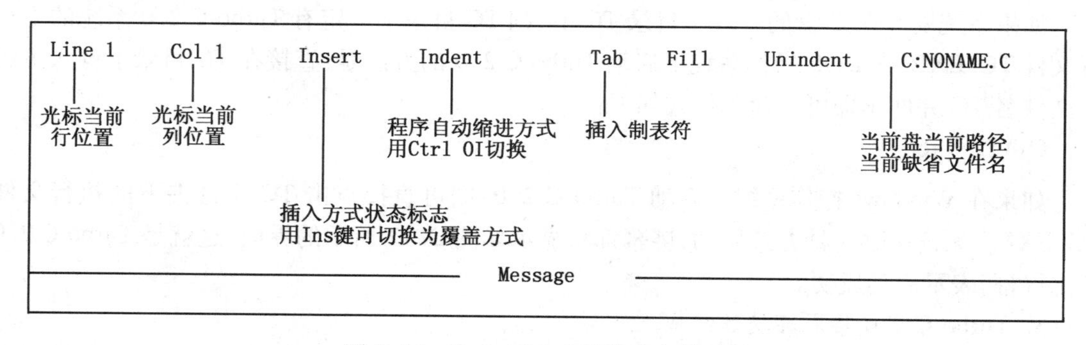

图 D.13　Turbo C 2.0 编辑状态提示行

信息窗口:在对程序进行编译连接时,专门用于显示错误信息和警告信息。在调试程序时,作为监视窗口可显示表达式和变量的当前值。

功能键提示行:屏幕最底行是功能键提示行,说明在 Turbo C 2.0 集成开发环境下常用的 7 个功能热键的含义。所谓热键,是指在任何时候都有效的键。在 Turbo C 2.0 集成开发环境下,F1 ~ F10 都是功能热键,它们的功能如表 D.1 所示。

表 D.1 Turbo C 2.0 集成开发环境下的功能热键

热 键	功 能
F1	激活帮助窗口,显示与当前光标所在位置有关的操作提示信息
F2	将当前文件以指定的文件名存盘
F3	装入指定文件
F4	将程序执行到光标所在的行暂停
F5	缩放当前窗口
F6	切换活动窗口
F7	调试程序,执行单步操作,可进入被调用函数
F8	调试程序,执行单步操作,不进入被调用函数
F9	编译、连接源程序,生成可执行文件
F10	激活主菜单
Esc	返回上一级菜单

在 Turbo C 2.0 集成开发环境下,正确使用主菜单、状态行信息和功能键,就可方便地完成程序的编辑、编译、连接和运行等各项操作。

4. Turbo C 2.0 菜单选择

在 Turbo C 2.0 开发环境下,选择主菜单用光标键←、→操作,被选中的项将反相显示。按回车键后,该选项下方会下拉出对应的子菜单,再用光标键↑、↓选择子菜单项,按回车键即可选中。

对主菜单的选择也可用 Alt 键加上各主菜单项的首字母,对子菜单的选择可直接键入子菜单项的首字母,这就是功能热键,一些常用功能都设有热键。例如,要选择主菜单项 File,键入 Alt F 即可,要选择 Edit,键入 Alt E 即可;在 File 菜单中,如果直接键入字母 N 或 n 即可选中 New 子菜单项,如果键入字母 S 或 s 即可选中 Save 子菜单项。

任何时候按 Esc 键都可返回上一级菜单,按 F10 键可返回主菜单。

5. 编辑源程序

Turbo C 2.0 开发环境提供了一个全屏幕编辑程序,用它可以建立一个新的 C 源程序,也可以修改一个已经存在的 C 源程序,其操作可通过菜单完成。

(1) 建立新文件。

选中主菜单项 Edit,或者选中主菜单项 File 下的子菜单项 New,都可进入程序编辑窗口。在编辑窗口中可根据需要输入或修改 C 源程序,这时系统给出缺省文件名为 NONAME.C。

D. 14 列出了主菜单项 File 的各子菜单项及其功能说明,New 的功能是建立一个新文件。图 D. 15 中表示了进入编辑状态后主屏幕的一部分,其中输入的程序是一个计算圆面积的小程序。当程序输入结束后,必须将其保存到磁盘上。选择 File 下的子菜单项 Save 来完成,或者直接按热键 F2。保存时要为该程序指定文件名,并且一定用. C 作为文件扩展名。例如,图 D. 15 中的文件以 S1. C 存放在 C 盘上。

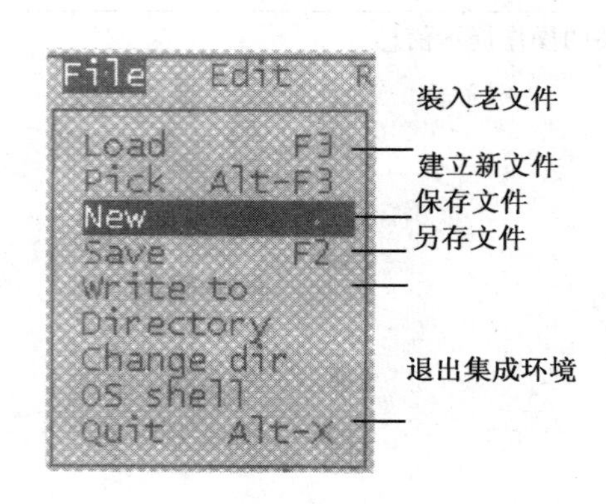

图 D. 14 Turbo C 2. 0 文件操作菜单

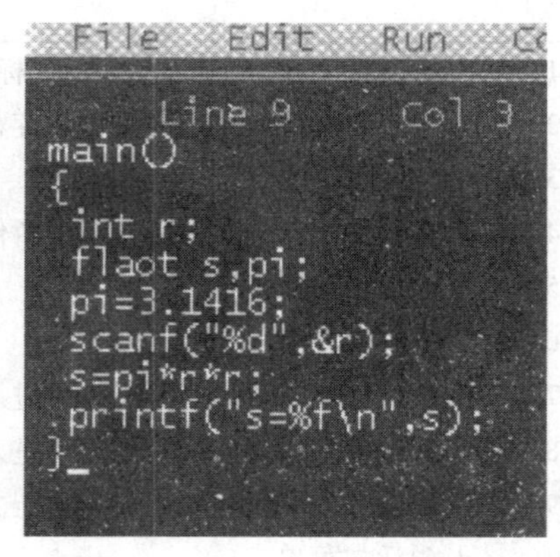

图 D. 15 Turbo C 2. 0 文件操作菜单

(2) 编辑旧文件。

如果要编辑一个已经存在的旧文件,首先将其调入计算机内存。选择主菜单项 File 下的子菜单项 Load,或者直接按 F3 热键,当屏幕提示用户输入文件名时,键入需要调入的 C 源程序文件名,该程序将被装入内存并显示在编辑窗口内,即可进行编辑操作。

值得注意的是,不论是新程序还是旧文件,编辑完成后都要保存文件。File 下的 Save 子菜单是直接保存文件,而 Write to 子菜单是改名保存文件。

6. 源程序的编译、链接与运行

(1) 编译。

当新文件建立或老文件调入后,选择主菜单项 Compile 下的子菜单项 Compile to OBJ 即可进行编译,如 D. 16 所示。如果程序有错,编译系统会给出编译结果报告如图 D. 17 所示,并将警告和错误信息(包括错误说明及位置)显示在信息窗中,并将错误所在的程序行反白显示,自动进入编辑状态。用户只要按一下回车键,就可对出错程序进行编辑修改。全部修改完成后,重新进行编译即可。例如,在图 D. 15 所示的 S1. C 程序中,错把 float 写成 flaot,导致程序编译时出现五个错误行和一个警告信息,这些错误必须纠正后才能再进行编译。当编译结果报告错误为 0 时,表示编译通过,即可得到扩展名为. OBJ 的目标文件。

图 D. 16　Turbo C 2.0 编译连接操作菜单

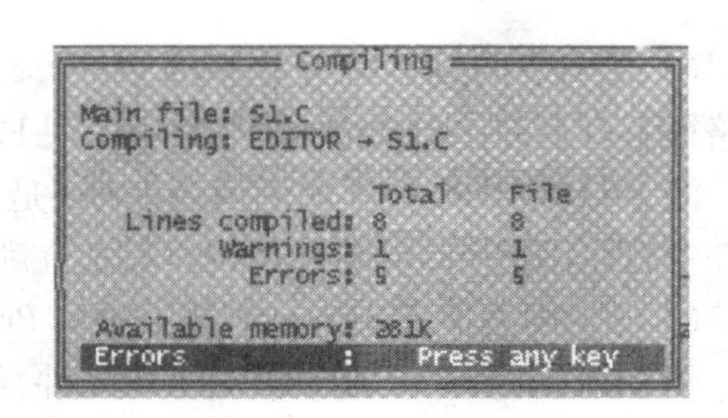

图 D. 17　编译出错结果报告

（2）链接。

图 D. 18　运行结果

选择主菜单项 Compile 下的子菜单项 Link EXE file，即可对所得到的目标文件进行链接操作，链接完成后系统报告链接通过信息，表示链接成功，得到扩展名为. EXE 的可执行文件。

（3）运行程序。

选择主菜单项 Run 下的子菜单项 Run，即可运行链接后的. EXE 文件。运行文件时，系统自动切换到用户屏幕，用户在此将数据输入给程序，程序将运行结果也显示在用户屏幕。用 Alt + F5 键可切换到用户窗口，以便用户查看程序运行结果。例如，S1. EXE 程序的运行结果如图 D. 18 所示，在用户窗口按任意键可返回到开发环境下。

在 Turbo C 2.0 集成开发环境中，通常是将编译、链接和运行合为一个步骤进行。即按 Ctrl F9 热键（在汉字操作系统下不能使用），或者选中主菜单 Run 下的 Run 子菜单项，系统即可自动对当前程序进行编译和链接，生成. EXE 文件后自动执行。这就是 Turbo C 2.0 集成开发环境的方便之处。以上分别介绍仅仅是为了使读者了解程序完整的运行过程。

关于 Turbo C 2.0 集成开发环境的详细使用说明，请参阅配套教材《C 语言程序设计教程习题与上机指导》，这里不再赘述。

（二）工程文件

C 语言的一个程序可以由多个源文件组成，每个源文件可以包含多个函数，那么这多个源文件怎样组成一个程序，如何组装它们？

首先，要建立一个工程文件。在 TC 的主菜单中，有一项 Project，利用此菜单项，可以创建一个工程文件。工程文件是一个文本文件，其内容是待组装的程序文件名，用户在建立工程文件时，先要自定义一个工程文件的主文件名，系统给出的扩展名为. prj。之后，确定将哪几个程序组成一个工程文件，例如：有源文件 file1. c、file2. c 和 file3. c，这 3 个源文件共同生成一个可执行程序 try. exe。具体的过程是：

(1)编辑工程文件。可以利用编辑软件，也可以在 TC 环境下实现。即在 TC 菜单中“File”下选"Load"，在对话框中输入工程文件的文件名，假定为：try. prj。

(2)在 TC 的编辑窗口中,输入:file1. c、file2. c 和 file3. c,此时如果 3 个文件不在系统默认路径下,应当在文件名前加上路径。用 F2 保存。至此,工程文件 try. prj 建成。

注意:文件 file1. c、file2. c 和 file3. c 是 3 个源文件,各自包含不同的函数。但只能有一个文件中有主函数 main( )。无论将其放在哪个源文件中,程序的运行都从 main( )开始。

(3)在 TC 主菜单"Project"下,选择"Project name"项,输入工程文件名,即 try. prj。

(4)编译源程序。由于使用工程文件,编译系统按照工程文件中所列的源文件名,分别对各个源文件进行编译,编译成功后,生成各自对应的目标文件. obj。

于是,将上述 3 个源文件编译后,则有:

file1. obj

file2. obj

file3. obj

(5)连接各目标程序,生成执行程序。连接 file1. obj、file2. obj 和 file3. obj 以及调用的系统库函数,连接正确后,生成由 file1. c、file2. c 和 file3. c 共同组成的 C 执行程序,名为 try. exe。在操作系统下,运行 try,可获得相应的运行结果。

例 工程文件的使用。

```
/* 文件 1:file1. c */
f( )
{  printf ("This is the first program\n");
   ff( );                                   /* 调用另一个函数 ff( ) */
}
/* 文件 2:file2. c */
main( )
{  int i;
   for ( i =0; i <3; i ++ )
       f( );                                /* 主函数中调用函数 f( ) */
}
/* 文件 3:file3. c */
ff( )
{  printf ("This is the second program\n");
}
工程文件名:try. prj
工程文件内容:file1. c
             file2. c
             file3. c
```

编译连接后执行程序名:try. exe

运行结果:This is the first program

This is the secend program

This is the first program

This is the secend program

This is the first program

This is the secend program

附录 E　常用库函数

库函数并不是 C 语言的一部分,它是由编译程序根据一般用户的需要编制并提供用户使用的一组程序。每一种 C 编译系统都提供了一批库函数,不同的编译系统所提供的库函数的数目和函数名以及函数功能是不完全相同的。ANSI C 标准提出了一批建议提供的标准库函数。它包括了目前多数 C 编译系统所提供的库函数,但也有一些是某些 C 编译系统未曾实现的。

一、数学函数

数学函数的原型在 math. h 中。

数学函数表

函数名称	函数与形参类型	函数功能	返回值
acos	double acos(x) double x;	计算 $\cos^{-1}(X)$ 的值。 $-1 <= x <= 1$	计算结果
asin	double asin(x) double x;	计算 $\sin^{-1}(X)$ 的值。 $1 <= x <= 1$	计算结果
atan	double atan(x) double x;	计算 $\tan^{-1}(X)$ 的值。	计算结果
atan2	double atan2(x, y) double x,y;	计算 $\tan^{-1}(x/y)$ 的值。	计算结果
cos	double cos(x) double x;	计算 cos(X) 的值。 x 的单位为弧度	计算结果

函数名称	函数与形参类型	函数功能	返回值
cosh	double cosh(x) double x;	计算 x 的双曲余弦 cosh(x)的值。	计算结果
exp	double exp(x) double x;	求 e^x 的值。	计算结果
fabs	double fabs(x) double x;	求 x 的绝对值。	计算结果
floor	double floor(x) double x;	求不大于 x 的最大整数。	该整数的双精度实数
fmod	double fmod(x,y) double x,y;	求整除 x/y 的余数。	返回余数的双精度实数
frexp	double frexp(val,eptr) double val; int *eptr;	把双精度数 val 分解为数字部分(尾数)和以 2 为底的指数 n,即 val = x * 2n,n 存放在 eptr 指向的变量中。	数字部分 x 0.5 <= x < 1
log	double log(x) double x;	求 logex 即 lnx。	计算结果
log10	double log10(x) double x;	求 log10x。	计算结果
modf	double modf(val,iptr) double val; double *iptr;	把双精度数 val 分解为整数部分和小数部分,把整数部分存到 iptr 指向的单元。	val 的小数部分
pow	double pow(x,y) double x,y;	计算 x^y 的值。	计算结果
sin	double sin(x) double x;	计算 sin(x)的值。 x 的单位为弧度	计算结果
sinh	double sinh(x) double x;	计算 x 的双曲正弦函数 sinh(x)的值。	计算结果
sqrt	double sqrt(x) double x;	计算$\sqrt{x}$(x >=0)。	计算结果

续表

函数名称	函数与形参类型	函数功能	返回值
tan	double tan(x) double x;	计算 tan(x)的值。 x 单位为弧度	计算结果
tanh	double tanh(x) double x	计算 x 的双曲正切函数 tanh(x)的值。	计算结果

二、字符函数

字符函数的原型在 ctype.h 中。

字符函数表

函数名称	函数与形参类型	函数功能	返回值
isalnum	int isalnum(ch) int ch;	检查 ch 是否字母或数字。	是字母或数字返回 1;否则返回 0。
isalpha	int isalpha(ch) int ch;	检查 ch 是否字母。	是字母,返回 1;否则,返回 0。
iscntrl	int iscntrl(ch) int ch;	检查 ch 是否控制字符(其 ASCII 码在 0 和 0x1F 之间)。	是控制字符,返回 1;否则返回 0。
isdigit	int isdigit(ch) int ch;	检查 ch 是否数字(0 ~9)。	是数字返回 1;否则,返回 0。
isgraph	int isgrsph(ch) int ch;	检查 ch 是否是可打印字符(其 ASCII 码在 0x21 到 0x7e 之间)不包括空格。	是可打印字符,返回 1;否则,返回 0。
islower	int islower(ch) int ch;	检查 ch 是否是小写字母(a ~ z)。	是小写字母,返回 1;否则返回 0。
isprint	int isprint(ch) int ch;	检查 ch 是否可打印字符(不包括空格),其 ASCII 码值在 0x21 到 0x7e 之间。	是可打印字符,返回 1;否则,返回 0。
ispunct	int ispunct(ch) int ch;	检查 ch 是否标点字符(不包括空空格),即除字母、数字和空格以外的所有可打印字符。	是标点,返回 1;否则,返回 0。
isspace	int isspace(ch) int ch;	检查 ch 是否空格、跳格符(制表符)或换行符。	是,返回 1;否则,返回 0。

续表

函数名称	函数与形参类型	函数功能	返回值
isupper	int isupper(ch) int ch;	检查 ch 是否是大写字母(A ~ Z)。	是大写字母,返回 1;否则返回 0。
isxdigit	int isxdigit(ch) int ch;	检查 ch 是否一个 16 进制数字(即 0 ~ 9,或 A 到 F,a ~ f)。	是,返回 1;否则,返回 0。
tolower	int tolower(ch) int ch;	将 ch 字符转换为小写字母。	返回 ch 对应的小写字母。
toupper	int toupper(ch) int ch;	将 ch 字符转换为大写字母。	返回 ch 对应的大写字母。

三、字符串函数

字符串函数的原型在 string. h 中。

字符串函数表

函数名称	函数与形参类型	函数功能	返回值
memchr	void memchr(buf, ch, count) void * buf; char ch; unsigned int count;	在 buf 的前 count 个字符里搜索字符 ch 首次出现的位置。	返回指向 buf 中 ch 第一次出现的位置指针;若没有找到 ch,返回 NULL。
memcmp	int memcmp(buf1, buf2, count) void * buf1, * buf2; unsigned int count;	按字典顺序比较由 buf1 和 buf2 指向的数组的前 count 个字符。	buf1 < buf2,为负数 buf1 =buf2,返回 0 buf1 > buf2,为正数
memcpy	void * memcpy(to, from, count) void * to, * from; unsigned int count;	将 from 指向的数组中的前 count 个字符拷贝到 to 指向的数组中。from 和 to 指向的数组不允许重叠。	返回指向 to 的指针
memmove	void * memmove(to, from,count) void * to, * from; unsigned int count;	将 from 指向的数组中的前 count 个字符拷贝到 to 指向的数组中。from 和 to 指向的数组可以允许重叠。	返回指向 to 的指针
memset	void * memset (buf, ch, count) void * buf; char ch; unsigned int count;	将字符 ch 拷贝到 buf 所指向的数组的前 count 个字符中。	返回 buf。

续表

函数名称	函数与形参类型	函数功能	返回值
strcat	char *strcat(str1, str2) char *str1, *str2;	把字符串 str2 接到 str1 后面,取消原来 str1 最后面的串结束符'\0'。	返回 str1。
strchr	char *strchr(str,ch) char *str; int ch;	找出 str 指向的字符串中第一次出现字符 ch 的位置。	返回指向该位置的指针,如找不到,则应返回 NULL。
strcmp	int strcmp(str1,str2) char *str1, *str2;	比较字符串 str1 和 str2。	str1 < str2,为负数 str1 =str2,返回 0 str1 > str2,为正数
strcpy	char *strcpy(str1,str2) char *str1, *str2;	把 str2 指向的字符串拷贝到到 str1 中去。	返回 str1。
strlen	unsigned int strlen(str) char *str;	统计字符串 str 中字符的个数(不包括终止符'\0')。	返回字符个数。
strncat	char *strncat (str1, str2,count) char *str1, *str2; unsigned int count;	把字符串 str2 指向的字符串中最多 count 个字符连到串 str1 后面,并以 NULL 结尾。	返回 str1。
strncmp	int strncmp(str1,str2, count) char *str1, *str2; unsigned int count;	比较字符串 str1 和 str2 中至多的前 count 个字符。	str1 < str2,为负数 str1 =str2,返回 0 str1 > str2,为正数
strncpy	char *strncpy(str1, str2,count) char *str1, *str2; unsigned int count;	把 str2 指向的字符串中最多前 count 个字符拷贝到到串 str1 中去。	返回 str1。
strnset	char *setnset(buf, ch, count) char *buf; char ch; unsigned int count;	将字符 ch 拷贝到 buf 所指向的数组的前 count 个字符中。	返回 buf。
strset	char *setset(buf, ch) char *buf; char ch;	将 buf 所指向字符串中的全部字符都变为字符 ch。	返回 buf。
strstr	char *strstr(str1, str2) char *str1, *str2;	寻找 str2 指向的字符串在 str1 指向的字符串中首次出现的位置。	返回 str2 指向的子串首次出现的地址。否则返回 NULL。

四、输入输出函数

输入输出函数的原型在 stdio. h 中。

输入输出函数表

函数名称	函数与形参类型	函数功能	返回值
clearerr	void clearerr(fp) FILE * fp;	清除文件指针错误。	无。
close	int close(fp) int fp;	关闭文件(非 ANSI 标准)。	关闭成功返回 0,不成功,返回 -1。
creat	int creat(filename,mode) char * filename; int mode;	以 mode 所指定的方式建立文件(非 ANSI 标准)。	成功则返回正数,否则返回 -1。
eof	int eof(fd) int fd;	判断文件(非 ANSI 标准)是否结束。	遇文件结束,返回 1;否则返回 0。
fclose	int fclose(fp) FILE * fp;	关闭 fp 所指的文件,释放文件缓冲区。	关闭成功返回 0;否则返回非 0。
feof	int feof(fp) FILE * fp;	检查文件是否结束。	遇文件结束符返回非 0,否则返回 0。
ferror	int ferror(fp) FILE * fp;	测试 fp 所指的文件是否有错误。	无错返回 0;否则返回非 0。
fflush	int fflush(fp) FILE * fp;	将 fp 所指的文件的全部控制信息和数据存盘。	存盘正确返回 0;否则返回非 0。
fgetc	int fgetc(fp) FILE * fp;	从 fp 指向的文件中取得下一个字符。	返回得到的字符。若出错返回 EOF。
fgets	char * fgets(buf,n,fp) char * buf; int n; FILE * fp;	从 fp 指向的文件读取一个长度为(n -1)的字符串,存入起始地址为 buf 的空间。	返回地址 buf,若遇文件结束或出错,则返回 EOF。
fopen	FILE * fopen(filename,mode) char * filename, * mode;	以 mode 指定的方式打开名为 filename 的文件。	成功,返回一个文件指针;否则返回 0。

续表

函数名称	函数与形参类型	函数功能	返回值
fprintf	int fprintf(fp, format,args,…) FILE * fp; char * format;	把 args 的值以 format 指定的格式输出到 fp 所指定的文件中。	实际输出的字符数。
fputc	int fputc(ch,fp) char ch; FILE * fp;	将字符 ch 输出到 fp 指向的文件中。	成功,则返回该字符,否则返回 EOF。
fputs	int fputs(str,fp) char * str; FILE * fp;	将 str 指向的字符串输出到 fp 所指定的文件。	成功返回 0,若出错返回 EOF。
fread	int fread(pt,size,n,fp) char * pt; unsigned size; unsigned n; FILE * fp;	从 fp 所指定持文件中读取长度为 size 的 n 个数据项,存到 pt 所指向的内存区。	返回所读的数据项个数,如遇文件结束或出错,返回 0。
fscanf	int fscanf(fp, format,args,…) FILE * fp; char format;	从 fp 指定的文件中按给定的 format 格式将读入的数据送到 args 所指向的内存变量中(args 是指针)。	已输入的数据个数。
fseek	int fseek(fp, offset,base) FILE * fp; long offset; int base;	将 fp 所指向的文件的位置指针移到 base 所指出的位置为基准、以 offset 为位移量的位置。	返回当前位置,否则,返回 -1。
ftell	long ftell(fp) FILE * fp;	返回 fp 所指向的文件中的读写位置。	返回文件中的读写位置,否则返回 0。
fwrite	int fwrite(ptr, size,n,fp) char * ptr; FILE * fp; unsigned size, n;	把 ptr 所指向的 n * size 个字节输出到 fp 所指的向的文件中。	写到 fp 文件中的数据项的个数。

续表

函数名称	函数与形参类型	函数功能	返回值
getc	int getc(fp) FILE *fp	从 fp 指向的文件中读入下一个字符。	返回读入的字符;若文件结束或出错返回 EOF。
getchar	int getchar( )	从标准输入设备读取下一个字符。	返回字符。若文件结束或出错返回 -1。
gets	char *gets(str) char *str;	从标准输入设备读取字符串存入 str 指向的数组。	成功返回指针 str,否则返回 NULL。
open	int open(filename,mode) char *filename; int mode;	以 mode 指定的方式打开已存在的名为 filename 的文件(非 ANSI 标准)。	返回文件号(正数);如文件打开失败,返回 -1。
printf	int printf(format, args,...) char *format;	在 format 指定的字符串的控制下,将输出列表 args 的值输出到标准输出设备。	输出字符的个数。若出错,则返回负数。
putc	int putc(ch,fp) int ch; FILE *fp;	把一个字符 ch 输出到 fp 所指的文件中。	输出的字符 ch。若出错,返回 EOF。
putchar	int putchar(ch) char ch;	把字符 ch 输出到标准输出设备。	输出字符 ch,若出错,则返回 EOF。
puts	int puts(str) char *str;	把 str 指向的字符串输出到标准输出设备,将'\0'转换为回车换行。	返回换行符,若失败,返回 EOF。
putw	int putw(w,fp) int i; FILE *fp;	将一个整数 i (即一个字) 写到 fp 所指的文件(非 ANSI 标准)中。	返回输出的整数;若出错,返回 EOF。
read	int read(fd,buf,count) int fd; char *buf; unsigned int count;	从文件号 fd 所指示的文件(非 ANSI 标准)中读 count 个字节到由 buf 指示的缓冲区中。	返回真正读入的字节个数,如遇文件结束返回 0,出错返回 -1。

续表

函数名称	函数与形参类型	函数功能	返回值
remove	int remove(fname) char * fname;	删除以 fname 为文件名的文件。	成功返回 0;出错返回 -1。
rename	int rename(oname,nname) char * oname, * nname;	把 oname 所指的文件名改为由 nname 所指的文件名。	成功返回 0;出错返回 -1。
rewind	void rewind(fp) FILE * fp;	将 fp 指定的文件指针置于文件头,并清除文件结束标志和错误标志。	无。
scanf	int scanf(format, args,…) char * format;	从标准输入设备按 format 指示的格式字符串规定的格式,输入数据给 args 所指示的单元。args 为指针。	读入并赋给 args 数据个数。遇文件结束返回 EOF;若出错返回 0。
write	inr write(fd,buf,count) int fd; char * buf; unsigned count;	从 buf 指示的缓冲区输出 count 个字符到 fd 所指的文件(非 ANSI 标准)中。	返回实际输出的字节数,如出错返回 -1。

五、动态存储分配函数

动态存储分配函数的原型在 stdlib. h 中。

动态存储分配函数表

函数名称	函数与形参类型	函数功能	返回值
calloc	void * calloc(n,size) unsigned n; unsigned size;	分配 n 个数据项的内存连续空间,每个数据项的大小为 size。	分配内存单元的起始地址。如不成功,返回 0
free	void free(p) void * p;	释放 p 所指的内存区。	无。
malloc	void * malloc(size) unsigned size;	分配 size 字节的内存区。	所分配的内存区地址,如内存不够,返回 0。
realloc	void * realloc(p,size) void * p; unsigned size;	将 p 所指的已分配的内存区的大小改为 size size 可以比原来分配的空间大或小。	返回指向该内存区的指针。若重新分配失败,返回 NULL。

六、其他函数

“其他函数”是C语言的标准库函数,由于不便归入某一类,所以单独列出。函数的原型在stdlib.h中。

其他函数表

函数名称	函数与形参类型	函数功能	返回值
abs	int abs(num) int num;	计算整数num的绝对值。	返回计算结果。
atof	double atof(str) char * str;	将str指向的字符串转换为一个double型的值。	返回双精度计算结果。
atoi	int atoi(str) char * str;	将str所指向的字符串转换为一个int型的整数。	返回转换结果。
atol	long atol(str) char * str;	将str所指向的字符串转换为一个long型的整数。	返回转换结果。
exit	void exit(status) int status;	终止程序运行。将status的值返回调用的过程。	无。
itoa	char * itoa(n, str,radix) int n, radix; char * str;	将整数n的值按照radix进制转换为等价的字符串,并将结果存入str指向的字符串中。	返回一个指向str的指针。
labs	long labs(num) long num;	计算长整数num的绝对值。	返回计算结果
ltoa	char * ltoa(n, str,radix) long int n; int radix; char * str;	将长整数n的值按照radix进制转换为等价的字符串,并将结果存入str指向的字符串中。	返回一个指向str的指针。
rand	int rand( )	产生0到RAND_MAX之间的伪随机数。RAND_MAX在头文件中定义。	返回一个伪随机(整)数。

续表

函数名称	函数与形参类型	函数功能	返回值
random	int random(num) int num;	产生0到num之间的随机数。	返回一个随机(整)数。
randomize	void randomize( )	初始化随机函数。 使用时要求包含头文件time.h。	无。
strtod	double strtod(start,end) char *start; char **end;	将start指向的数字字符串转换成double,直到出现不能转换为浮点数的字符为止,剩余的字符串赋给指针end。 * HUGE_VAL是Turbo C在头文件math.h中定义的数学函数溢出标志值。	返回转换结果。若未转换则返回0。若转换出错,返回HUGE_VAL表示上溢,或返回-HUGE_VAL表示下溢。
strtol	long int strtol (start, end, radix) char *start; char **end; int radix;	将start指向的数字字符串转换成long,直到出现不能转换为长整型数的字符为止,剩余的字符串赋给指针end。转换时,数字的进制由radix确定。 * LONG_MAX是Turbo C在头文件limits.h中定义的long型可表示的最大值。	返回转换结果。若未转换则返回0。若转换出错,返回LONG_MAX表示上溢,或返回-LONG_MAX表示下溢。
system	int system(str) char *str;	将str所指向的字符串作为命令传递给DOS的命令处理器。	返回所执行命令的退出状态。

附录 F　常用字符与 ASCII 代码对照表

ASCⅡ值	字符控制字符		ASCⅡ值	字符	ASCⅡ值	字符	ASCⅡ值	字符
000	(blank)	NUL	032	空格符	064	@	096	`
001	☺	SOH	033	!	065	A	097	a
002	☻	STX	034	"	066	B	098	b
003	♥	ETX	035	#	067	C	099	c
004	♦	EOT	036	$	068	D	100	d
005	♣	END	037	%	069	E	101	e
006	♠	ACK	038	&	070	F	102	f
007	(beep)	BEL	039	´	071	G	103	g
008	◘	BS	040	(	072	H	104	h
009	(tab)	HT	041	)	073	I	105	i
010	(line feed)	LF	042	*	074	J	106	j
011	♂	VT	043	+	075	K	107	k
012	♀	FF	044	,	076	L	108	l
013		CR	045	–	077	M	109	m
014	♫	SO	046	.	078	N	110	n
015	☼	SI	047	/	079	O	111	o
016	►	DLE	048	0	080	P	112	p
017	◄	DC1	049	1	081	Q	113	q
018	↕	DC2	050	2	082	R	114	r
019	!!	DC3	051	3	083	S	115	s
020	¶	DC4	052	4	084	T	116	t
021	§	NAK	053	5	085	U	117	u
022	–	SYN	054	6	086	V	118	v
023	↨	ETB	055	7	087	W	119	w
024	↑	CAN	056	8	088	X	120	x
025	↓	EM	057	9	089	Y	121	y
026	→	SUB	058	:	090	Z	122	z
027	←	ESC	059	;	091	[	123	{
028	∟	FS	060	<	092	\	124	|
029	↔	GS	061	=	093	]	125	}
030	▲	RS	062	>	094	^	126	~
031	▼	US	063	?	095	_	127	DEL

ASCII 码表中前 32 个编码表示的字符是计算机使用的控制字符，不能在屏幕/打印机上直接显示/打印输出。

参考文献

[1]谭浩强．C 程序设计[M]．北京:清华大学出版社,1991.

[2]裘宗燕 著．从问题到程序[M]．北京:北京大学出版社,1999.

[3]陈朔鹰,陈英．C 语言程序设计基础教程[M]．北京:兵器工业出版社,1994.

[4]陈朔鹰,陈英,乔俊琪．C 语言程序设计习题集(第二版)[M]．北京:人民邮电出版社,2003.

[5]李书涛．C 语言程序设计教程[M]．北京:北京理工大学出版社,1993.

[6]刘瑞挺．计算机二级教程[M]．天津:南开大学出版社,1996.

[7]姜仲秋,等．C 语言程序设计[M]．南京:南京大学出版社,1998.

[8]教育部考试中心．二级教程 C 语言程序设计[M]．北京:高等教育出版社,1998.